辽宁省“十四五”职业教育规划教材
高等职业教育“十四五”规划教材
乡村振兴人才培养系列教材

猪病防制

范俊娟　刘衍芬　曹　晶　路卫星　主编

中国农业大学出版社
·北京·

内容简介

随着养猪水平的不断提高，猪场的疾病也呈现越来越复杂化的趋势，混合感染和继发感染已经成为猪场的普遍现象，单纯依靠临床诊断手段已经不能对猪病进行准确的诊断，猪病的实验室诊断成为猪病防制不可或缺的一部分。同时，自2018年以来，我国养猪业在非洲猪瘟疫情压力下，猪场的生物措施对猪病的防控更为重要。针对以上情况，本书在猪的传染病、寄生虫病和常见普通病的防制等内容的基础上，增加了猪场生物安全体系和实践技能训练的内容，其中实践技能训练包含猪场常见疾病的实验室诊断，总共5个部分。

本书按照高等职业教育理论和实践一体化的教学模式，重点培养学生的职业能力，把理论和实践紧密结合，以临床猪病的诊断和防制特点为主线，采用任务式的编写体例，同时包含实验室检测，突出了教学内容的实用性和先进性。

本书注重科学性和实用性，在内容上紧跟当前养殖规模和疾病流行发展新动态，既考虑了理论知识的深度和新度，又体现了实践技能的实用性。

本书可以作为高等职业院校畜牧兽医相关专业的教材，也可作为从事猪病防制工作人员的学习参考用书。

图书在版编目(CIP)数据

猪病防制/范俊娟等主编. --北京：中国农业大学出版社，2022.3(2025.7重印)

ISBN 978-7-5655-2730-2

Ⅰ.①猪…　Ⅱ.①范…　Ⅲ.①猪病-防治-高等职业教育-教材　Ⅳ.①S858.28

中国版本图书馆CIP数据核字(2022)第031743号

书　名　猪病防制

作　者　范俊娟　刘衍芬　曹　晶　路卫星　主编

策划编辑　林孝栋　康昊婷　　**责任编辑**　康昊婷　刘彦龙

封面设计　李尘工作室　郑　川

出版发行　中国农业大学出版社

社　址　北京市海淀区圆明园西路2号　　**邮政编码**　100193

电　话　发行部 010-62733489,1190　　读者服务部 010-62732336

编辑部 010-62732617,2618　　出　版　部 010-62733440

网　址　http://www.caupress.cn　　**E-mail** cbsszs@cau.edu.cn

经　销　新华书店

印　刷　运河(唐山)印务有限公司

版　次　2022年3月第1版　2025年7月第2次印刷

规　格　185 mm×260 mm　16开本　17.25印张　425千字

定　价　69.00元

编审人员

主编 范俊娟（辽宁农业职业技术学院）

刘衍芬（辽宁农业职业技术学院）

曹　晶（辽宁农业职业技术学院）

路卫星（辽宁农业职业技术学院）

参编 王　奔（吉林农业科技学院）

梁德洁（辽宁农业职业技术学院）

吉尚雷（辽宁农业职业技术学院）

唐国标（大伟嘉生物技术股份有限公司）

孟令楠（辽宁农业职业技术学院）

贺永明（辽宁农业职业技术学院）

董　波（天津市中升挑战生物科技有限公司）

刘立英（辽宁农业职业技术学院）

张文晶（辽宁农业职业技术学院）

何丽华（辽宁生态工程职业学院）

李春华（辽宁农业职业技术学院）

主审 李建光（辽宁农业职业技术学院）

前言 Preface

为正确贯彻党的二十大精神，落实《国家职业教育改革实施方案》文件要求，坚持“以服务为宗旨，以就业为导向，走产学研结合发展道路”的办学指导思想，依据“项目引导，任务驱动”的教学思路，结合职教改革现状及畜牧兽医行业发展需求，对在用畜牧兽医教材进行改革，将学科体系下多年沿用下来的教材进行了重组、充实和改造，形成了适应岗位需要、突出职业能力，便于教、学、做一体化的猪病防制模块化课程体系。

猪病防制是动物医学、畜牧兽医学及其相关专业的一门重要的专业课，该课程广泛地联系其他学科，与养猪生产实践紧密相关。本书按照高等职业教育理论和实践一体化的教学模式，把理论和实践紧密结合，重点培养学生的职业能力，以临床猪病的诊断和防制特点为主线，采用任务式的编写体例，同时包含实验室检测，突出了教学内容的实用性和时代性。编者立足于当前畜牧业的岗位需要，着眼于未来发展趋势，充实新知识、新技术，力求使这本书能适应高等职业教育教学的要求。

在编写过程中，为了保证编写质量，本书借鉴了许多优秀教材和著作，引用已在参考文献列出，在此一并表示感谢。

由于编者的水平所限，本书还存在问题和不足，请读者批评指正。

编　者

2025 年 7 月

目录 Contents

模块一　猪传染病的防制

模块二 猪寄生虫病的防制

模块三 猪场常见普通病的防制

模块四 猪场生物安全体系

模块五　实践技能任务训练

模块一

猪传染病的防制

任务一　猪传染病的传染和流行过程

子任务一　传染和传染病

一、传染和传染病的概念

病原微生物侵入猪机体，在一定部位生长繁殖并引起不同程度的病理反应的过程，称为传染。凡是由特定病原微生物引起的，具有一定潜伏期和临床表现并具有传染性的疾病称为传染病。当机体抵抗力较强时，病原微生物侵入后一般不能生长繁殖，也不会出现传染病的临床表现，因为猪能够迅速动员机体的非特异性免疫力和特异性免疫力而将该侵入者消灭或清除。猪体对某种病原微生物缺乏抵抗力或免疫力时，称为猪对该病原体具有易感性，而具有易感性的猪常被称为易感猪。病原微生物只有侵入易感猪机体后才可以造成传染病的发生。

二、传染病特征

猪传染病的表现多种多样，千差万别，但与非传染性疾病相比，具有以下共同特征。

1. 由特异的病原微生物引起

每种传染病都是由特定的病原体引起的，如猪瘟是由猪瘟病毒引起的，没有猪瘟病毒猪就不会发生猪瘟。

2. 具有传染性和流行性

病原微生物能在患病猪体内增殖并不断排出体外，通过一定的途径再感染另外的易感猪而引起具有相同症状的疾病，这种散播传染的现象即为传染性。当条件适宜时，在一定时间内，某一地区易感猪群中可能有许多猪被感染，致使猪传染病扩散蔓延，导致了传染病的流行。

3. 被感染的猪机体能发生特异性免疫反应

感染猪在病原体或其代谢产物的刺激下，能够出现特异性的免疫生物学变化，并产生特异性的抗体或变态反应等。这些细微变化或反应可通过血清学试验等方法检测，因而有利于病原体感染状态的确定。

4. 耐过猪可获得特异性的免疫力

多数传染病发生后，没有死亡的患病猪能产生特异性的免疫力，并在一定时期内或终生不再感染该种传染病。

5. 具有一定的临床表现和病理变化

大多数传染病都具有其明显的或特征性的临床症状和病理变化，以及一定的潜伏期和病程经过。

三、传染病的发展阶段

不同的传染病在临床上的表现存在差别，但其发病时的病程经过具有一定的规律性，一般分为潜伏期、前驱期、明显（发病）期和转归期4个阶段。

1. 潜伏期

从病原体侵入机体开始直到该病临床症状开始出现的这段时间称为潜伏期。不同传染病的潜伏期长短差异很大。如炭疽的潜伏期为1～14 d，多为1～5 d；猪瘟的潜伏期为2～21 d，多为5～7 d等。

了解传染病潜伏期的主要意义是：潜伏期与传染病的传播特性有关，如潜伏期短的传染病通常来势凶猛、传播迅速；帮助判断感染的时间并查找感染的来源和传播方式；确定传染病封锁和解除封锁的时间以及在某些情况下对猪的隔离观察时间；确定免疫接种的类型，如处于传染病潜伏期内的猪需要被动免疫接种，周围的猪则需要紧急疫苗接种等；有助于评价防制措施的临床效果，如实施某措施后需要经过该病潜伏期限的观察，比较前后病例数变化便可评价该措施是否有效；从流行病学的角度看，对处于潜伏期的猪更要引起注意，因为它们是危害最大的传染源。

2. 前驱期

从潜伏期到呈现症状这段时间称为前驱期。不同传染病的前驱期长短有一定差异，有时同种传染病不同病例的前驱期也不同，但该期通常只有数小时到一两天。临床患病猪主要表现是体温升高、食欲减退、精神异常等一般性症状，特征性症状还不明显，很难确诊。

3. 明显（发病）期

从前驱期到该病典型症状充分表现出来的这段时期称为明显（发病）期。该段时间是传染病发展和病原体增殖的高峰阶段，典型临床症状和病理变化也相继出现，因而进行临床诊断比较容易，在诊断上具有重要意义。同时，由于患病猪体内排出的病原体数量多、毒力强，故应加强对发病猪的隔离，防止病原微生物的散播和蔓延。

4. 转归期

为传染病发展的最后阶段。如果病原体的致病能力增强，或猪体的抵抗力减弱，则疾病会以猪的死亡而结束。如果猪体获得了免疫力，抵抗力逐渐增强，机体则逐步恢复健康，表现为临床症状逐渐消退，体内的病理变化逐渐消失，逐步恢复正常的生理机能。在疾病转归期，机体能够在一定时期内保留免疫学反应，同时机体也存在病原微生物，但这种免疫学反应和带菌（毒）现象存在时间的长短则与传染病的种类有关。

子任务二　感染

一、感染的概念

感染和传染是同义词，严格地讲，感染是传染的第一步，即病原微生物侵入易感猪。病原微生物侵入机体后的结果有几种：①由于猪体具有一定的免疫力，大部分入侵的病原微生物到达机体的组织或体液之前就被免疫系统迅速消灭并清除；②病原微生物能够在机体内增殖，并通过分泌物或排泄物散播到外界环境中；③通过正确的处理措施如焚烧、深埋和严格环境消毒等，大部分病原微生物与感染死亡的猪尸体同时消失；④在感染过程中病原微生物与猪机体之间出现暂时相对平衡状态，此时病原体不能对猪机体造成严重的损害，而猪也不能完全清除体内存在的病原微生物，这种状况持续时间的长短与感染后机体的状态及病原体的特性密切相关。但近年的研究表明，机体内存在的常在菌能与某些致病性微生物发挥协同作用而增强后者的致病性。此外，在一定条件下某些非病原微生物，如肠道菌、葡萄球菌等也可引起猪感染发病。

二、感染的类型

感染是受多方面因素影响的，其过程表现出各种形式和类型，从不同的角度可划分为以下几种类型。

1. 显性感染和隐性感染

病原体侵入机体后，猪表现出该病特有临床症状的感染过程称为显性感染。显性感染过程中表现出某病的特征性症状的称为典型感染，反之称为非典型感染。机体不出现任何临床症状，呈隐蔽经过的感染称为隐性感染或亚临床感染。隐性感染猪体内的病理变化，依病原体种类和机体状态而不同。有些被感染的猪虽然外表看不到症状，但其体内可呈现一定的病理变化；而另一些隐性感染猪既无临床症状又无病理变化，一般只能通过微生物学或免疫学方法检查出来。开始症状较轻，特征性症状未出现就恢复的感染过程称为消散型感染（或称一过型感染）；开始症状较重，但特征性症状尚未出现即迅速康复的感染过程称为顿挫型感染。感染临诊表现比较轻缓的称为温和型感染。

2. 局部感染和全身感染

由于猪机体抵抗力较强，而侵入机体的病原微生物毒力较弱或数量较少，致使病原体被局限在机体内一定部位生长繁殖而引起一定程度的病变，称局部感染，如化脓性葡萄球菌、链球菌所引起的各种化脓创口等。如果感染的病原微生物或其代谢产物突破机体的防御屏障，通过血流或淋巴循环扩散到全身各处，并引起全身性症状则称为全身感染。全身感染的表现形式主要包括菌血症、病毒血症、毒血症、败血症、脓毒症和脓毒败血症等。

3. 最急性、急性、亚急性和慢性感染

将病程短促（数小时至 1 d）、发病急剧、突然死亡、症状和病变不明显的感染过程称为最急性感染，多见于巴氏杆菌病和猪丹毒等传染病流行的初期；将病程较长，数天至两三周不等，具有该病明显临床症状的感染过程称为急性感染，如急性猪瘟、猪丹毒和口蹄疫等；亚急性感染则是指病程比急性感染稍长、病势及症状较为缓和的感染过程，如疹块型猪丹毒和亚急性型仔猪红痢等；而慢性感染是指发展缓慢、病程数周至数月、症状不明显的感染过程，如猪气喘病、布鲁氏菌病等。

4. 外源性感染和内源性感染

病原微生物从猪体外侵入机体而引起的感染过程称为外源性感染，大多数感染都属于这一类型；内源性感染是指由于受到某些因素作用，猪机体的抵抗力下降，致使寄生于猪体内的某些条件性病原微生物或隐性感染状态下的病原微生物得以大量生长繁殖而引起的感染现象，如猪巴氏杆菌病等多属于此种感染。

5. 单纯感染、混合感染、原发性感染、继发性感染和协同感染

由一种病原微生物所引起的感染称为单纯感染；两种或两种以上病原微生物同时参与的感染称为混合感染；由病原微生物本身引起机体的首次感染过程称为原发性感染。而当猪机体感染了某种病原微生物引起抵抗力下降后，造成另一种或几种新侵入病原微生物的感染称为继发性感染，如慢性猪瘟常继发感染多杀性巴氏杆菌或猪霍乱沙门氏菌等。协同感染是指在同一感

染过程中有两种或两种以上病原体共同参与、相互作用,使其毒力增强,而参与的病原体单独存在时则不能引起相同临床表现的现象。如专性厌氧菌可保护混合感染中的其他细菌不被吞噬,消除厌氧菌后吞噬细胞便可有效地消灭混合感染灶中的需氧菌而阻止感染的发生。

6. 良性感染和恶性感染

一般以患病猪的死亡率作为判定传染病严重性的主要指标。如果没有引起大批猪死亡则称为良性感染,反之则称为恶性感染。如口蹄疫病死亡率一般不超过2%,可称为良性感染。

7. 持续性感染

持续性感染是指在入侵的病毒不能杀死宿主细胞而形成病毒与宿主细胞间的共生平衡时,感染猪可在一定时期内带毒或终生带毒,而且经常或反复不定期地向体外排出病毒,但不出现临床症状或仅出现与免疫病理反应相关症状的一种感染状态。持续性感染包括潜伏性感染、慢性感染、隐性感染和慢病毒感染等。疱疹病毒、披膜病毒、副黏病毒、反转录病毒和朊病毒等科属的成员常能导致持续性感染。

子任务三　猪传染病的流行过程

传染病的基本特征是具有传染性。病原体从传染源排出,经过一定的传播途径侵入另一易感猪体内而形成新的传染,并不断地在猪群体中发生、蔓延和终止的过程,称为猪传染病的流行过程。简言之,流行过程就是从猪个体感染发病到群体感染发病的发展过程。传染病能够通过直接接触或媒介物在易感猪群体中互相传染的特性,称为流行性。传染病的流行必须具备三个相互连接的基本条件,即传染源、传播途径和易感猪。这三个条件通常称为构成传染病流行过程的基本环节,只有当这三个环节相互连接时,传染病才能在猪群中发生、传播和流行。兽医流行病学就是从传染病流行过程的基本条件着手,探讨传染病的来源和病因、自然史和发病机制、传染病蔓延和流行的影响因素,从而制定并评价传染病的防制措施,因此对猪传染病的综合性防制具有重要的指导意义。

一、传染病流行过程的基本环节

(一)传染源

传染源是指体内有某种病原体寄居、生长、繁殖,并能排出体外的猪机体。具体地说,就是受感染的猪,包括传染病患病猪和病原携带猪。

1. 患病猪

患病猪是最重要的传染源,但不同发病阶段患病猪作为传染源的意义并不相同。处于前驱期和临床明显期猪排出病原体的数量多,尤其是急性感染病例排出的病原体数量更大、毒力更强,因此作为传染源的作用也最大。潜伏期和恢复期的猪是否可作为传染源,则随病种不同而异。处于潜伏期的猪机体通常病原体数量少,并且不具备排出的条件;但少数传染病,如口蹄疫和猪瘟等在潜伏期的后期就能够排出病原体。在恢复期,大多数传染病患病猪已经停止病原体的排出,即失去传染源作用,但也有部分传染病如猪痢疾、猪气喘病和布鲁氏菌病等在恢复期也能排出病原体。

在实际生产中,将患病猪能排出病原体的整个时期称为传染期。不同传染病的传染期长短有明显差异。为了控制传染病,对患病猪进行隔离和检疫时应持续到传染期终了为止。

2. 病原携带者猪

病原携带者猪是指外表无症状但能携带并排出病原体的猪,是更具危险性的传染源。不同传染病的病原携带状态排出病原体的数量虽然远不如患病猪多，但由于缺乏临床症状并在群体中自由活动而不易被发现，因而是非常危险的传染源。在临床上，病原携带猪又分为潜伏期病原携带猪、恢复期病原携带猪和健康病原携带猪 3 种情况。

(1)健康病原携带猪 指过去没有患过某种传染病但却能排出该病病原体的猪。一般认为是隐性感染或条件性病原体感染的结果。这种携带状态通常只能靠实验室方法检出，而且持续时间短暂、病原排出的数量少。然而，由于巴氏杆菌、沙门氏菌病、猪气喘病、猪丹毒和猪痢疾等健康病原携带者在某些地区或养殖场内数量较多，常常构成重要的传染源。

(2)潜伏期病原携带猪 这一时期大多数传染病不具备排出病原体的条件，因而不能作为传染源。但少数传染病，如狂犬病、口蹄疫和猪瘟等，在潜伏期的后期能够排出病原体。

(3)恢复期病原携带猪 指某些传染病的病程结束后仍能排出病原体的猪，如猪痢疾、萎缩性鼻炎、巴氏杆菌病、沙门氏菌病等。这种携带状态持续的时间有时较短暂，但有时则成为慢性病原携带猪。因此，对这类传染病的控制应延长隔离时间，才能收到预期的效果。

病原携带猪常常具有间歇排出病原体的现象，因此仅凭一次病原学检查的阴性结果不能反映猪群的状态，只有经过多次的检查才能排除病原携带状态。

对预防兽医学工作者来说，防止健康猪群中引入病原携带者，或在猪群中清除病原携带状态是传染病防制工作中艰巨和主要的任务之一。

(二)传播途径

病原体由传染源排出后，通过一定的方式再侵入其他易感猪所经历的途径称为传播途径。明确传染病传播途径的目的主要是能够针对不同的传播途径采取相应的措施，防止病原体从传染源向易感猪中不断扩散和传播，保护易感猪不受感染，这是防制传染病的重要环节之一。

传播途径可以分为水平传播和垂直传播两大类型，前者是指病原体在猪群体之间或个体之间横向平行的传播方式；后者则是病原体从亲代到其子代的传播方式。

1. 水平传播

水平传播方式又分为直接接触传播和间接接触传播两种。

(1)直接接触传播 指在没有外界因素参与的前提下，通过传染源与易感猪直接接触，如交配、舔咬等所引起的病原体传播。在猪传染病中，仅通过直接接触传播的病种较少，狂犬病最具代表性。但在发生传染病或处于病原体携带状态时，种用猪之间则经常因配种而传播病原体。通过直接接触方式传播的传染病在流行病学上通常具有明显的流行线索。

(2)间接接触传播 指病原体必须在外界因素的参与下，通过传播媒介侵入易感猪的传播。大多数传染病如口蹄疫、猪瘟等以间接接触传播为主，同时也可以通过直接接触传播，这类传染病被称为接触性传染病。传播媒介是指将病原体从传染源传播给易感猪的各种外界因素。传播媒介可以是生物(媒介者)，也可以是物体(媒介物或污染物)。间接接触传播一般有以下几种途径。

a. 经空气传播。空气作为传染病传播因素主要有 3 种情况。一是由于患病猪呼吸道内渗出液的不断刺激，猪在咳嗽或喷嚏时通过强气流把病原体和渗出液从狭窄的呼吸道喷射出来，并形成飞沫飘浮于空气中。经飞散于空气中带有病原体的微细泡沫的传染称为飞沫传染。所有呼吸道传染病均可通过飞沫而传播，如结核病、猪气喘病等；二是当飞沫蒸发干燥后，则可变成主要由蛋白质、细菌或病毒组成的飞沫核。直径在 1～2 μm 的飞沫核被吸入后有一半左右沉积在肺泡内引起感染；三是随患病猪分泌物、排泄物和处理不当的尸体以及较大的飞沫而散播的病原体，在外界环境中可形成尘埃。随着流动空气的冲击，附着有病原体的尘埃也可悬浮在空中而被易感猪吸入造成感染。经空气传播的传染病一般具有以下流行特征：由于传播途径易于实现，病例常连续发生，且新出现的病例多是传染源周围的易感猪；在易感猪集中时则可形成暴发性流行；在缺乏有效预防措施时，通过空气传播的传染具有周期性流行和季节性升高现象，如冬、春季节发病率升高等；流行强度常常与猪的饲养密度、易感猪的比例、猪舍的通风条件以及卫生消毒状况有密切的关系。

b.经污染的饲料和饮水以及物体传播。多种传染病，如口蹄疫、猪瘟、沙门氏菌病、炭疽等都可经消化道感染，其传播媒介主要是被污染的饲料和饮水。通过饲料和饮水的传播过程容易建立，因为患病猪的分泌物、排出物或尸体等很容易污染饲料、牧草、饲槽、水桶，或已污染的管理用具、车船、猪圈舍等污染饲料和饮水，一旦易感猪饮食这种污染有病原体的饲料和饮水便可感染发病。

通过这种传播方式的传染病流行强度取决于饲料或饮水的污染程度、使用范围和管理制度、病原体在饲料或饮水中的存活能力，以及卫生消毒措施的执行状况等因素。在流行的初期阶段，经这种途径传播传染病的流行病学特征是：病例分布与饲料或饮水的应用范围一致；生长发育良好的猪发病数量较多；严重污染的饲料或饮水可能造成暴发性流行。

c.经污染的土壤传播。随患病猪排泄物、分泌物或其尸体一起落入土壤而能在其中长时间存活的病原微生物，称为土源性病原微生物，如炭疽杆菌、气肿疽梭菌、破伤风梭菌、猪丹毒杆菌等。能够经土壤传播的传染病，其流行病学特征是：由于该类病原体在外界环境中抵抗力很强，一旦它们进入土壤便可形成难以清除的持久污染区，因此应特别注意患病猪的排泄物、污染的环境和物体以及尸体的处理，防止病原体污染土壤。

d.经活的媒介者传播。活的媒介者主要是指节肢动物、野生动物和人类。节肢动物中的蚊、蝇、虱、蚤等和蜘蛛纲的蜱、螨等均能传播传染病。节肢动物传播传染病的方式主要有机械性传播和生物性传播两种。通过节肢动物传播的传染病一般具有传染病流行的地区范围与传播该传染病的节肢动物分布和活动范围一致；发病率升高的季节与某种节肢动物的数量、活动性，以及病原体在该节肢动物体内发育繁殖的季节相一致；新生的和新引进的猪发病率高，老龄猪则多因免疫力高而发病率低等流行特征。

某些野生动物本身对特定的病原体具有易感性，受感染后可将病原体传播给人工饲养的易感猪，如鼠类可传播沙门氏菌、钩端螺旋体、布鲁氏菌、伪狂犬病病毒等；狐、狼、吸血蝙蝠等可传播狂犬病病毒，野猪可传播猪瘟病毒等。另一些野生动物虽然自身对某些病原体不易感受，但可进行该类病原体的机械性传播。

人类活动范围广，与猪的关系密切，许多情况下可成为猪病原体的机械携带者。如人类虽然不感染猪瘟病毒，但却能机械性地传播这些病原体。

除此之外，医源性传播、管理源性传播等人为性传播因素对猪传染病的发生和流行也具有实际意义。医源性传播是指兽医人员使用被病原体污染的体温计、注射针头等器械以及被外源性病原体污染的生物制品等，或没有按照严格的防疫卫生要求操作，将病原体带入猪群而造成的传染病传播。管理源性传播是指由于管理不善、饲养管理人员缺乏防病意识、防疫卫生制度不健全、不注意日常卫生消毒等造成传染病的暴发或蔓延。例如，平时来回进出不同的猪圈舍；车辆、人员进出猪场舍时不消毒；粪便、污物和病死猪尸体不能及时清除或处理不当等。在进行人工授精或胚胎移植时，病原体也可通过精液或胚胎带入猪体内而引发传染病。

2. 垂直传播

一般可归纳为下列两种途径。

(1)**经胎盘传播** 指产前被感染的妊娠畜能通过胎盘将其体内病原体传给胎儿的现象。可经胎盘传播的传染病有猪瘟、猪细小病毒感染、伪狂犬病、衣原体病、日本乙型脑炎、布鲁氏菌病、钩端螺旋体病等。

(2)**经产道传播** 指存在于妊娠猪阴道和子宫颈口的病原体在分娩过程中造成新生胎儿感染的现象。可经产道传播的病原体主要有大肠杆菌、葡萄球菌、链球菌、沙门氏菌和疱疹病毒等。

猪传染病的传播途径比较复杂,每种传染病都有自己特定的传播途径,如皮肤霉菌病只能通过破损的皮肤伤口感染;口蹄疫、猪瘟等传染病可经接触、饲料、饮水、空气或媒介猪等传播。研究和分析传染病的传播方式以及传播途径的目的,是为了采取针对性的措施切断传染源和易感猪之间的联系,使传染病的流行能够迅速结束。

(三)猪群体的易感性

猪易感性是指猪个体对某种病原体缺乏抵抗力、容易被感染的特性。猪群体易感性是指一个猪群体作为整体对某种病原体感受性的大小和程度。易感性的高低取决于群体中易感个体所占的比例和机体的免疫强度,决定传染病能否在猪群体中流行以及流行的严重程度。导致猪群体易感性升高的主要因素包括:一定地区饲养猪的种类或品种;群体免疫力降低;新生猪或新引进猪的比例增加;免疫接种程序紊乱或接种猪数量不足;免疫接种所使用的生物制品质量不合格;年龄及性别因素。另外,饲养管理因素也可以造成猪群的免疫力下降、易感性升高,如饲料质量差、营养成分不全、饥饿、寒冷、暑热、运输和疾病状态等因素均可导致机体的抵抗力降低。导致群体易感性降低的主要因素有:有计划地预防接种;传染病流行引起猪的群体免疫力增加;病原体的隐性感染导致猪群体的免疫力升高;抗病育种可选育抵抗力强的猪品系;年龄因素,如随着猪日龄的增长,猪群的抵抗力明显增强,如幼龄猪对大肠杆菌、沙门氏菌等易感性较高,而成年猪的易感性逐渐降低。

二、疫源地

(一)概念

疫源地是指具有传染源及其排出的病原体所存在的地区。疫源地的含义要比传染源的含义广泛得多,除了传染源外,它还包括被污染的环境以及这个范围内的易感猪和贮藏宿主等。因此在防疫时,不但要对传染源进行处理,还包括对环境和传播媒介以及易感猪的处理等一系列综合措施。

(二)疫源地的范围

疫源地的范围大小要根据传染源的分布和污染范围的具体情况确定。它可能只限于个别猪栏舍、放牧地,也可能包括某饲养场、自然村或更大的地区。通常将范围小的疫源地或单个传染源所构成的疫源地称为疫点。若干个疫源地连接成片且范围较大时称为疫区。疫区不但指某种传染病正在流行的地区,还包括患病猪于发病前(该病的最长潜伏期)后活动过的地区。从防疫工作的实际出发,有时也将某个比较孤立的养殖场或自然村称为疫点,所以疫点与疫区的划分不是绝对的。

(三)疫源地的存在时间

疫源地的存在具有一定的时间性,时间的长短由多方面的因素所决定。只有当最后一个传染源死亡或痊愈后不再携带病原体，或已经离开该疫源地，对所污染的环境进行彻底消毒，并且达到该病最长潜伏期，不再有新病例出现，并且通过血清学检查猪群均为阴性反应时，才能认为该疫源地被消灭。如果没有外来的传染源和传播媒介的侵入，这个地区将不再有这种传染病的存在。

三、猪传染病的流行过程特征

(一)猪传染病流行的表现形式

根据一定时间内发病率的高低、传播速度和范围以及病例间的联系程度等，猪传染病流行过程通常具有以下几种表现形式。

(1)**散发性** 指猪发病数量不多，在一定时间内呈散在性发生或零星出现，而且各个病例在时间和空间上没有明显联系的现象。这种形式的原因主要有 3 个：一是猪群对某种传染病的免疫水平相对较高；二是某种传染病通常主要以隐性感染形式出现；三是某种传染病的传播需要特定的条件，如破伤风等。

(2)**地方流行性** 指猪的发病数相对较多，在一定地区或猪群中，传染病流行范围较小并具有局限性传播的特性，如猪气喘病、猪丹毒等通常就是这种流行形式。

(3)**流行性** 指在某一时间内一定猪群中某种传染病的发病率超过预期水平的现象，且在较短的时间内传播的范围比较广。流行性是一个相对的概念，仅说明传染病的发病率比平时升高。不同地区中流行不同传染病时，其发病率的高低并不一致。

(4)**暴发** 指在局部范围的一定猪群中，短期内突然出现较多病例的现象。实际上，暴发是流行的一种特殊形式。

(5)**大流行性** 指某些传染病具有来势猛、传播快、受害猪比例大、波及面广的流行现象。此类传染病的流行范围可达几个省、几个国家甚至几个大洲，如口蹄疫等病在一定的条件下均可采取这种方式流行。

以上几种流行形式之间，在发病数量和流行范围上没有量的绝对界限，只是一个相对量的概念。此外，某些传染病在特殊的条件下可能会表现出不同的流行形式，如猪瘟等，有时会以地方流行性的形式出现，有时则以流行性或暴发的形式出现。

(二)猪传染病流行的季节性

猪传染病流行的季节性是指某些猪传染病经常发生在一定的季节，或在一定季节内出现发病率明显升高的现象。传染病流行的季节性分为 3 种。

(1)**严格季节性** 指病例只集中在一年内的少数几个月份，其他月份几乎没有病例发生的现象。传染病流行的严格季节性与这类疾病的传播媒介活动性有关，如日本乙型脑炎只流行于每年的 6—10 月等。

(2)**季节性升高** 指一些传染病，如钩端螺旋体病、传染性胃肠炎、气喘病、流感、口蹄疫等在一年四季均可发生，但在一定季节内发病率明显升高的现象。传染病流行的季节性升高主要是季节变化能够直接影响病原体在外界环境中的存活时间、猪机体的抗病能力以及传播媒介的活动性。

(3)**无季节性** 指一年四季都有病例出现，并且无显著性差异的传染病流行现象。一些慢性或潜伏期长的传染病，如结核病等发病时通常无季节性差异。

传染病流行的季节性变化受猪群的密度、饲养管理、病原体的特性、传播媒介以及其他生态因素变化的影响。了解传染病季节性升高的原因及影响，有利于更有效地采取防制措施。

(三)猪传染病流行的周期性

猪传染病流行的周期性是指在经过一个相对恒定的时间间隔后，某些传染病如口蹄疫等可以再次发生较大规模流行的现象。传染病周期性流行出现的原因主要有：①某些传染病的传播机制容易实现，猪群受到感染的机会多；②某些传染病在一次流行后，猪获得的免疫力会随着时间的推移而降低，当易感猪量增多时，会引起再度流行。

四、猪传染病流行过程的影响因素

猪传染病的流行过程必须具备传染源、传播途径和易感猪群三个基本环节。阻断这三个环节的相互连接，才能够控制传染病的发生和流行。影响传染病流行过程的因素主要是自然因素和社会因素，而两种因素都存在着有利和不利两个方面。

(一)自然因素

对流行过程有影响的自然因素主要包括气候、气温、湿度、光照、降水量、地形、地理环境等，它们对三个环节的作用错综复杂。对于传染源而言，江、海、河、高山等地理条件，对传染源的转移产生一定限制，成为天然的隔离条件。当季节变换使猪机体抵抗力降低而发生传染病或者病情加重时，散播传染的机会也随之增加，反之则减少。对于传播媒介而言，自然因素对其影响更为明显，适宜温度和湿度的环境季节，都有利于传播媒介的活动，因此就增加了传播传染病的传播机会。对于易感猪而言，自然因素的影响主要是提高或降低机体的抵抗力，从而减少或增加传染病的发生和流行。

(二)社会因素

影响猪传染病流行过程的社会因素主要包括社会制度、生产力和人们的经济、文化、科学技术水平以及法律法规的执行情况等。这些既是促使猪传染病流行的原因，也是可以有效消灭和控制猪传染病流行的关键所在。需要特别强调的是，严格执行法规和防制措施，是控制和消灭猪传染病的重要保证。要尽最大努力将由于人为因素而使猪传染病发生和流行的可能性降至最低，它所产生的效益巨大。

子任务四　猪传染病的流行病学调查和分析

一、目的意义

流行病学调查与分析是人们研究猪传染病流行规律的主要方法，其目的在于揭示猪传染病在猪群中发生的特征，阐明其流行的原因和规律，以作出正确的流行病学判断，迅速采取有效的措施，控制猪传染病的流行。

流行病学的调查与分析是认识猪传染病流行规律的两个相互联系的阶段。调查是查明猪传染病在猪群中发生的地点、时间、畜群分布、流行条件等，这是认识猪传染病的感性阶段；分析是将调查资料归纳整理，进行全面的综合分析，查明流行的原因和条件，找出流行的规律。调查是分析的基础，分析是调查的深入。一切防疫措施都要以调查分析的结果为依据，调查越充分，措施就越合理，效果也就越显著。

二、调查种类

流行病学调查的种类，根据调查对象和目的不同，一般可以分为个例调查、暴发调查、观察调查(也称流行情况调查或现况调查)、回顾性调查和前瞻性调查。其中个例调查与观察调查是发生疫情时最基本和最常用的调查。

三、调查方法

猪传染病流行病学调查的主要方法包括以下 4 种。

1. 询问调查

这是流行病学调查的一种最简单而又基本的方法。调查对象主要是畜主、兽医工作者、当地有关人员等,必要时可组织座谈。调查结果按统一的规定和要求记录在调查表上。询问时要耐心细致,态度亲切,边提问边分析,但不要按主观意图作暗示性提问,力求使调查的结果客观真实。

2. 现场察看

现场察看就是对病畜周围进行调查。调查者应仔细察看疫区的兽医卫生条件、地理地形和气候条件等特点,以便进一步了解流行病发生的经过和关键问题所在。在进行现场察看时,可以根据传染病种类不同有侧重地调查。如发生肠道猪传染病时,应特别注意饲料的来源和质量、水源和卫生条件、粪便和尸体的处理情况;发生由节肢动物传播的猪传染病时,应注意调查当地节肢动物种类、分布、生态习性和感染等情况。

3. 实验室检查

为了准确诊断、发现隐性传染源,证实传播途径,摸清猪群免疫状态和有关病因等,通常需要对可疑患病猪应用微生物学、血清学、变态反应、尸体剖检等各种诊断方法进行检查;对有污染嫌疑的各种因素(水、饲料、土壤、猪产品、节肢动物或野生动物等)进行微生物学和理化检查,以确定可能的传播媒介或传染源。有条件的地区,还可对疫区猪群进行免疫水平测定。

4. 统计学方法

在调查中涉及许多有关疫情数量的资料,需要找出其特点进行分析比较,因此要应用统计学方法。在流行病学分析中常用的频率指标有下列几种。

(1)发病率 表示猪群在一定时期内某病的新病例发生的频率。它能较完整地反映出猪传染病的流行情况,但不能说明整个流行过程,因为常有许多猪是隐性感染,而同时又是传染源,因此还要计算发病率。

发病率=(某期间内某病新病例数/某期间内该猪群猪的平均数)×100%

(2)感染率 指用临诊诊断法和各种检验法(微生物学、血清学、变态反应等)检查出来的所有感染猪头数(包括隐性患者),占被检查猪总头数的百分比。它能较深入地反映出流行过程的情况,特别是在发生某些慢性或亚临诊型猪传染病时,进行感染率的统计分析,更具有重要的实践意义。

感染率=(感染某猪传染病的猪头数/检查总头数)×100%

(3)患病率(流行率、病例率) 指在某一指定时间,猪群中存在某病的病例数的比率。它代表在指定时间猪群中猪传染病数量的一个侧面。

患病率=(在某一指定时间猪群中存在的病例数/在同一指定时间猪群中猪总数)×100%

(4)死亡率 指某病病死数占某种猪总头数的百分比。它仅能表示该病在猪群中造成死亡的频率,不能全面反映猪传染病流行的动态特性,仅在发生死亡头数很高的急性猪传染病时,才能反映出流行的动态。但当发生不易致死的猪传染病时,如口蹄疫等,虽能大规模流行,但死亡率却很小,则不能表示出流行范围广的特征。因此,在猪传染病发展期间,除应统计死亡率外,还应统计发病率。

死亡率＝(因某病死亡头数/同时期某种猪总头数)×100％

(5)**病死率(致死率)**　指因某病死亡的猪头数占该病患病猪总数的百分比。它能表示某病临诊上的严重程度,比死亡率更为具体、精确。

病死率＝(因某病致死头数/患该病病猪总数)×100％

四、猪传染病流行病学的分析

流行病学分析是在调查所得资料的基础上,找出猪传染病流行过程的本质和有关因素。应认真对资料去粗取精、去伪取真、由此及彼、由表及里,系统整理,综合分析,得出流行过程的客观规律,由感性认识上升到理性认识,为制定有效的防制措施提供科学依据,从而又转过来为实践服务。实践工作中调查与分析是相互渗透、紧密联系的,流行病学调查为流行病学分析积累材料,而流行病学分析从调查材料中找出规律,同时又为下一次调查提出新的任务,如此循序渐进,使防疫实践不断完善。

复习思考题

1. 什么叫传染病？它有什么特征？
2. 猪传染病流行过程有哪些特征？影响流行过程的因素有哪些？
3. 猪传染病流行过程包括哪三个基本环节？在兽医实践中如何应用其原理防制猪传染病？
4. 如何理解猪传染病的发展阶段？
5. 简述感染的类型,并举例说明。
6. 猪传染病流行病学调查与分析有什么意义？怎样进行？

任务二　猪传染病的综合防制

子任务一　猪传染病综合防制的原则和内容

一、现代防疫工作的理念

1. 群防群治的理念

在猪传染病的综合防制过程中应确立群体保健、防疫、诊断及治疗,而不是个体防制的观点,所采取的措施要从群体出发,要有益于群体。但这并不否认重视猪个体的情况,因为在猪群体中,个体的价值虽然低,但通过个体防制可以从中得到启发。因此,应根据本场实际,制定免疫程序,对一些重要细菌性猪传染病,应在猪传染病发生之前给予药物预防。

2. 长远规划的理念

集约化养殖场兽医防疫工作是一项长期的任务,必须有一个长远的计划,有计划地分期完成各项防疫措施,使疫病防疫体系不断完善。

3. 多病因论的理念

猪传染病的发生往往涉及多种因素，通常是多种因素相互作用的结果。因此，诊断猪传染病，不仅应查明致病的病原，还应考虑外界环境、管理条件、应激因素、营养状况、免疫状态等因素，用环境、生态及流行病学的观点进行分析研究，从设施、制度、管理等方面，采取综合措施，才能有效地控制猪传染病的发生。

4. 多学科协作的理念

兽医、畜牧、生态、机械设备等学科应密切配合，从场址选择、场舍建筑、种群引进、种源净化等方面，均应考虑防疫问题。

二、猪传染病综合防制的原则

1. 健全机构的原则

县以上农牧部门是兽医行政机构，县级人民政府和乡级人民政府应当采取有效措施，加强村级防疫员队伍建设，还要根据动物防疫工作需要，向乡、镇或者特定区域派驻兽医人员，共同担负猪传染病的预防与扑灭工作。兽医防疫工作是一项系统的工程，它与农业、商业、外贸、卫生、交通等部门都有密切的关系。只有依靠政府的统一领导、协调，从全局出发，大力合作，统一部署，全面安排，才能有效及时地把兽医防疫工作做好。

2. 预防为主的原则

在猪生产过程中，搞好综合性的防疫措施是极其重要的。随着集约化畜牧业的发展，“预防为主”方针的重要性显得更加突出，否则兽医防疫工作将会陷入完全被动的局面，畜牧生产也会走向危险的境地。

3. 法规建设的原则

我国于1991年开始实施《中华人民共和国进出境动植物检疫法》，1998年1月开始实施《中华人民共和国动物防疫法》，2007年8月30日又进行了修订并于2008年1月1日起执行。这些兽医法规对我国猪防疫和检疫工作的方针和基本原则做了明确而具体的规定，它们是兽医工作者开展防疫、检疫工作的法律依据。

4. 调查监测的原则

由于不同传染病在时间、地区及猪群中的分布特征、危害程度和影响流行的因素有一定的差异，因此，必须在对本地区展开流行病学调查和研究的基础上，制定适合本地区或养殖场的传染病防制计划或措施。

5. 突出重点的原则

猪传染病的控制或消灭需要针对流行过程的3个基本环节采取综合性防制措施。但在实施和执行综合性措施时，必须考虑不同传染病的特点及不同时期、不同地点和猪群的具体情况，重视主要因素，采取主导措施。即使为同一种猪传染病，在不同情况下也要有不同的主导措施，在具体条件下究竟应采取哪些主导措施要根据具体情况而定。

三、猪传染病综合防制的基本内容

猪传染病的流行是由传染源、传播途径和易感猪3个相互联系的环节而形成的一个复杂过程。因此，采取适当的措施来消除或切断3个环节的相互联系，就可以使猪传染病的流行终止。在采取具体防疫措施时，必须从“养、防、检、治”四个方面采取综合性的防疫措施，方可控制猪传染病的发生和蔓延，具体包括以下内容。

1. 认真选址，合理规划与布局

养殖场场址应建在地势高，地面干燥，排水方便，水源充足，水质良好，交通和供电方便，离公路、河道、村镇、工厂 500 m 以外的上风处，尤其是应远离其他养殖场、屠宰场、畜产品加工厂。四周应有天然屏障或开挖防疫沟，种植防疫林带等。

2. 设置完善的消毒设施，建立严格的兽医卫生消毒制度

养殖场大门和生产区大门入口处，要设置宽同大门，长为机动车轮一周半的消毒池，并建立人员过往消毒通道。所有人员、车辆未经消毒严禁入门，非生产人员不得擅自进入生产区，工作服与胶鞋在指定地点存放，并禁止穿出场外，工作服每周要清洗消毒一次。

清舍消毒，实行全进全出制。在每批猪出栏后，栏舍内墙壁、地面及房顶灰尘要彻底清扫冲洗干净，然后用 2%氢氧化钠、0.5%过氧乙酸或 0.03%百毒杀等药液进行刷洗或泼洒消毒，并空舍 1 周后方可引进动物。

场区的消毒要求每半个月用 2%～3%的氢氧化钠溶液喷洒消毒一次，不留死角，每栋舍内走道每 5～7 d 用 3%氢氧化钠溶液喷洒消毒一次，必要时可增加消毒次数或用 1∶300 的农福带猪消毒。

养殖场一旦发现患病猪，要及时隔离治疗。处理病死猪，要在指定的隔离地点烧毁或深埋，决不允许在场内随意处理或解剖。对患病猪接触过的地方，应清除粪便和垃圾，然后清除表土，再用 2%～4%的氢氧化钠溶液进行消毒。

养殖场产生的大量粪便可用发酵池法或堆积法消毒；对于污水可用 25%漂白粉消毒，用量为 6 g/m^3，如水质较差可加量。

场区内禁养犬、猫等宠物，并禁止其他猪进入；要定期进行灭鼠、灭蚊蝇；饲养人员要认真遵守饲养管理制度，细致观察饲料有无霉变、猪的采食状况和排粪状况等，发现病情及时报告。

3. 搞好预防接种和药物预防

预防接种是猪传染病综合防制的重要技术环节，特别是对于病毒性猪传染病尤为重要。规模化养殖场预防接种应做到有计划地进行，制定出适合本地区或本养殖场的合理免疫程序。制定免疫程序的依据主要有：①养殖场的发病史，依此确定疫苗免疫的种类和免疫时机。②养殖场原有免疫程序和免疫使用的疫苗种类，是否能有效地防制猪传染病，若不能则要改变免疫程序或疫苗。③搞好母源抗体监测，确立首免日龄，避免母源抗体的干扰。④重视免疫途径，不同疫苗或同一疫苗使用不同的免疫途径，可以获得截然不同的免疫效果。⑤注意季节与疫病发生的关系，对于一些受季节影响比较大的猪传染病应随着季节变化确定免疫程序。⑥了解疫情，若有疫情存在，必要时应进行紧急预防接种；对于重大疫情，本场还没有的，也应考虑免疫接种，以防万一；对于烈性传染病，应考虑死苗和活苗兼用，同时了解死苗和活苗的优缺点及其相互关系，合理搭配使用。⑦选用的疫苗应是正式厂家生产的疫苗，对于两次以上免疫疫苗，所用的疫苗要尽量不一样，以增加疫苗免疫的覆盖性。

4. 建立疫情监测制度

建立疫情监测制度，是及时发现、预防控制猪疫病的重要技术手段。兽医人员应每天定时深入栏舍巡视，检查栏舍内外的卫生状况，观察猪的精神状态、运动、采食、饮水等是否正常，再结合饲养员的饲养记录，及时将有异常的动物剔出，隔离观察，进行确诊和处理。对死亡的猪应及时解剖和化验，并做好记录分析，以了解疫情动态；对于某些重大疫病，如鸡新城疫、猪瘟等应用血清学方法进行定期疫情监测，以便检出病猪，掌握疫情动态。从场外引进的猪，要严格进行检疫，隔离观察 20～30 d，确认无病后方可合群饲养。

四、几个相关概念

1. 猪传染病的预防

猪传染病的预防就是采取各种措施将猪传染病排除于一个未受感染的猪群之外。通常采取的措施有隔离、检疫等，即不让传染源进入一个目前尚未发生该病的地区；免疫接种、药物预防和环境的消毒等，这可使易感猪不被已存在于该地区的猪传染病传染。

2. 猪传染病的控制

猪传染病的控制就是采取各种措施，减少或消除猪传染病的病原，降低已出现于猪群中猪传染病的发病率，并将该种传染病限制在局部范围内加以就地扑灭的防疫措施。它包括患病猪的隔离、消毒、治疗、紧急免疫接种或封锁疫区、扑杀传染源等方法，以防止传染病在易感猪群中蔓延。

3. 猪传染病的消灭

猪传染病的消灭意味着在一定的地区范围内消灭某些猪传染病的病原微生物。猪传染病的消灭空间范围分为地区性、全国性和全球性 3 种类型。要从全球范围内消灭一种猪传染病是很不容易的，但在一定地区范围内消灭某些猪传染病，只要通过认真执行兽医综合性防疫措施，严格执行对传染源进行选择屠宰、检疫隔离并宰杀淘汰患病猪、加强群体免疫接种、严格消毒、控制传播媒介等措施，经过长期不懈的努力，在限定地区内消灭某种猪传染病是完全能够实现的，这已被许多国家的防疫实践所证实。

4. 猪传染病的净化

猪传染病的净化是指通过采取检疫、消毒、扑杀或淘汰等技术措施，使某一地区或养殖场内的某种或某些猪传染病在限定时间内逐渐被清除的过程。不同地区或养殖场同时进行传染病净化的最终结果是传染病消灭的基础和前提条件，因此传染病净化是目前国际上许多国家对付某些法定猪传染病的通用方法。

子任务二　检疫

动物检疫是指国家法定的机构和人员，依照法定的方法和技术标准，对猪、猪产品的健康卫生状况实施定性检测和处理的一种具有强制性的技术性措施。动物检疫作为发现、预防、控制、扑灭猪传染病的重要手段，也是猪防疫的重要内容，是猪传染病防制的一个重要环节，它直接关系到畜牧业生产的发展、对外贸易的信誉，以及人民身体健康等，应特别引起重视。

一、检疫的范围

检疫的范围包括国内猪检疫和进出境猪检疫，其范围包括猪、猪产品和疫苗、血清、诊断液等，也包括对运载饲养猪及其产品，如车、船、飞机、包装物、饲料和铺垫材料、饲养工具等。

二、检疫的对象

检疫对象是指猪检疫中政府规定的猪传染病。猪传染病的种类很多，猪检疫只是把其中的一部分规定为猪检疫对象，而不是所有的猪传染病。《中华人民共和国动物防疫法》第十条规定，全国猪检疫对象的具体病种名录由国务院畜牧兽医行政管理部门规定并公布。《中华人民共和国进出境动植物检疫法》第十八条规定，进境猪检疫对象的名录由国务院农业行政主管部门制定并公布。

(一)重点检疫对象

(1)**人、畜和多种猪共患的传染病** 如炭疽、结核病、布鲁氏菌病、狂犬病等。

(2)**危害性大而目前预防控制困难的猪传染病** 如口蹄疫、非洲猪瘟等。

(3)**急性烈性猪传染病** 如猪瘟等。

(二)全国猪检疫对象

全国猪病疫病检疫对象中一类猪传染病包括口蹄疫、猪水疱病、猪瘟、非洲猪瘟等。

(三)进境猪检疫对象

为防止国外猪传染病的侵入,我国由国务院农业行政主管部门制定并公布了《中华人民共和国进境畜禽一、二类传染病、寄生虫病名录》,其中一类传染病包括口蹄疫、非洲猪瘟、猪水疱病、猪瘟等。

三、检疫类型

根据猪及其产品的动态和运转形式,我国动物检疫在总体上分为国内检疫和国境检疫两大类,其大致分类与检疫步骤如下。

(一)国内检疫

国内检疫是指为有效地防止重要传染病的发生和传播,根据法律规定由法定机构或人员对境内猪及其产品实施的,具有法律效力和法律后果的技术措施和政府行为。国内检疫由县级以上农牧部门所属的动物检疫站和乡(镇)畜牧兽医站等部门负责执行,分为产地检疫、净化检疫、运输检疫、屠宰检疫和市场检疫。

(1)**产地检疫** 指猪在离开饲养、生产地之前所进行的猪检疫。产地检疫能把猪传染病控制在原地,消灭在移动之前。产地检疫主要由乡(镇)畜牧兽医站具体负责,而出口猪的产地检疫应由当地县级以上畜牧兽医行政管理部门猪防疫监督机构负责。产地检疫合格的应出具《猪产地检疫合格证明》,不合格的应按有关规定处理。

(2)**净化检疫** 指在国内某地发生规定的检疫对象流行时进行的检疫,又称疫区检疫。如发现为一类传染病,当地县级以上地方人民政府畜牧兽医行政管理部门应当立即派人到现场,划定疫点、疫区、受威胁区,对疫区进行封锁,并根据疫情处理的要求及时提出净化检疫方案,明确疫区检疫的目的、达到的目标、采用的方法和依据的标准;同时进行人力、物力、技术等方面的准备。

(3)**运输检疫** 指对运出县境的猪及其产品进行的检疫。运输检疫包括铁路检疫、公路检疫、水运检疫、空运检疫等。运输检疫的主要任务是监督检查,即验证、查物。

(4)**屠宰检疫** 包括宰前检疫和宰后检疫。宰前检疫是指对待宰猪活体进行的猪检疫。宰前检疫能检出宰后检疫难以检出的传染病,如破伤风、狂犬病、李氏杆菌病、乙型脑炎、胃肠炎、口蹄疫及某些中毒性传染病等;宰后检疫是宰前检疫的继续和补充。宰前检疫通常只能根据猪的体温反应和明显的临床症状等将患病猪检查出来,而对于那些不出现体温反应或临床症状不明显的患病猪则很难发现。在屠宰过程中,通过对肉尸和内脏病理变化及异常表现的直接观察和其他检测方法,可以将该类患病猪检查出来。

(5)**市场检疫** 指猪及其产品在进入市场商品交易时所实施的检疫。市场检疫包括集市检疫、交易检疫、采购检疫。市场是猪及其产品的集散地,集中时相互间接触机会多,易互相传播传染病,离散时又容易扩散传染病。做好市场检疫可以防止患有检疫对象的猪及其产品上市交易，保护畜牧业生产发展，保证消费者安全，促进经济贸易。

（二）国境检疫

国境检疫又叫进出境检疫或口岸检疫（简称外检），是一项政策性和技术性相结合的兽医卫生防疫工作，对维护国家主权、控制猪重大传染病的传入和流行、保障养殖业的正常发展和人民的身体健康都有重要的意义。国境检疫包括进境检疫、出境检疫、过境检疫、携带和邮寄物检疫、运输工具检疫等。

（1）**进境检疫**　指对猪、猪产品和其他检疫物在进入国境过程中进行的猪检疫。进境检疫对防止国外猪传染病传入我国有着极其重要的意义。进境检疫包括签订双边检疫议定书、审批、报检、现场检疫、隔离检疫、处理与放行等程序。

在检疫过程中，若发现原农业部颁布的《中华人民共和国进境猪一、二、三类传染病、寄生虫病名录》中一类传染病或双边检疫议定书规定的传染病时，全群猪或猪遗传物质禁止进境，做退回或销毁处理；检出二类病的阳性猪应退回或销毁，并对同群的其他猪进行隔离观察，阴性时可以进境。

（2）**出境检疫**　指对猪、猪产品和其他检疫物在输出国外前进行的检疫。出境检疫对维护我国的国际信誉，促进对外经济贸易，有着重要意义。猪、猪产品和其他检疫物经检疫合格或除害处理合格者，才准予出境。出境检疫包括报检、检疫和离境等程序。

（3）**过境检疫**　指对载有猪、猪产品和其他检疫物的运输工具要通过我国国境时进行的猪检疫。过境检疫对防止猪传染病传入我国和传出国境都有重要的意义。

（4）**携带、邮寄物检疫**　指对携带物和邮寄物检疫。携带物检疫是指对进入国境的旅客、交通员工携带的或托运的猪及其产品进行的猪检疫，简称为旅检。邮寄物检疫是指对邮寄入境的猪产品进行的猪检疫，简称为邮检。携带或邮寄的猪及其产品，未经检疫或检疫不合格者，不许进境。

（5）**运输工具检疫**　指对来自猪疫区的进境运输工具，以及所有进出境、过境装载猪、猪产品及其他检疫物的运输工具（包括集装箱）进行的检疫。

子任务三　消毒

消毒是指通过物理、化学或生物学方法杀灭或清除环境中病原体的技术或措施，其目的是消灭被传染源散播于外界环境中的病原体，以切断传播途径，阻止猪传染病的蔓延。对于不同途径传播的猪传染病消毒的重点是不一样的：预防消化道传播的传染病应着重抓好草料、饮水、饲养用具和粪尿卫生管理；预防呼吸道传播的传染病应着重保持空气流通、多晒太阳、适时空气消毒和降低饲养密度等；预防虫媒性传播的传染病主要指改善环境卫生，采取杀虫、驱虫、灭虫的措施；预防经皮肤传播的传染病，防止外伤并及时处理外伤等。

一、消毒的种类

根据消毒的目的不同可将消毒分为预防性消毒、随时消毒和终末消毒。

（1）**预防性消毒**　指在平时的饲养管理过程中，对畜舍、空气、场地用具和饮水或猪群等进行定期消毒，以达到预防一般猪传染病的目的。

（2）**随时消毒**　指在发生猪传染病后到解除封锁期间，由于疫源地内有传染源存在，为了及时消灭刚由传染源排出的病原体而进行的多次的消毒。消毒对象是患病猪及带菌（毒）猪的排泄物、分泌物以及被其污染的畜舍、用具、场地和物品等。

(3)终末消毒 指疫源地内的患病猪解除隔离、痊愈或死亡后，或者在疫区解除封锁时，为了消灭疫区内可能残存的病原体而进行的一次全面彻底的消毒。消毒对象是传染源污染和可能污染的所有畜舍、饲料饮水、用具、场地及其他物品等。

二、消毒的方法

消毒的方法可概括为物理消毒法、化学消毒法和生物消毒法。

1. 物理消毒法

物理消毒法是指通过机械性清扫、冲洗、通风换气、高温、干燥、照射等物理方法对环境和物品中病原体的清除或杀灭。

(1)机械性清除 主要是通过清扫、洗刷、通风、过滤等机械方法消除病原体。本法是一种普通而又常用的方法，但不能达到彻底消毒的目的，作为一种辅助方法，须与其他消毒方法配合进行。

(2)日光、紫外线消毒 日光消毒是利用阳光光谱中的紫外线、热线及其他射线进行消毒的一种常用的方法。其中紫外线具有较强的杀菌能力，阳光的灼热和蒸发水分造成的干燥也有杀菌作用。本法对于草地、运动场、畜栏、饲养用具及环境等的消毒很有实际意义。在实际工作中常利用紫外灯产生紫外线进行空气消毒。消毒时灯管与污染物体表面的距离不得超过 1.5 m。消毒时间应根据污染的程度确定，通常为 0.5～2 h，但适当延长照射时间能够增强消毒效果。各种病原体对紫外线的抵抗力由小至大的顺序为革兰阴性菌、革兰阳性菌、病毒、细菌芽孢。抵抗力较强的病原体需要的照射量或照射时间应适当延长。

(3)焚烧 这是一种简单易行且可靠的消毒方法。常在发生烈性猪传染病，如炭疽、气肿疽时，对病畜尸体及其污染的垫草、草料等进行焚烧，对厩舍墙壁、地面用喷灯进行喷火消毒。对金属制品可用火焰烧灼和烘烤进行消毒。

(4)干热灭菌法 包括火焰烧灼灭菌法和烘烤灭菌法，这两种方法的灭菌效果明显，使用操作也比较简单。当病原体抵抗力较强时，可通过火焰发射器对粪便、场地、墙壁、笼具和其他废弃物品进行烧灼灭菌，或将猪的尸体以及传染源污染的饲料、垫草、垃圾等进行焚烧处理；全进全出制猪圈舍中的地面、墙壁、金属制品也可用火焰烧灼灭菌。

烘烤灭菌也称热空气灭菌，该法主要对干燥的玻璃器皿，如烧杯、试管、培养皿、玻璃注射器等灭菌。灭菌时，将待灭菌物品放入烘烤箱内，使温度逐渐上升到 160 ℃维持 2 h，可以杀死全部细菌及其芽孢。

(5)湿热灭菌法 包括煮沸消毒、高压蒸汽消毒和间歇蒸汽消毒等。

a. 煮沸消毒。煮沸消毒是日常最为常用而且效果确实的消毒方法。一般病原菌的繁殖型在 60～70 ℃水中经 30～60 min 或 100 ℃的沸水中 5 min 内即可死亡。多数芽孢在煮沸 15～30 min 内即可死亡，煮沸 1～2 h 可以消灭所有的病原体。常用于耐煮的金属器械、木质和玻璃器具、工作服等的消毒。在煮沸金属器械和玻璃器械时，可加 1%～2%苏打或 0.5%肥皂等碱性物质，以提高沸点，增强杀菌效果。塑料、皮革制品易变形，不能采用煮沸消毒。

b. 高压蒸汽消毒 指采用相对湿度 80%～100%的热空气消毒，它能携带许多热量，遇到消毒物品时可凝结成水，并放出大量热能，从而达到消毒的目的，其效果好。农村可用蒸笼进行。在实验室主要利用高压蒸汽消毒，通常在 121 ℃维持 30 min，就可杀死细菌和芽孢。此外，病死猪化制站也利用高压蒸汽消毒。

c. 间歇蒸汽消毒法 由于在 100 ℃时维持 30 min 可以杀死污染物品中细菌的繁殖体，因而将消毒后的物品置于室温下过夜，使其中的细菌芽孢和霉菌孢子萌发，第 2 天和第 3 天再用同样的方法进行处理和消毒，便可杀灭全部的细菌、真菌及其芽孢和孢子。此法常用于易被高温破坏的物品，如鸡蛋、血清、牛乳和各种糖类等培养基的灭菌。

2. 化学消毒法

化学消毒法是用化学药物杀灭病原体的方法，常用化学药品的溶液或蒸汽进行消毒，在防疫工作中最为常用。选用消毒药应考虑的因素包括：杀菌谱广，有效浓度低，作用快，效果好；对人畜无害；性质稳定，易溶于水，不易受有机物和其他理化因素影响；使用方便，价廉，易于推广；无味，无臭，不损坏被消毒物品；使用后残留量少或副作用小等。临床实践中常用的消毒剂种类很多，根据其化学特性分为酚类、醛类、醇类、酸类、碱类、氯制剂、氧化剂、碘制剂、染料类、重金属盐和表面活性剂等。

3. 生物消毒法

在兽医防疫实践中，常用该法将被污染的粪便堆积发酵，利用嗜热细菌繁殖时产生高达70％以上的热量，经过 1～2 个月将病毒、细菌（芽孢除外）等病原体杀死，既达到消毒的目的，又保持了肥效。但本法不适用于炭疽、气肿疽等芽孢菌引起的猪传染病，这类猪传染病的粪便应焚烧或深埋。

三、消毒程序和制度

1. 消毒程序

根据消毒的类型、对象、环境温度、病原体性质以及传染病流行特点等因素，将多种消毒方法科学合理地加以组合而进行的消毒过程称为消毒程序。以全进全出制生产系统中的消毒为例，空栏消毒的程序通常为：粪污清除、高压水枪冲洗、消毒剂喷洒、干燥后熏蒸消毒或火焰消毒、再次喷洒消毒剂、清水冲洗、晾干后再将猪群转入。

消毒程序的制定应根据本场的生产方式、主要流行的传染病、消毒剂的特点和消毒设备及设施的种类等因素确定，但消毒前将猪圈舍内的粪便和污物清扫、冲洗干净是提高消毒效果的前提。条件较好的养殖场应在消毒后对生产的关键环节，如育雏舍、产仔舍等实施消毒效果的检查。

2. 消毒制度

养殖场应将各种消毒工作制度化，明确规定和记录消毒工作的管理者和执行人，使用消毒剂的种类、浓度和方法，消毒的间隔期限，消毒剂的轮换使用情况以及消毒设施、设备的管理和维护等内容。

四、消毒效果的检查

1. 房舍机械清除效果的检查

房舍机械清除效果的检查主要是对房舍及机械设备的清洁程度进行检查，其次是检查管理用具等的消毒程度以及消毒粪便所采取的方法（是否进行生物热消毒、焚烧等）。

2. 消毒药剂选择正确性的检查

了解消毒工作的记录，检查消毒药物的种类、浓度、温度及其用量。可从没有用完的消毒液中进行消毒药物浓度、杀菌力等方面的化学检查，如测定甲醛、有效氯的浓度等。

3. 灭菌器消毒效果的检查

通常用最高温度计、压力计等放在高压灭菌器中的不同部位，监测其运行过程中温度和压力的动态变化；也常用抵抗力比普通病原菌大的嗜热脂肪杆菌芽孢、枯草杆菌芽孢等做成试验菌纸片，经过待检灭菌器消毒处理后再检测这些细菌的活性。

4. 污染区消毒效果的检查

在实践中常以某些条件致病菌，如金黄色葡萄球菌和大肠杆菌等作为评价指标。一般规定检查 10 个样品，检测结果全部为阴性时表明消毒合格。猪圈舍地面和墙壁的消毒效果检验，一般是通过比较消毒前和消毒后被消毒物品上至少 5 块相等面积(10 cm×10 cm)中的细菌数，根据细菌数量减少的百分比对效果进行评价。

5. 空气消毒效果的检查

一般是通过比较消毒前后空气中微生物的数量作为评价依据。空气中微生物样品的采集方法有 2 种，即自然沉降法和冲击采样法。

自然沉降法是将带有固体培养基的培养皿放置在待测空间中的不同位置，并打开培养皿盖让其暴露于空气中一定时间，通过空气中微生物的自然沉降采集样品。但该方法只能捕获直径大于 10 μm 以上的颗粒，对体积更小、流行病学意义更大的传染性颗粒很难捕获，故准确性差。

冲击采样法是用空气采样器先抽取一定体积的空气，然后强迫空气通过狭缝直接高速冲击到缓慢转动的琼脂培养基表面，经过培养比较消毒前后的细菌数。该方法是目前公认的标准空气采样法。

子任务四　猪传染病诊断与疫情报告

一、疫情报告制度

(一)国内疫情报告系统

《中华人民共和国动物防疫法》规定，从事动物疫病监测、检测、检验检疫、研究、诊疗以及动物饲养、屠宰、经营、隔离、运输等活动的单位和个人，发现动物染疫或者疑似染疫的，应当立即向所在地农业农村主管部门或者动物疫病预防控制机构报告，并迅速采取隔离等控制措施，防止动物疫情扩散。其他单位和个人发现动物染疫或者疑似染疫的，应当及时报告。任何单位和个人不得以自身利益或其他原因为借口，瞒报、谎报或阻碍他人报告疫情。接到动物疫情报告的单位，应当及时采取必要的控制处理措施，并按照国家规定的程序上报。当猪突然死亡或怀疑发生传染病时，除立即报告猪防疫监督机构外，在兽医人员未到现场或未作出诊断前，应将患病猪进行隔离并派专人管理，对患病猪污染的环境和用具进行严格消毒，患病猪的尸体应保留完整，未经兽医检查同意不得擅自急宰和剖检，以便为传染病的准确、快速诊断提供材料，并防止病原体的扩散。动物疫情由县级以上人民政府兽医主管部门认定；其中重大动物疫情由省、自治区、直辖市人民政府兽医主管部门认定，必要时报国务院兽医主管部门认定。国务院兽医主管部门应当及时向国务院有关部门和军队有关部门以及省、自治区、直辖市人民政府兽医主管部门通报重大动物疫情的发生和处理情况；发生人畜共患传染病的，县级以上人民政府兽医主管部门与同级卫生主管部门应当及时相互通报。国务院兽医主管部门负责向社会及时公布全国动物疫情，也可以根据需要授权省、自治区、直辖市人民政府兽医主管部门公布本行政区域内的动物疫情。其他单位和个人不得发布动物疫情。

(二)国际疫情报告系统

为了限制重要猪传染病的扩散，在世界范围内更好地控制猪传染病，国际兽疫局对其成员国规定了猪疫情国际通报的权利和义务，其程序和内容简述如下。

(1)当某成员国或某地区出现国际兽疫局规定的 A 类疾病或其他国家具有重要流行病学意义的非 A 类疾病时，应在 24 h 内通过电传、电报、传真或电子邮件通报中央局(即国际兽疫局常设秘书处)。

(2)初次通报后，在疫情稳定或传染病根除之前应按上述方法每周上报一次疫情控制的进展情况。

(3)疫情扑灭后或未发生重大疫情的国家或地区，应对 A 类疾病和具有重要流行病学意义的非 A 类传染病，按月上报其控制和存在状况。

(4)所有 A 类、B 类及其他具有重要社会经济意义的传染病应每年上报一次。

在传染病发生时，各国兽医行政管理部门除上报上述内容外，还应通报为防止传染病传播所采取的措施，包括检疫措施、疫区内猪及其产品和其他物品等流通的限制措施、传播媒介的控制措施等。

二、猪传染病的诊断

猪传染病的诊断是指依靠人的感官或利用其他方法对患病猪进行检查，从而作出诊断。及时准确有效的诊断是扑灭猪传染病工作成败的关键。诊断猪传染病的常用方法有临床诊断、流行病学诊断、病理学诊断、病原学诊断和免疫学诊断等。实际工作过程中，有时需根据某种猪传染病的特点采用几种方法进行综合诊断，有时仅需要采用其中一两种方法便可作出准确诊断。现将常用的诊断方法简介如下。

1. 临床诊断

这是最基本、最简便易行的方法，也是猪传染病诊断的起点和基础。它是利用人的感官或借助一些最简单的器械，如温度计、听诊器等直接对患病猪进行检查，有时也需要结合血、尿、粪的常规检查方可作出诊断。对某些具有典型症状的病例，如破伤风、猪气喘病等，通过临床诊断一般可以确诊。但应当指出，这种方法有一定的局限性和片面性，如对发病初期特征性症状尚不明显的病例和非典型病例，通过临床诊断难以确诊，只能提出可疑猪传染病的大致范围，必须结合其他方法才能作出确诊。在进行临床诊断时，应注意对整个发病猪群所表现的综合征状加以分析判断，不要单凭个别或少数病例的症状轻易下结论，以防误诊。

2. 流行病学诊断

流行病学诊断经常与临床诊断联系在一起。流行病学诊断是在流行病学调查(即疫情调查)的基础上进行的。疫情调查可在临床诊断过程中进行，如以座谈方式向畜主询问疫情，并对现场进行仔细检查，取得第一手资料，然后对材料进行分析，作出诊断。由于猪传染病不同，流行病学诊断的重点也不一样。一般应调查本次流行的情况、疫情来源以及传播途径和方式等。

3. 病理诊断

大多数的猪传染病，如猪瘟、猪气喘病等都有不同程度的特殊病理变化，对于诊断猪传染病具有重要价值。但有些病例，如最急性和非典型病例，其病理变化不太典型，尤其是非典型病例，需多剖检一些病例进行综合诊断方可发现某病典型病理变化。病理组织学诊断是经典的诊断方法之一，主要是通过显微镜观察病料组织切片中的特征性显微病变和特殊结构，借以诊断或区别不同的传染病。目前，病理组织学诊断对某些传染病仍是最主要和可靠的诊断方法。

4. 病原学诊断

这是诊断猪传染病最重要的方法之一，是确诊猪传染病的重要依据。常用的病原学诊断方法如下。

(1)病料涂片镜检 通常在有显著病变的不同组织器官和不同部位涂抹数片，进行染色镜检。此法对于一些具有特征性形态的病原微生物，如炭疽杆菌、巴氏杆菌等，可以迅速作出诊断，但对大多数猪传染病来说，只能提供进一步检查的依据或参考。

(2)分离培养和鉴定 用人工培养方法将病原体从病料中分离出来。细菌、真菌、螺旋体等可选择适当的人工培养基，病毒可先用动物或组织培养等方法分离培养，分得病原体后，再进行形态学、培养特性、动物接种及免疫学实验等方法作出鉴定。

(3)动物接种实验 通常选择对该种猪传染病病原体最敏感的动物进行人工感染实验。将病料用适当的方法进行人工接种，然后根据对不同动物的致病力、症状和病理变化特点来帮助诊断。当实验动物死亡或经一定时间杀死后，观察体内变化，并采取病料进行涂片检查和分离鉴定。

一般应用的实验小动物有家兔、小鼠、豚鼠、仓鼠、家禽、鸽子等。在实验小动物对该病原体无感受性时，可以采用有易感性的大动物进行实验，但费用高，而且需要严格的隔离条件和严格的消毒措施，因此只有在非常必要和条件许可时才能进行。

从病料中分离出微生物，虽是确诊的重要依据，但也应注意猪的“健康带菌”现象，其结果还需与临床及流行病学、病理变化结合起来进行分析。有时即使没有发现病原体，也不能完全否定该种猪传染病的诊断。

(4)免疫组化技术 指用标记的特异性抗体(抗原)对组织细胞内抗原(抗体)分布进行检测的方法。根据标记物的不同分为免疫荧光组化技术、免疫酶组化技术、免疫电镜技术等。不同的免疫组化技术具有各自独特的试剂和方法，包括抗体制备、组织材料处理、免疫染色、对照试验及显微观察等。在涉及病毒、细菌和原生生物等抗原的检测或鉴定中，该技术具有以下优点：样品运送方便；能够安全地控制对人员具有潜在致病作用的病原体；使样品的保存和回顾性研究成为可能；诊断快速；能够对无活性的病原体进行检测。

随着单克隆抗体技术的发展，免疫组化技术在猪传染病诊断方面的应用将越来越广泛。

分子生物学诊断技术在猪传染病诊断方面的应用也越来越广泛，如聚合酶链反应、限制性酶切片段长度多态性分析、核酸探针技术等。

5. 血清学试验

血清学试验是通过免疫学方法诊断猪传染病最常用的重要方法之一，包括血清学试验和变态反应两类。

(1)血清学试验 血清学试验是利用抗原和抗体特异性结合的免疫学反应进行诊断。可以用已知抗原来测定被检猪血清中的特异性抗体，也可以用已知的抗体(免疫血清)来测定被检材料中的抗原。血清学试验包括：中和试验(毒素抗毒素中和试验、病毒中和试验等)；凝集试验(直接凝集试验 、间接凝集试验、间接血凝试验)；沉淀试验(环状沉淀试验、琼脂扩散沉淀试验)；溶细胞试验(溶菌试验、溶血试验)；补体结合试验以及免疫荧光试验、免疫酶技术、放射免疫测定、单克隆抗体和核酸探针等。

(2)变态反应 变态反应是诊断猪某些传染病的重要免疫学方法之一。猪患某些传染病(主要是慢性猪传染病)时，可对该病病原体或其产物的再次进入产生强烈的反应。该种方法可用于结核病、布鲁氏菌病等多种猪传染病的诊断。

子任务五 猪传染病的控制与扑灭

猪传染病的控制与扑灭是猪传染病综合防制的重要内容。从技术和经济学角度考虑，传染病流行的不同时期应采取不同的措施，如在急性、烈性猪传染病流行的早期，疾病在猪群中还没有出现广泛的传播和扩散，此时应以临床检查、淘汰或扑杀感染或发病猪为主，同时进行污染场地的严格消毒处理和周围猪群的紧急免疫接种；慢性传染病的处理则应以检疫、淘汰感染猪为主。不同猪传染病的消灭及控制技术不同，对口蹄疫、非洲猪瘟等危害性大的传染病，应采取以封锁疫区、检疫、隔离、扑杀和销毁为主的消灭措施；对结核病、布鲁氏菌病等传染病应采取以严格检疫、及早淘汰为主的消灭或净化技术，也可通过建立健康猪群等方法加以净化；对于大肠杆菌病和链球菌病等应以加强环境控制，结合敏感药物治疗为主的综合性控制措施；而对于病原体血清型单一、疫苗免疫效果良好的猪传染病则应采取以疫苗接种为主的防制措施。

一、隔离

隔离是指将患病猪和疑似感染猪控制在一个有利于防疫和生产管理的环境中进行单独饲养和防疫处理的一种措施。它是控制和扑灭猪传染病的重要措施之一，一般适用二、三类动物疫病的控制和扑灭，也是发生一类传染病实行强制性封锁前采取的措施。其目的是控制传染源，防止猪继续受到传染，控制猪传染病蔓延，以便将疫情控制在最小范围内加以就地扑灭。根据诊断检疫结果，可将全部受检猪分为患病猪群、可疑感染猪群和假定健康猪群三类，以便分别对待。

1. 患病猪群

指有典型症状或类似症状，或其他诊断方法检查为阳性的猪。对检出的患病猪应立即送往隔离栏舍或偏僻地方进行隔离。如患病猪数量较多时，可隔离于原猪舍内，而将少数疑似感染猪移出观察。对有治疗价值的，要及时治疗；对危害严重、缺乏有效治疗办法或无治疗价值的，应扑杀后深埋或销毁。对患病猪要设专人护理，禁止闲散人员出入隔离场所。饲养管理用具要专用，并经常消毒，对粪便进行发酵处理，对人畜共患病还要做好个人防护。

2. 可疑感染猪群

指在发生某种猪传染病时，与患病猪同群或同舍，并共同使用饲养管理用具、水源等的猪。这些猪有可能处在潜伏期中或有排菌（毒）危害，故应经消毒后转移隔离（应与患病猪分别隔离），限制其活动范围，详细观察、及时分化。有条件时可进行紧急预防接种或药物预防。根据该种猪传染病潜伏期的长短，经一定时间观察不再发病后，要在猪消毒后解除隔离。

3. 假定健康猪群

指与患病猪有过接触或患病猪邻近畜舍的猪，临床上没有任何症状假定健康的猪。对假定健康猪应及时进行紧急预防接种，加强饲养管理和消毒等，以保护猪群的安全。

二、封锁

封锁是指当某地或养殖场暴发法定一类传染病和外来传染病时，为了防止传染病扩散以及安全区健康猪的误入而对疫区或其猪群采取的划区隔离、扑杀、销毁、消毒和紧急免疫接种等强制性措施。

《中华人民共和国动物防疫法》规定，当确诊为一类动物疫病时，当地县级以上地方人民政府兽医主管部门应当立即派人到现场，划定疫点、疫区、受威胁区，调查疫源，及时报请本级人民政府对疫区实行封锁。疫区范围涉及两个以上行政区域的，由有关行政区域共同的上一级人民政府对疫区实行封锁，或者由各有关行政区域的上一级人民政府共同对疫区实行封锁。必要时，上级人民政府可以责成下级人民政府对疫区实行封锁。封锁的目的是保护广大地区畜群的安全和人民健康，把猪传染病控制在封锁区之内，发动群众力量就地扑灭。封锁行动应通报邻近地区政府采取有效措施，同时逐级上报国家畜牧兽医行政机关或国际兽疫局，并由其统一管理和发布国家猪疫情信息。

封锁区的划分，必须根据该猪传染病的流行规律、当时的流行情况和当地的条件，按“早、快、严、小”的原则进行。“早”是早封锁，“快”是行动果断迅速，“严”是严密封锁，“小”是把疫区尽量控制在最小范围内。封锁是针对传染源、传播途径、易感猪群三个环节采取的措施。根据我国有关兽医法规的规定，具体措施如下。

1. 封锁的疫点应采取的措施

(1)当某地暴发法定 A 类或一类传染病、外来传染病以及人畜共患病时，其疫点内的所有猪，无论其是否实施过免疫接种，在兽医行政部门的授权下，宰杀感染特定传染病的猪及同群可疑感染猪，并在必要时宰杀直接接触猪或可能传播病原体的间接接触猪，尸体一律焚烧或深埋处理。扑杀政策是在猪传染病控制上采取的一项最严厉的强制性措施，也是兽医学中特有的传染病控制方法。

(2)严禁人、猪、车辆出入和猪产品及可能污染的物品运出。在特殊情况下人员必须出入时，须经有关兽医人员许可，经严格消毒后出入。

(3)对病死猪及其同群猪，县级以上农牧部门有权采取扑灭、销毁或无害化处理等措施，畜主不得拒绝。

(4)疫点出入口必须有消毒设施，疫点内用具、圈舍、场地必须进行严格消毒，疫点内的猪粪便、垫草、受污染的草料必须在兽医人员监督指导下进行无害化处理。

2. 封锁的疫区应采取的措施

(1)交通要道必须建立临时性检疫消毒卡，备有专人和消毒设备，监视猪及其产品移动，对出入人员、车辆进行消毒；

(2)停止集市贸易和疫区内猪及其产品的采购；

(3)未污染的猪产品必须运出疫区时，须经县级以上农牧部门批准，在兽医防疫人员监督指导下，经外包装消毒后运出；

(4)非疫点的易感猪，必须进行检疫或预防注射。

3. 受威胁区及其应采取的措施

疫区周围地区为受威胁区，其范围应根据传染病的性质、疫区周围的山川、河流、草场、交通等具体情况而定。受威胁区应采取如下主要措施。

(1)对受威胁区内的易感猪应及时进行预防接种，以建立免疫带；

(2)管好本区易感猪，禁止出入疫区，并避免饮用疫区流过来的水；

(3)禁止从封锁区购买猪和猪产品，如从解除封锁后不久的地区买进猪或其产品，应注意隔离观察，必要时对产品进行无害处理；

(4)对设于本区的屠宰场、加工厂、猪产品仓库进行兽医卫生监督，拒绝接受来自疫区的活猪及其产品；

(5)解除封锁　疫区内(包括疫点)最后一头病猪扑杀或痊愈后，经过该病一个潜伏期以上的检测、观察，未再出现病猪时，经彻底消毒清扫，由县级以上农牧部门检查合格，经原发布封锁令的政府发布解除封锁令后，并通报毗邻地区和有关部门后方可解除封锁。疫区解除封锁后，病愈猪须根据其带毒时间，控制在原疫区范围内活动，不能将它们调到安全区去。

子任务六 免疫接种和药物预防

一、免疫接种

免疫接种是给猪接种各种免疫制剂(菌苗、疫苗、类毒素及免疫血清),使猪个体和群体产生对猪传染病的特异性免疫力。它是使易感猪转化为不易感猪的一种手段。有计划有组织地进行免疫接种,是预防和控制猪传染病的重要措施之一,在某些猪传染病如猪瘟等的防制过程中,免疫接种更具有关键性的作用。根据免疫接种的时机不同,可分为预防接种和紧急接种两类。

(一)预防接种

预防接种是指在经常发生某些猪传染病的地区,或有某些猪传染病潜在的地区,或受到邻近地区某些猪传染病经常威胁的地区,为了防患于未然,在平时有计划地给健康猪群进行的免疫接种。预防接种常用的免疫制剂有疫(菌)苗、类毒素等。由于所用免疫制剂的品种不同,接种方法也不一样,有皮下注射、肌内注射等。随着猪场的集约化发展,饲养数量显著增加,预防接种方向也由逐头打预防针改为简便的饮水免疫和气雾免疫,如猪肺疫弱菌苗的饮水免疫,获得了良好的免疫效果,而且节省了大量的人力。接种后一般经1～3周产生免疫,并可获得持续数月至1年以上的免疫力。

1. 调查研究,做好宣传,进行有计划的预防接种

预防接种应首先对本地区近年来曾发生过的猪传染病流行情况进行调查了解,然后有针对性地拟定年度或周期预防接种计划,确定免疫制剂的种类和接种时间,按所制定的各种猪免疫程序进行免疫。例如,某地区为预防猪瘟、猪丹毒、猪肺疫等传染病,要求每年全面地定期接种两次,在两次间隔期间,每月或每半月检查一次,对新生仔猪(1月龄以上)和新从外地引进的猪只,进行及时的补种,以提高防疫密度。

有时也进行计划外的预防接种。如输入或输出猪时,为避免在运输途中或达到目的地后暴发某些传染病而进行的预防接种,可用疫苗、菌苗或类毒素,若时间紧迫也可用免疫血清进行免疫。如果在某一地区过去从未发生过某种猪传染病,也没有从别处传染的可能时,则不需要对该猪传染病进行免疫。

预防接种前,应对被接种的猪进行详细的检查和调查了解。根据具体情况确定接种的时机。成年的、体质健壮或饲养管理条件好的家畜,接种后会产生较坚强的免疫力,可按计划进行接种;而对于幼年的、体质弱的、有慢性病的和妊娠后期的母猪,以及饲养管理条件不好的猪,在进行预防接种的同时,必须创造条件改善饲养管理,如果是已经有感染的威胁,最好暂不接种。

预防接种前,还要对当时当地的猪传染病情况进行调查,如发现疫情,则应首先安排紧急防疫,如无特殊猪传染病流行则按原计划进行定期预防接种。接种后,应加强饲养管理,使机体产生较好的免疫力,减少接种后的不良反应。

2. 应注意预防接种反应

生物制剂对于猪机体来说,都是异物,经接种后总有一个反应过程,但反应的强度和性质有所不同。有的程度轻微,不会对机体带来危害,只要精心护理,就会恢复,但有些不良反应或剧烈反应则应引起注意。所谓不良反应,是指经预防接种后引起持久的或不可逆的组织、器官损害或功能障碍而致的后遗症。接种反应的类型分为以下几种。

(1)正常反应 指由于制品本身的特性而引起的反应,其性质和反应强度因制品而异。如有

些制品是活菌苗或活疫苗，接种后实际是一次轻度感染，也会发生某种局部反应或全身反应。

(2)**严重反应** 它和正常反应没有本质上的区别，但程度轻重或发生反应的猪数量超过正常比例。引起严重反应的原因，或由于某一批生物制品质量较差，或是使用方法不当，如接种剂量过大、接种技术不正确、接种途径错误等，或是个别猪对某种生物制品过敏。这类反应只有个别特殊的猪才会发生，通过严格控制制品质量和按照说明书使用可以减少到最低程度。

(3)**合并症** 指与正常反应性质不同的反应，主要包括超敏感(血清病过敏休克、变态反应)、扩散为全身感染和诱发潜伏感染等。

3. 几种疫苗的联合应用

这是预防接种工作的发展方向。由于一定地区、一定季节内某种猪流行的传染病种类较多，往往在同一时间需要给猪接种两种或两种以上的疫苗，以分别刺激机体产生保护性抗体。这种免疫接种可以大大提高工作效率，很受广大养殖者和基层兽医防疫人员的欢迎。但在当前仍以常规疫苗为主的形势下，疫苗联合使用时应考虑到疫苗的相互作用。从理论上讲，在增殖过程中，不同病原微生物可通过不同的机制彼此相互促进或相互抑制，当然也可能彼此互不干扰。前两种情况对弱毒苗的联合免疫接种影响很大，主要是因为弱毒活苗在产生免疫力之前需要在机体内进行一定程度的增殖，因此在选择疫苗联合接种免疫时，应根据研究结果和试验数据，确定哪些弱毒苗可以联合使用，哪些疫苗在使用时应有一定的时间间隔以及接种的先后顺序等。生物制品厂生产的联合疫苗都经过实验检验，相互之间不会出现干扰作用。

近年来的研究表明，灭活疫苗联合使用时似乎很少出现相互影响的现象，甚至某些疫苗还具有促进其他疫苗免疫力产生的作用。但考虑到猪体的承受能力、传染病危害程度和目前的疫苗生产工艺等因素，常规灭活疫苗无限制累加联合也会影响主要传染病的免疫防制，其原因是猪机体对多种外界因素刺激的反应性是有限度的，同时接种疫苗的种类或数量过多时，不仅妨碍猪体针对主要传染病高水平免疫力的产生，而且有可能出现较剧烈的不良反应而减弱机体的抗病能力。因此，对主要猪传染病的免疫防制，应尽量使用单独的疫苗或联合较少的疫苗进行免疫接种，以达到预期的接种效果。

4. 制定合理的免疫程序

所谓免疫程序，就是对某种猪，根据其常发的各种猪传染病的性质、流行病学、母源抗体水平，有关疫(菌)苗首次接种的要求及免疫期长短等，制定该种猪从出生经青年到成年或屠宰配套接种程序。目前，国际上还没有一个可供统一使用的疫(菌)苗免疫程序，各国都在实践中总结经验，制定出合乎本地区、本牧场具体情况的免疫程序，并且还在不断研究改进中。

制定免疫程序通常应遵循如下原则。

(1)**猪群的免疫程序是由传染病的分布特征决定的** 由于猪传染病在地区、时间和猪群中的分布特点和流行规律不同，它们对猪造成的危害程度也会发生变化，所以一定时期内兽医防疫工作的重点就有明显的差异，需要随时调整。有些传染病流行时具有持续时间长、危害程度大等特点，应制定长期的免疫防制对策。

(2)**免疫程序是由疫苗的免疫学特性决定的** 疫苗的种类、接种途径、产生免疫需要的时间、免疫力的持续期等差异是影响免疫效果的重要因素，因此在指定免疫程序时要根据这些特性的变化进行充分的调查、分析和研究。

(3)**免疫程序应具有相对的稳定性** 如果没有其他因素的参与，某地区或养殖场在一定时期内猪传染病分布特征是相对稳定的。因此，若实践证明某一免疫程序的应用效果良好，则应尽量避免改变这一免疫程序；如果发现该免疫程序执行过程中仍有某些传染病流行，则应及时查明原因(疫苗、接种时机和病原体变异等),并进行适当的调整。

(4)仔猪的母源抗体水平 免疫过的妊娠母猪所产仔猪在一定时间内体内有母源抗体存在,对建立自动免疫有一定的影响,因此对幼龄猪进行免疫接种往往不能获得满意的效果。以猪瘟为例,母猪于配种前后接种猪瘟疫苗者,所产仔猪由于从初乳中获得母源抗体,在 20 日龄以前对猪瘟具有坚强免疫力,30 日龄以后母源抗体急剧衰减,至 40 日龄时几乎完全丧失。哺乳仔猪如在 20 日龄左右首次免疫接种猪瘟弱毒疫苗,至 65 日龄左右进行第二次免疫接种,这是我国目前公认的较合适的猪瘟免疫程序。另外,国内外一些报道认为,初生仔猪在吃初乳前接种猪瘟弱毒疫苗,可免受母源抗体的影响而获得可靠免疫力,这种免疫有一些优越性,但也存在一些困难,饲养人员和兽医人员必须随时观察。仔猪出生后立即进行免疫接种。

5. 实行免疫监测制度,合理免疫

在影响疫(菌)苗免疫效果的因素中,接种猪体内原有抗体(母源抗体和自动免疫抗体)是主要因素之一。实践证明,免疫过的母猪所生的仔猪,可从初乳中获得母源抗体。如初免时机选择不当,就会影响免疫效果。因此,为了使免疫接种获得可靠的免疫效果,必须建立免疫监测制度,排除对猪免疫的干扰因素,以保证免疫程序的合理实施。所谓免疫监测,就是利用血清学方法,对某些疫(菌)苗免疫猪在免疫接种前后的抗体跟踪监测,以确定接种时间和免疫效果。在免疫前,监测有无相应抗体及其水平,以便掌握合理的免疫时机,避免重复和失误;在免疫后,监测是为了了解免疫效果,效果如不理想可查找原因,进行重免;有时还可及时发现疫情,尽快采取扑灭措施。

6. 预防接种失败的原因

免疫失败是指经某病疫苗接种的猪群,在该疫苗有效免疫期内,仍发生该猪传染病;或在预定时间内经检测免疫力达不到预期水平,即预示着有发生该猪传染病的可能。造成疫苗接种失败的原因有以下几个。

(1)仔猪体内存有高度的被动免疫力(母源抗体),可能中和了疫苗。

(2)环境条件恶劣、寄生虫侵袭、营养不良等应激,影响了猪的免疫应答。

(3)霉菌素中毒等引起的免疫抑制。

(4)猪群中已潜伏着传染病。

(5)活苗因保存、运输或处理不当而死亡,或使用超过有效期的疫苗。

(6)可能疫苗不含激发该猪传染病保护性免疫所需的相应抗原,即疫苗的毒(菌)株或血清型不对。

(7)使用饮水法或气雾法接种时,疫苗分布不匀,使部分猪未接触到疫苗或因疫苗剂量不足而仍然易感。

(二)紧急接种

紧急接种是指在发生猪传染病时,为了迅速控制和扑灭猪传染病的流行,而对疫区和受威胁区尚未发病的猪进行的应急性免疫接种。紧急接种从理论上讲应使用免疫血清,或先注射血清,2 周后再接种疫(菌)苗,即所谓共同接种较为安全有效。但因免疫血清用量大,价格高,免疫期短,且在大批猪急需接种时常常供不应求,因此在防疫中很少应用,有时只用于种畜场、良种场等。实践证明,在疫区和受威胁区有计划地使用某些疫(菌)苗进行紧急接种是可行而有效的。如在发生猪瘟和口蹄疫等急性猪传染病时,用相应疫苗进行紧急接种,可收到很好的效果 。

应用疫(菌)苗进行紧急接种时,必须先对猪群逐头逐只地进行详细的临床检查,逐头测温,只能对无任何临床症状的猪进行紧急接种,对患病猪和处于潜伏期的猪,不能接种疫(菌)苗,应立即隔离治疗或扑杀。但应注意的是,在临床检查无症状而貌似健康的猪中,必然混有一

部分潜伏期的猪,在接种疫(菌)苗后不仅得不到保护,反而促进其发病,造成一定的损失,这是一种正常的、不可避免的现象。但由于这些急性猪传染病潜伏期短,而疫(菌)苗接种后又能很快产生免疫力,因而发病后不久即可下降,疫情会得到控制,多数猪得到保护。

(三)环状免疫带建立

通常指某些地区发生急性、烈性传染病时,在封锁疫点和疫区的同时,根据该病的流行特点对封锁区及其外围一定区域内所有易感染猪进行的免疫接种。建立免疫带的目的主要是防止传染病扩散,将传染病控制在封锁区内就地扑灭。

(四)免疫隔离屏障建立

通常是指为防止某些传染病从有传染病的国家向无该病的国家扩散,而对国界线周围地区的猪群进行的免疫接种。

紧急接种是综合防制措施的一个重要环节,必须与其中的封锁、检疫、隔离、消毒等环节密切配合,才能取得较好的效果。

二、药物预防

(一)药物预防的概念及意义

药物预防是为了预防某些猪传染病,在猪群的饲料或饮水中加入某种安全的药物进行群体的化学预防,在一定的时间内可以使受威胁的易感猪不受猪传染病的危害,这也是预防和控制猪传染病的有效措施之一。这种群体的利用药物预防的方法又称为化学预防。

在一定条件下采用群体防制,对某些猪传染病可收到良好的效果。在饲料或饮水中添加化学药物预防猪传染病具有重要意义:一是能够对整个养殖场的传染病进行群防群治,便于宏观调控;二是方便经济,对于细菌性感染性传染病,不需要兽医花很多时间和精力对每头(只)猪进行注射或口服给药;三是可以减少应激,降低应激性疾病的发生;四是通过长期连续或定期间断性混饲或混饮用药,能对在养殖场扎根的某些顽固性细菌性传染病进行根治。

(二)药物口服给药剂量

口服剂量通常是以每千克体重使用药物重量来表示。猪一次口服剂量的多少与猪的体重成正比关系。

(三)常用的药物种类

利用生态制剂进行生态预防,是药物预防的一条新途径。所谓生态制剂,即利用对病原菌具有生物拮抗作用的非致病性细菌,经过严格选择和鉴定后而制成的活菌制剂,如EM(有效微生物群)、乳康生、促菌生、调痢生等均属生态制剂范畴。猪口服后,可抑制病原菌或条件致病菌在肠道的增殖和生存,调整肠道内菌群的平衡,从而预防仔猪黄痢、仔猪白痢等消化道传染病的发生,并可促进猪的生长发育。应当注意的是,在口服生态制剂时,禁服抗菌药物。

此外,利用中草药饲料添加剂,由于具有低药残、少副作用和不易产生耐药性等优点而越来越受重视。

子任务七 猪传染病的治疗

猪传染病的治疗,特别是那些流行性强、危害严重的猪传染病,与一般普通病不同,必须在严格封锁或隔离的条件下进行，务必使治疗的患病猪不致成为散播病原的传染源。对猪传染病的治疗，一方面是为了挽救患病猪，减少损失；另一方面在某种情况下也是为了消除传染源，是综合性防疫措施中的一个组成部分。治疗中，在用药方面坚持因地制宜、勤俭节约的原则。既要考虑针对病原体，消除其致病作用，又要帮助猪机体增强一般抗病能力和调整、恢复生理机能，而采取综合性的治疗方法。患病猪的治疗必须及早进行，不能拖延时间，还应尽量减少诊疗工作的次数和时间，以免经常受惊扰而使患病猪得不到安静的休养。治疗不能单靠药物，而应尽力扶持和增强患病猪本身的抵抗力。

一、针对病原体的疗法

在猪传染病的治疗方面，应用能够抑制病原体的繁殖或杀灭病原体的药物或制品帮助猪机体杀灭或抑制病原体，或消除其致病作用的疗法是很重要的，一般可分为特异性疗法、抗生素疗法和化学疗法等。

1. 特异性疗法

应用针对某种猪传染病的高免血清、痊愈血清（或全血）等特异性生物制品进行治疗，因为这些制品只对某种特定的猪传染病有效，而对其他病无效，故称为特异性疗法。

高免血清由于代价高、生产少、难购买而使其应用受到限制，一般用于某些急性猪传染病或珍贵猪传染病的治疗。在诊断确实的基础上，在病的早期注射足够剂量的高免血清，常能取得良好的疗效。如缺乏高免血清，可用耐过猪或人工免疫猪的血清或血液代替，也可起到一定的作用，但用量需加大。

2. 抗生素疗法

抗生素主要用于由细菌引起的猪传染病的治疗。合理地应用抗生素是发挥抗生素疗效的重要前提；不合理地应用或滥用抗生素往往引起多种不良后果，可能使敏感的病原微生物产生耐药性，也可能对机体造成不良反应，甚至引起中毒，还可能使药效降低或抵消。使用抗生素时一般需注意以下几个问题。

（1）掌握抗生素的适应症（最好结合药敏试验结果选药） 每一种抗生素都有其固定的抗菌谱，应根据临床诊断确定或估计出病原微生物种类，选择最敏感的药物进行治疗。但是随着抗生素在生产中的广泛应用，耐药菌株越来越多，有的甚至找不到敏感的药物。鉴于这种情况，最好是先分离病原菌，做药敏试验，然后根据药敏试验结果选用高敏药物进行治疗。这样既可有效地治疗患病猪，又可防止由于抗生素无效或效果差而延误治疗时机造成药物的浪费。

（2）要考虑用量、疗程、给药途径、不良反应、经济价值等 关于用量，开始宜大，以便使血液浓度快速升至有效水平，以后再据病情酌减。疗程应以发病的具体情况而定，急性传染病病例，在药物效果较好时 3 d 后即可停药；慢性传染病，由于病程缓慢，疗程一般较长，可控制在 5～7 d，若有必要继续治疗，可适当延长或换另一种药物。用药途径最好根据药物的特点及病情和病的特点来确定，如消化道传染病最好经饲料拌药途径给药，食欲下降或废绝的患病猪可经饮水途径给药，食欲、饮水均废绝的患猪则应注射给药。饮水途径给药只能用水溶性好的药物，易被消化道破坏的药物最好注射给药。有的药物会引起病猪不良反应（如硫酸庆大霉素等对肾脏有损害作用），应用时应加以注意。当药物价格总值超过患病猪本身价值时则不应进行治疗。

（3）不要滥用 用量既要充足，又不能超量，否则都会带来不良后果。用量不足易导致耐药菌株的出现；用量大，一是造成浪费，二是易引起中毒。用量大小与细菌对药物的敏感性有关，中敏药物剂量应适当增加。

(4)抗生素的联合应用 有些抗生素联合应用,由于协同作用可以增进疗效。如青霉素与链霉素可以表现出协同作用;抗生素和磺胺类药物多数都有协同作用,如青霉素和磺胺、链霉素与磺胺嘧啶等均有协同作用。另外,应防止有拮抗作用的抗生素联合应用,如土霉素与链霉素合用会产生拮抗作用而影响治疗效果。

抗生素的联合应用取得成功的实例很多,但临床上不能无原则地盲目应用,必须有明确的特征。抗生素联合应用一般适合用于下列情况:①病因不明,病情危害的严重感染或败血症;②单一抗菌药不能有效控制的感染或混合感染;③需长期用药的传染病;④对某些抗生素不易渗入的感染病灶,如中枢神经的感染;⑤毒性较大,联合用药减少剂量后可降低不良反应的抗生素。

3. 化学疗法

使用化学药物帮助机体消灭或抑制病原微生物的治疗方法称为化学疗法。治疗猪传染病常用的化学药物有以下几种。

(1)磺胺类药物 这是一类化学合成的抗菌药物,可抑制大多革兰染色阳性和部分阴性细菌,对放线菌和一些大型病毒也有一定作用;个别磺胺类药物还能选择性地抑制某些原虫(如球虫等)。除用于消化道抗菌作用的磺胺脒(SG)外,其他许多磺胺类,如磺胺嘧啶(SD)、磺胺双甲嘧啶(SM2)等,在口服(饲料)给药时应加等量的小苏打,以助其溶解、吸收,并防止它在泌尿系统结晶析出,造成严重后果。

(2)抗菌增效剂 这是一类广谱抗菌药物,与磺胺类药并用,能显著增加疗效,与某些抗生素并用也能显著增加疗效,故称为抗菌增效剂。临诊上常用的抗菌增效剂有三甲氧苄氨嘧啶(TMP)和二甲氧苄氨嘧啶(DVD,又称敌菌净)等。

(3)其他抗菌药 如黄连素等,这些药物抗菌谱广,抗菌活性强,多用于猪肠道感染。

二、针对猪机体的疗法

在猪传染病的治疗中,除针对病原微生物进行治疗外,还要采取针对猪机体的疗法,以增强其机体抵抗力,调整和恢复猪机体的生理机能,促使其机体战胜传染病,恢复健康。

1. 加强护理

对患病猪的护理是治疗工作的基础。对患传染病的猪的治疗应在严格隔离的条件下进行,冬季应注意防寒保暖、阳光充足,夏季应注意防暑降温、通风良好。应给患病猪提供优质的饲料和饮水,并经常消毒,也可经注射、灌服或饮水给以葡萄糖、维生素或其他营养性物质以维持生命,帮助患病猪恢复健康。

2. 对症疗法

在猪传染病的治疗过程中,为了减缓或消除某些严重的症状,调节和恢复机体的生理机能所采取的疗法,称为对症疗法。如使用退热、止痛、止血、镇静、兴奋、强心、利尿、清泻、止泻、防止酸中毒、调节电解质平衡等药物,以及采取某些急救手术或局部治疗等,都属于对症治疗的范畴。

三、微生态制剂调整治疗

微生态制剂是利用正常微生物群的成员制成的活的微生物制剂,它具有补充、调整和充实微生物群落的内涵,维持或调整微生态平衡,达到治疗传染病、增进健康的目的。例如调痢生,主要用于仔猪黄痢、白痢等。

四、中药制剂的治疗

中药制剂的治疗作用主要是通过调整猪机体的整体功能,直接或间接起治疗作用。

（1）中药制剂的一些有效成分对猪机体直接起缓解症状的作用，即对症治疗作用。如柴胡的有效成分柴胡苷，有显著的镇静作用和较强的镇咳作用。

（2）有些中草药被猪机体吸收后，可从不同方面对猪机体的功能进行综合调整，增强机体的免疫功能和抗病力。如党参、黄芪、白术、何首乌、熟地等具有增加营养、增强体质、提高机体免疫机能和抗病力的作用。

（3）有些中草药的有效成分直接具有抗菌和抗病毒的作用。如金银花的含氯原酸类等具有抑制金黄色葡萄球菌、痢疾杆菌、伤寒杆菌、肺炎球菌等的作用。

中药的治疗作用，往往是以上几种兼而有之，这就是中药治疗疾病的独到之处。

子任务八　猪传染病防疫计划的制定

一、制定动物传染病防疫计划的意义

各级兽医防疫机关及养殖场、农牧场等基层兽医部门，都应制定动物传染病防疫计划，将防疫工作纳入计划中。防疫工作能否正确、及时和顺利开展，在很大程度上决定于防疫计划的拟定是否富有预见性和切合实际。防疫计划应正确地指导全盘防疫工作和体现流行病学的地区特点。通过计划性的工作安排，促使现有的疫情尽快地缩小和消灭，并准确地防止将要发生的新疫情。防疫计划既要反映最新科学成就，又要切合实际。防疫工作应当在正确的防疫计划指导下，用最起码的物资力量达到最理想的防疫效果。防疫缺乏计划或脱离实际时，防疫工作往往会杂乱无章、无头绪，造成跟在疫情后面打被动仗的局面。如果贮备的生物制剂和药品毫无用场而又缺乏急需的生物制品，临时乱抓，结果是既浪费了巨大的人力、物力，疫情却不能有效控制，甚至日益严重。由此可以看出，防疫计划的有无或制定得好坏，实际体现着有关防疫部门及基层兽医人员的工作质量和业务水平。

二、猪传染病防疫计划的内容和范围

猪传染病防疫计划的内容包括一般性猪传染病的预防、某些慢性猪传染病的检疫及控制、遗留疫情的扑灭等项工作。编写计划时可以分成基本情况、预防接种计划、诊断性检疫计划、兽医监督卫生和兽医卫生措施计划、生物制品和抗生素药物的贮备、耗损及补充计划、普通药械补充计划、经费预算等部分。

（1）基本情况　包括：所属地区与流行病学有关的自然概念和社会、经济因素；畜牧业的经济管理水平，猪数目及饲养条件；兽医工作条件，如人员、设备、基层组织和以往的工作基础等；本地区及其周围地带目前和最近两三年的疫情，对来年疫情的估计等。

（2）预防接种计划　应考虑预防接种猪传染病的种类，使用疫苗的种类、数量、猪种类，地区范围以及选用的免疫程序等内容，可列表表示，格式见表 1-1。

表 1-1：________年预防接种计划表

接种名称	地区范围	畜别	应接种头数	计划接种头数				
				第一季	第二季	第三季	第四季	合计

制表人________　　审核人________　　年　月　日

(3)**诊断性检疫计划** 包括检疫猪传染病的种类、地区范围、猪种类、检疫的头数等内容，列表格式同表 1-1，只是将表中“接种”改为“检疫”即可。

(4)**兽医卫生监督和兽医卫生措施计划** 包括除了预防接种和检疫以外的，以消灭现有猪传染病及预防出现新疫点为目的的一系列措施实施计划，如改善饲养管理的计划，建立隔离地、产房、药浴池、贮粪池、尸坑及畜产品加工厂的计划，实施预防消毒和驱虫灭鼠的计划，加强对猪及其产品买卖运输时的消毒和检疫的计划等。

(5)**生物制剂和药物计划** 包括生物制品和药物名称、计量单位、全年需用量、库存情况、需要补充的情况等，可列表表示，格式见表 1-2。

表 1-2:________年生物制剂及药物计划表

药物名称	计量单位	全年需用量					库存情况		需补充量					附注
		第一季	第二季	第三季	第四季	合计	数量	失效期	第一季	第二季	第三季	第四季	合计	

制表人________ 审核人________ 年 月 日

(6)**普通药械计划** 包括药械名称、用途、现有数量、需补充数量、规格、使用时间等，格式见表 1-3。

表 1-3:________年普通药械计划表

药械名称	用途	单位	现有数量	需补充数量	要求规格	代用规格	使用时间	备注

制表人________ 审核人________ 年 月 日

三、猪传染病防疫计划的编制方法

编制猪传染病防疫计划时，首先要进行充分的调查研究，写好计划的“基本情况”部分，为编制整个计划提出依据。在此基础上，编制好预防接种计划、诊断性检疫计划和兽医监督和兽医卫生措施计划等部分的具体内容，然后进行生物制剂和抗生素计划、普通药械计划的制定，最后进行经费预算。

编制猪传染病防疫计划的“基本情况”时，需要熟悉本地区(或养殖场)的地理、地形、植被、气候条件及气象学资料，了解各区域、农牧场、养殖场等经营畜牧业的发展方向。尤其是要研究与明确目前和以往猪传染病在本地区的流行情况。为此，需要搜集和阅读本地区以往的，有关猪传染病的统计报表资料、猪传染病流行地图、化验室的资料及尸体剖检报告等。当对上述资料有疑问时，应亲自到现场做详细的调查。这种调查可以在日常工作中进行，在拟订计划时，也可进行专门的补充调查。应深入地分析本地区有哪些有利或不利于某些猪传染病发生和传播的自然因素及社会经济因素，充分考虑避免或利用这些因素的可能性。

为了正确地拟订计划，一方面，要掌握本地区各种猪现有的数量以及一两年内可能达到的数量，并充分考虑到现有兽医人员的力量及其技术水平。不要把不可能办到的事情勉强订入计划中去；另一方面，也应估计到在开展防疫工作过程中培养基层技术力量的可能性，或在某些工作方面利用畜牧工作者和群众力量的可能性。如果当地的技术力量及设备条件等不允许将所有应当采取的防疫措施相提并论时，应当把最重要而又有把握按计划实施的措施列为重点，较次要而又可以结合重点工作进行的措施项目，应考虑配合重点工作来实施。

拟订防疫措施计划时还要考虑应用新的科学成果。但推广新成果前应经过试点，只有那些效果良好而又符合经济原则的新成果才有推广价值，不可脱离当地的实际情况去追求新成果的应用和推广。

在各种防疫措施的时间安排上，必须充分考虑到生产活动的季节性，务必使措施的实施和生产实际密切配合，避免互相冲突。当然，也应当考虑猪传染病的季节性。

在计划使用药械时，应坚持经济有效的原则，尽量避免使用贵重而不易获得的药械。

计划初稿拟定以后，首先应在本单位讨论，修订通过后，再征求有关行政机关、农牧场的意见，最后报请上级审核批准定案。

四、大型养殖场的猪传染病防制计划

当前，随着养猪业生产逐渐向集约化发展，防制猪传染病的工作愈加重要。在大型养殖场中，饲养数量多，畜群密集，如果猪传染病预防不严，引起传染蔓延，必然导致重大损失。要控制大型养殖场的猪传染病，不仅要掌握当地猪传染病的流行情况及规律，还必须了解环境卫生因素与猪传染病的关系，制定切实可行的卫生防疫制度，搞好检疫、免疫消毒和药物防制，严格杜绝传染源。关于大型养殖场的猪传染病防制计划及其实施程序，各养殖场都在实践中积累了经验，摸索出了各自行之有效的计划程序，各有其特点。但总的来说，一个完整的猪传染病防制计划，应根据各自场(区)猪传染病流行情况、猪饲养管理的方式和水平、经济状况等实际情况来制定。它应包括免疫接种、药物防制及环境消毒等几方面的内容。

复习思考题

1. 如何理解现代防疫工作的理念与猪传染病综合防制应遵循的原则？
2. 试述猪传染病综合防制的基本内容。
3. 对猪传染病流行病学进行调查和分析有什么意义？常用的方法有哪些？
4. 简述动物检疫的范围、种类、对象。
5. 举例说明制定猪传染病防疫计划的意义、内容和范围。
6. 怎样才能搞好猪预防接种工作？
7. 制定合理的猪传染病免疫程序应考虑哪些问题？
8. 什么叫免疫程序？如何制定一个合理的免疫程序？
9. 发生猪传染病时进行紧急接种有何意义？
10. 对猪传染病进行药物预防有什么意义？应注意哪些问题？
11. 简述消毒的种类和方法及意义。
12. 简述各种化学消毒药物的特性与应用。
13. 简述猪舍空气消毒的方法。
14. 发生猪传染病时及时报告和诊断有何意义？
15. 怎样理解治疗猪传染病的意义？如何合理治疗？

16. 猪传染病的诊断方法有哪些？
17. 猪传染病的控制与扑灭包括哪些技术环节？
18. 如何理解封锁与隔离的意义？发生猪传染病后怎样根据不同的情况进行封锁与隔离？

任务三 猪场重大传染病的防制

子任务一 猪瘟

猪瘟俗称“烂肠瘟”，又称古典猪瘟，是由猪瘟病毒引起的猪的一种高度接触性、热性传染病。临床以急性经过，高热稽留，死亡率高和小血管变性引起的出血、梗塞和坏死等变化为特征。

在所有的猪病中，猪瘟一直是世界范围内感染率和发病率最高的一种传染病，被国际兽疫局列为 A 类传染病，我国也将其列为一类动物疫病，是严重威胁我国养猪业发展的头等重要疫病。当前，我国猪瘟发病状况具有一定的多样性，猪瘟流行呈现典型猪瘟和非典型猪瘟共存、持续感染与隐性感染共存、免疫耐受与带毒综合征共存的特点。

一、发病特点

1. 流行病学

本病在自然条件下只感染猪，不同年龄、性别、品种的猪和野猪都易感。

病猪是主要传染源，病猪排泄物和分泌物，病死猪尸体和脏器，急宰病猪的血、肉、内脏、废水、废料污染的饲料、饮水都可散播病毒。本病主要通过消化道和呼吸道感染，也可通过结膜感染。此外，患病和弱毒株感染的母猪也可以经胎盘垂直感染胎儿。本病一年四季均可发生，一般以春、秋多发。目前，我国猪瘟的流行和发病有一些变化，表现在三个方面：一是呈波浪式、周期性小规模发病，经过缓慢，散在发生较多，不像从前那样大流行；二是呈现出非典型性、隐性、温和型、慢性猪瘟及无名高热增多，症状显著减轻、具有多样型、病程长，病理变化不典型的特点，死亡率较低，必须通过实验室诊断；三是表现母猪流产、死胎、木乃伊胎等繁殖障碍，新生仔猪发病、死亡和免疫耐受增多。新疫区发病、死亡率均很高，达 90%以上，老疫区则均较低。因猪群有一定的免疫性，免疫母猪新产仔猪哺乳期内很少发病。

2. 临床症状

本病潜伏期一般为 5～7 d，短的 2 d，长的可达 21 d。根据病程长短可分为以下 5 种类型。

(1)最急性型 多见于流行初期，发病突然，高热稽留，全身痉挛，四肢抽搐，皮肤和可视黏膜发绀，有出血斑点，很快死亡。病程不超过 5 d，死亡率为 90%～100%。

(2)急性型 病猪表现呆滞，弓背，怕冷，低头垂尾。食欲减退或废绝。体温升高达 41～42 ℃(图 1-1)，持续不退。脓性结膜炎，两眼有黏性或脓性分泌物(图 1-2)。先便秘，后腹泻，粪便呈灰黄色，偶见带血带脓；全身皮肤(主要是腹下、鼻端、耳和四肢内侧等少毛部位)出血、发绀非常明显(图 1-3、图 1-4)。母猪流产，公猪包皮内积尿液，用手挤压可流出浑浊恶臭液体。哺乳仔猪发生急性猪瘟时，主要表现为神经症状，如磨牙、痉挛、角弓反张或倒地抽搐，最终死亡。病程 1～2 周，死亡率为 50%～60%。

(3)慢性型 发病初期病猪食欲不振，精神沉郁，体温升高，通常在 40～41 ℃，并持续数周不降，便秘与腹泻交替发生，被毛粗乱，皮肤有紫斑或坏死痂；腹部蜷缩，行走无力。妊娠母猪一般不表现症状，但病毒可通过胎盘传染给胎儿，引起死胎、早产等。病猪日渐消瘦，后期常因衰竭而死亡。病程 1 个月以上，死亡率为 10%～30%。

(4)温和型 体温一般 40～41 ℃，少数 41 ℃以上，鼻干，口渴，减食，尿黄。便秘呈长期性，粪便混有血液、黏液或伪膜。部分病猪四肢下及腹下有淤血斑（图 1-5），称为“紫斑蹄”“紫斑症”；耳朵、尾巴干枯，甚至坏死脱落，称为“干耳病”“干尾巴”。口腔咽喉、软腭、扁桃体出现坏死点或溃疡，称为“烂喉病”。发育停滞，后肢瘫痪，行站不稳，部分猪跗关节肿大。

(5)迟发型(繁殖障碍型) 迟发型是先天性猪瘟病毒感染的结果。母猪妊娠时感染低毒猪瘟病毒，可致流产、死胎、木乃伊胎、畸形胎、弱仔，弱仔有些可存活半年。子宫内感染的仔猪皮肤常见出血，且仔猪死亡率高。

胚胎感染低毒猪瘟病毒，如产下正常仔猪，则终生有高水平的病毒血症，而不能产生对猪瘟病毒的中和抗体，这是典型的免疫耐受现象。感染猪在出生后几个月可表现正常，随后发生轻度食欲不振、精神沉郁、结膜炎、皮炎（图 1-6）、下痢和运动失调。病猪体温正常，大多数存活 6 个月以上，但最终不免死亡。

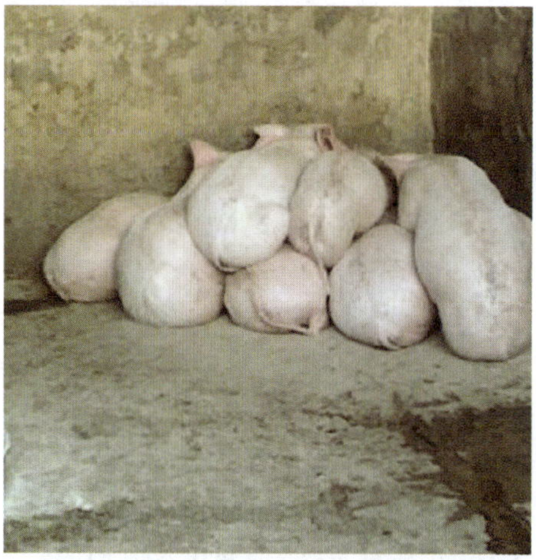

图 1-1 病猪因发烧怕冷而积堆

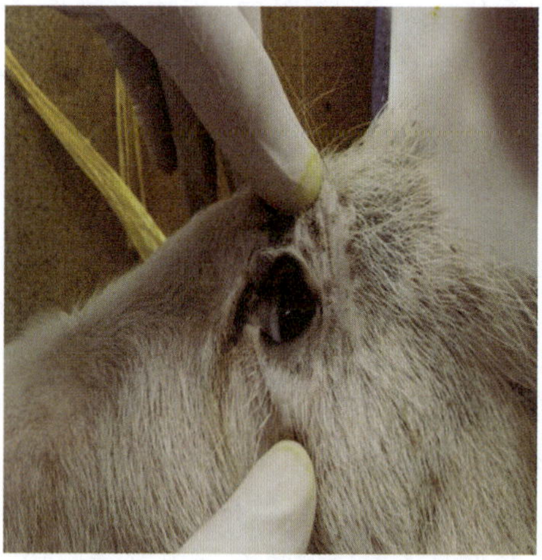

图 1-2 病猪有眼眵

图 1-3 病猪消瘦，耳朵和鼻盘发青紫

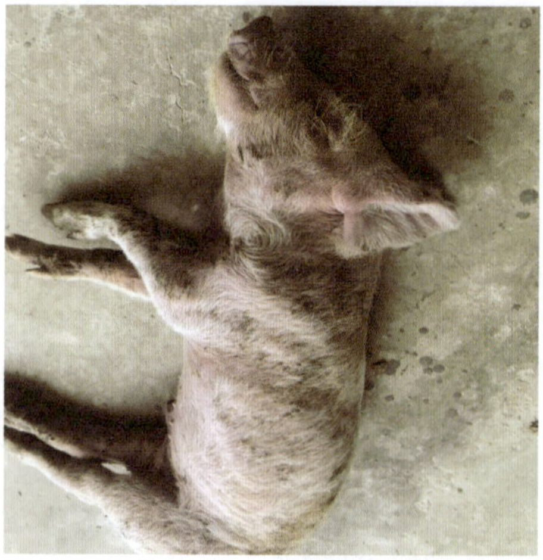

图 1-4 病猪消瘦毛长，皮肤青紫

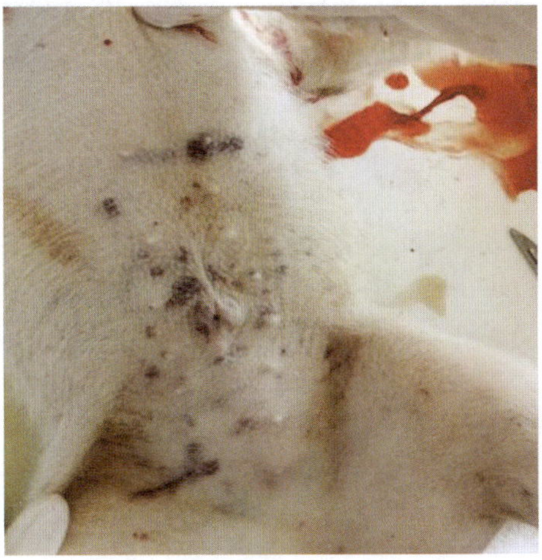

图 1-5 腹部皮肤有淤血淤斑

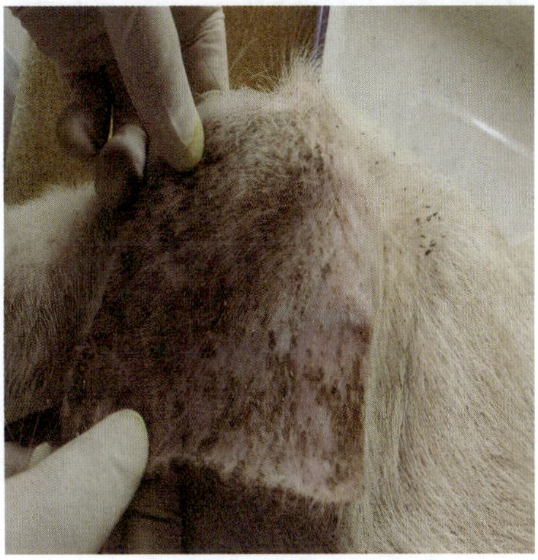

图 1-6 猪耳部皮炎

3. 剖检变化

(1)最急性型 多无特征性变化，仅见浆膜、黏膜和肾脏等处有少量的点状出血（图 1-7、图 1-8），淋巴结轻度肿胀、潮红或出血病变（图 1-9）。

(2)急性型 全身皮肤、浆膜、黏膜和内脏器官有不同程度的出血（图 1-10 至图 1-13），血液凝固不良（图 1-14）。全身淋巴结肿胀、充血、出血、外表呈现紫黑色，切面如大理石花纹（图 1-15、图 1-16）。脾脏不肿胀，边缘常可见到紫黑色突起（出血性梗死）（图 1-17、图 1-18），有时很多的梗死灶连接成带状（图 1-19），一个脾出现几个或十几个梗死灶，检出率为 30%～40%。肾脏色较淡，呈土黄色，表面点状出血非常普遍，量少时出血点散在，多时则布满整个肾脏表面，如麻雀卵肾模样（图 1-20、图 1-21），出血点颜色较暗，切面肾皮质和髓质均只有点状和绒状出血，肾乳头、肾盂常见有严重出血（图 1-22）。喉头黏膜及扁桃体出血，膀胱黏膜有散在的出血点（图 1-23、图 1-24）。胃、肠黏膜呈卡他性炎症（图 1-25），大肠的回盲瓣处形成纽扣状溃疡。

(3)慢性型 出血和梗死变化不明显，但回肠末端、盲肠和结肠常有特征性的坏死和溃疡变化，呈纽扣状（图 1-26、图 1-27）。此外，肠胃的变化也很常见，表现为从肋骨、肋软骨联合到肋骨近端有半硬的骨结构形成的明显横切线。

图 1-7 结肠浆膜面出血点

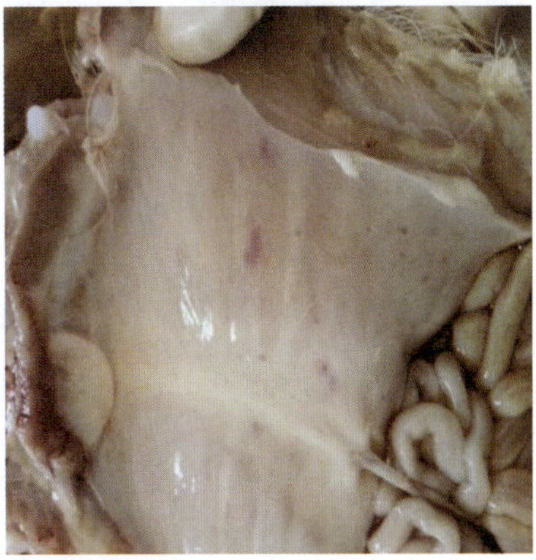

图 1-8 腹膜出血斑点

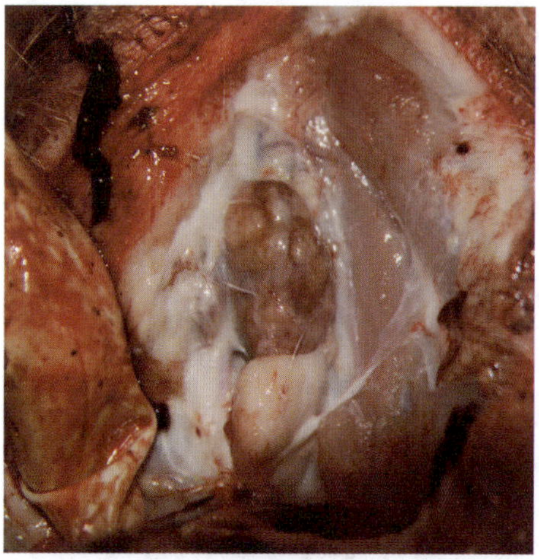

图 1-9　淋巴结出血

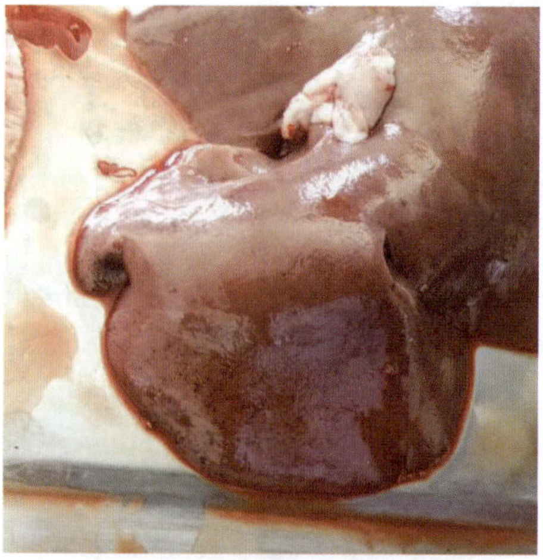

图 1-10　肝脏出血斑和出血点

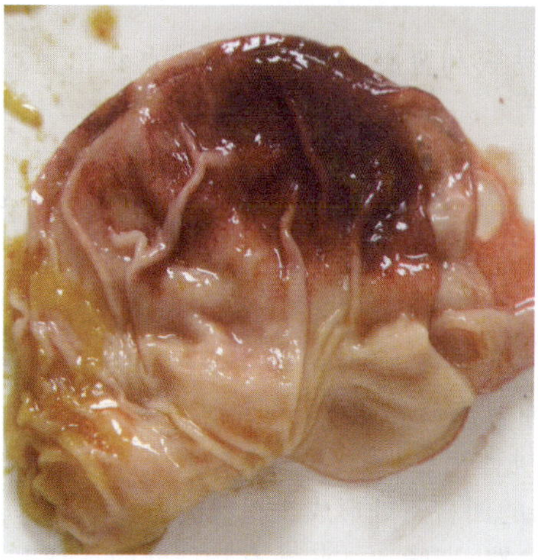

图 1-11　胃底黏膜严重出血

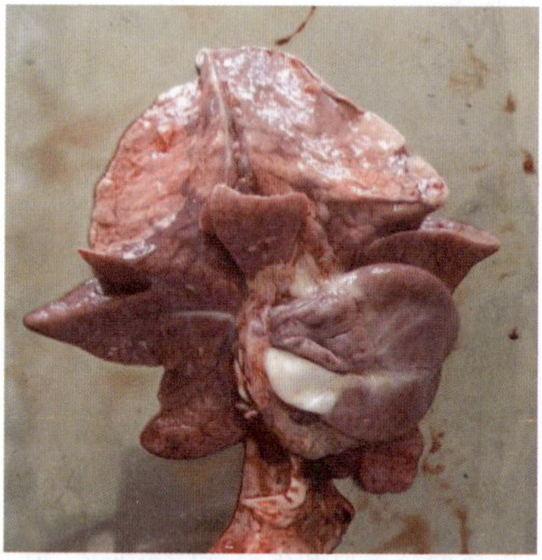

图 1-12　心肌松软，心脏衰竭，心外壁出血

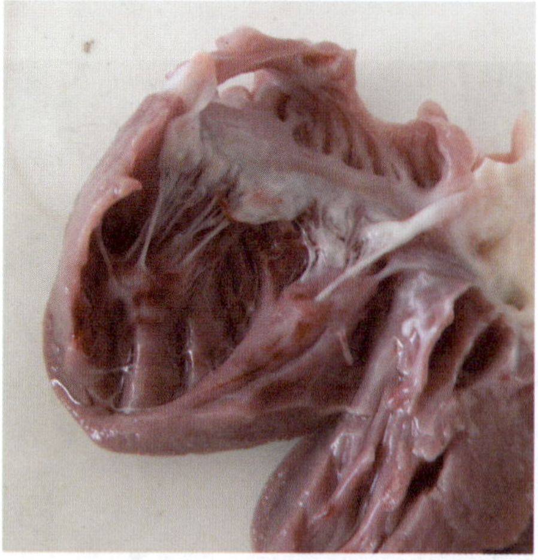

图 1-13　心内膜出血

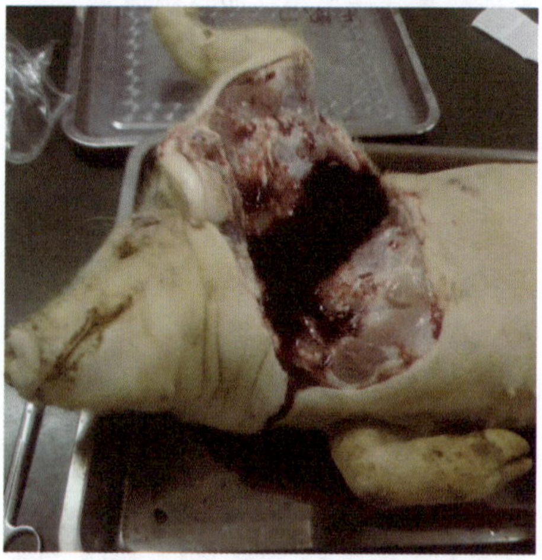

图 1-14　血液凝固不良

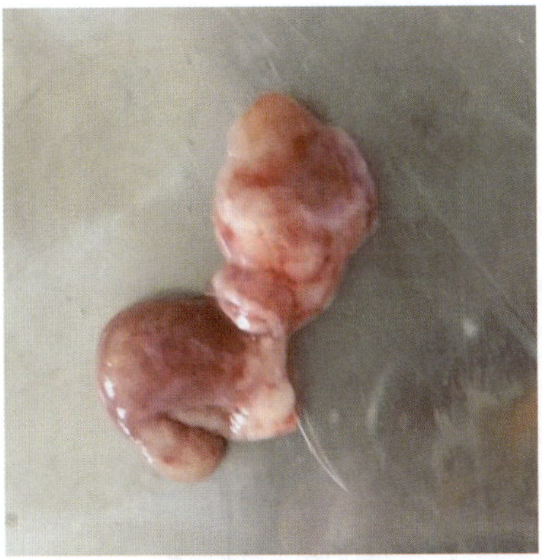

图 1-15 淋巴结出血

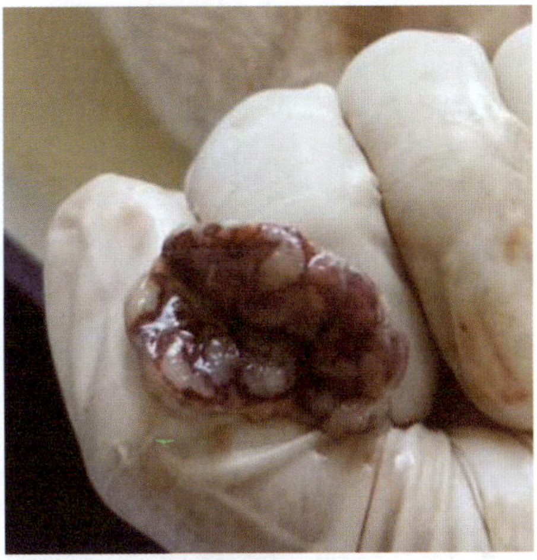

图 1-16 淋巴结切面出血,呈大理石花纹

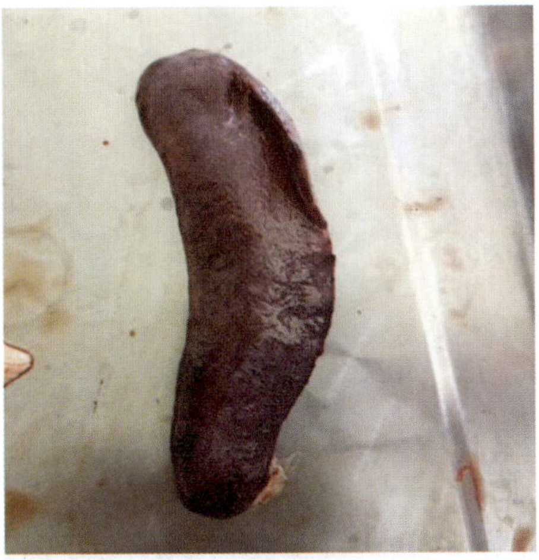

图 1-17 脾脏边缘梗死

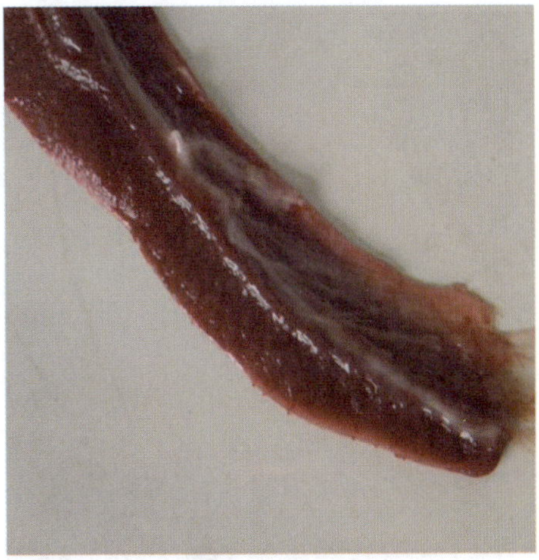

图 1-18 发病初期,脾脏边缘轻微梗死

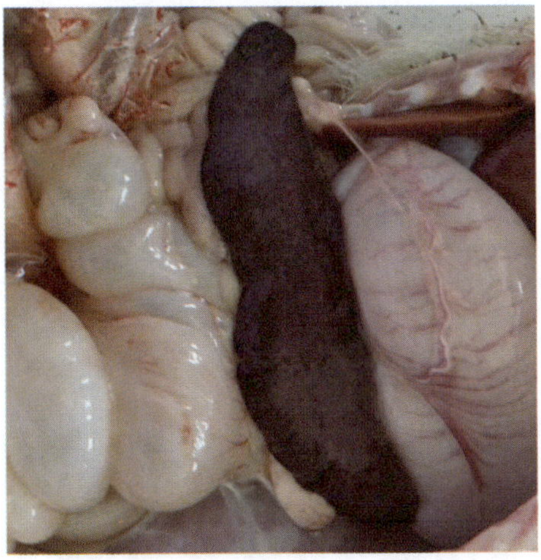

图 1-19 脾脏增生变形,边缘梗死

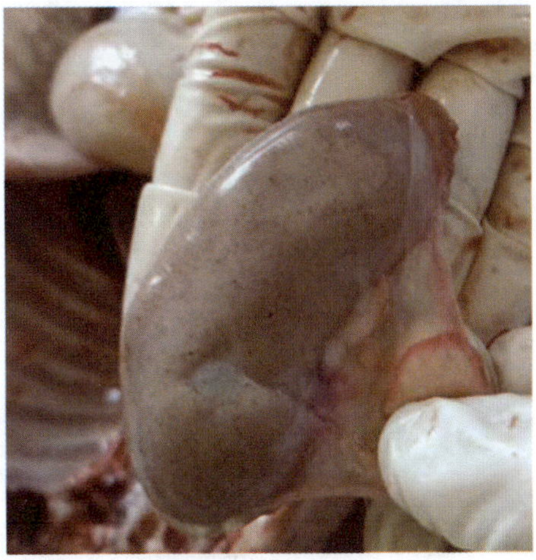

图 1-20 肾出血斑点有囊肿,称“麻雀卵肾”

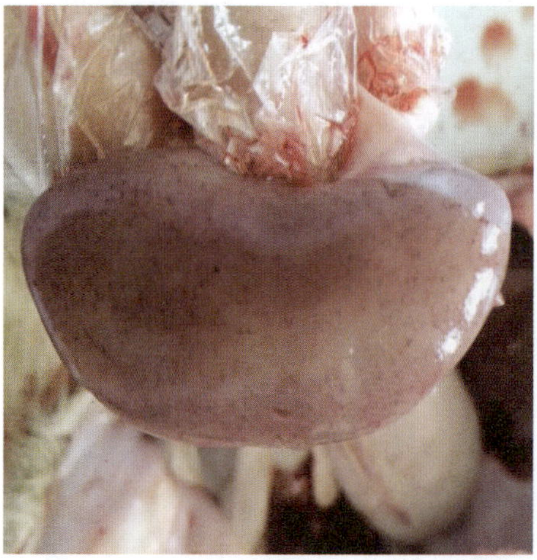

图 1-21　肾表面出血点

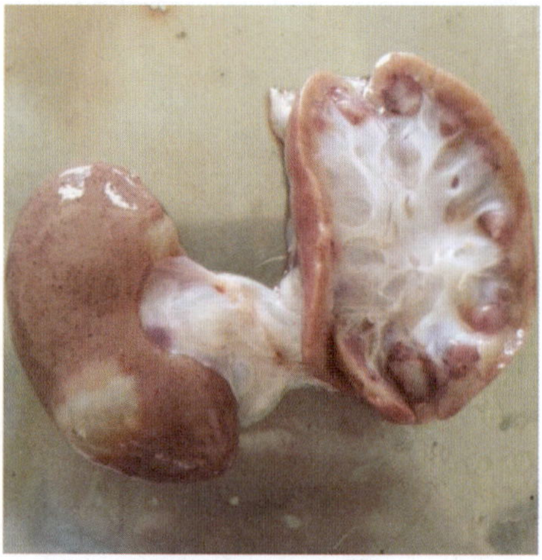

图 1-22　肾表面和肾乳头出血斑点，肾囊肿

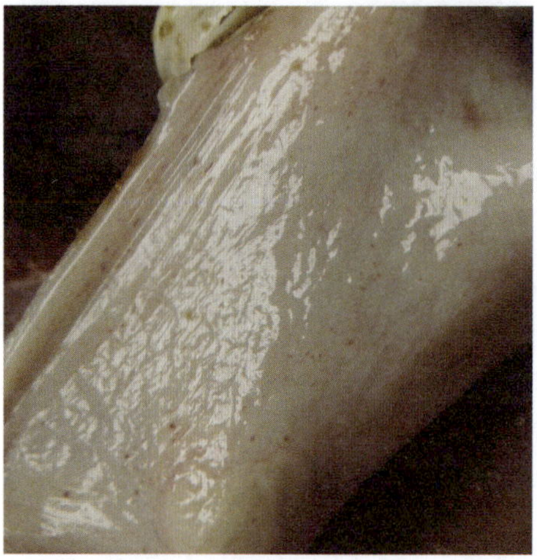

图 1-23　膀胱黏膜出血点

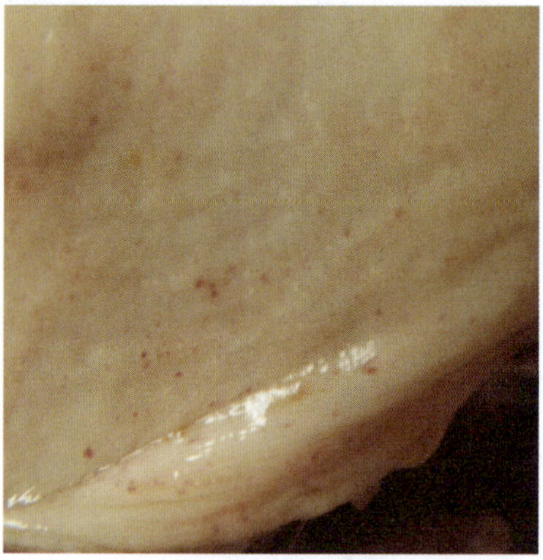

图 1-24　膀胱黏膜新鲜的出血点

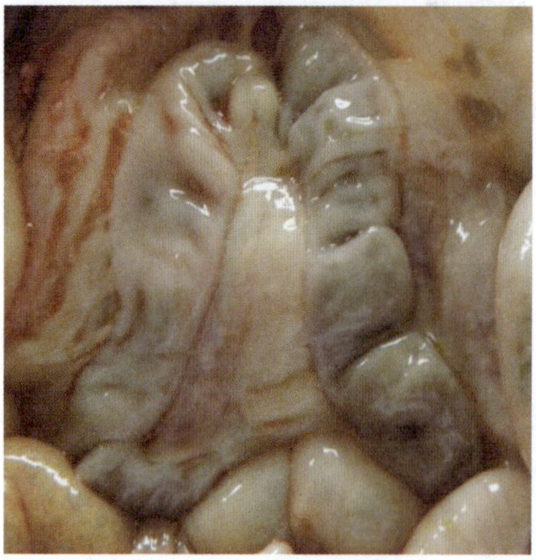

图 1-25　结肠浆膜水肿

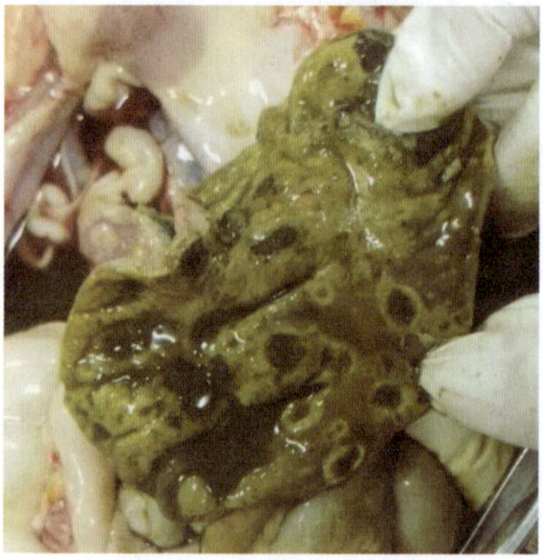

图 1-26　盲肠纽扣状肿

(4)**温和型** 肾、膀胱、淋巴结等脏器少见出血；扁桃体充血、水肿、化脓性坏死、溃疡。脾梗死、胆囊肿胀，出血、溃疡，胃底有片状充血、出血。

(5)**繁殖障碍型** 经先天感染，死产胎儿全身水肿，头、肩、前肢状似水牛，胸水、腹水增多，头、四肢畸形；小脑、肺发育不全，肝有坏死灶；弱仔死亡后可见内脏器官和皮肤出血。

图 1-27 结肠纽扣状肿

二、诊断

1. 猪瘟病毒

猪瘟病毒是黄病毒科瘟病毒属的成员之一，呈球形，核衣壳为 20 面体立体对称，有囊膜。猪瘟病毒有 3 个基因型和 11 个基因亚型。目前认为猪瘟病毒只有 1 个血清型，但病毒株的毒力有强、中、弱之分。猪瘟病毒对外界抵抗力较强，在尿、血液和腐败尸体中能存活 2～3 d，骨髓中能存活 15 d，78 ℃经 1 h 才能致死，日光直射 9 h 仍不能杀死，在腌猪肉中能活 80 d。升汞、石炭酸等杀灭猪瘟病毒的效力不大，2％氢氧化钠溶液是最合适的消毒药。

2. 临床鉴别诊断

根据猪瘟发病特点可进行初步诊断，确诊须进行实验室诊断。

(1)**兔体交互免疫试验** 采取病猪的病料通过青链霉素处理后，接种到兔体内，接种的家兔 7 d 以后再用猪瘟兔化弱毒疫苗经耳静脉注射，经过 1 d 以后每隔 6 h 测温一次，连测 3 d，如果发生定型热反应，则为阴性，不是猪瘟病毒，如无任何反应就说明存在猪瘟病毒。

(2)**免疫酶染色试验** 取病猪扁桃体、脾、肾、淋巴结做组织压片，在 2％戊二醛和甲醛等量组合液中固定后，用猪瘟酶标记抗体和底物染色镜检，如细胞浆染成深褐色为阳性，黄色或无色为阴性。(注：正常对照应为阴性，猪瘟兔化弱毒接种的猪组织细胞浆呈微褐色。)

(3)**免疫荧光抗体试验** 采取早期病猪的扁桃体和淋巴结或晚期病猪的脾和肾或肺组织，做冰冻切片或组织切片，用猪瘟荧光抗体染色检查，细胞浆内呈现明亮的黄绿色荧光者为阳性。

此外，间接血凝试验、酶联免疫吸附试验(ELISA)、荧光抗体病毒中和试验等血清学试验和分子生物学技术也可用于本病的诊断。

三、防制

1. 注重生物安全，防止病原侵入与传播

把好引种关，提倡自繁自养，必须引进猪种时，应注射猪瘟兔化弱毒苗，待产生免疫后，才可引进，进场后应单独饲养在隔离舍 2～3 周，再进行混群。防止将带毒母猪以及持续感染病猪引入猪场，通过严格的检疫和淘汰带毒母猪，建立健康繁殖母猪群。

发生猪瘟时，应立即上报疫情，及时确诊，立即隔离或捕杀病猪，尸体焚烧或化制。发病地区严禁向疫区外运送活猪畜产品及饲料等，停止生猪交易市场。对污染的环境和用具可用 2％～3％氢氧化钠溶液进行彻底消毒。疫区内的假定健康猪及受威胁区的易感猪，使用猪瘟兔化弱毒苗进行紧急预防接种，每头 5～8 头份，虽在注苗后 3～5 d 可能出现部分猪只死亡，但 7～10 d 后可平息。有条件的可在疫情控制后进行普查，淘汰隐性带毒猪，控制传染源。

2. 科学制订免疫计划，认真执行免疫程序，定期检测免疫效果

目前，猪瘟兔化弱毒苗在世界广泛使用，对控制和消灭猪瘟起了重要作用，它也是我国用于猪瘟预防注射的唯一疫苗，能够完全抵抗猪瘟病毒野毒的侵害，适当加大剂量还能减轻或抑制母源抗体干扰。

(1)免疫程序 目前除猪瘟兔化弱毒疫苗，还有乳兔组织苗、牛体反应苗、乳猪肾细胞苗、绵羊肾细胞苗、睾丸细胞苗、猪睾丸细胞传代细胞苗，疫苗的产量和质量大幅度提高。我国新型猪瘟标记疫苗，即猪瘟病毒 E2 充足杆状病毒灭活疫苗获得新兽药证书【(2017)新兽药证书 57 号】。猪瘟的免疫程序应根据本场及本地情况进行选择，目前普遍使用猪瘟兔化弱毒苗。推荐几种免疫程序：①猪瘟清净区，种公、母猪每年春秋各免疫一次，每头 3 头份；后备种公、母猪，选定后配种前免疫一次，每头 3 头份；仔猪 20～25 日龄首免，60～65 日龄二免，每次每头 2 头份。②猪瘟污染区，种公、母猪每年春秋各免疫一次，每头 3 头份；后备种公、母猪，选定后配种前免疫一次，每头 3 头份；经产母猪产后 20 d 和产前 30 d 各免疫一次，每次每头 3 头份；新生仔猪"超前免疫"，出生后接种每头 1 头份，注苗后 1～2 h 才准吃初乳，35～40 日龄二免，每头 2 头份。仔猪出生后"超前免疫"，可避免母源抗体对疫苗的干扰而达到较好的防疫效果，可考虑推广应用，但本方法在实际应用中有一定难度，在生产管理过程中应严格控制吃初乳的时间，否则难以达到理想效果。

由于猪瘟疫苗的剂量要求，特别建议在猪瘟疫区，尽可能使用单苗，而不用联苗，以免由于疫苗剂量不够，造成非典型甚至典型猪瘟流行。

(2)免疫效果监测 应用间接血凝等简单易行的方法进行血清学监测，有助于了解是否感染了猪瘟强毒，或者掌握疫苗的保护情况。通过对仔猪母源抗体的监测，制定恰当的免疫时期，以防止疫苗中和母源抗体或出现空白期。猪群通常在强化免疫后 15 d 左右进行抗体监测，当间接血凝抗体低于 1∶16 者应补注疫苗，如果免疫良好则不必盲目多次免疫。

3. 科学的饲养管理，改善生态环境条件，切断传播途径

加强猪场的兽医卫生监督等系列措施，舍内定期消毒，出入猪场、猪舍应进行消毒，一般情况下杜绝进入舍内参观。

子任务二 非洲猪瘟

非洲猪瘟是由非洲猪瘟病毒感染猪而引起的一种急性接触性、广泛出血性、烈性的传染病，各个年龄段的猪均易感，发病后死亡率可高达 100%。该病被世界动物卫生组织列为法定上报的动物疫病，我国也将其列为一类动物疫病。该病自 2018 年 8 月在我国辽宁省暴发，随后在河南省和江苏省等地相继暴发，给我国养猪业带来巨大经济损失(图 1-28)。目前还没有针对非洲猪瘟的有效疫苗可以使用。

图 1-28 非洲猪瘟造成猪大批死亡

一、发病特点

1. 流行病学

该病在自然条件下只感染家猪、野猪(疣猪、灌木猪)和软蜱，病猪是主要传染源，病猪排泄物和分泌物，病死

猪尸体和器官、血、废水、受污染的饲料、猪肉制品以及直接接触设施(车辆、衣服、靴子、注射器)等都可散播病毒。本病感染途径可通过直接或者间接接触传染源而被感染,也可被感染了非洲猪瘟病毒的软蜱叮咬而感染。病毒可经消化道、呼吸道、血液传播到全身各组织脏器从而引起猪只的全身性感染。本病自 1921 年在肯尼亚首次暴发疫情,随后已经扩散到全球 50 多个国家和地区,呈现出全球流行的趋势。

2 临床症状

本病潜伏期通常为 3~5 d,长的可至 19 d。非洲猪瘟的临诊症状很难和猪瘟区别,根据毒力和感染途径不同,猪瘟可表现为最急性型、急性型、亚急性型和慢性型。

(1)最急性型 发病突然,高热稽留,无症状突然死亡。病程不超过 5 d,死亡率达 100%。

(2)急性型 食欲减退或废绝。体温升高达 40~42 ℃,持续不退(图 1-29),全身皮肤(主要是腹下、鼻端、耳和四肢内侧等少毛部位)出血、发绀非常明显(图 1-30 至图 1-34)。眼鼻有黏液或脓性分泌物。粪便表面有血液和黏液覆盖,或腹泻,粪便带血(图 1-35)。步态僵直,呼吸困难,病程延长则出现神经症状。病程 6~9 d,死亡率为 90%~100%。

(3)亚急性型 症状与急性型相同但病情较轻,病死率较低,持续时间较长。发病初期病猪食欲不振,精神沉郁,体温升高,通常在 40~41 ℃。呼吸窘迫,湿咳。关节疼痛、肿胀。病程 7~20 d,死亡率为 30%~70%。

(4)慢性型 发烧,体温 40~40.5 ℃,伴随呼吸困难,消瘦或发育迟缓。关节肿胀,局部皮肤溃疡、坏死。病程 1 个月以上,死亡率为小于 30%。

3 剖检变化

非洲猪瘟最典型的剖检变化是:脾脏显著肿大(图 1-36、图 1-37),一般情况下是正常脾脏的 3~6 倍,呈暗红色(图 1-38),质地如泥(图 1-39),血液凝固不良(图 1-40、图 1-41);肾脏包膜斑点状出血;淋巴结肿大出血,类似于血凝块。其他剖检变化包括心脏、肺脏、肝脏、膀胱、胃等组织脏器出血、水肿(图 1-42 至图 1-62)。

图 1-29　病猪因发烧怕冷而积堆

图 1-30　病猪皮肤发红

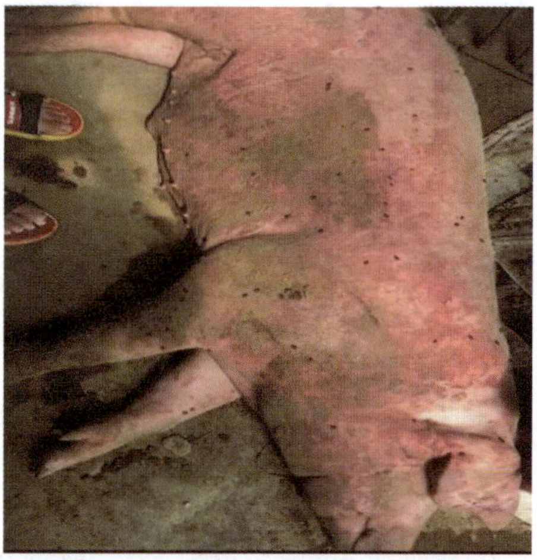

图 1-31　病猪全身皮肤发红，出血斑

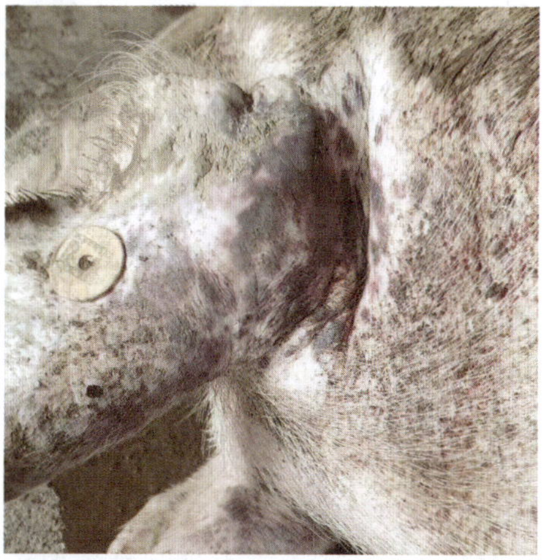

图 1-32　病猪皮肤紫色出血斑

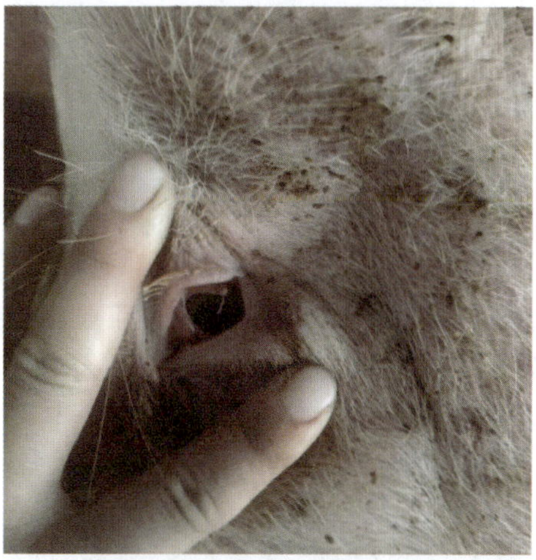

图 1-33　病猪眼结膜充血潮红

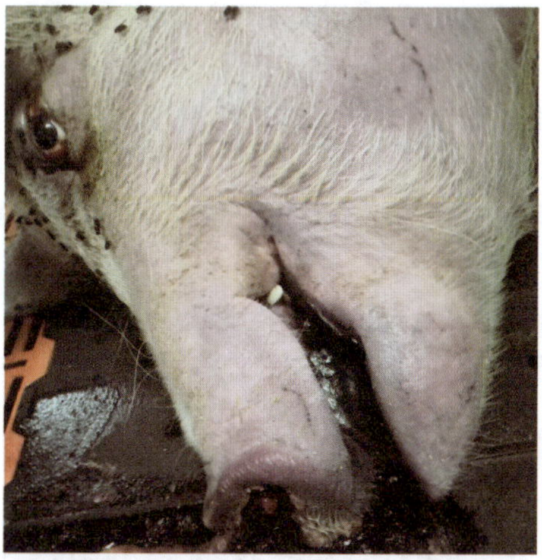

图 1-34　病猪吐血，眼结膜充血、出血

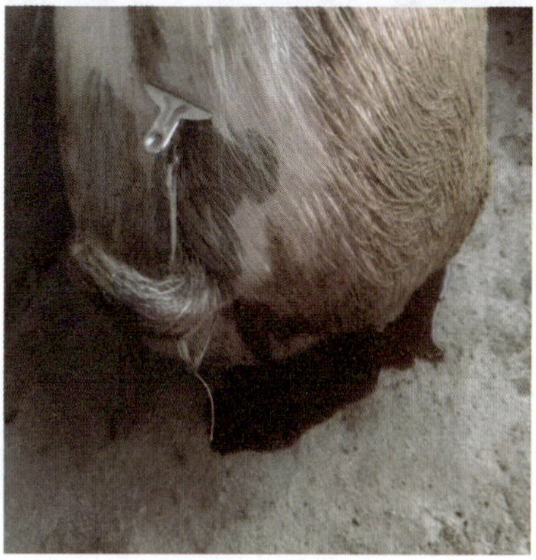

图 1-35　病猪红褐色血便

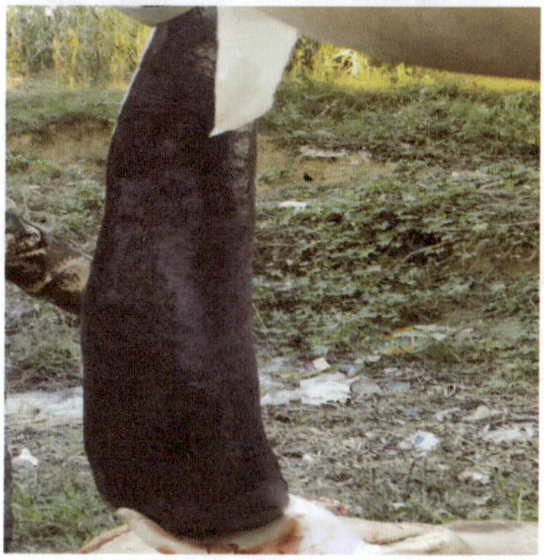

图 1-36　脾脏严重肿大，呈紫黑色

图 1-37　脾脏肿大，呈紫黑色，淋巴结出血

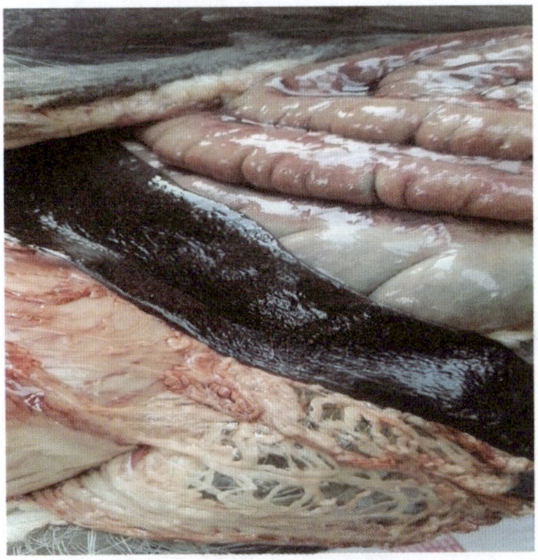

图 1-38　脾脏肿大，呈紫黑色

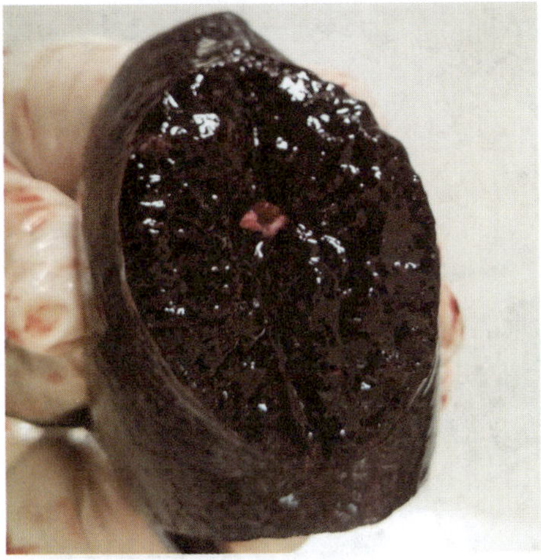

图 1-39　脾脏切面渗出大量血液，质地如泥

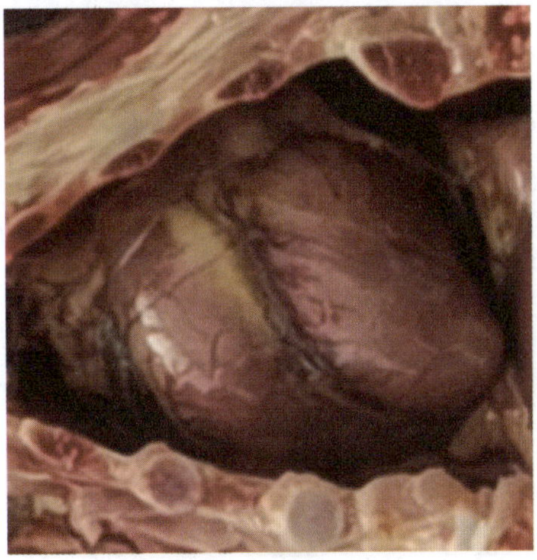

图 1-40　血液凝固不良

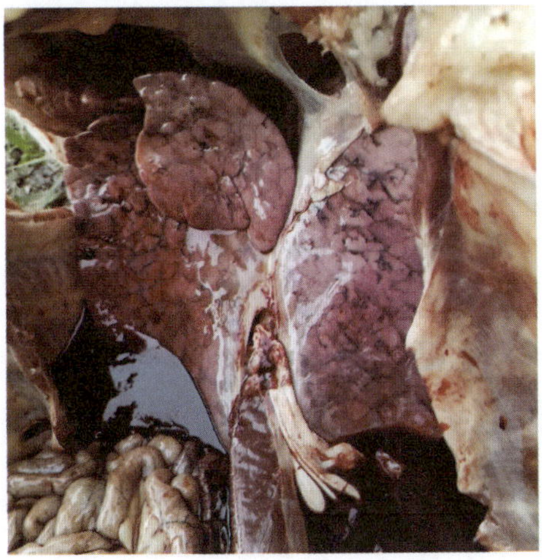

图 1-41　肺脏出血，血液凝固不良

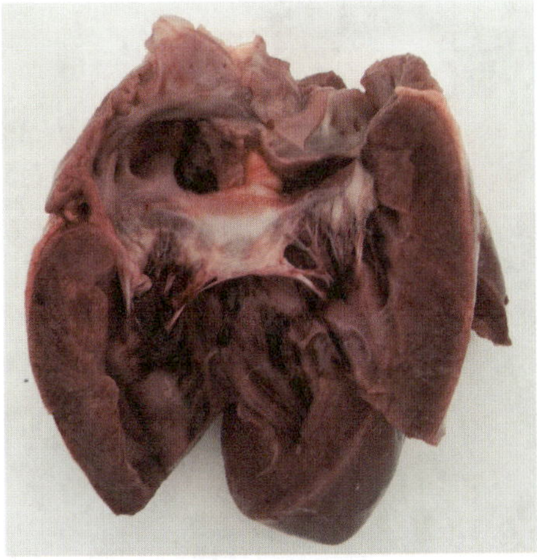

图 1-42　心瓣膜出血，形成大量血栓

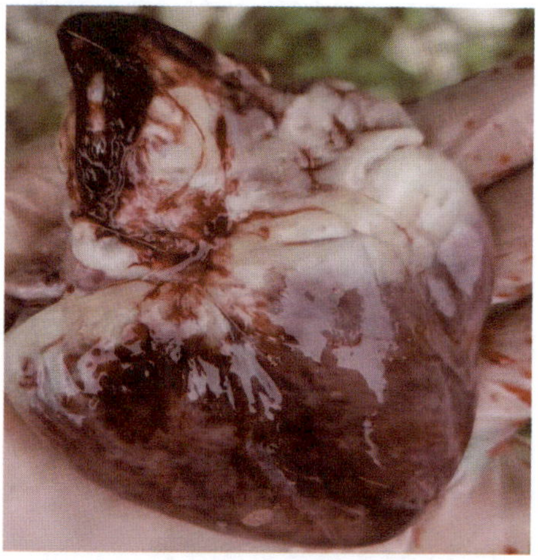
图 1-43　心冠脂肪和心肌出血

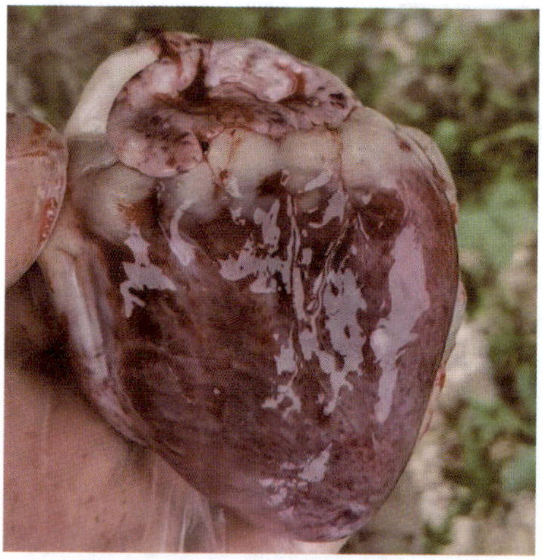
图 1-44　心肌出血斑和出血点

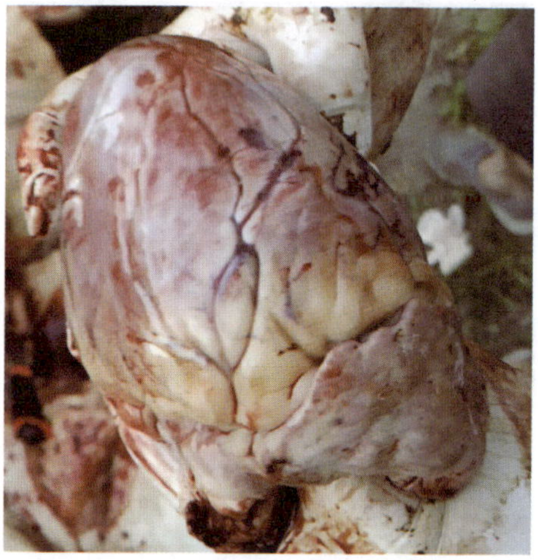
图 1-45　心肌外壁出血

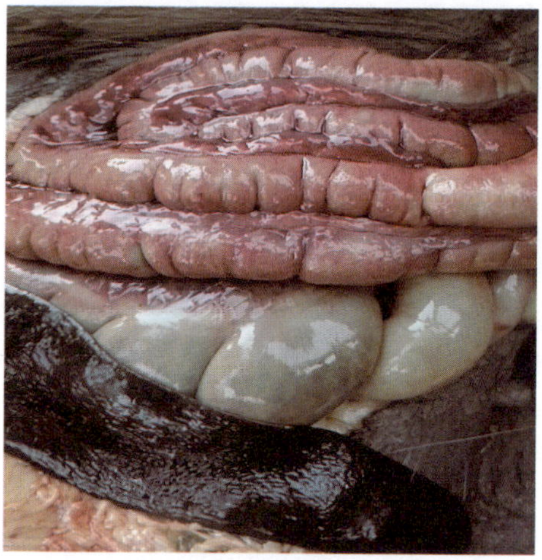
图 1-46　结肠浆膜出血，脾脏肿大

图 1-47　肺脏切面有大量出血灶

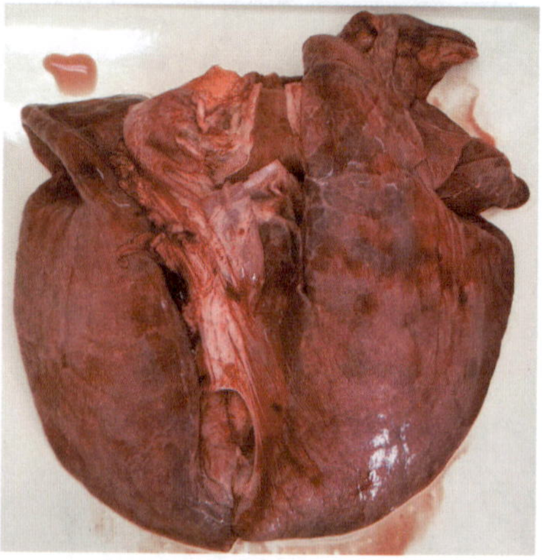
图 1-48　肺脏充血、出血，呈鲜红色

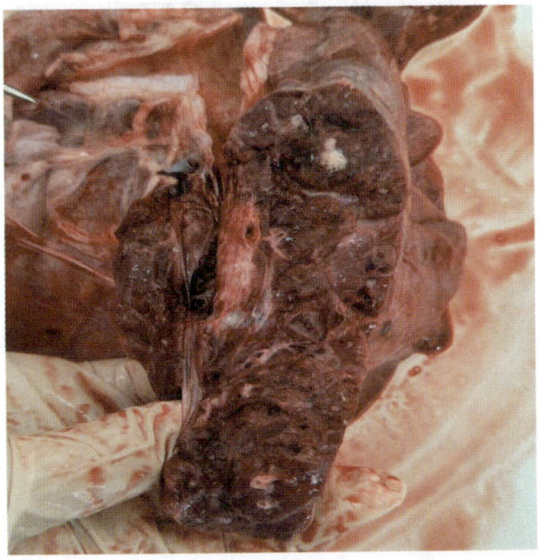

图 1-49 肺脏切面严重出血,渗出大量血沫

图 1-50 肝脏表面红褐色出血斑

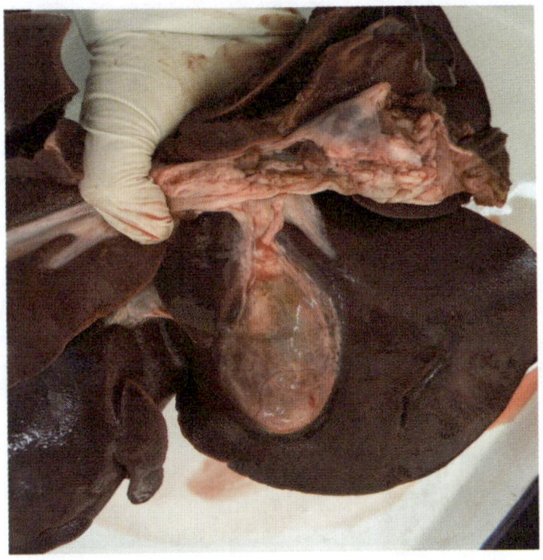

图 1-51 胆囊充盈,胆囊外壁出血

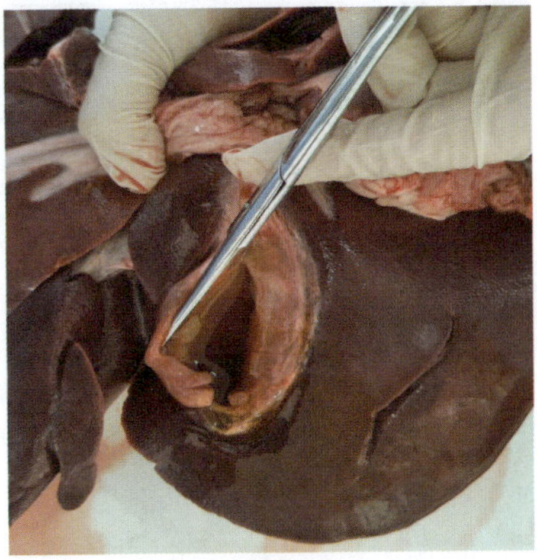

图 1-52 胆囊壁肿胀增厚出血,胆汁呈橙红色

图 1-53 胆囊充盈肿大,呈蓝黑色,突出于肝脏表面

图 1-54 肾脏表面大量出血斑和出血点

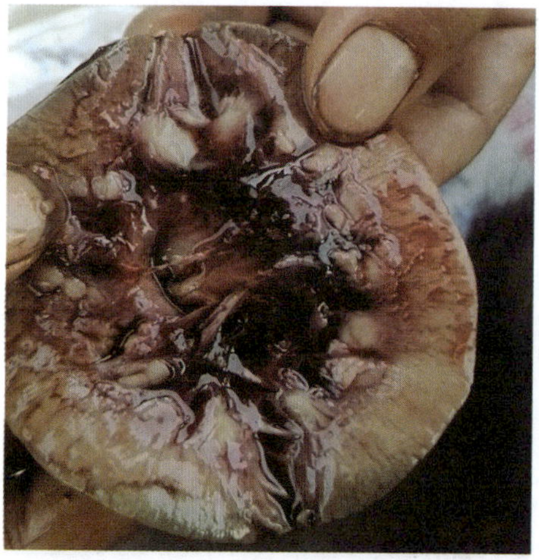

图 1-55　肾盂和肾乳头严重出血

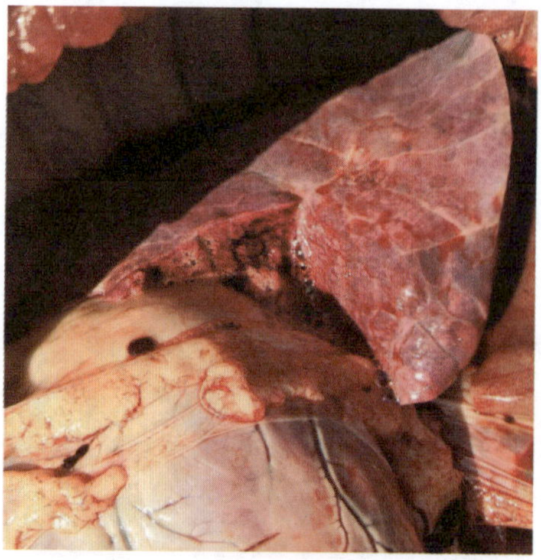

图 1-56　肺严重出血，切面流出大量血沫

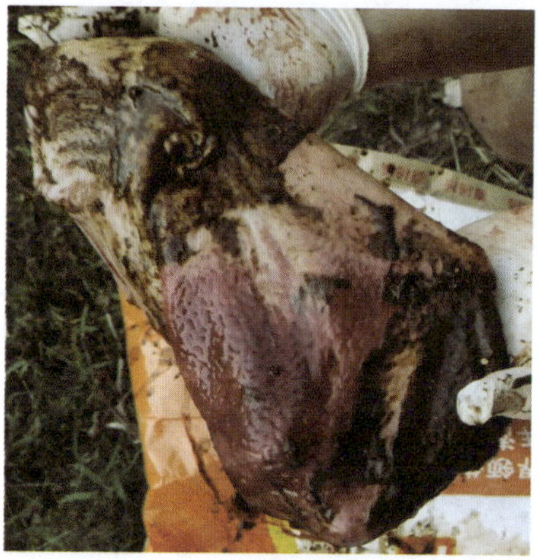

图 1-57　胃壁严重出血

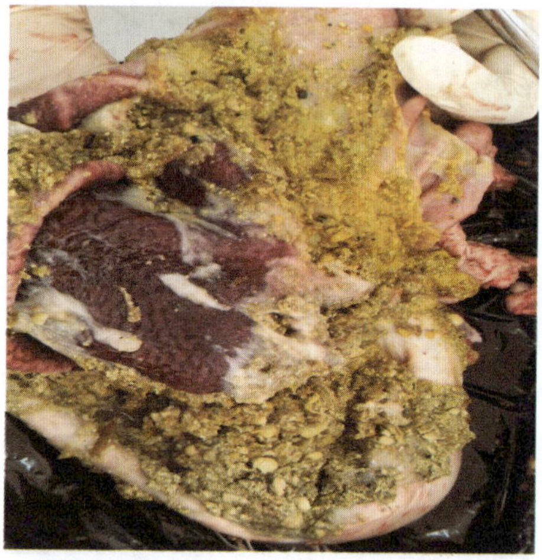

图 1-58　胃黏膜出血，表面有大量黏液

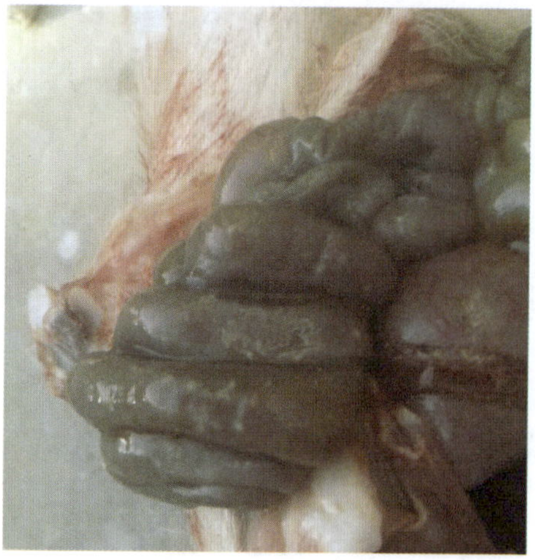

图 1-59　结肠出血

图 1-60　胃黏膜充血，有大量溃疡灶

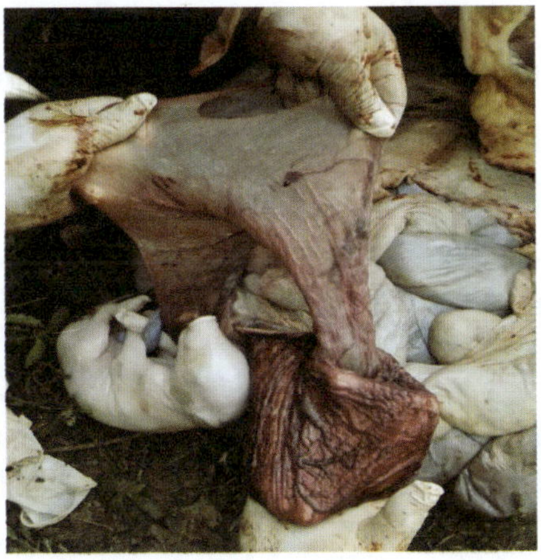

图 1-61 母猪流产,胎衣有白色坏死点

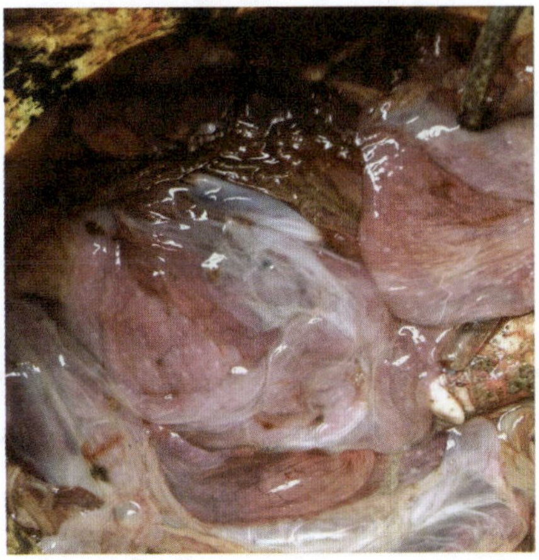

图 1-62 胎衣充血出血,白色坏死点

二、诊断

1. 非洲猪瘟病毒

非洲猪瘟病毒(ASFV)是非洲猪瘟相关病毒科的唯一成员,成熟病毒粒子为二十面体对称,直径 260～300 nm,有囊膜。该病毒耐低温,对高温敏感,不同温度条件下存活时间不同:25～37 ℃可存活数周,56 ℃可存活 70 min,60 ℃可存活 20 min,在 4 ℃条件下可以存活 1 年以上,在冷冻猪肉中可存活数年,高温可有效杀死病毒。

2. 临床鉴别诊断

本病与猪瘟的症状相似,临床上很难鉴别,须依据《非洲猪瘟诊断技术》国家标准由专业实验室检测确诊。当发生疑似非洲猪瘟疫情时,应及时向当地兽医部门报告。兽医人员应按照《非洲猪瘟防治技术规范(试行)》要求进行采样,在严格防护条件下,低温运送至指定部门进行确诊。

非洲猪瘟 1

非洲猪瘟 2

非洲猪瘟 3

三、防制

1. 生物安全措施

非洲猪瘟是一种危害严重的跨地区传染病,目前无可用疫苗,防控难度和压力巨大,只能依靠扑杀和无害化处理等严格的生物安全措施来消灭和控制该病。良好的生物安全措施可以降低非洲猪瘟的侵入风险,这不仅适用养殖场,也适用活畜交易市场、屠宰场、动物运输环节等。要坚持“自繁自养,全进全出”的管理制度,加强饲养管理,做好卫生消毒工作,降低各种应激因素的影响。要建立完善的生物安全体系,严格控制传染源,病死猪及产出的死胎、胎衣等应做无害化处理。

2. 疫苗

自 20 世纪 60 年代以来,ASF 疫苗研制已有近 60 年的艰难探索,然而成果较少。国内外研究机构先后尝试了包括灭活疫苗、亚单位疫苗、核酸疫苗、病毒活载体疫苗、减毒活疫苗、基因缺失疫苗在内的各种类型疫苗研发,但最终的效果均不尽如人意。

子任务三 口蹄疫

口蹄疫俗称“口疮”“蹄癀”,是由口蹄疫病毒引起偶蹄动物的一种急性、热性、高度接触性传染病。本病自然感染主要发生于偶蹄兽，家畜中以黄牛和奶牛为最易感，水牛、牦牛、绵羊、山羊次之，猪也易感，人对本病也具有易感性。本病是世界性的传染病，尤其在亚洲、非洲和中东及南美流行严重。传播迅速、流行猛烈、发病率高，但死亡率低。

一、发病特点

1. 流行病学

本病一年四季均可发生，但在不同地区的流行具有一定的季节差异和淡旺季之分，每年秋末开始，冬季加剧，春季减缓，夏季平息(11 月至翌年 2 月最剧烈)，6—8 月为淡季，但大型猪场及猪集中仓库可四季发生，发生呈跳跃式，集中于大型猪场仓库、城郊猪场、交通沿线。病猪是本病的主要传染源，病猪的水疱皮、水疱液、粪、尿、乳、精液、组织液和唾液均含病毒。主要传播途径为呼吸道、消化道和损伤的黏膜和皮肤。此外，患病猪的产品，如肉、血、骨、皮、蹄等可能长期带有病毒，如处理不当，可将疫病传入另一地区或国家。

2. 临床症状

口蹄疫临床症状以发热和口、蹄部出现水疱为共同特征，表现程度与动物种类、品种、免疫状态和病毒毒力有关。猪患口蹄疫时潜伏期一般 1～2 d，以蹄部水疱为主。在蹄冠、蹄踵、蹄叉等处皮肤有米粒大、蚕豆大的水疱，不久水疱破裂后形成出血性糜烂面，1 周左右痊愈。如继发感染，严重者可侵害蹄叶，使蹄壳脱落，患肢不能着地，病猪常卧地不起。哺乳仔猪多发生急性胃肠炎和心肌炎而突然死亡，病死率达 60%～80%(图 1-63 至图 1-66)。

3. 剖检变化

除口腔和蹄部的水疱和烂斑外，在咽喉、气管、支气管等处可见圆形烂斑和溃疡，真胃和肠黏膜有出血性炎症。心肌病变具有特征性，心包膜有弥散性或点状出血，心肌松软似煮肉样，心内外膜、心肌切面有灰白色或淡黄色斑点或条纹，好似老虎身上的斑纹，俗称“虎斑心”(图 1-67 至图 1-69)，肺不同程度充血、淤血(图 1-70、图 1-71)。

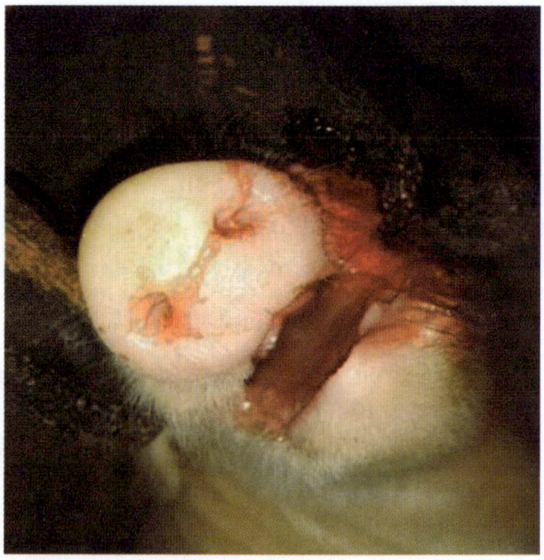

图 1-63　乳猪从口鼻流出大量血沫

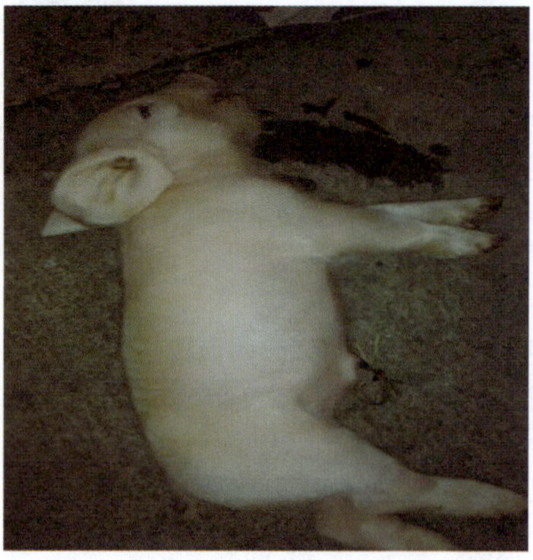

图 1-64　乳猪突然倒地抽搐，口吐血沫，死亡

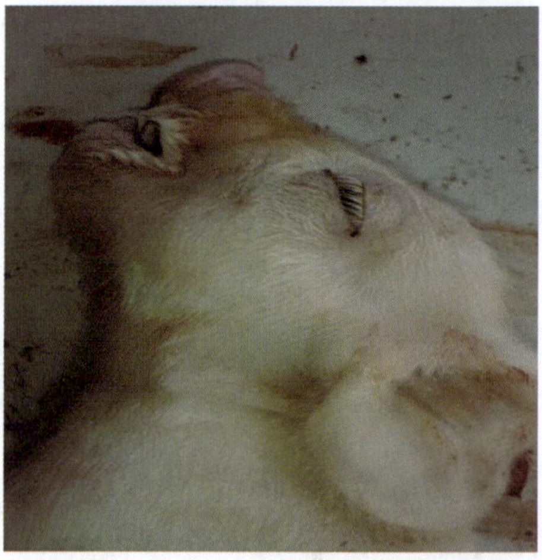

图 1-65　乳猪口吐血沫，鼻盘呈青紫色

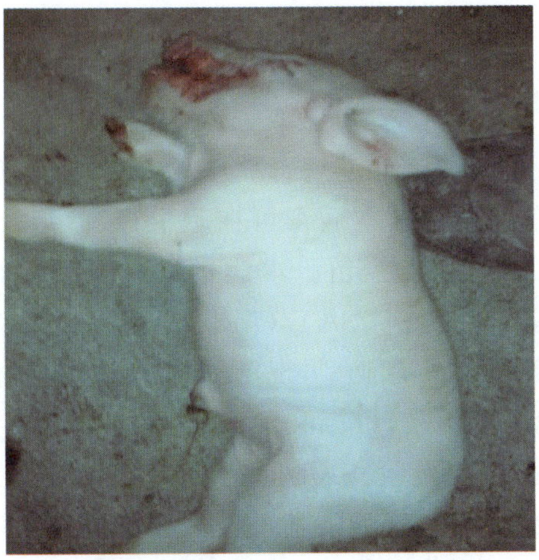

图 1-66 膘情好和健壮的乳猪多发

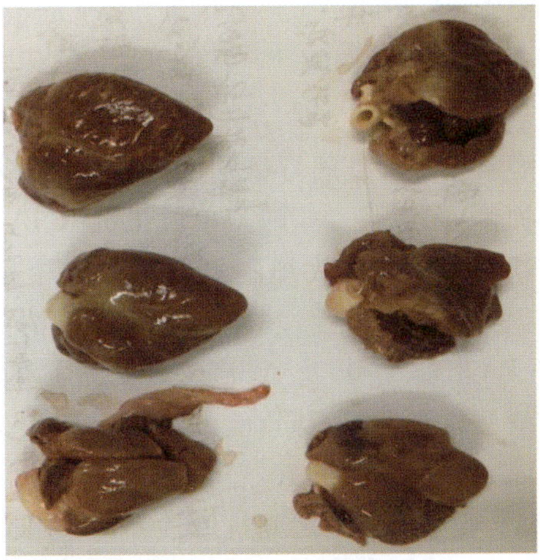

图 1-67 心肌不同程度地坏死

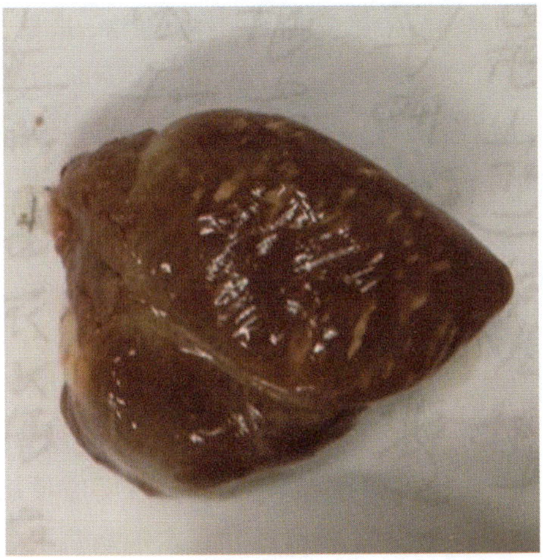

图 1-68 心脏条纹状脂肪变性，俗称"虎斑心"

图 1-69 心房淤血，称"虎斑心"

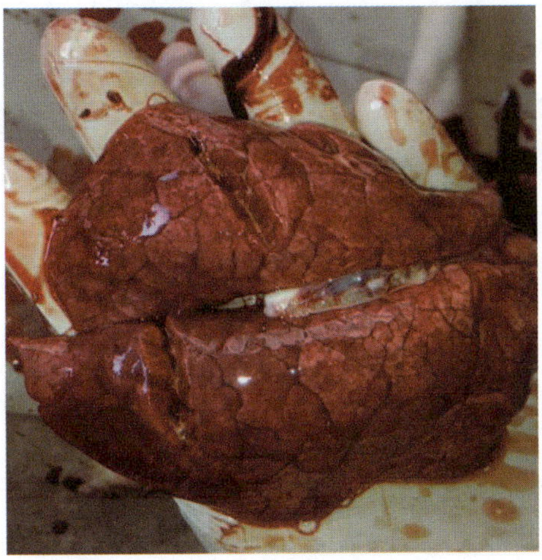

图 1-70 病死乳猪肺脏严重充血出血，切面流出大量血沫

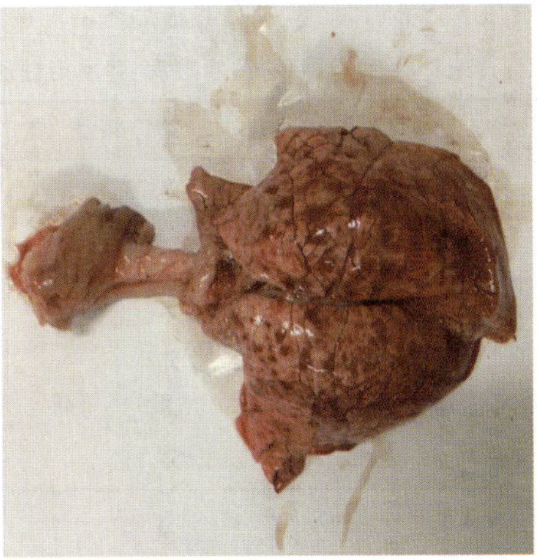

图 1-71 活猪剖检可见肺脏充血、出血

二、诊断

1. 口蹄疫病毒

该病病原口蹄疫病毒(FMDV)是小核糖核酸病毒科口蹄疫病毒属中的唯一成员,病毒呈正二十面体,无囊膜。核酸为单股正链 RNA,具有感染性。本病毒可在胎牛肾、胎猪肾、乳仓鼠肾原代细胞及其传代细胞培养中生长繁殖,常用于生产疫苗。本病毒具有多型性和变异性。根据其血清学特性,现已知有 7 个血清主型,即 A、O、C、SAT_1(南非 1 型)、SAT_2(南非 2 型)、SAT_3(南非 3 型)及 Asia Ⅰ 型(亚洲 Ⅰ 型)。各型内又有亚型,现已知的有 80 多个。世界各地血清型分布情况不同,欧洲主要是 O、A、C 型,近年来,O_1 和 A_{22} 较多发生;亚洲主要是 O、A、C、Asia Ⅰ 型,中东 A_{22} 曾发生过;非洲主要是 SAT Ⅰ 型、SAT Ⅱ 型、SAT Ⅲ 型;南美洲主要是 O、A、C 型。各型之间抗原性不同,彼此不能交叉免疫,感染了一种血清型口蹄疫病毒后还可以因感染其他型口蹄疫病毒而发病。同一型的不同亚型之间有部分交叉免疫性,口蹄疫病毒在不同条件下容易发生变异,疫苗毒株与当地流行毒株不同,不呈现交叉免疫性;甚至流行初期与末期毒型也不同,这有可能是流行过程中通过免疫或部分免疫动物、非易感动物后,病毒在动物体内发生的变异。

本病毒在外界的存活力很强,耐干燥,在污染的饲料、用具、毛皮、土壤中可保持传染性达数月之久。水疱液中的病毒 60 ℃经 5～15 min 可灭活,80～100 ℃很快死亡。阳光暴晒、一般加热都可杀灭口蹄疫病毒,2%～4%氢氧化钠、0.2%～0.5%过氧乙酸、10%的石灰乳、20%漂白粉、3%～5%福尔马林等常用消毒剂溶液均能杀灭口蹄疫病毒,但碘酊、酒精、石炭酸、来苏儿、新洁尔灭、季铵盐类消毒药对口蹄疫病毒无杀灭作用。

2. 临床鉴别诊断

根据病猪的口腔和蹄部有水疱和烂斑,剖检见虎斑心病变等特点,可作出初步诊断。确诊需要进行实验室诊断(参见本书的实验室检测内容)。酶联免疫吸附试验(ELISA)反应灵敏、特异性强,操作快捷,可直接鉴定病毒的亚型,并能同时检测水疱性口炎病毒和猪水疱病病毒,广泛用于动物口蹄疫的监测。猪口蹄疫与水疱性口炎、猪水疱病、猪水疱性疹等疫病的临诊症状相似,应注意进行鉴别(表 1-4)。

表 1-4 猪口蹄疫、猪水疱病、猪水疱性疹和水疱性口炎 4 种水疱性传染病的鉴别诊断

鉴别点	猪口蹄疫	猪水疱病	猪水疱性疹	水疱性口炎
病原	口蹄疫病毒	猪水疱病病毒	猪水疱性疹病毒	水疱性口炎病毒
易感动物	偶蹄兽	猪	猪	牛、猪、马等
流行形式	流行性	流行性	地方流行性或散发	散发
病死率	成年猪低,仔猪高	一般不死	一般不死	一般不死
水疱的部位	蹄部多,口腔少	蹄部多,口腔少	蹄部、口腔都有	口腔多,蹄部无

续表1-4

鉴别点		猪口蹄疫	猪水疱病	猪水疱性疹	水疱性口炎
动物接种	猪唇皮内	+	+	+	+
	牛舌皮内	+	−	−	+
	马舌皮内	−	−	+/−	+
	绵羊舌皮内	+	−	−	+/−
	豚鼠足踵	+	−	−	+
	2 日龄小鼠腹腔或皮下	+	−	−	+
	9 日小鼠腹腔或皮下	+	+	−	−
抗酸试验		对 pH 5.0 敏感	对 pH 5.0 耐受		

注：+表示阳性；−表示阴性；+/−表示不规则或轻度反应

三、防制

口蹄疫的防制需要根据不同国家和地区的流行情况及防制状况，应用疫病区划原理将其划为不同的地区分别采取相应的防制策略。按照《国际动物卫生法典》的要求，口蹄疫的控制一般分为非免疫无口蹄疫国家、免疫无口蹄疫国家、口蹄疫感染国家，非免疫无口蹄疫地区、免疫无口蹄疫地区、口蹄疫感染地区。各控制区之间要求具有监控带、缓冲带及自然屏障及地理屏障隔离。不同控制区内部的兽医卫生措施具有较大的差异，但由于该病毒血清型的复杂性和传播的快速广泛性，为了防止病原体侵入，建立定期和快速的动物疫病报告及记录系统，严禁从流行地区或国家进口动物和动物产品，对来自非疫区的动物及其产品以及各种装运工具进行严格的检疫和消毒，则是所有国家和地区均应遵循的共同原则。

1. 非免疫无口蹄疫国家

非免疫无口蹄疫国家必须具备下列条件。

(1)通过有效的常规监测体系表明，至少在 1 年内没有发生过口蹄疫，且没有进行过免疫接种；

(2)停止免疫接种后未曾进口过口蹄疫免疫接种动物。

2. 免疫无口蹄疫国家

免疫无口蹄疫国家必须具备下列条件。

(1)在过去 2 年时间内没有发生过口蹄疫；有文献证明正在实施有效的疫病监测体系，并执行一切预防和控制口蹄疫的常规措施；为了预防口蹄疫的流行进行了常规免疫接种，所用疫苗符合国际兽疫局标准；

(2)具有强有力的病毒检测监督体系。免疫无口蹄疫国家要转变为非免疫无口蹄疫国家，必须在停止免疫接种 12 个月后申请。

3. 非免疫无口蹄疫区

在免疫无口蹄疫国家或部分地区仍有口蹄疫感染的国家内、可建立非免疫无口蹄疫地区，非疫区与国内其他地区或相邻感染国家应有监测带以及自然/地理屏障隔离开，并实施有效控制口蹄疫病毒入侵的兽医卫生措施。此时除应该具有定期和快速的动物疫病报告记录外，还应具备以下条件。

(1)在过去 2 年内没有暴发过口蹄疫,且在过去 12 个月内没有进行过免疫接种,该地区在停止免疫接种后没有引进免疫接种过的动物;

(2)在非免疫无口蹄疫区具有有效的监测体系及监测带;

(3)详细说明不实施免疫接种无口蹄疫地区和监测带的边界,以及防止口蹄疫病毒入侵无疫区的体系和所有防制口蹄疫的常规措施。

4. 免疫无口蹄疫区

存在非免疫无口蹄疫区的国家,或仍有部分地区感染的国家都可建立免疫无口蹄疫地区。免疫无疫区与国内其他地区或相邻感染国家应具有缓冲带或自然/地理屏障隔离开,以有效防止病毒的入侵。建立无口蹄疫区时应该具备下列条件。

(1)具有定期和快速的动物疫病报告记录;

(2)在过去 2 年中没有暴发过口蹄疫;

(3)实施有效的监测体系及适宜的缓冲带,无疫区及缓冲带内实行常规免疫接种,所用疫苗应符合国际兽疫局标准;

(4)详细说明免疫无口蹄疫区和适宜缓冲带的边界,以及防制口蹄疫入侵的体系和所有防制口蹄疫的常规措施;

(5)在实施免疫接种的无口蹄疫区存在强有力的病毒活性检测监督系统。若免疫无口蹄疫区所在的国家要将该地区转变为非免疫无口蹄疫区,则要求在免疫接种停止 12 个月后进行申请。

5. 口蹄疫感染国家

指有口蹄疫流行的国家。

6. 口蹄疫感染地区

指在某国家范围内存在口蹄疫感染的地区。感染区与无疫病区之间应有监测带、缓冲带或地理屏障隔离开,并采取有效的兽医卫生措施防止病毒向外扩散。符合下列条件的易感动物只能运往缓冲区或监测区内指定的屠宰场屠宰。

(1)原产地动物在调运前至少 30 d 内没有出现临床症状;

(2)调运前至少 3 个月内,原场地周围半径 10 km 范围内没有发生过口蹄疫;

(3)动物必须在兽医当局的监督下用消毒车辆直接运至屠宰场,不得与其他易感动物接触;

(4)屠宰后的动物产品必须视作被感染产品,须经无害化处理才能应用;

(5)使用后的运输车辆及屠宰场必须立即进行彻底的清洗及消毒。

7. 原无疫区或国家暴发口蹄疫时的处理措施

非免疫无口蹄疫国家或地区发生口蹄疫时,需要满足下述条件之一才能重获无疫状态认可。

(1)通过采取扑杀措施处理后,最后一头动物被处理后 3 个月;

(2)采取扑杀措施,血清学监测及紧急免疫情况下,最后一头免疫动物屠宰后 3 个月。

免疫无口蹄疫国家或地区发生口蹄疫时,需要满足下述条件才能重获无疫状态:采取扑杀措施时,最后一头动物被处理 12 个月后;或不采取扑杀措施时,在最后一个病例发生 2 年后,通过有效的疫情监测体系证明无口蹄疫发生。

有口蹄疫感染的国家和地区可对易感动物每年接种疫苗 1～2 次。我国对口蹄疫实行强制免疫,免疫密度必须达到 100%。平时要做好口蹄疫的免疫接种工作,选择与流行毒株相同血清型的口蹄疫疫苗用于牲畜的预防接种。目前用于预防口蹄疫的疫苗有弱毒苗和灭活苗。弱毒苗有 A 型、O 型弱毒苗和 A-O 双价弱毒苗,对牛、羊均安全有效,但对猪有致病力。猪可肌内注射

O 型口蹄疫 BEI(二乙烯亚胺)灭活油佐剂苗，免疫期可达 6 个月。仔猪、羔羊在 28～35 日龄时进行初免；犊牛在 90 日龄时进行初免，间隔 1 个月进行一次强化免疫，以后每隔 6 个月免疫一次；种公猪每年接种 2 次，妊娠母猪分娩前 1 个月接种，母牛分娩前 2 个月接种一次，母羊分娩前 4 周接种一次。牛、羊使用 O 型-亚洲 I 型口蹄疫二价灭活疫苗进行免疫，猪使用 O 型口蹄疫灭活疫苗进行免疫。

发生口蹄疫时，应立即上报疫情，及时采取病料，迅速送检并确诊定型；划定并封锁疫点、疫区，捕杀患病动物及同群动物，焚烧或化制尸体。对污染的环境和用具进行彻底消毒。疫区内的假定健康动物及受威胁区的易感动物应进行紧急免疫接种。待最后 1 头病畜消灭之后，3 个月内不再出现新的病例，报上级机关批准，经终末大消毒后可解除封锁。

子任务四 猪水疱病

猪水疱病是由猪水疱病病毒引起的猪的一种急性接触性传染病，以流行性强，发病率高，以蹄部、口部、鼻端和腹部、乳头周围皮肤和黏膜发生水疱为特征。在症状上与口蹄疫极为相似，但牛、羊等家畜不发病。从临床角度看，猪水疱病一般只对猪的育肥计划产生轻微的影响，但本病的症状与口蹄疫的症状很难区别，从而妨碍了猪和猪产品的流通与国际贸易，国际兽疫局将其列为 A 类动物疫病，我国将其列为一类动物疫病。

一、发病特点

1. 流行病学

本病的发生无明显的季节性，并呈地方流行性。由于传播不如口蹄疫病毒快，所以流行较缓慢，不呈席卷之势。在自然流行中仅发生于猪，各种年龄、性别、品种的猪均可感染，人类有一定的易感性。病猪、潜伏期的猪和病愈带毒猪是本病的主要传染来源，病畜可通过粪、尿、水疱液、奶等排出病毒。主要传播途径有直接接触和消化道传播，被病毒污染的饲料、垫草、运动场和用具以及接触本病的饲养员等往往造成本病的传播。

2. 临床症状

本病潜伏期一般为 2～5 d，有的延至 7～8 d 或更长。根据临床症状可分为典型型、温和型和隐性型。

(1)典型型 主要表现为病猪的趾、附趾的蹄冠以及鼻盘、舌、唇和母猪乳头发生水疱。早期症状为上皮苍白肿胀，在蹄冠的角质与皮肤结合处首先见到，36～48 h 后，水疱明显凸出，里面充满水疱液，往往很快破裂，但有时维持数天。水疱破裂后形成溃疡，真皮暴露，颜色鲜红。病变严重时蹄壳脱落。部分猪的病变部因继发细菌感染而形成化脓性溃疡。由于蹄部受到损害，蹄部有痛感出现跛行。有的猪呈犬坐式或躺卧地下，严重者用膝部爬行。体温升高至 40～42 ℃，水疱破裂后体温下降至正常。病猪精神沉郁、食欲减退或停食。一般情况下，如无并发其他传染病则不引起死亡，但初生仔猪可造成死亡。病猪康复较快，病愈后 2 周，创面可完全痊愈，如蹄壳脱落，则相当长时间后才能恢复。病猪水疱病发生后，约有 2% 的猪发生中枢神经系统紊乱，表现向前冲、转圈运动，用鼻摩擦、咬啃猪舍用具，眼球转动，有时出现强直性痉挛。

(2)温和型 只见少数病猪出现水疱，传播缓慢，症状轻微，往往不容易被察觉。

(3)隐性型 感染后不表现症状，但感染猪能排出病毒，对易感猪有很大的危险性。

3. 剖检变化

本病特征性病变主要是在蹄部、鼻盘、唇、舌面及乳房出现水疱。水疱破裂后水疱皮脱落，暴露出的创面有出血和溃疡。个别病例心内膜有条状出血斑。其他脏器无可见病变(图 1-72、图 1-73)。

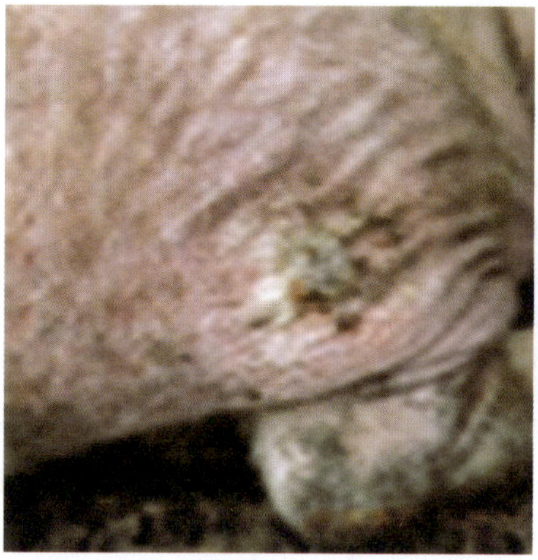

图 1-72　病猪皮肤的水疱破溃结痂

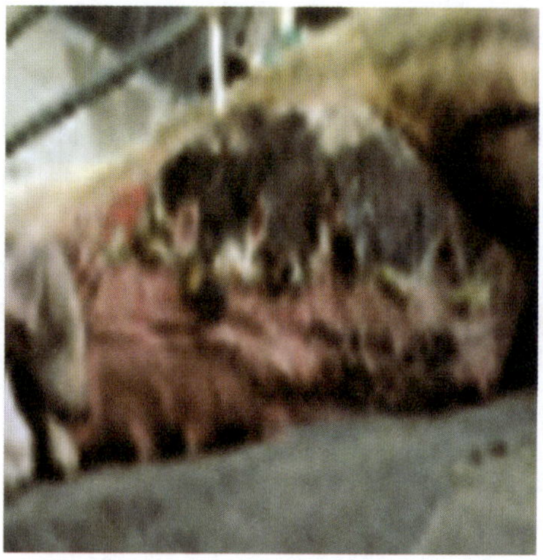

图 1-73　水疱破溃后细菌继发感染，形成坏疽

二、诊断

1. 猪水疱病病毒

该病病原猪水疱病病毒呈球形，由裸露的二十面体对称的衣壳和含有单股 RNA 的核心组成，无囊膜。本病毒不能凝集人和家兔、豚鼠、牛、绵羊、鸡、鸽等动物的红细胞，只有一个血清型。

本病毒对环境和消毒药有较强的抵抗力，50 ℃经 30 min 仍不失感染力，60 ℃经 30 min 和 80 ℃经 1 min 可灭活，在低温中可长期保存。病毒在污染的猪舍内可存活 8 周以上。病毒对乙醚有抵抗力，对酸不敏感。消毒药以 5%氨水、10%漂白粉液、3%福尔马林和 3%的热氢氧化钠溶液效果较好。

2. 临床鉴别诊断

本病根据临床症状和病理变化很难与口蹄疫、猪水疱性口炎等区分开来，必须进行实验室诊断加以区别。

(1)病毒分离与鉴定　取病猪未破溃或刚破溃的水疱皮，经处理后，颈部皮下接种 2～3 日龄的吮乳小白鼠。一般在最初 1～2 代内即可引起感染，实验动物发病死亡。初代分离如呈阴性结果，应继续盲传 2～3 代，可用猪水疱病抗血清中和后，接种 2 日龄乳鼠以鉴定分离病毒。如注射猪水疱病免疫血清中和组小鼠健活，病毒对照或用各型口蹄疫免疫血清中和对照的乳鼠发病死亡，则可确定被检病料为猪水疱病病毒，而不是口蹄疫病毒。

(2)荧光抗体试验　用直接和间接免疫荧光抗体试验，可检出病猪淋巴结冰冻切片中的感染细胞，也可检出水疱皮和肌肉中的病毒。

此外，中和试验、反向间接红细胞凝集试验、补体结合试验等也常用于猪水疱病的诊断。

三、防制

1. 注重生物安全，防止病原传入和传播

预防本病的重要措施是防止本病传入。因此，在引进猪和猪产品时，必须严格检疫。做好日常消毒工作，对猪舍、环境、运输工具用有效消毒药(如 5%氨水、10%漂白粉、3%福尔马林和 3%的热氢氧化钠等溶液)进行定期消毒。在本病常发地区进行免疫预防，用猪水疱病高免血清进行被动免疫有良好效果，免疫期达 1 个月以上。目前，使用的疫苗主要有鼠化弱毒疫苗和细胞培养弱毒疫苗，前者可以和猪瘟兔化弱毒疫苗共用，不影响各自的效果，免疫期可达 6 个月；后者对猪可能产生轻微的反应，但不引起同居感染，是目前安全性较好的弱毒苗。除此之外，还有灭活疫苗，主要是细胞灭活疫苗，该疫苗安全可靠，注射后 7～10 d 产生免疫力，保护率在 80%以上，注射后 4 个月仍有坚强的免疫力。

2. 发病时的扑灭措施

发生本病时，要及时向上级动物防疫部门报告，对可疑病猪进行隔离，对污染的场所、用具要严格消毒，对粪便、垫草等堆积发酵消毒。确认本病时，疫区实行封锁，并控制猪及猪产品出入疫区。必须出入疫区的车辆和人员等要严格消毒。扑杀病猪并进行无害处理。对疫区和受威胁区的猪，可进行紧急接种。猪水疱病可感染人，常发生于与病猪接触的人或从事本病研究的人员，因此应当注意个人防护，以免受到感染。

子任务五 猪繁殖与呼吸综合征

猪繁殖与呼吸综合征(PRRS) 又称猪蓝耳病，是由猪繁殖与呼吸综合征病毒(PRRSV)引起猪的一种繁殖障碍和呼吸道症状的高度接触性传染病，以妊娠母猪表现厌食、发热和流产、早产、死胎、木乃伊胎等繁殖障碍，新生仔猪表现呼吸道症状和高死亡率为特征。

该病于 1987 年在美国初次被发现，目前在许多国家已成为一种地方流行性传染病，对世界的养猪业构成了严重的威胁。我国 1996 年初次报道本病，近年来该病的危害有越来越严重的趋势。国际兽疫局将其列为 B 类传染病，我国将其列为二类动物疫病。

一、发病特点

1. 流行病学

猪是本病的唯一自然宿主，各年龄和种类的猪均可感染，但以妊娠母猪和 1 月龄内的仔猪最易感。病猪和带毒猪是本病的主要传染源，可通过粪、尿、鼻腔分泌物等排出病毒，感染健康猪。本病的主要传播途径有通过呼吸道、消化道及公猪的精液经生殖道进行传播。

本病的发生在新疫区常呈地方性流行，老疫区则多为散发。在猪群内，该病毒存在持续性感染的现象。病毒在猪群间传播速度极快，可在 2～3 个月内一个猪群的 95%以上均变为血清学抗体阳性，并在其体内保持 16 个月以上。由于不同毒株的毒力和致病性不同，猪抵抗力不同，以及细菌或病毒的混合感染等多种因素的影响，发病后的严重程度也不同。近几年 PRRS 有一些新的流行特点，感染后的临床表现出现多样化，混合感染也日趋严重，PRRSV 的毒力有增强的趋势。2006 年夏秋季节，我国南方部分地区发生猪“高热病”疫情。对猪“高热病”病因进行调查分析时，通过对分离到的病毒采用全基因序列分析、回归本动物感染试验等技术手段，迅速锁定了新的变异猪蓝耳病病毒，最终确定了变异猪蓝耳病。

蓝耳病引起
母猪流产

2. 临床症状

本病的潜伏期长短不一致，自然感染一般为 14 d，人工感染妊娠母猪则为 4～7 d。病程通常持续 3～4 周，最长可达 6～12 周。根据发病的严重程度和病程不同，临床表现不尽相同。

(1)母猪 病初出现发热、嗜睡、食欲不振、咳嗽、呼吸急迫，后期呈现流产、早产、产木乃伊胎与弱仔等，死胎率 20%～30%（图 1-74、图 1-75）。有的产后无乳，胎衣停滞。有些发病母猪双耳、腹侧和外阴皮肤有一过性的青紫色或蓝紫色斑块。

(2)仔猪 以 1 月龄内仔猪最易感，并表现出典型的临诊症状，主要表现为体温升高至 40 ℃以上，呼吸困难，有时呈腹式呼吸，食欲减退或废绝，腹泻，离群独处或互相挤在一起。被毛凌乱，脸水肿。有的仔猪表现口鼻奇痒，常用鼻盘、口端摩擦圈舍壁栏，鼻有分泌物，少数仔猪可见耳部、体表皮肤发紫症状（图 1-76 至图 1-78）。死亡率可高达 80%～100%。耐过猪生长缓慢，易继发其他疾病。

(3)育肥猪 主要表现轻度类流感症状，暂时性的厌食及轻度的呼吸困难，少数猪咳嗽及双耳背面、边缘和尾部皮肤有一过性的深青紫色的斑块，腹部皮肤充血发红（图 1-79）。

(4)公猪 发病率低，2%～10%，表现厌食，呼吸困难，消瘦。公猪精液质量下降。

3. 剖检变化

病死猪最常见的是局限性间质性肺炎，随着感染时间延长，可波及肺的各个肺叶（图 1-80 至图 1-86），肺脏长时间瘀血引起心肌出血、心力衰竭（图 1-87、图 1-88）。在死胎和弱仔的病理变化为头部水肿，下颌淋巴结和肠淋巴结及扁桃体也有水肿及弥散性出血（图 1-89、图 1-90），腹腔积液，肺尖叶或心叶、膈叶有暗红色肉变区（图 1-91、图 1-92），心外膜点状出血，肠系膜充血，胃底出血及黏膜脱落，肾表面点状出血明显，脑软膜轻度淤血，流产胎猪皮下淤血水肿（图 1-93）。

组织学检查可见肺泡壁增厚，有单核细胞及巨噬细胞浸润，肺泡上及细胞变性，肺泡腔内有蛋白碎片物，较多的肺泡巨噬细胞被破坏。肺泡巨噬细胞的减少和肺泡功能下降，使猪只更易发生继发感染。其他组织器官如鼻、支气管、淋巴结、脾、心肌、脑、肝、肾也有不同程度的组织学变化。

图 1-74 妊娠后期母猪流产

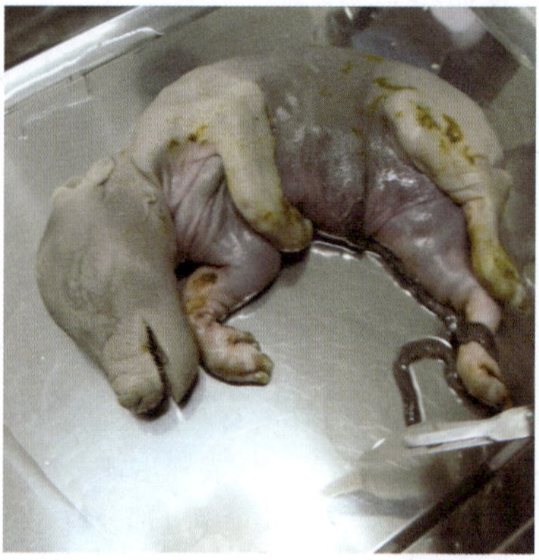

图 1-75 流产胎儿腹部淤血，呈紫黑色

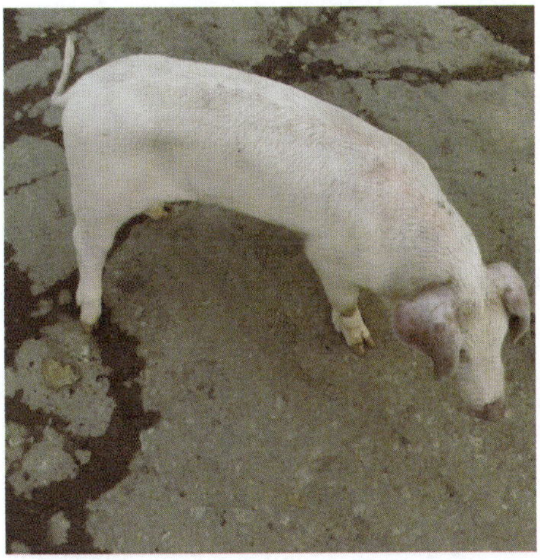

图 1-76 耳朵发紫,后腿疼痛,跛行

图 1-77 鼻盘青紫色,眼睛水肿

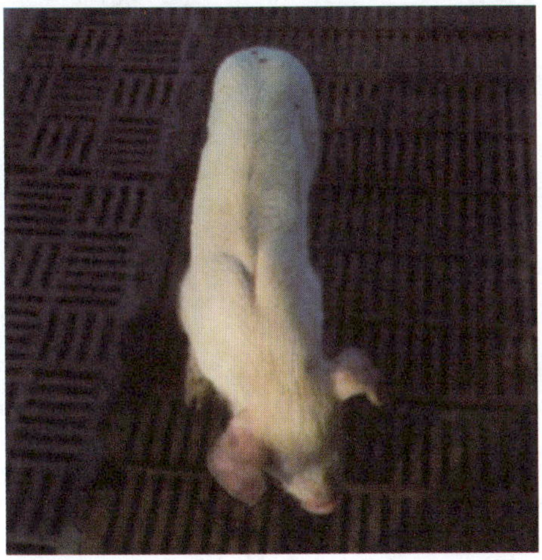

图 1-78 皮肤苍白,被毛粗乱,耳朵和鼻盘发紫

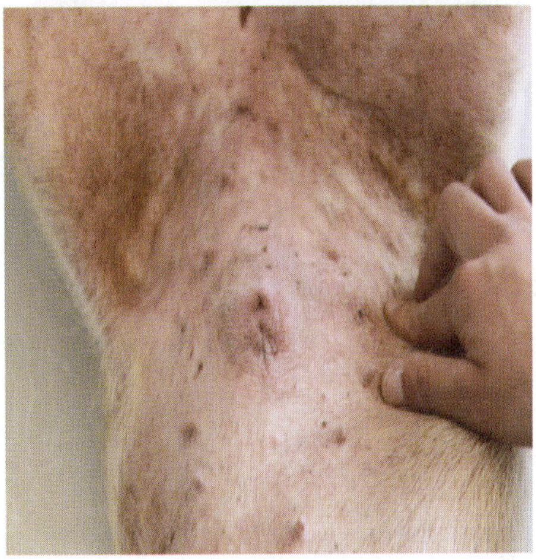

图 1-79 腹部皮肤充血发红

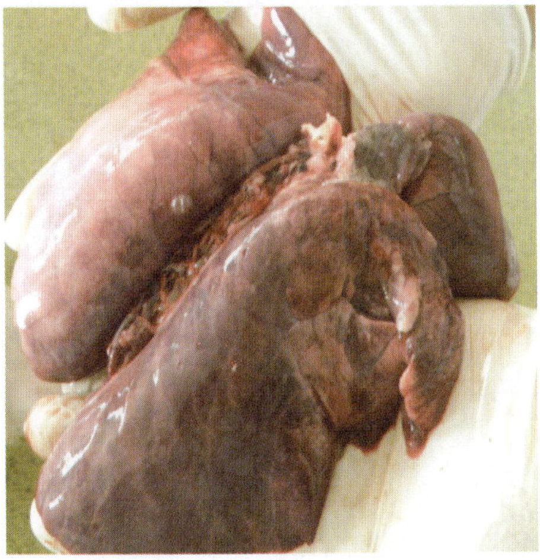

图 1-80 肺脏淤血,肺间质增宽,呈大理石样

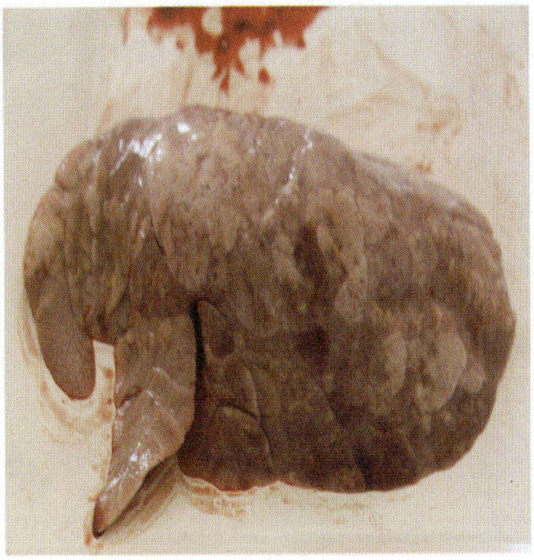

图 1-81 肺脏出血点

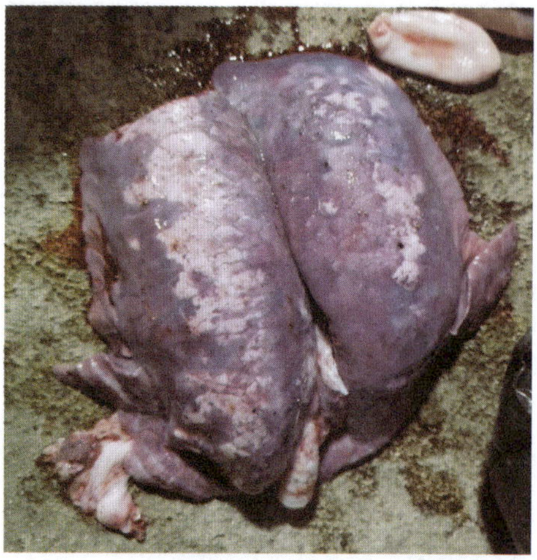

图 1-82　肺脏严重淤血，呈大理石样

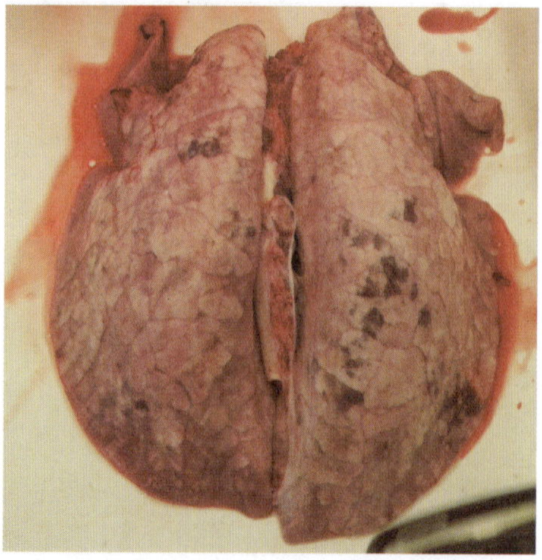

图 1-83　肺脏出血斑，不同程度气肿

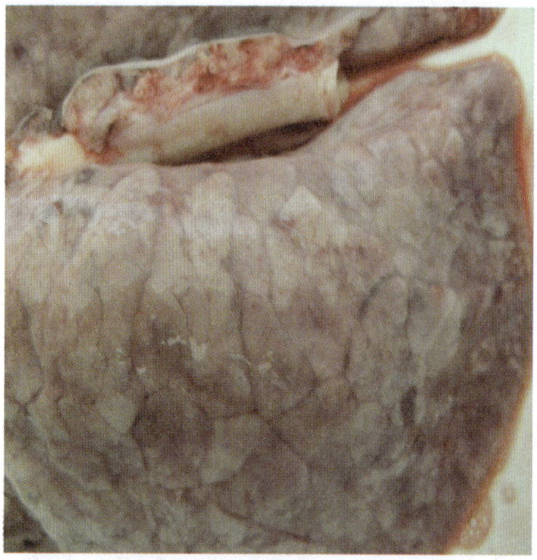

图 1-84　肺脏水肿，肺间质增宽，呈大理石样

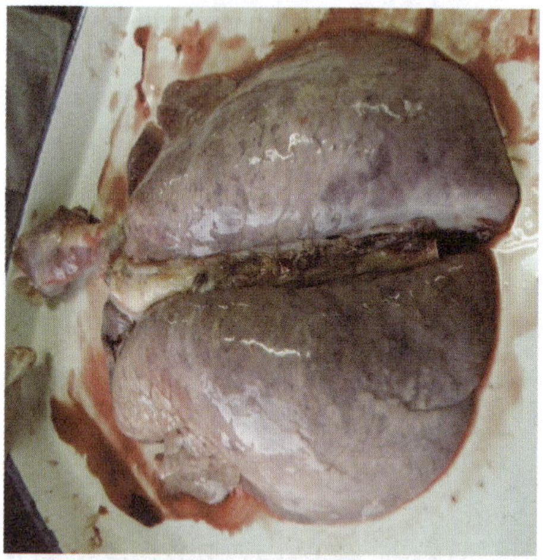

图 1-85　肺淤血水肿，呈大理石样

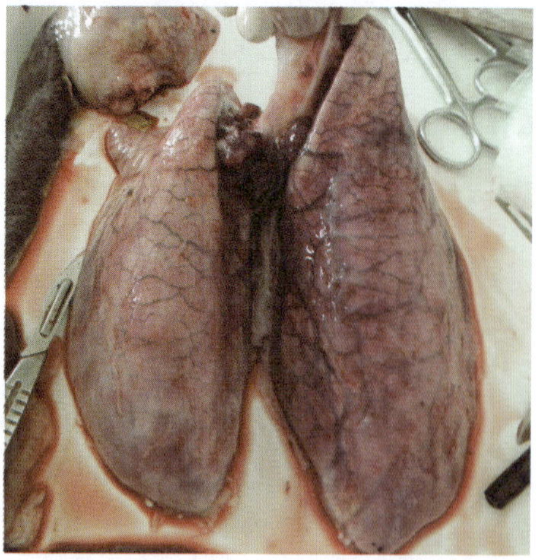

图 1-86　肺脏出血淤血，肺间质增宽，呈大理石样

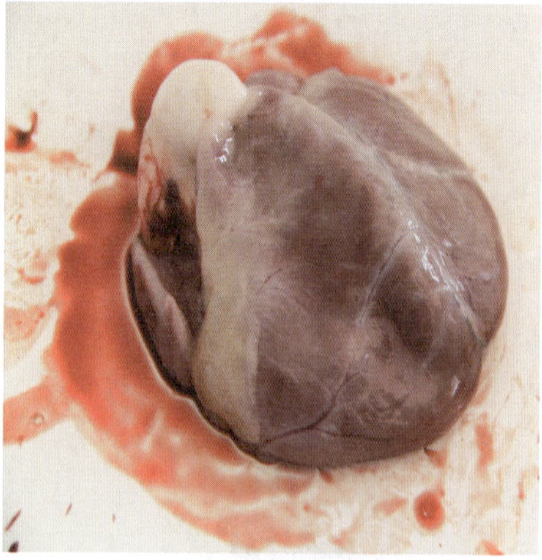

图 1-87　心肌松弛，心脏变软，心力衰竭

图 1-88 心内膜出血

图 1-89 淋巴结出血

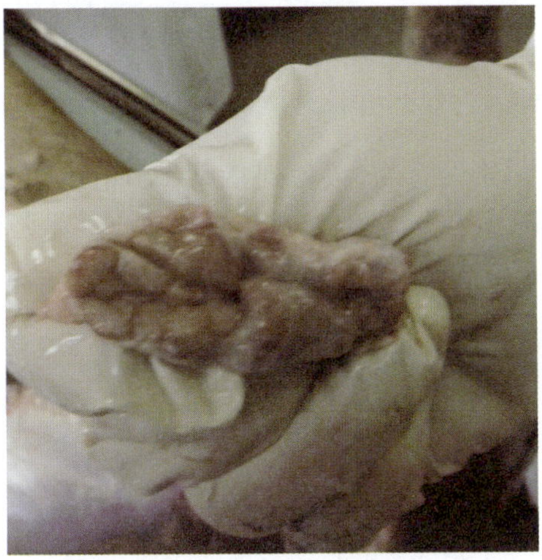

图 1-90 淋巴结出血，呈车轮状

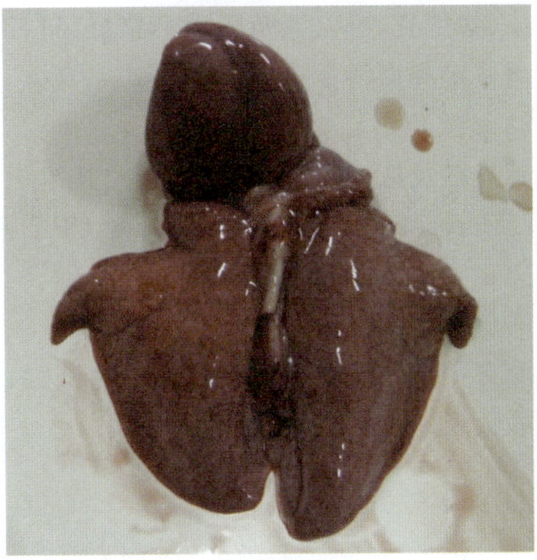

图 1-91 胎猪肺脏淤血水肿

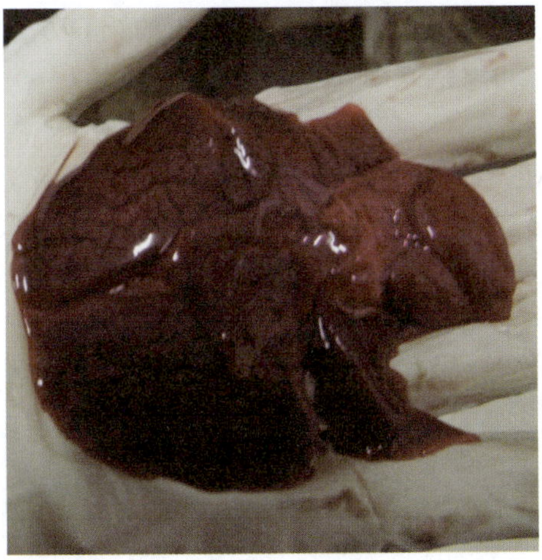

图 1-92 胎猪肺脏淤血水肿，肺间质增宽

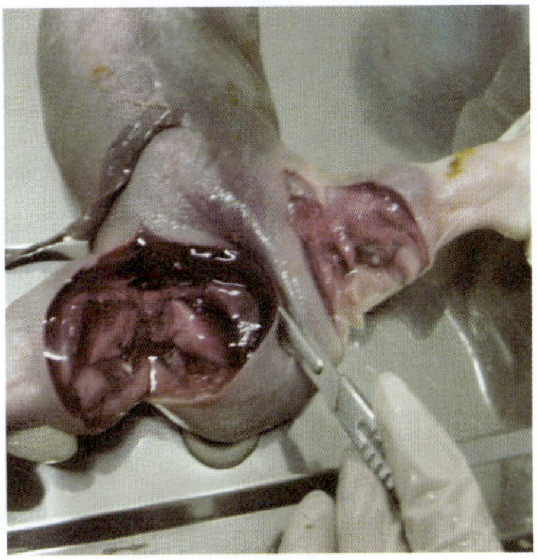

图 1-93 流产胎猪皮下淤血水肿

二、诊断

1. 猪繁殖与呼吸综合征病毒

该病病原猪繁殖与呼吸综合征病毒属于动脉炎病毒科成员，呈球形，二十面体对称，有囊膜，不能凝集猪、牛、马、兔、鸡等动物和人的 O 型红细胞。该病毒在猪肉中的存活时间有多长尚不清楚，在血浆中存活时间不超过 5 d；对 pH 及热非常敏感，当 pH 小于 5 或大于 7 时，感染力可减少 90%以上，37 ℃经 48 h、56 ℃经 45 min 即被完全灭活；对低温不敏感，在－70 ℃至少可保存 1 年，在 4 ℃可保存约 1 个月。对消毒剂抵抗力不强，对乙醚和氯仿敏感。

2. 临床鉴别诊断

母猪发生流产、死胎、产弱仔、胎儿木乃伊和呼吸困难；新生仔猪呼吸困难和高度致死率(80%～100%)；青年猪有轻度症状。荷兰提出 3 个临诊指标：①怀孕母猪感染后症状明显；②至少出现 20%胎儿死产；③8%以上母猪流产和哺乳仔猪死亡率 26%以上。上述 3 个指标只要有 2 个符合时，就可认为本病的临床诊断成立。本病诊断时应与症状相似的其他传染病，如猪细小病毒感染、猪伪狂犬病、繁殖障碍型猪瘟、猪日本乙型脑炎、衣原体病等相区别，确诊本病须进行病毒分离鉴定和血清学检测。

3. 病毒分离鉴定

将感染猪及流产、死产胎儿的肺及其组织作成匀浆混合物，接种到猪原代肺泡巨噬细胞，或 CL2621、Marcl145 细胞，可见到特征性 CPE 者，表明病毒分离阳性，其后再作鉴定。木乃伊胎儿和已发生自溶的胎儿不能用作病毒分离。

4. 血清学方法

主要有免疫过氧化物单层细胞染色试验、间接荧光抗体法、血清中和试验、胶体金免疫电镜法和酶联免疫吸附试验(ELISA)等。

三、防制

1. 生物安全

胎盘传播是本病的重要传播途径，所以应坚持自繁自养与严格的检疫制度，严禁从疫区引进种猪，引进的种猪要隔离观察两周以上，确保安全后方可入群。采取全进全出的饲养方式。定期对种母猪、种公猪进行本病的血清学监测，及时淘汰可疑病猪。

2. 疫苗接种

国内外已试制了多种疫苗，但免疫效果欠佳，对灭活苗的安全性仍存在一定的争议，对疫苗的免疫效果也意见不统一。但本病具有传播途径多、传播速度快和可于猪群中长期持续感染等多种特点，使用疫苗免疫是控制本病的有效途径。当前灭活疫苗是预防本病的首选疫苗，适合种猪和健康猪使用。对于正在流行或流行过本病的商品猪场可用弱毒疫苗紧急预防接种或免疫预防。后备母猪在配种前进行 2 次免疫，首免在配种前 2 个月，间隔 1 个月进行二免。小猪在母源抗体消失前进行首免，母源抗体消失后再次进行免疫。公猪和妊娠母猪不能接种弱毒疫苗。

3. 加强消毒

发病后要加强消毒工作，对空圈及猪舍周围环境用 2%热氢氧化钠溶液彻底消毒，对圈舍内外及猪体用百毒杀、过氧乙酸、复合酚等消毒剂，每隔 3 d 进行 1 次大面积的喷雾消毒。

4. 对症治疗

(1)用四环素类及磺胺类药物治疗，防止继发感染；

(2)给体弱病猪补充足够的蛋白质和高能量饲料，对腹泻病猪用口服补液法补充电解质；

(3)对发生早产、流产症状的母猪可在肌注黄体酮的同时，配合中药(黄芩 10～15 g，白术 10 g，砂仁 5～10 g)煎水口服，以利母猪安胎保胎；

(4)用阿司匹林给临产前的妊娠母猪喂饲，以减轻发热，延长妊娠期，减少流产。

复习思考题

1. 简述猪瘟的诊断要点，并制定猪瘟的免疫程序。
2. 针对非洲猪瘟的流行特点，请查阅资料，为猪场制定合理的非洲猪瘟防控方案。
3. 简述口蹄疫和猪水疱病的鉴别诊断。
4. 猪蓝耳病的发病有哪些特点？应该如何进行防控？

任务四　以繁殖障碍为主的传染病

子任务一　猪伪狂犬病

猪伪狂犬病是由伪狂犬病病毒所引起的猪的一种发病急、传播迅速的烈性传染病。猪的感染因年龄不同症状有所区别：小猪以中枢神经症状为特征，呈现非化脓性脑炎；断奶猪及育肥猪以呼吸系统症状为主；妊娠母猪表现流产、死胎、木乃伊胎。2 周龄以内小猪感染致死率可达 100%。该病已成为规模化猪场猪繁殖障碍的一大疫病。该病被国际兽疫局定为 B 类传染病，我国也将其列入二类动物疫病。

一、发病特点

1. 流行病学

本病一年四季都可发生，但以冬春寒冷季节和产仔旺季多发，这是因为低温有利于病毒的存活。据不完全统计，我国已有 20 多个省份流行过本病，近几年猪伪狂犬病在我国许多种猪场呈暴发流行趋势。猪对本病最易感，其他动物如牛、羊、犬、猫、兔、鼠等也可自然感染。除猪以外，所有易感动物感染 PRV 都是致死性的。人类对本病有抵抗力。病猪、带毒猪是本病的重要传染来源，也有人认为被污染的圈舍和鼠类在疾病的传播中起重要作用。本病可通过消化道、呼吸道、伤口及配种等途径传播。另外，母猪感染后，可通过胎盘传递给子代，造成母猪流产、死胎和仔猪死亡。

2. 临床症状

本病潜伏期一般为 3～6 d，少数可达 10 d。本病的临床症状随猪只的年龄不同而有较大差异。

新生仔猪及 4 周龄以内仔猪，表现为最急性型，常突然发病，体温升至 41 ℃以上，病猪精神委顿、厌食，有呕吐或腹泻；随后可见兴奋不安、步态不稳、运动失调、全身肌肉痉挛、或倒地抽搐；有时呈不自主地前冲、后退或转圈运动；或前肢呈八字形呆立；随着病程发展，出现四肢麻痹，倒地侧卧、头向后仰、

伪狂犬病毒引起产房仔猪神经症状

四肢乱动、空嚼流涎、叫声嘶哑、喘气，最后死亡，病程 1～2 d，死亡率很高，可达 100%。

4 月龄左右的猪，多表现轻微发热、流鼻液、咳嗽、呼吸困难，有的出现腹泻，几天可恢复。也有部分出现神经症状而死亡。病死率低，病程 4～8 d。

妊娠母猪主要表现为繁殖障碍，母猪于受胎 40 d 后感染时，常有流产、死胎及延迟分娩等现象（图 1-94 至图 1-96）。妊娠后期感染的则产出木乃伊胎，也有活产胎儿，但胎儿常出生后不久出现典型的神经症状，表现吐泻、痉挛、角弓反张，多在 2～3 d 死亡（图 1-97、图 1-98）。保育猪呈神经症状（图 1-99），母猪流产前后，大多无明显的临床症状。

成年猪一般呈隐性感染，有些表现呼吸系统的症状，呈卡他性炎、发热、咳嗽，鼻腔流出分泌物，精神委顿等一般症状，很少出现神经症状。

伪狂犬病毒引起神经症状 1

伪狂犬病毒引起神经症状 2

伪狂犬病毒引起神经症状 3

伪狂犬病临床症状

3. 剖检变化

病死猪主要见呼吸系统的病变和明显的非化脓性脑炎变化。流产、死产胎儿大小较一致，有不同程度的软化现象，胸腔、腹腔及心包腔有多量棕褐色潴留液，肾及心肌出血，肝、脾等脏器有灰白色坏死点（图 1-100 至图 1-115）。有神经症状的猪脑充血、出血（图 1-116、图 1-117）。有的猪胆囊充盈，胆汁逆流进入胃内（图 1-118 至图 1-120），肾乳头出血，肾盂内含干酪样物（图 1-121）。流产母猪可能有轻度子宫内膜炎，公猪可能表现为阴囊水肿和渗出性鞘膜炎。

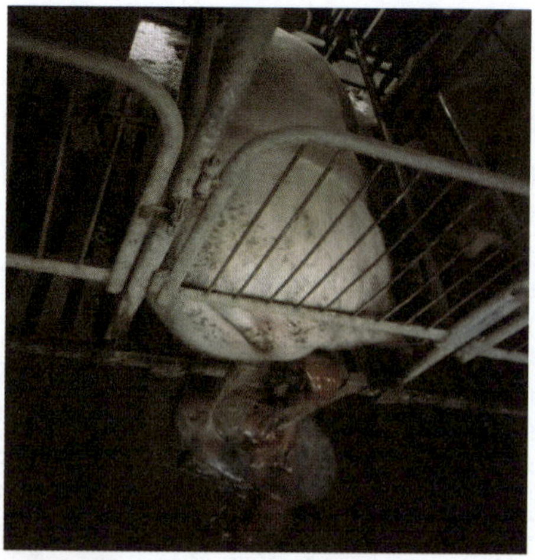

图 1-94　妊娠母猪流产

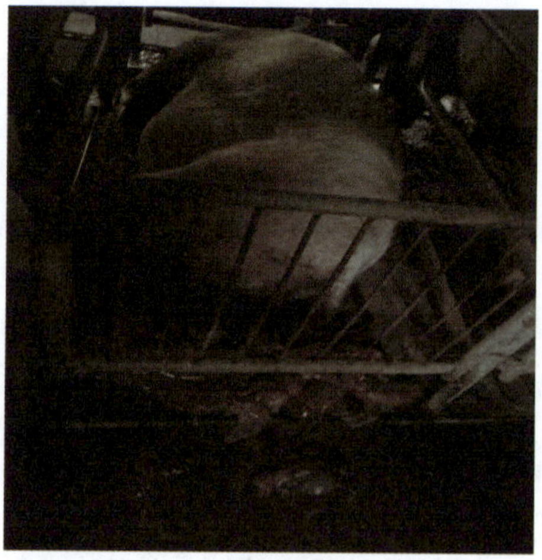

图 1-95　妊娠母猪流产

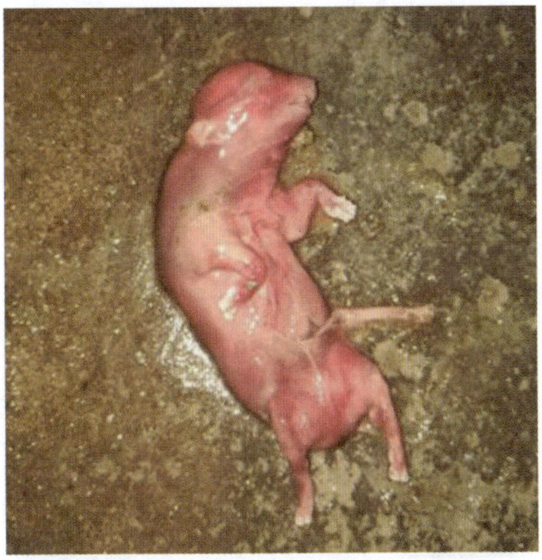

图 1-96 流产的胎儿充血出血

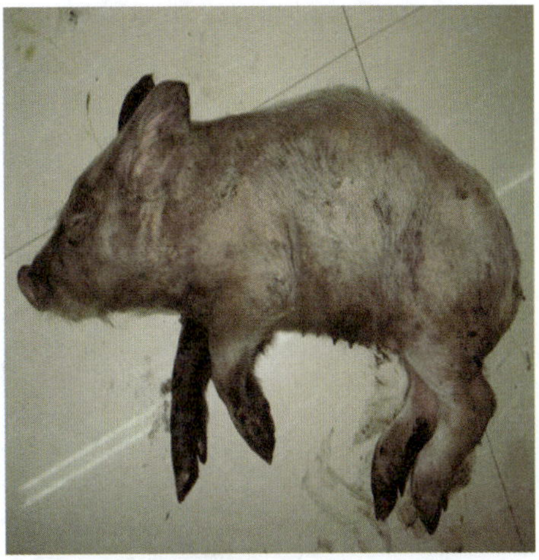

图 1-97 仔猪消瘦，被毛干枯，弓背

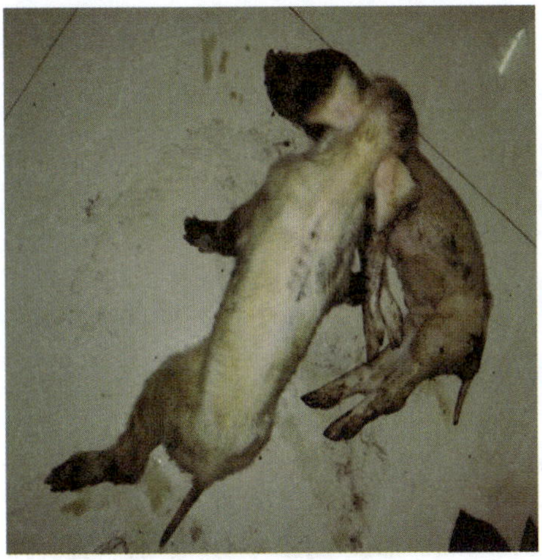

图 1-98 仔猪腹泻脱水，后腿无力，站不起来

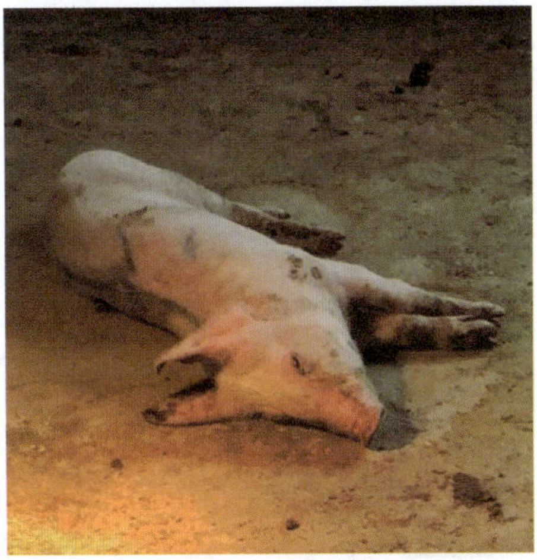

图 1-99 仔猪角弓反张，呈神经症状

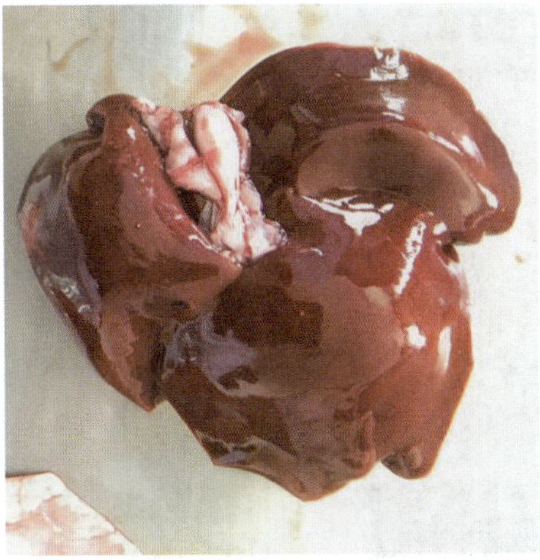

图 1-100 肝脏表面白色小坏死点

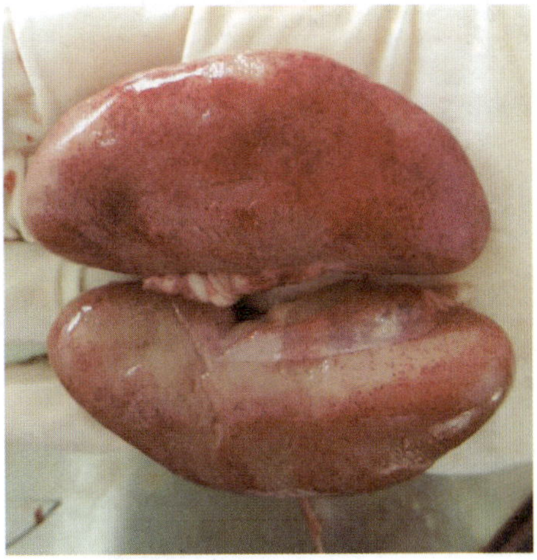

图 1-101 肾表面严重出血

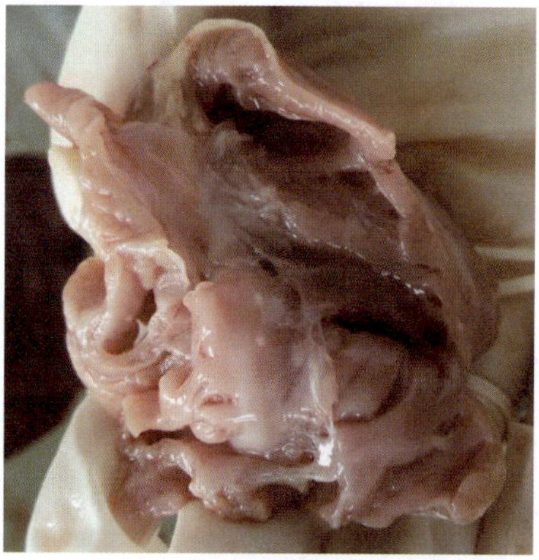

图 1-102　心肌内壁白色坏死点

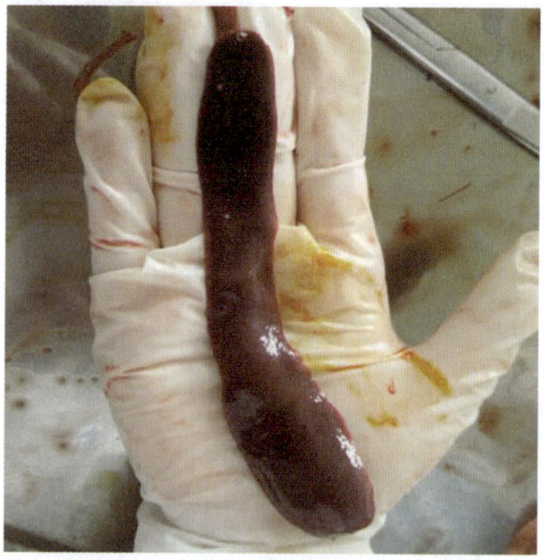

图 1-103　脾脏白色坏死点

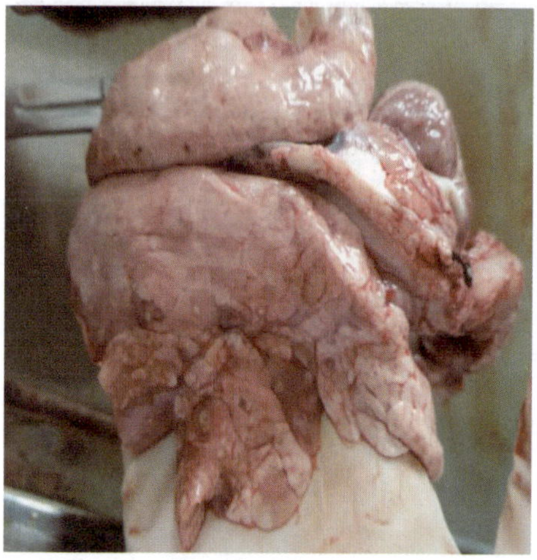

图 1-104　肺脏白色坏死点和出血点

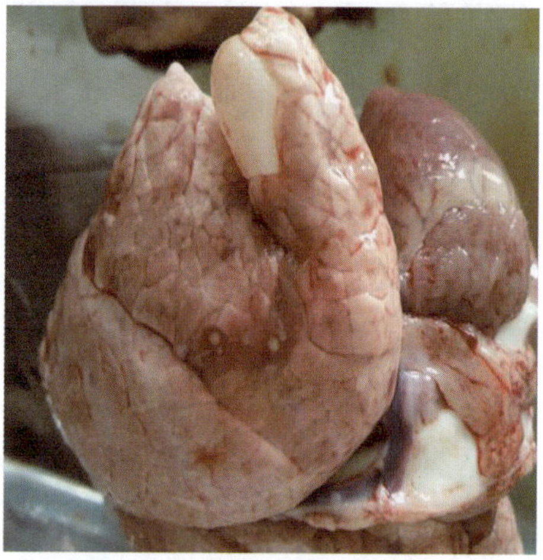

图 1-105　肺脏心叶背侧白色坏死点

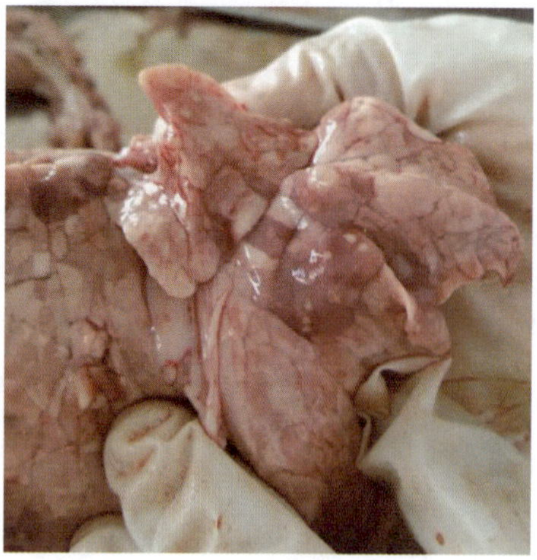

图 1-106　肺脏心叶腹面白色坏死点

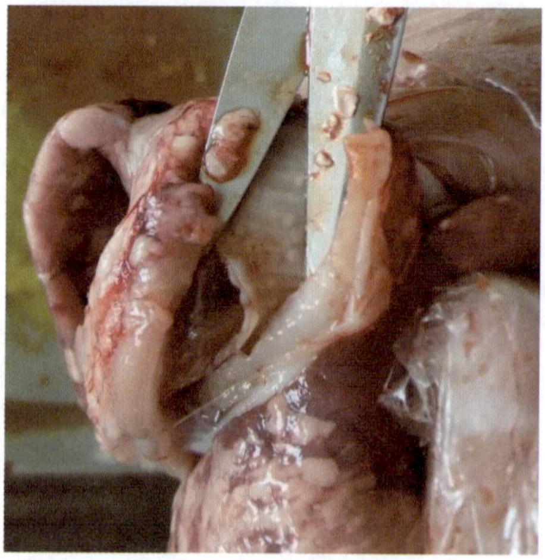

图 1-107　气管内大量白色坏死点

图 1-108 空肠和回肠肠壁浆膜面大量白色坏死点

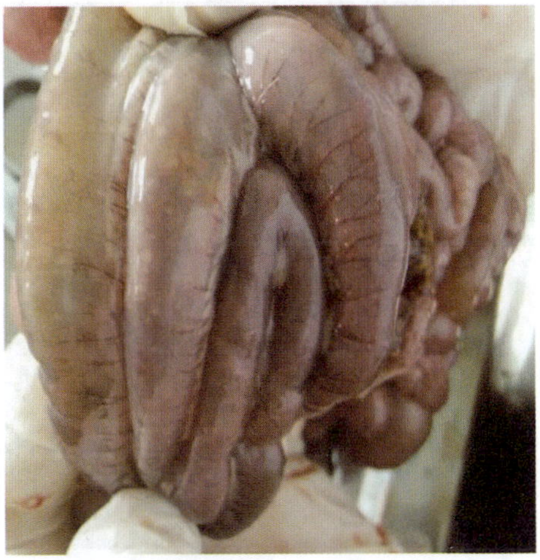

图 1-109 结肠浆膜面大量白色坏死点

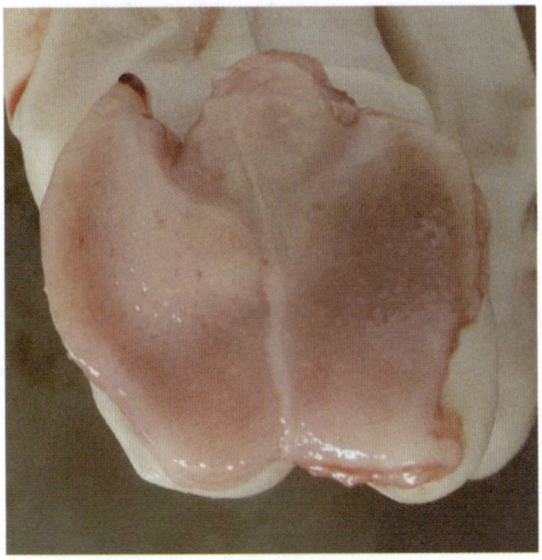

图 1-110 扁桃体白色坏死点

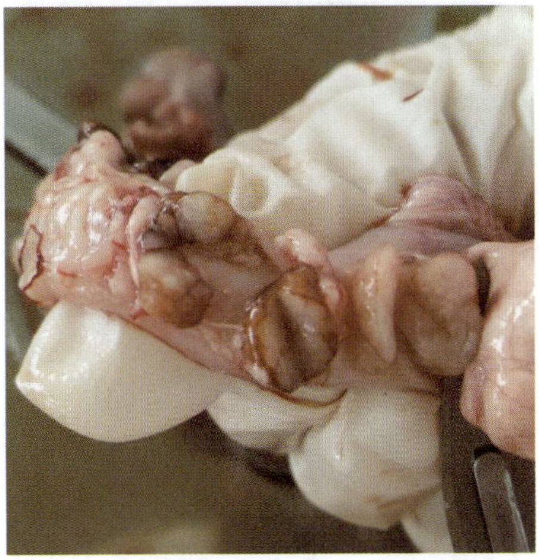

图 1-111 淋巴结出血，切面坏死点

图 1-112 淋巴结出血，切面如车轮状

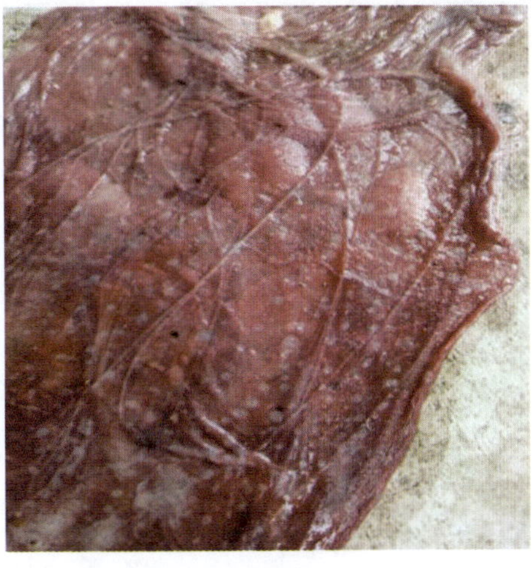

图 1-113 胎衣大量白色坏死点

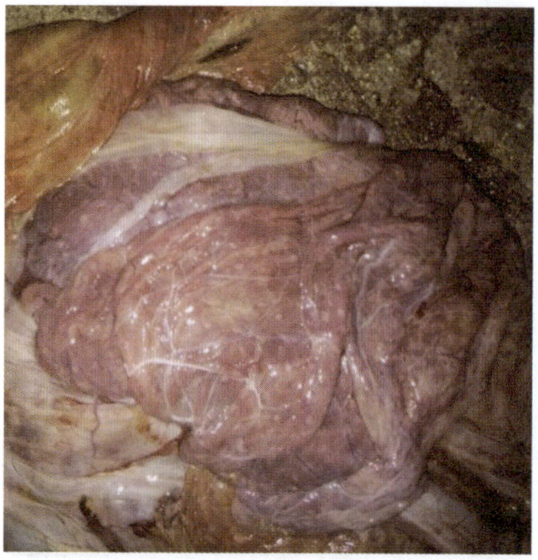

图 1-114　胎衣白色坏死点

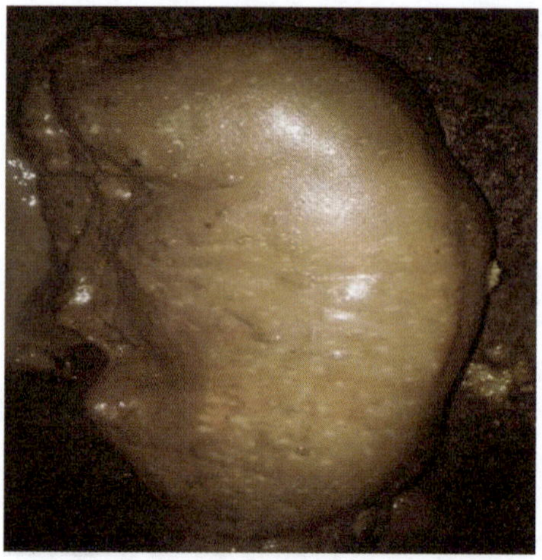

图 1-115　流产胎儿木乃伊化，胎衣白色坏死点

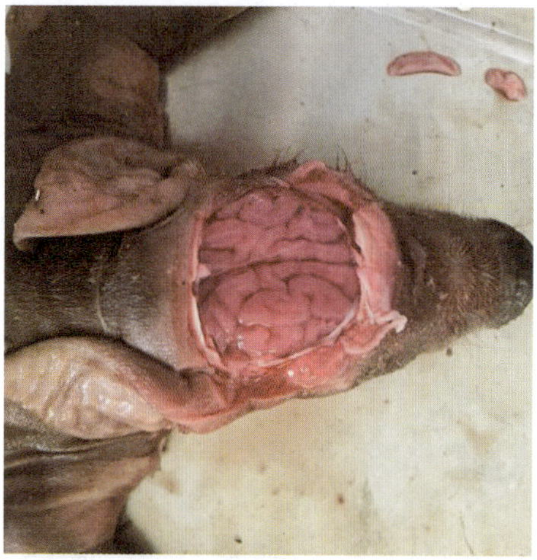

图 1-116　脑充血潮红

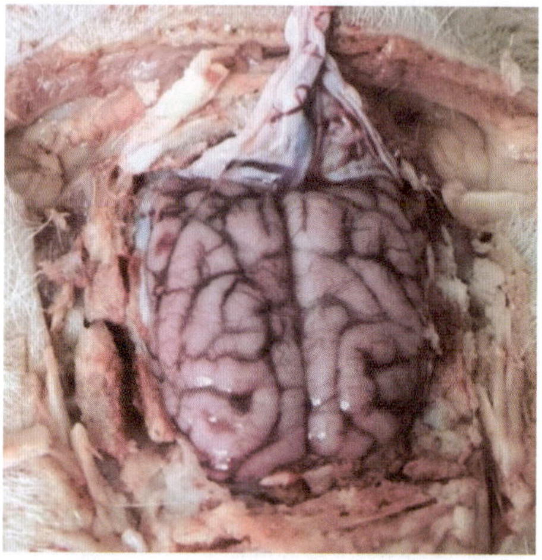

图 1-117　脑充血、出血，脑回变浅

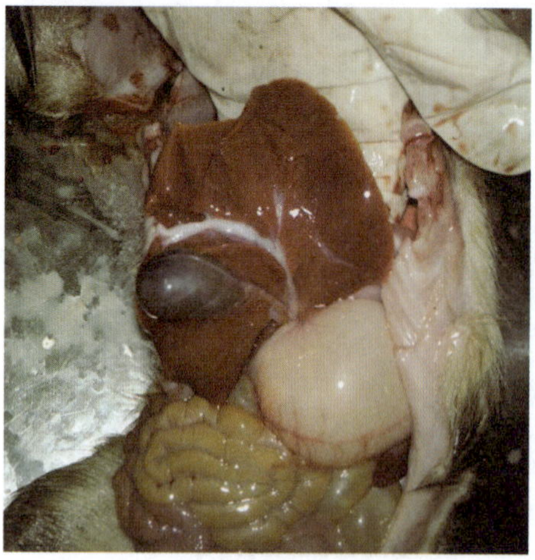

图 1-118　肝脏黄染，胆囊充盈

图 1-119　胃黏膜充血，胆汁逆流

图 1-120 胃黏膜充血出血，胆汁逆流

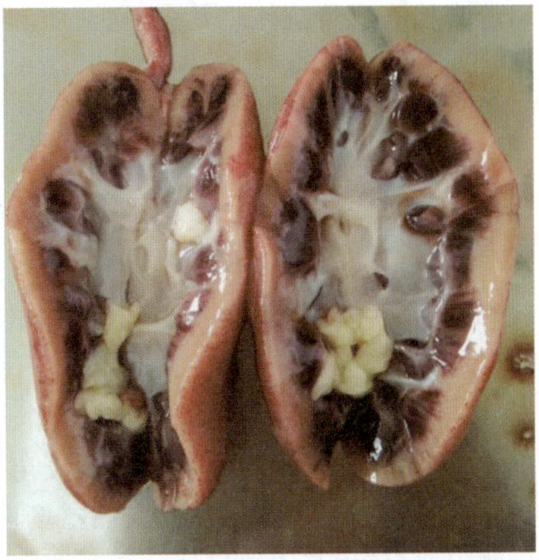

图 1-121 肾乳头出血，肾盂大量干酪样物

二、诊断

1. 伪狂犬病病毒

该病病原伪狂犬病病毒是一种疱疹病毒，呈椭圆形或圆形外观，有囊膜，囊膜表面具有呈放射状排列的纤突。伪狂犬病病毒能在很多种动物细胞中生长繁殖，并产生明显的细胞病变(CPE)和核内嗜酸性包涵体。

该病毒是疱疹病毒中抵抗力较强的一种，在物体表面和液体中可存活 7 d，在 pH 4～9 保持稳定。腐败条件下，病料中的病毒经 11 d 失去感染力。病毒对热的抵抗力较强，55～60 ℃经 30～50 min 才能灭活，80 ℃经 3 min 才能灭活。该病毒对乙醚、氯仿等脂溶剂，以及福尔马林和紫外线照射等敏感。一般的消毒剂都可杀灭病毒。

2. 临床鉴别诊断

根据本病的流行病学、临床症状和病理变化可对猪伪狂犬病作出初步诊断。确诊本病必须进行实验室诊断。

(1)动物接种 采取病猪或其他患病动物患部水肿液、神经干、脊髓以及脑组织，用生理盐水制备成 1∶10 组织悬液，同时每毫升中加青霉素、链霉素 500～1 000 IU，取 1～2 mL，皮下或肌内接种家兔。接种后 2～3 d，注射局部出现奇痒。家兔先舔接种部位，以后用力撕咬接种点，致使局部脱毛，皮肤破损出血，一般在 48～72 h 内死亡，但有时需 4～5 d 才死亡。也可以用病料脑内接种或鼻内接种 1～4 周龄小鼠，接种后有奇痒症状，症状持续 12 h，在 2～10 d 内死亡，但多数在 3～5 d 内死亡。

(2)免疫荧光抗体检查 取自然病例的病料(或组织细胞培养物)，如脑的压片或冰冻切片，用直接免疫荧光检查，可于神经节细胞的胞浆及核内产生荧光，几小时后可取得可靠的结果，可用于组织切片或冰冻切片或细胞培养物的检查。此法简单、快速、准确，多用扁桃体、间脑、嗅球、小脑制作，在神经节细胞的胞浆核内均可见荧光。

(3)病毒分离 可以用病料直接接种猪肾细胞或鸡胚细胞，病毒繁殖后，可出现典型的细胞病变(CPE)。另外，也可用被检的猪肾来制备细胞，可用新出芽生长的细胞做指示细胞，或者将被检猪肾细胞组织剪碎，与指示细胞混在一起培养，可观察到病变。通过以上方法得到的假定阳性培养液，要通过病毒中和试验来鉴定。

此外，可用中和试验、间接血凝抑制试验、琼脂扩散试验、补体结合试验、酶联免疫吸附试验

(ELISA)等来检查血清抗体。其中,血清中和试验较为敏感、准确。

三、防制

1. 生物安全

搞好以灭鼠为主的兽医卫生措施。鼠是伪狂犬病病毒的携带者,可通过污染饮水、饲料及猪舍用具而使猪感染,因此消灭饲养场的鼠类对控制本病有重要意义。同时,由于猪是本病的重要带毒者,因此引进种猪时要严格隔离检疫,防止引进带毒猪。做好猪场和猪舍的经常性卫生消毒,粪尿做发酵处理。

2. 坚持疫苗免疫接种,提高猪群的免疫接种密度

目前,用于猪伪狂犬病的免疫预防用疫苗有两种:一是全病毒灭活疫苗,另一种是基因缺失疫苗(包括自然缺失和人工缺失)。商品猪场可使用全病毒灭活疫苗,而种猪场为了便于此病的净化和监测,最好使用基因缺失疫苗。种猪第一次免疫后,间隔 4～6 周加强免疫一次,以后每隔半年免疫一次,产仔前一个月加强免疫一次,经过前面规则免疫后的种猪所产仔猪,其母源抗体可以维持到 60 日龄左右,因此后备种猪可在 60～70 日龄首免。间隔 4～6 周加强免疫一次作为基础免疫,以后按种猪免疫程序进行免疫。育肥猪是经过前述规则免疫后所产的仔猪,应在 60～70 日龄用基因缺失疫苗免疫一次,间隔 4～6 周后加强免疫一次,直到出栏。如果是没有规则免疫母猪所产的仔猪,可提前到断奶时注射一次,间隔 4～6 周后加强免疫一次,直到出栏。

3. 监测

种猪场、育肥猪场要对该病定期进行监测,种猪场每年监测两次,商品猪场每年一次。监测时种公猪(含后备种公猪)应 100%,种母猪(含后备种母猪)按 20%的比例抽检,商品猪按 5%的比例不定期抽检;对有流产、产死胎等症状的种母猪 100%进行抽检。

4. 紧急免疫接种和高免血清的应用

对发病种猪用灭活疫苗作紧急免疫接种,第一次免疫后,间隔 4～6 周加强免疫一次,以后按种猪免疫程序进行免疫。对正在发病的猪场、疑似的健康仔猪用疫苗作超前免疫,即滴鼻或肌内注射一头份剂量,作紧急免疫接种可收到很好的效果。同时对所有其他种猪用灭活疫苗注射。对于感染发病的猪,可在早期应用高猪伪狂犬病病毒高免血清经腹腔注射 30 mL 以上,对断奶仔猪有较好的疗效,如果病猪已出现神经症状则效果不理想。防止继发感染可用磺胺类药物。

5. 搞好种猪群的净化

(1)全群淘汰 这种方式适用于高度污染且种猪血统不太昂贵的种猪场。

(2)免疫接种与监测相结合 淘汰阳性种猪是一种比较经济、值得推广的方式。用基因缺失疫苗免疫种猪,配合使用鉴别诊断酶联免疫吸附试验(ELISA)试剂盒,定期对种猪群进行监测。野毒感染阳性者作淘汰处理。

(3)建立无伪狂犬病的清洁种猪群 隔离饲养阳性母猪所生仔猪,实行早期隔离断奶,并对仔猪群进行抗体监测,淘汰阳性猪,建立无伪狂犬病的清洁种猪群。

子任务二 猪细小病毒病

猪细小病毒病是由猪细小病毒引起母猪繁殖障碍的一种传染病,其特征为受感染的母猪,特别是初产母猪产出死胎、畸形胎、木乃伊胎及病弱仔猪,偶有流产,母猪本身无明显症状。

本病于1967年在英国首次报道，目前各个国家几乎都有本病发生。我国20世纪80年代从上海、北京和江苏等地相继分离到猪细小病毒。近几年该病对我国规模化猪场造成了严重的危害，我国将其列入二类动物疫病。

一、发病特点

1. 流行病学

本病主要发生于春秋产仔季节。常见于初产母猪，一般呈地方性流行或散发。一旦发生本病，猪场可能连续几年不断地出现母猪繁殖障碍。母猪妊娠期感染，其胚胎死亡率可达80%～100%。猪是本病的唯一易感动物，不同年龄、性别的家猪和野猪都可感染，但只有母猪表现繁殖障碍。病猪、带毒猪及污染的精液等是本病的主要传染源。本病可经胎盘垂直感染和交配感染，公猪、育肥猪、母猪主要通过被污染的饲料、环境，经呼吸道、消化道感染。

2. 临床症状

猪细小病毒感染猪主要是引起母猪出现繁殖障碍。妊娠母猪可同时出现流产、死产、木乃伊胎、产后久配不孕等症状。其他猪感染后无任何明显的临床症状。

母猪不同孕期感染，可分别造成不同症状：妊娠30 d内感染，胚胎死亡、吸收，使产仔数减少，仔猪、胚胎死亡率高达80%～100%；妊娠30～50 d感染，主要是产木乃伊胎；妊娠50～70 d感染，胚胎木乃伊化，有时出现大小不一的软死胎，有畸形胎（八字腿、唇裂）、产弱仔、死胎；妊娠70 d以上感染，大多数胎儿能产生免疫力，产出时外观正常，这些仔猪带有病毒和抗体，可长期或终生带毒、排毒。

公猪性欲、受精率无明显影响，母猪不规律发情。

3. 剖检变化

母猪流产时，肉眼可见母猪有轻度子宫内膜炎症，胎盘部分钙化，胎儿在子宫内有被溶解和被吸收的现象。大多数死胎、死仔或弱仔皮下充血或水肿，胸、腹腔积有淡红或淡黄色渗出液。弱仔出生后30 min先后在耳尖、颈、胸、腹部及四肢上端内侧出现淤血、出血斑，半日内全身皮肤变紫而死亡。

二、诊断

1. 猪细小病毒

该病病原猪细小病毒属细小病毒科细小病毒属。本病毒能凝集鼠、大鼠、人（O型）、猴、小白鼠、鸡和猫的红细胞。该病毒对外界抵抗力极强，在56 ℃恒温48 h，病毒的传染性和凝集红细胞能力均无明显改变，70 ℃经2 h处理后仍有感染性，80 ℃经5 min加热才可使病毒失去血凝活性和感染性。该病毒对乙醚、氯仿等脂溶剂有抵抗力。2%氢氧化钠溶液浸泡5 min可杀死该病毒。

2. 临床鉴别诊断

若发生流产、死胎、胎儿发育异常等现象，而母猪本身和同一场内的公猪没有明显的临床症状，应考虑到为本病的可能性。但最后确诊必须依靠实验室诊断。

3. 实验室检查

可取妊娠70 d前流产的木乃伊化胎儿、胎儿肺送实验室进行诊断。妊娠70 d后的木乃伊化胎儿、死产仔猪和初生仔猪则不宜送检，因其中可能含有干扰检验的抗体。检验方法可进行病毒的细胞培养和鉴定、血凝试验、荧光抗体染色试验、酶标试验、血清中和试验等，最新的方法有放射免疫测定、单克隆抗体诊断法等。

三、防制

1. 注重生物安全

妥善处理传染源，全场彻底消毒，防止病原传入和传播。猪群发病后应对其排泄物、分泌物和产出的胎儿及其污染的场所和环境等进行合理的处理。消毒可选用福尔马林、氨水和氧化剂类消毒剂等。

2. 加强疫苗预防

对猪群进行免疫接种，有良好的预防效果。目前使用的疫苗主要有灭活疫苗和弱毒疫苗，其中以灭活疫苗多用。灭活疫苗包括氢氧化铝灭活疫苗和油乳剂灭活疫苗。疫苗接种可在母猪配种前的1～2月内进行，重点放在后备母猪的免疫接种，使其产生免疫力。

3. 推迟母猪初配年龄

将初产母猪配种时间推迟到9月龄，对于预防初产母猪的繁殖障碍有一定作用。

4. 加强综合防制措施

猪细小病毒对外界环境的抵抗力很强，要使一个无感染的猪场保持下去，必须采取严格的卫生措施，尽量坚持自繁自养，如需要引进种猪，必须从无猪细小病毒感染的猪场引进。当血凝抑制试验阴性时，方准许引进。引进后严格隔离2周以上，当再次检测血凝抑制试验阴性时，方可混群饲养。

子任务三　猪附红细胞体病

猪附红细胞体病是由附红细胞体寄生于红细胞表面而引起的一种危害极大的急性、热性传染病。临床上以发热、贫血、溶血性黄疸、呼吸困难和皮肤发红为特征。自1928年Schilling和Dinger等首次从家兔体内发现以来，附红细胞体病已在世界30多个国家出现。20世纪80年代初，我国发现猪附红细胞体病。近年来，随着养猪业的不断发展，猪附红细胞体病的发生不断增多，不仅引起猪生长缓慢，推迟出栏，种猪生产性能下降，而且还引起猪的大量死亡，给养猪业造成很大的损失。

一、发病特点

1. 流行病学

猪附红细胞体病可发生于各龄猪，但以仔猪和长势好的架子猪死亡率较高，母猪的感染也比较严重。患病猪及隐性感染猪是重要的传染源。本病的传播途径有血源性、接触性、垂直性和媒介昆虫等传播方式，如通过摄食血液或带血的物质、舔食断尾的伤口、互相斗殴、注射针头等均可以直接传播，也可通过蚊、疥螨、螫蝇、虱、蠓等吸血昆虫进行传播，还可通过交配、人工授精、胎盘传播。

猪附红细胞体检查

2. 临床症状

本病的潜伏期为7 d。猪附红细胞体病的典型临床症状表现在：母猪生产性能下降；仔猪体质变差，贫血，肠道及呼吸道感染增加；育肥猪日增重下降；育肥猪急性溶血性贫血。

小于5日龄的仔猪感染后的主要症状是皮肤苍白和黄疸，1周龄后多可自愈。1月龄左右断奶时期的仔猪最初表现为贫血，后出现黄疸，生长发育不良，成为僵猪。

育肥猪根据病程长短不同可分为3种类型：①急性型病例较少见，病程1～3 d；②亚急性型病猪体温升高，达39.5～42 ℃。病初精神委顿，食欲减退，颤抖转圈或不愿站立，离群卧地。出现便秘或拉稀，有时便秘和拉稀交替出现。病猪耳朵、下、胸前、腹下、四肢内侧等部位皮肤红紫，指压不退色，成为“红皮猪”（图 1-122 至图 1-126）。有的病猪两后肢发生麻痹，不能站立，卧地不起。有的病猪流涎，呼吸困难，咳嗽，眼结膜发炎，病程 3～7 d，或死亡或转为慢性经过。③慢性型患猪主要表现贫血和黄疸。患猪尿呈黄色，大便干如栗状，表面带有黑褐色或鲜红色的血液。生长缓慢，出栏延迟。

猪红细胞表面附着大量附红细胞体 1

母猪症状分为急性和慢性两种。急性感染猪的症状为持续高热（体温可高达 42 ℃），厌食，偶有乳房和阴唇水肿，产仔后奶量少，缺乏母性。慢性感染猪呈现衰弱，黏膜苍白及黄疸，不发情或屡配不孕，如有其他疾病或营养不良，可使症状加重，甚至死亡。

猪红细胞表面附着大量附红细胞体 2

3. 剖检变化

病猪主要病理变化为贫血及黄疸。皮肤及黏膜苍白，血液稀薄、色淡、不易凝固，全身性黄疸，皮下组织水肿，多数有胸水和腹水。心包积水，心外膜有出血点，心肌松弛，色熟肉样，质地脆弱。肝脏肿大变性呈黄棕色，表面有黄色条纹状或灰白色坏死灶。胆囊膨胀，内部充满浓稠明胶样胆汁。脾脏肿大变软，呈暗黑色，有的脾脏有针头大至米粒大灰白（黄）色坏死结节。肾脏肿大，有微细出血点或黄色斑点，有时淋巴结水肿（图 1-127 至图 1-132）。

图 1-122 猪全身皮肤发红

图 1-123 猪全身皮肤发红，发烧，精神萎靡，卧地不起

图 1-124 左侧病猪皮肤发红，右侧健康猪肤色正常

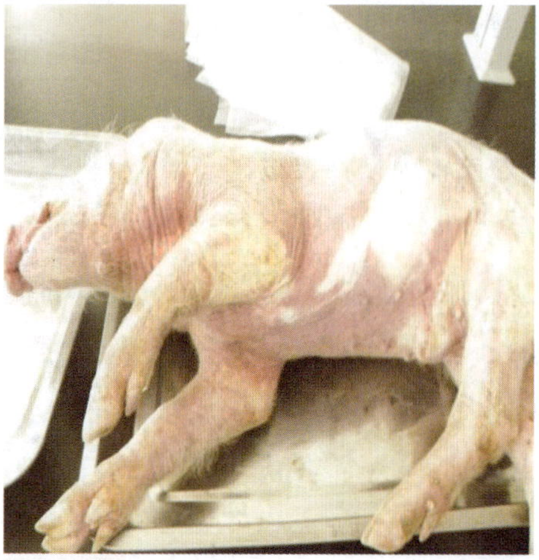
图 1-125 猪从毛孔渗血，死后全身皮肤发紫

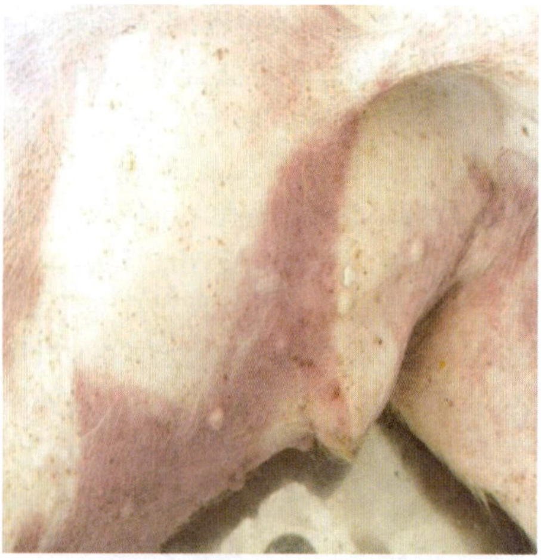
图 1-126 皮肤从毛孔渗血形成血痂

图 1-127 内脏和肌肉等全身黄染

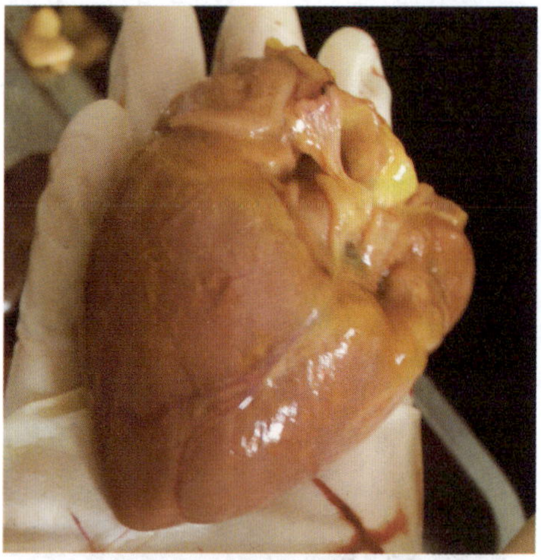
图 1-128 心冠脂肪黄染

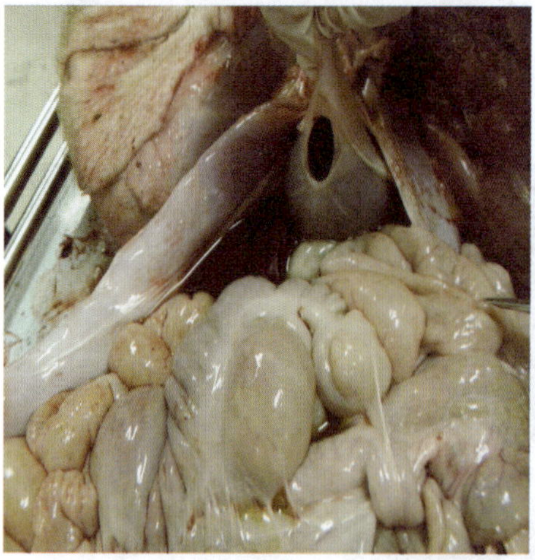
图 1-129 膀胱积尿，为血红蛋白尿

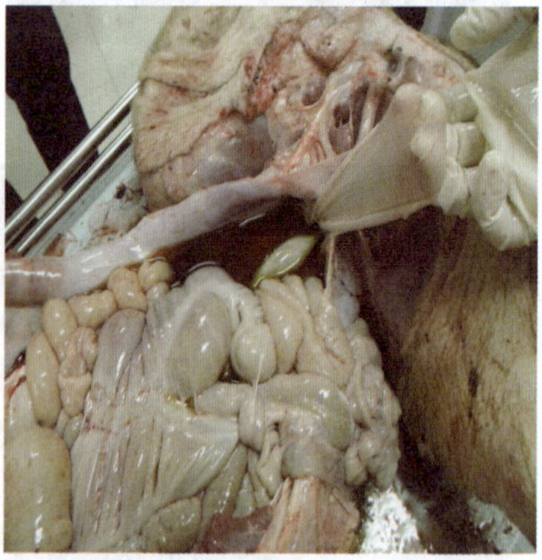
图 1-130 尿液清亮，呈红茶色

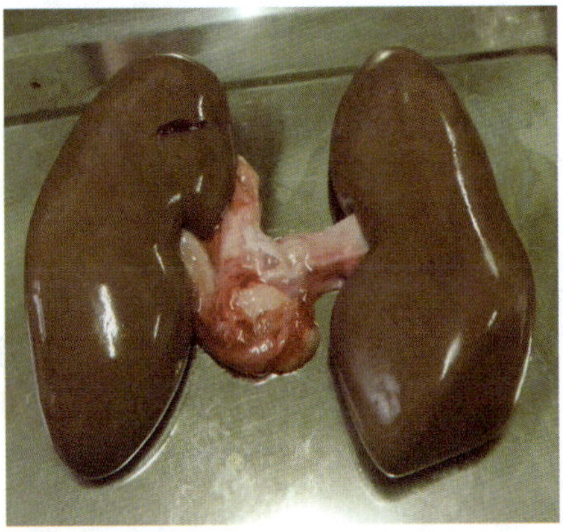

图 1-131 肾脏黄染

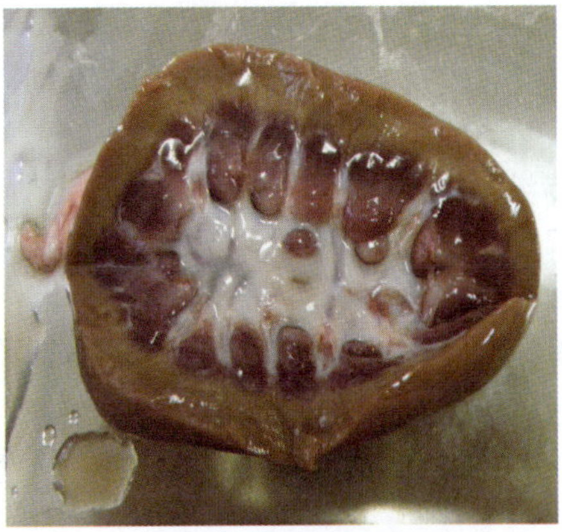

图 1-132 肾皮质黄染，肾乳头淤血

二、诊断

1. 附红细胞体

该病病原附红细胞体属原核生物，立克次氏体目，附红细胞体属，乏浆体科，单细胞原虫。其形态呈环状、哑铃状、S 形、卵圆形、逗点形或杆状，大小介于 0.1～2.6 μm，无细胞壁，无明显的细胞核、细胞器，无鞭毛。对干燥和化学药品的抵抗力很低，但耐低温，在冷藏时可保存数十天，冻干保存可活几年。一般常用消毒剂均能杀死病原。

2. 临床鉴别诊断

通过流行病学调查、临床症状及病理变化观察，可初步诊断出猪是否感染附红细胞体，确诊还需要进行实验室检验。

(1)组织涂片镜检 取病猪的心、肝、脾、肺、淋巴结等触片染色，镜检若未发现附红细胞体，则基本上能排除猪附红细胞体病。

(2)新鲜血片镜检 取病猪血液 1 滴于载玻片上，加等量生理盐水混合，加盖玻片，在高倍镜或油镜下观察，若发现猪的红细胞变形，血浆中有多量圆形、短杆形及月芽形强折光性的虫体在血浆中不停地抖动、翻转和做不规则运动，可确定为附红细胞体病。

(3)血片染色镜检 取病猪血液推片，吉姆萨染色镜检，如见红细胞边缘不整齐，呈菜花状、星状，附红细胞体呈淡紫色或紫红色，折光性很强；以瑞氏染色，可见附红细胞体呈淡蓝色，均可确定为附红细胞体病(图 1-133)。

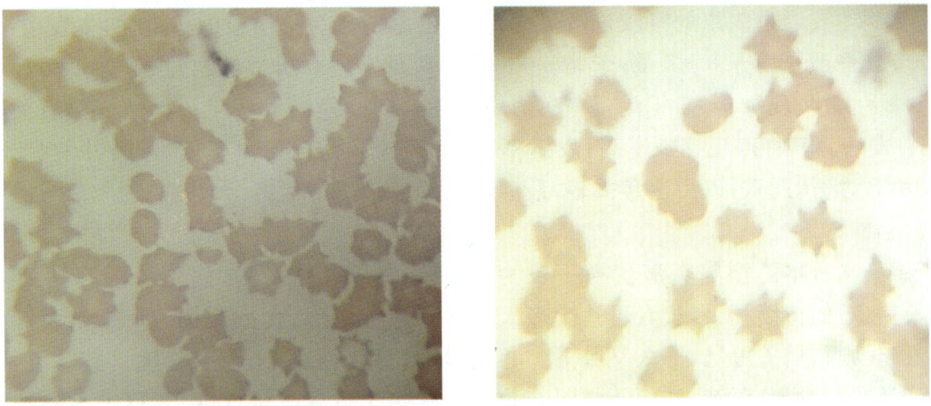

图 1-133 瑞氏染色镜检(1 600 倍放大)，红细胞边缘不整齐，呈星状，附红细胞体呈淡蓝色

三、防制

1. 注重生物安全，防止病原侵入和传播

预防该病重点是驱灭蚊、蝇，防鼠和定期驱除猪体内外的寄生虫；阉割、断尾时注意器械消毒；注射时注意更换针头，减少人为传播的机会。

发生本病，要及时将病猪与健康猪隔离，死亡猪作无害化处理。对患病猪及早治疗，常用药物有贝尼尔（血虫净）、四环素类（土霉素或四环素）、对氨基苯胂酸钠或阿散酸。但血虫净毒性较大，使用时应谨慎，尤其母猪不宜使用该药。另外，仔猪和慢性感染的猪要注意补铁，可用右旋糖酐铁、硫酸亚铁等，以促进机体的抵抗力和解毒能力。

2. 药物预防

该病目前还没有可靠的疫苗，一般采用药物预防，前期全群使用 100 mg/kg 土霉素及 200 mg/kg 金霉素拌入饲料中饲喂，连喂 2 周，或者同时对全场猪按 10 mg/kg 投服四环素类药物，连用 4 d，均可取得满意效果。还可补充右旋糖酐铁。

3. 加强饲养管理

加强饲养管理，搞好猪舍内外的环境和饲养用具的卫生和消毒工作，及时清理粪便，减少应激因素。

子任务四　乙型脑炎

乙型脑炎又称猪流行性乙型脑炎，简称乙脑，是由日本乙型脑炎病毒引起的一种急性人畜共患的蚊媒介传染病。猪感染后以高热、流产、死胎和公猪睾丸炎为主要特征。

该病于 1934 年在日本首次发现，我国于 1939 年分离到乙脑病毒。由于本病疫区范围广，危害大，被世界卫生组织列为需要重点控制的传染病，我国将其列入二类动物疫病。

一、发病特点

1. 流行病学

病猪和隐性感染猪在病毒血症期间可作为本病的传染源。猪可以通过猪－蚊－猪循环扩大病毒的传播，使其成为乙型脑炎病毒的主要增殖宿主和传染源。本病主要通过蚊虫的叮咬，经皮肤感染。感染的公猪精液也可作为媒介感染母猪，妊娠母猪感染后可通过胎盘侵害胎儿。

由于本病主要通过蚊虫的叮咬进行传播，所以乙脑的流行呈明显的季节性，多发生于夏秋蚊虫滋生季节。一般是南方 6—7 月，东北 8—9 月达到高峰。本病呈散发流行，并多为隐性感染。在自然条件下，常呈现每 4～5 年流行一次的周期性倾向。猪的发病年龄与性成熟有关，大多在 6 月龄左右发病。其特点是感染率高，发病率低（20%～30%），死亡率低，常因并发症死亡。新疫区发病率高，病情严重，以后逐年减轻，最后多呈无症状的带毒猪。

2. 临床症状

人工感染猪日本乙型脑炎潜伏期一般为 3～4 d。常突然发病，病猪体温升高到 41 ℃左右，呈稽留热，短的持续几天，长者可达十多天。病猪精神沉郁，食欲减退，口渴，结膜潮红，喜卧地，强行赶起，则猪摇头甩尾，不久又卧下。心跳增加，每分钟达 110～120 次。有时可见猪流鼻涕，能听到鼻塞音，尿色深黄，粪便干结附有黏膜。有些病猪后肢轻度麻痹，行走不稳；有的后肢关节肿胀疼痛而表现跛行，最后身躯麻痹而死。

妊娠母猪的主要症状是发生流产或早产，初产母猪多发，第二胎后较少发生。胎儿多是死胎或木乃伊胎，或仔猪生后几天内发生痉挛而死亡。母猪流产后，其临床症状很快减轻，体温恢复常温，食欲也渐趋正常。母猪流产后不影响下一次配种。

公猪除上述一般症状外，常发生单侧或两侧睾丸发炎肿大，局部发热，有痛感，数天后睾丸肿胀消退，逐渐萎缩变硬，丧失配种能力。

3. 剖检变化

流产胎儿常见脑水肿，脑膜和脊髓充血，皮下水肿，心、肝、脾、肾肿胀并有小出血点。病死猪脑膜及脊髓膜显著充血，肝肿大，有界限不清的小坏死灶。肾稍肿大，也有坏死灶。母猪子宫内膜充血、出血，胎盘增厚。公猪睾丸肿大，切面充血、出血，有的公猪睾丸萎缩，与阴囊鞘膜粘连。

二、诊断

1. 日本乙型脑炎病毒

日本乙型脑炎病毒属黄病毒科、黄病毒属，呈球形，直径为 30 nm 左右，有囊膜。该病毒主要存在于中枢神经系统、脑脊液、血液和死胎仔猪的脑组织，能凝集鸡、鸭及绵羊的红细胞。病毒对热和阳光的抵抗力不强，56 ℃经 60 min、100 ℃经 2 min 即可灭活，常用的消毒药如 2%氢氧化钠、5%的来苏儿可将其杀死。

2. 临床鉴别诊断

根据本病临床症状、病理变化等可作出初步诊断，确诊需要实验室诊断。

(1)病毒分离鉴定 取流行初期濒死或死后病例的脑组织(大脑皮质、海马角和丘脑等)，或发热期的病猪血液接种鸡胚卵黄囊或脑内接种 1～5 日龄乳鼠(硬脑膜下)进行病毒分离。

(2)血清学试验 可进行补体结合试验、反向间接血凝试验、荧光抗体试验等对该病作出确诊。

三、防制

消灭蚊虫和预防接种是预防本病的重要措施。

1. 改善猪舍环境卫生，驱灭蚊虫

在蚊虫活动季节应注意饲养场的环境卫生，经常进行沟渠疏通以排除积水、铲除蚊虫滋生地，在蚊蝇繁殖季节要定期用药毒杀、烟熏、药诱、灯诱捕杀，有条件的门窗加纱布阻挡。由于乙脑病毒能在蚊虫体内繁殖，并可越冬，经卵传递，成为次年感染动物的来源，所以冬季还应设法消灭越冬蚊。

2. 疫苗预防

在蚊虫活动前 1～2 个月，对后备和生产种公猪及种母猪用乙型脑炎弱毒疫苗或油乳剂灭活疫苗进行免疫接种，第一年以两周的间隔时间注射两次，以后每年注射一次。

3. 防止继发感染

病猪一般无特效疗法，用抗菌类药物防止继发感染可提高自愈率。但在治疗的同时要做好工作人员的防护工作。

子任务五 布鲁氏菌病

布鲁氏菌病(简称布病)是由布鲁氏菌引起的人、畜共患慢性传染病。各种动物临床表现不完全一致，常见于牛、羊、猪等家畜，并由它们传给人和其他家畜。以生殖器官和胎膜发炎，引起

流产(临床上主要以流产为重要)、不育和各种组织局部病状为特征。该病被国际兽疫局定为 B 类传染病,我国也将其列入二类动物疫病。

本病广泛分布于世界各地。我国分布较广,曾经在一些地区的流行相当严重,通过多年的检疫淘汰,目前该病已基本得到控制,发病率逐年下降。

一、发病特点

1. 流行病学

本病一年四季都有发生,但以产仔季节为多,牧区发病率明显高于农区。母畜感染后一般第一胎流产的多,以后多不再流产 (带菌免疫)。病猪及带菌猪是本病的主要传染源,病畜的分泌物、排泄物、流产胎儿及分泌物、乳汁等含有大量病菌。家畜感染后,可终身带菌,成为传染源。本病的传播途径包括皮肤黏膜、消化道、呼吸道以及苍蝇携带和吸血昆虫叮咬等。感染动物首先在同种动物间传播,造成带菌或发病,随后波及人类。另因检疫制度不健全,集市贸易和频繁的流动,毛、皮收购与销售等都能促进本病的传播。

2. 临床症状

流产多发生于妊娠后的 4～12 周(图 1-134)。流产前病猪体温升高,食欲减退,阴唇和乳房肿胀,阴道流出黏液性或黏液脓性分泌物。流产后很少发生胎衣滞留,但有少数病例因胎衣滞留造成子宫内膜炎,引起不育。公猪常见睾丸炎和附睾炎。有的病猪发生皮下脓肿、关节炎、腱鞘炎,个别病例出现后肢麻痹。

3. 剖检变化

病理可见胎衣水肿增厚,并有出血点,呈黄色胶样浸润,表面覆以纤维蛋白絮片和脓液(图 1-135 至图 1-137)。绒毛叶贫血,覆有纤维素性、脓性渗出物或黄色脂样渗出物。胎儿皮下及肌间结缔组织出血性浆液性浸润,胸腹腔有淡红色液体。真胃内有淡黄色或白色黏液絮状物,胃肠黏膜出血。淋巴结肿大,多发生于颌下、颈部、腹股沟和咽淋巴结,灰黄色、较为硬固。流产胎儿和胎衣的病变不明显,偶见胎衣充血、水肿及斑状出血,少数胎儿皮下积有出血性液体,腹腔液增多,有自溶性变化。公猪睾丸、附睾和前列腺等处有脓肿(图 1-138)。流产猪的子宫可见多发性黄白色高粱米大小的结节病变,病变位于黏膜深层,并向黏膜面凸起,称为子宫粟粒性病变。

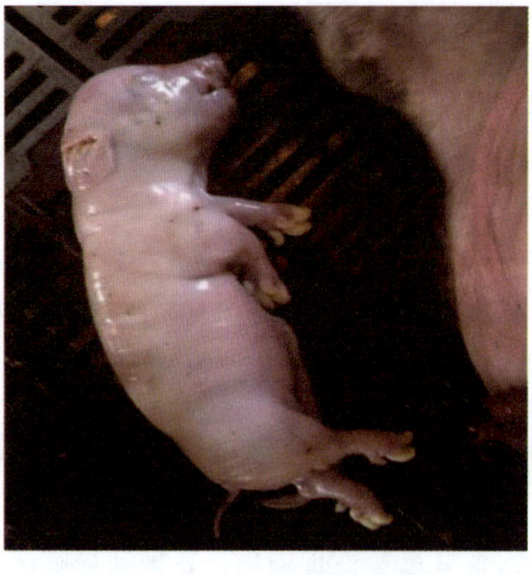

图 1-134　妊娠母猪流产

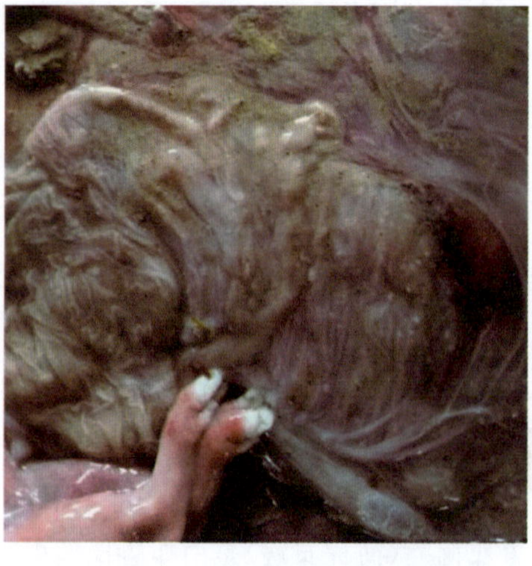

图 1-135　胎衣布满白色坏死点

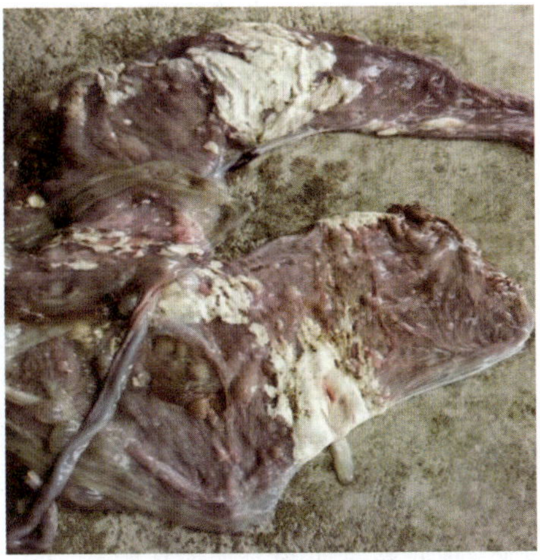

图 1-136　胎衣表面覆盖白色絮状物

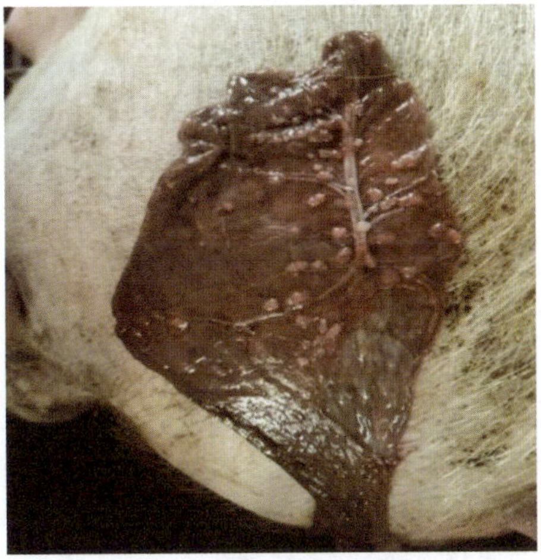

图 1-137　胎衣散布白色坏死点

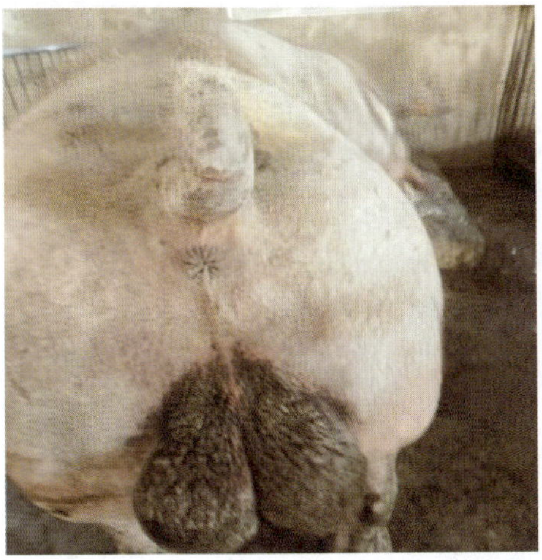

图 1-138　公猪睾丸肿大后萎缩

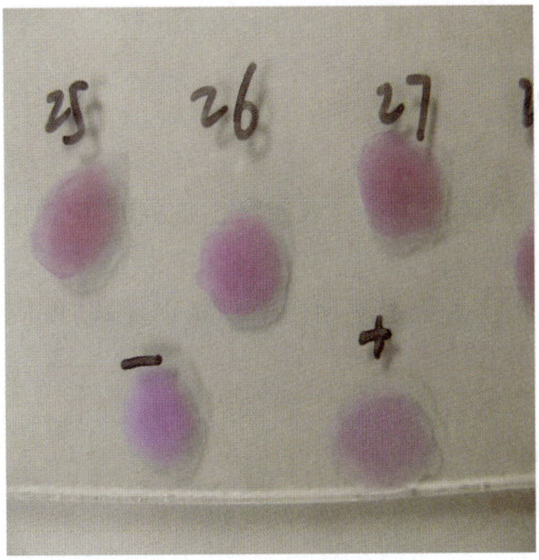

图 1-139　布鲁氏菌平板凝集试验

注"+"为阳性血清对照，溶液中呈现红色凝集颗粒，溶液变澄清透明；"—"为阴性血清对照，溶液始终为均匀红色。

二、诊断

1. 布鲁氏菌

布鲁氏菌为细小的球杆菌，一般不形成荚膜，革兰染色阴性。布鲁氏菌属共有 6 个种，18 个生物型。6 个种是马尔他布鲁氏菌（3 个生物型）、流产布鲁氏菌（8 个生物型）、猪布鲁氏菌（4 个生物型）、犬布鲁氏菌、沙林鼠布鲁氏菌和绵羊布鲁氏菌。马尔他布鲁氏菌主要感染绵羊、山羊，也能感染牛、猪、鹿、骆驼等；猪布鲁氏菌主要感染猪，也能感染鹿、牛和羊；流产布鲁氏菌主要感染牛、马、犬，也能感染水牛、羊和鹿；其他 3 种布鲁氏菌除感染本属动物外，对其他动物致病力很弱或基本无致病力。

本菌对外界环境有较强的抵抗力。在污染的土壤中能存活两个月以上，粪尿中可存活 45 d，羊毛上可存活 3～4 个月，在冷暗处的胎儿体内能存活 6 个月左右。对热较敏感，巴氏灭菌法 10～15 min 可杀死，煮沸立即死亡。常用的消毒剂如 3%来苏儿、2%氢氧化钠可在 1 h 内将其杀死；5%石灰乳需 2 h、2%福尔马林需 3 h 将其灭活。对盐酸四环素、利福平、卡那霉素、硫酸链霉素等敏感。

2. 临床鉴别诊断

根据流行病学调查，孕畜发生流产，往往第一胎流产多，胎衣不下，子宫内膜炎，不孕；公畜发生睾丸炎、附睾炎，不育；同群家畜中有发生关节炎、腱鞘炎，结合胎儿、胎衣的病理变化，可怀疑为本病，确诊须进行实验室诊断。

(1)细菌学检查 通常取胎儿、胎衣、阴道分泌物、乳汁等作为病料，直接镜检（柯氏染色），如反应为红色，可以确诊。同时接种于含 10%马血清的马丁琼脂斜面，如病料有污染可以用选择性培养基。

(2)血清学试验 试管凝集试验、平板凝集试验（图 1-139）是猪检疫的常用方法。此外，还可用反向间接血凝试验、抗球蛋白试验、荧光抗体试验、酶联免疫吸附试验（ELISA）、DNA 探针及聚合酶链反应（PCR）诊断技术等。

三、防制

1. 注重生物安全

加强动物群的保护措施，不从疫区引进可能被病菌污染的饲草、饲料和动物产品；尽量减少动物群的移动，防止误入疫区。加强检疫措施，对易感动物群每 2～3 个月进行一次检疫，检出的阳性动物要及时清除淘汰，直至全群获得两次阴性结果为止。如果动物群经过多次检疫并将患病动物淘汰后仍有阳性动物不断出现，则可应用菌苗进行预防注射。

2. 加强疫苗预防

我国普遍使用猪布鲁氏菌 2 号弱毒菌苗（S_2）、羊布鲁氏菌 5 号弱毒菌苗（M_5）免疫接种，均有较好的免疫效果。国际上多采用弱毒苗，如牛流产布鲁氏菌 19 号苗（S_{19}）、马尔他布鲁氏菌 Rev Ⅰ 苗。也有使用灭活苗的，如牛流产布鲁氏菌 45/20 苗和马尔他布鲁氏菌 53H38 苗等。弱毒苗具有一定的残余毒力，防疫人员须做好自身防护工作。

3. 关注公共卫生

人会因接触病畜或食用受染制品而感染。潜伏期 1～3 周。临床特点是缓慢起病，长期发热、多汗、虚弱、全身痛和关节痛，急性期症状多在 3～6 个月内消退。体检可以发现患者淋巴结有轻度肿大，偶见肝、脾、扁桃体和睾丸肿大。

人类布鲁氏菌病的预防，首先要注意职业性感染，养殖场的饲养员、人工授精人员，屠宰场、畜产品加工厂的工作人员，以及兽医、实验室工作人员等，必须严格遵守防护制度和卫生消毒措施。这些人员还应接种 M_{104} 冻干活菌苗，免疫期 1 年，第 2 年复种 1 次，以后不必再接种。

子任务六　衣原体病

猪衣原体病又称鸟疫，是一种由鹦鹉热衣原体引起的各种畜禽和人类共患的传染病。猪发病后以流产、肠炎、肺炎、结膜炎、多发性关节炎、脑炎为特征。

本病分布于世界各地，我国也有发生，对养殖业造成了严重的危害，成为兽医和公共卫生的一个重要问题。

一、发病特点

1. 流行病学

本病的发生没有明显的季节性，猪流产常呈地方流行性；仔猪发生结膜炎或关节炎时多呈流行性。病猪及带菌猪是本病的主要传染源。病原体随病畜分泌物、排泄物排出，污染饲料和饮水等，主要通过消化道感染，也可经污染的尘埃、飞沫经呼吸道或眼结膜感染，病、健畜交配也可感染，子宫内感染也有可能。羽螨、鸡虱、蜱和蚤可起传播媒介作用。

2. 临床症状

本病可引起母猪发生流产、死产、弱胎和不孕等繁殖障碍性传染病，仔猪发生肺炎、肠炎、多发性关节炎、结膜炎、尿道感染等多种传染病。

3. 剖检变化

本病以胎盘炎症和胎儿病变为主。呼吸道黏膜为卡他性炎症。肺的尖叶、心叶、整个或部分隔叶有紫红色至灰红色的实质病变灶，界限清楚。肺间质水肿、膨胀不全，支气管管壁增厚，切面多汁呈红色，有黏稠分泌物流出。真胃黏膜充血，肠黏膜急性卡他性炎症，肠系膜淋巴结肿大、出血。大的关节如枕骨关节，常有淡黄色液体，滑液膜水肿并有不同程度的点状出血，附有疏松或致密的纤维素性碎屑和斑块。滑液膜表面粗糙。尸体消瘦、脱水，中枢神经系统充血、水肿，脑脊髓液增多，大脑、小脑和延脑有弥漫性炎症变化。有些慢性病例还伴有浆液性、纤维素性腹膜炎、胸膜炎或心包炎。在各脏器的浆膜面上有厚层纤维蛋白覆盖物。

二、诊断

1. 衣原体

衣原体是衣原体科衣原体属的一类严格在真核细胞内寄生的原核型微生物，呈圆形或椭圆形，有细胞壁，含有 DNA 和 RNA 两种核酸。目前认为衣原体属有 4 个种，包括沙眼衣原体、鹦鹉热衣原体、肺炎衣原体和反刍动物衣原体。其中，鹦鹉热衣原体和反刍动物衣原体是动物衣原体病的主要致病菌，人也有易感性；在受感染的细胞内可见各种形态的包涵体，经吉姆萨染色，包涵体呈深紫色，对诊断有特征意义。

2. 临床鉴别诊断

本病经实验室检查方可确诊。

(1)微生物学诊断 采取新鲜的病料涂片，经吉姆萨染色后镜检，如有包涵体即可以确诊。

(2)血清学诊断 常用补体结合反应。一般用加热处理过的衣原体悬液作为抗原，来测定被检血清。通常采取急性和恢复期双份血清，如抗体滴度增高 4 倍以上为阳性。据报道，DNA 探针和聚合酶链反应(PCR)技术现已用来进行衣原体种的鉴定。

三、防制

1. 综合措施

防制本病应采取综合性措施。在规模化养殖场，应建立密闭的饲养系统，对外来鹦鹉等鸟类要严格实施隔离检疫，杜绝病原体侵入。

发生本病时，对发病动物应严格隔离或淘汰，对其污染的圈舍及用具进行严格消毒，流产胎儿、胎衣及死亡畜禽尸体深埋或化制，粪便无害化处理。治疗可用四环素等。

2. 免疫接种

目前可用兰州兽医研究所生产的猪衣原体灭活苗对猪群进行免疫。

子任务七 猪丹毒

猪丹毒是由猪丹毒杆菌引起的猪的一种急性、热性传染病，主要侵害架子猪。其特征主要表现为急性败血症和亚急性疹块，部分慢性病例表现为多发性关节炎或心内膜炎。

本病于1882年前就有报道，流行于欧洲、亚洲、美洲各国。我国最早发生于四川，1946年后，其他各省份都有相应报道。新中国成立以来，我国对猪丹毒进行了许多研究工作，使本病得到基本控制，但其仍然是当前危害养猪业的重要传染病。

一、发病特点

1. 流行病学

本病一年四季均可发生，常为散发性或地方流行性传染，有时暴发流行。北方地区5—8月炎热多雨季节是流行的高峰，春秋次之；南方地区则在冬春季流行。病猪和带菌猪是本病主要的传染源。传播途径以消化道感染为主，也可通过损伤的皮肤及蚊、蝇等吸血昆虫传播，带菌猪在不良条件下抵抗力降低，也可引起内源性感染发病。

2. 临床症状

本病潜伏期一般3～5 d，最短的为1 d，最长的为7 d。临床症状根据病程长短和临诊表现不同可分为急性败血型、亚急性型（疹块型）和慢性型。

亚急性猪丹毒

（1）急性败血型 最为常见，少数健壮猪无任何症状突然死亡。多数病猪以败血症为主，表现为不食，偶见呕吐，体温高达42 ℃以上。精神沉郁，喜卧。强迫驱赶，则发出尖叫，步态僵硬或跛行。病初粪干，有的后期腹泻。发病1～2 d后，皮肤上出现形状和大小不一的红斑，以耳、腹、腿内侧皮肤多见，指压褪色。病程3～4 d，病死率80%～90%。

（2）亚急性型（疹块型） 病程较缓和，其特征是皮肤表面出现疹块，俗称“打火印”。常于发病后2～3 d在胸、腹、背、肩、四肢等部位的皮肤出现方形、菱形或不规则的疹块。初期充血，指压退色；后期淤血，呈紫黑色（图1-140至图1-142）。疹块发生后，体温逐渐恢复正常，数日后，病猪多自行康复。病程1～2周。

图1-140 猪背部疹块凸出于皮肤表面

（3）慢性型 一般由急性与亚急性病例转化而来，也有原发性的。常见的有关节炎型、慢性心内膜炎型和皮肤坏死型。关节炎型主要表现为四肢关节（多见于腕、跗关节）肿痛，跛行或卧地不起，食欲正常，但消瘦、衰弱，病程数周至数月。心内膜炎型主要表现为消瘦、贫血，全身衰弱，不愿走动，听诊心脏有杂音，心跳加快，心律不齐，呼吸急促，有时由于心脏麻痹而突然死亡。皮肤坏死型常发生于耳、背、肩及尾部，病变部皮肤变黑色，干硬似皮革，经2～3个月皮肤坏死脱落。

3. 病理变化

（1）急性败血型 主要表现为败血症变化，全身淋巴结肿胀充血，切面多汁，常见小点出血。脾脏充血性肿大，呈樱桃红色。肾脏常发生出血性肾小球肾炎变化，肿大，色暗红，称为“大红肾”。胃肠道有卡他性或出血性炎症，以胃或十二指肠较明显。心包积液，心内外膜小点出血。肝充血、肿大。肺淤血、水肿。

(2)亚急性型(疹块型) 以皮肤疹块为特征变化。疹块内血管扩张，皮下组织水肿浸润，疹块中央呈苍白色。死亡病例亦有上述败血症病变。

(3)慢性型 关节炎型多见于四肢一个或多个关节肿胀，关节增生肥厚，不化脓，切开关节囊有浆液性纤维素性渗出物。心内膜炎型可见心脏瓣膜表面有菜花样疣状赘生物，它是由肉芽组织和纤维素性凝块组成，常见于二尖瓣。

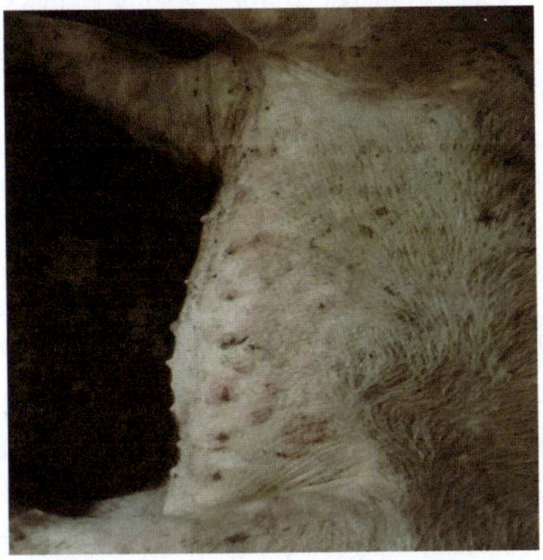

图 1-141 病猪腹部大面积红色疹块

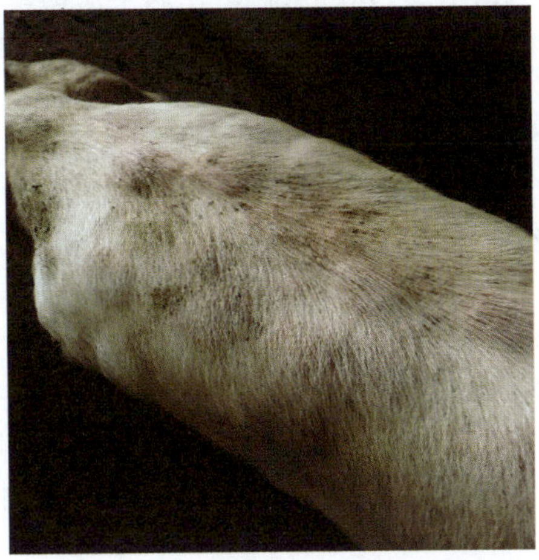

图 1-142 背部疹块结痂后变为黑色

二、诊断

1. 猪丹毒杆菌

猪丹毒杆菌又称红斑丹毒丝菌，是一种纤细的小杆菌，形直或略弯。从慢性病灶分离出的菌株呈不分枝长丝或中等长度的链状。本菌为微需氧菌，在普通培养基上能生长，加入适量血液或血清，并在10%的CO_2环境中生长更良好。在固体培养基上培养24 h，用显微镜反光观察，可分为光滑型(S型)，粗糙型(R型)和中间型(I型)3个型，三者可以发生互变。从急性病猪分离的菌落为S型，细小，表面光滑，边缘整齐，呈α溶血，为强毒(微蓝色)。从慢性病猪或带菌猪分离的为粗糙型，较大，表面粗糙，边缘不整齐，长丝状，低毒(土黄色)。中间型毒力菌落性状介于两者之间(金黄色)。目前认为该菌有24个血清型(1～24型)。无荚膜、芽孢和鞭毛。革兰染色阳性。

本菌对外界抵抗力较强，在猪肉内经盐腌或熏制后，能存活3～4个月，暴露于日光下可存活10 d。本菌可以抵抗胃酸的作用，但对热的抵抗力较差(55 ℃经15 min、70 ℃经5～10 min能将其杀死)。对消毒药敏感，一般消毒药如1%漂白粉、3%来苏儿、10%～20%的石灰乳都可很快将其杀死。本菌对青霉素最敏感、四环素次之。

2. 临床鉴别诊断

根据以上流行特点、临床症状和病理变化可作出初步诊断。确诊须通过实验室诊断。

(1)涂片镜检 采取新鲜病料涂片镜检，见到革兰染色阳性，菌体平直或稍弯曲的纤细小杆菌或单个、成堆的不分枝长丝状菌体，即可确诊。

(2)分离培养 可将病料培养于鲜血琼脂或马丁肉汤中，纯培养后观察菌落和菌体。

(3)动物试验 可将病料(或培养物)，用生理盐水制成1∶(5～10)的乳剂，分别给小白鼠

(皮下注射 0.2 mL)、鸽子(肌内注射 1 mL)和豚鼠接种,若有本菌,小白鼠和鸽子可在 2～5 d 内死亡,豚鼠健活,并可在小白鼠和鸽子尸体内检出大量的丹毒丝菌。

三、防制

1. 生物安全预防接种

早期确诊,隔离病猪,严格对猪场环境和饲养用具进行消毒;猪粪、垫草集中堆肥,发酵腐熟后用做肥料;病死猪及内脏等下水高温处理;工作人员须加强防护。

2. 预防接种

每年定期进行预防接种是控制本病的最有效方法,菌苗有:①猪丹毒弱毒菌苗(GT10 和 GC42),用 20%氢氧化铝生理盐水稀释,每头猪皮下注射 1 mL,7～10 d 产生免疫力,免疫期为 6 个月。其中 GC42 可口服,口服时,剂量加倍,口服后 9 d 产生免疫力,免疫期为 6 个月。②猪丹毒氢氧化铝甲醛菌苗,断奶 15 d 以上的猪,一律肌内注射 5 mL,14～21 d 产生免疫力。未断奶猪注射 3 mL,间隔 1 个月后再补注 3 mL。③二联苗(猪瘟-猪丹毒)、三联苗(猪瘟-猪丹毒-猪肺疫),给断奶 15 d 以上的猪免疫,免疫期为 6 个月。

3. 治疗病畜

(1)青霉素,每千克体重用 5 000～10 000 单位,肌内注射,2～3 次/d,连用 2～3 d。配合使用链霉素,每千克体重用 30 mg,肌内注射,1～2 次/d,连用数天。

(2)抗猪丹毒血清,皮下或静脉注射,仔猪用 5～10 mL,3～10 月龄猪用 30～50 mL,成年猪用 50～70 mL,每 24 h 注射一次,直至猪体温恢复正常。

复习思考题 〉〉〉

1. 简述伪狂犬病在不同猪群的临床症状有何不同?应该如何进行防控?
2. 简述猪附红细胞体病的诊断要点,用哪些药物进行治疗?
3. 乙型性脑炎应该如何防制?
4. 查阅资料,分析为什么有些猪场易发猪丹毒?针对发病原因,应该采取哪些防制措施?
5. 繁殖障碍性疾病对猪场的经济造成巨大损失,请从猪场引种的角度分析,应该如何减少猪场繁殖障碍性疾病的发病率?

任务五　以消化系统症状为主的传染病

子任务一　猪传染性胃肠炎

猪传染性胃肠炎是由猪传染性胃肠炎病毒引起的猪的一种急性、高度接触性胃肠道传染病,以呕吐、严重腹泻和脱水为特征。

该病于 1945 年在美国首次发现,我国于 1956 年发生,近年来呈上升趋势,而且与猪流行性腹泻的混合感染率也在逐年上升,调查结果表明已上升到 44.15%,对养猪业的危害相当严重。国际兽疫局将其列为 B 类动物疫病,我国将其列为三类动物疫病。

一、发病特点

1. 流行病学

(1)易感动物 本病仅发生于猪，不同年龄、性别、品种的猪均可感染发病。在新疫区，最初感染时几乎所有的猪都发病，10 日龄以内的仔猪死亡率较高；5 周龄以上的猪很少死亡；母猪及成年猪症状轻，多可自然康复。

(2)传染源 病猪和带毒猪是主要传染源，它们从粪便、呕吐物、鼻液以及呼出气体中排出病毒，污染饲料、饮水、空气及用具等并传染给易感猪。

(3)传播途径 本病以消化道和呼吸道为主要的传播方式。

(4)流行特点 本病冬季多发，每年的 12 月至翌年 3 月发病最多。在新疫区呈流行性发生，传播迅速，使各年龄组的猪群发病。在老疫区则呈地方流行性或散发性发生，发病率低。

2. 临床症状

本病潜伏期短，一般为 12～18 h，长的达 2～3 d。

仔猪突然发病，首先呕吐，继而发生急剧水样腹泻，粪便呈黄绿或白色，常夹有未消化凝乳块，有恶臭味。病猪明显脱水、消瘦、极度口渴，少部分重症患猪卧地不起。10 日龄以内的仔猪多在 2～7 d 内死亡。日龄越小，病程越短，死亡率越高，有时死亡率可达 100%，病愈仔猪发育不良，成为僵猪。

断奶猪、育肥猪和母猪的症状轻重不一，通常只有一至数天出现食欲不振或废绝，个别病猪出现呕吐，水样腹泻呈喷射状，水泻物为灰色或褐色，含有少量未消化的食物，5～8 d 后停止腹泻，很少死亡。

3. 剖检变化

剖检可见病猪尸体消瘦，脱水明显。胃中充满乳凝块，胃黏膜轻度充血和出血。肠内充满灰白色或黄绿色泡沫状液体，小肠壁变薄，弹性降低，肠管扩张呈半透明状。在低倍显微镜下观察小肠黏膜，可见小肠黏膜绒毛萎缩，空肠和回肠绒毛长度和隐窝深度之比，正常猪为 7∶1，而病猪则为 1∶1。

二、诊断

1. 病原

猪传染性胃肠炎病毒属于冠状病毒科冠状病毒属，有囊膜，形态多样，呈圆形、椭圆形和多边形等。本病毒主要存在于空肠、十二指肠及回肠的黏膜，在鼻腔、气管、肺的黏膜及扁桃体、颌下及肠系膜淋巴结等处也能查出病毒。病毒对热和紫外线敏感，56 ℃经 45 min，65 ℃经 10 min 死亡，在阳光下暴晒 6 h 即被灭活，紫外线能使该病毒迅速死亡。病毒对乙醚、氢氧化钠、石炭酸、甲醛、氯仿等消毒药敏感。

2. 实验室诊断

(1)病毒分离与鉴定 取病猪的肛拭、粪、肠内容物或空肠、回肠段为病料，经口感染 5 日龄仔猪，盲传 2 代以上，分离病毒。用标准抗猪传染性胃肠炎病毒的血清做中和试验进行鉴定。

(2)荧光抗体检查 取腹泻早期病猪空肠和回肠的刮削物作涂片或以这段肠管作冰冻切片，进行直接或间接荧光染色，在荧光显微镜下检查，见上皮细胞及肠绒毛细胞浆内呈现荧光者为阳性。此法快速，可在 2～3 h 内作出诊断。

(3)鉴别诊断 本病诊断时应与症状相似的其他传染病如仔猪黄痢、仔猪白痢、猪流行性腹泻和轮状病毒感染等相区别。

三、防制

1. 加强饲养管理,做好消毒工作

平时要加强饲养管理,搞好猪舍卫生和消毒工作,并经常保持猪舍的温暖干燥。常用的消毒剂有 1%～2%氢氧化钠、1%石炭酸、10%～20%新鲜石灰乳、10%～20%热草木灰水。

2. 免疫预防

用传染性胃肠炎弱毒疫苗对母猪进行免疫接种。母猪分娩前 5 周口服 1 头份,分娩前 2 周口服 1 头份,同时肌内注射 1 头份。

3. 对症治疗

(1)补充体液,以防脱水和酸中毒 让仔猪自由饮服下列配方溶液:氯化钠 3.5 g,氯化钾 1.5 g,碳酸氢钠 2.5 g,葡萄糖 20 g,水 1 000 mL。另外,还可于腹腔注射一定量的 5%葡萄糖盐水加灭菌碳酸氢钠。

(2)使用抗病毒药物 可肌内注射病毒灵、病毒唑、双黄连等。

(3)血清疗法 用猪传染性胃肠炎高免血清,按每千克体重 0.5 mL 肌内注射,每天一次,连用 3 d。

子任务二 猪流行性腹泻

猪流行性腹泻是由猪流行性腹泻病毒引起的猪的一种急性肠道传染病,以呕吐、腹泻、脱水为特征。本病 1971 年首次发生于英国,20 世纪 80 年代初在我国陆续发生,近年来,流行区域有逐渐扩大的趋势,我国将其列入三类动物疫病。

一、发病特点

1. 流行病学

(1)易感动物 本病仅发生于猪,各种年龄的猪都能感染发病。哺乳仔猪、架子猪或育肥猪的发病率很高,尤以哺乳仔猪受害最为严重,母猪发病率变动很大,为 15%～90%。

(2)传染源 病猪是主要传染源。病毒存在于肠绒毛上皮细胞和肠系膜淋巴结中,随粪便排出后,污染环境、饲料、饮水、交通工具及用具等而传染。

(3)传播途径 本病主要通过消化道感染。

(4)流行特点 本病的发生有一定的季节性,冬季多发,我国多在 12 月至翌年 2 月寒冬季节发生。本病有流行自限性,一般在流行约 5 周后自行终止。

2. 临床症状

本病潜伏期一般为 5～8 d,人工感染潜伏期为 8～24 h。

主要的临床症状为水样腹泻和呕吐,呕吐多发生于吃食或吃乳后。症状的轻重随年龄的大小而有差异,年龄越小,症状越重。7 日龄内的新生仔猪发生腹泻后 3～4 d,呈现严重脱水而死亡,死亡率可达 50%～100%,病猪体温正常或稍高,精神沉郁,食欲减退或废绝(图 1-143 至图 1-145)。断奶仔猪、母猪常表现精神委顿、食欲下降和持续性腹泻,约 1 周后,逐渐恢复正常。育肥猪感染后发生腹泻,1 周后康复,死亡率 1%～3%。成年猪症状较轻,有的仅表现呕吐,重者水样腹泻,3～4 d 后自愈。

猪流行性腹泻
导致仔猪腹泻

3. 剖检变化

病死猪尸体消瘦脱水,皮下干燥,胃内有多量黄白色的乳凝块。小肠病变具有特征性,通常肠管膨胀扩张、充满黄色液体。肠壁变薄,肠系膜充血,肠系膜淋巴结水肿。显微镜或放大镜下观察可见小肠绒毛缩短,显著萎缩(图 1-146 至图 1-148)。

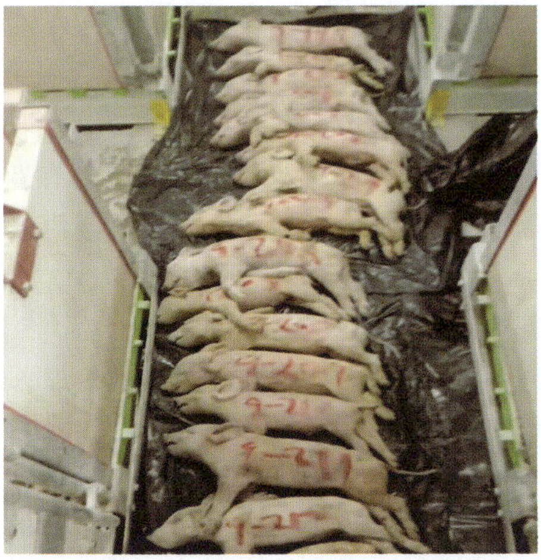

图 1-143 PED 造成乳猪因腹泻脱水而死亡

图 1-144 病猪水样腹泻，积堆

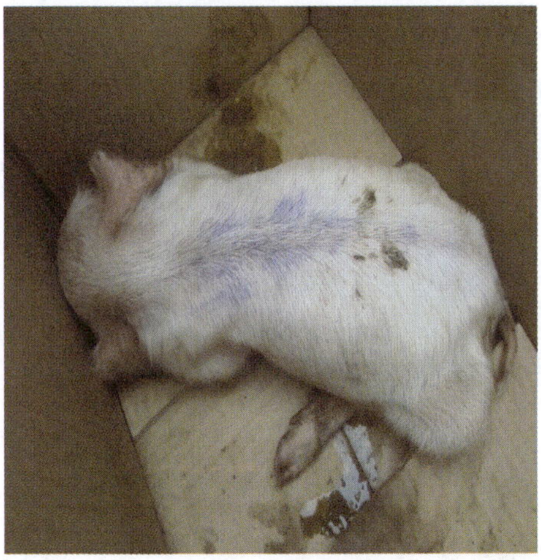

图 1-145 腹泻乳猪脱水消瘦，皮肤苍白，被毛干枯

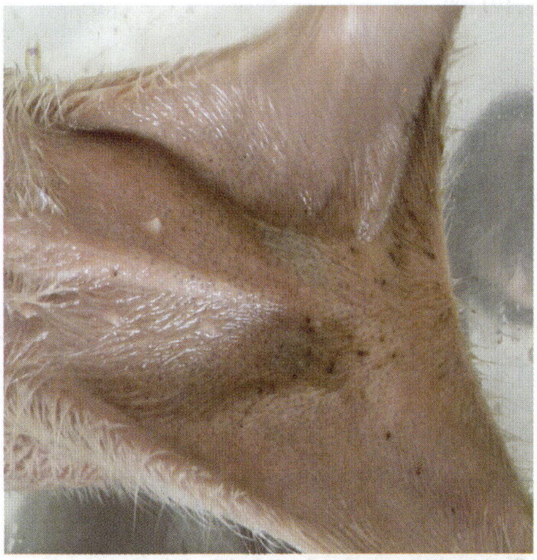

图 1-146 腹股沟淋巴结呈青紫色

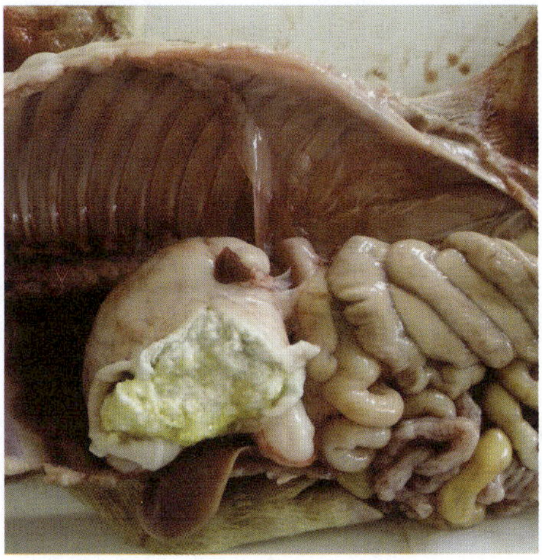

图 1-147 胃内充满未消化的乳糜

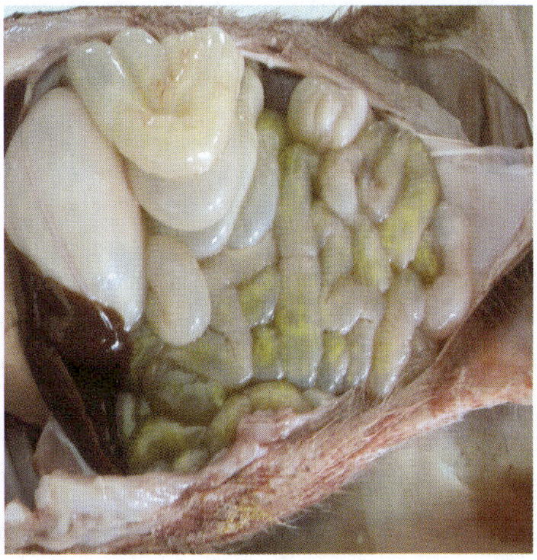

图 1-148 肠壁变薄透明，肠内充满水样内容物

二、诊断

1. 病原

猪流行性腹泻病毒属于冠状病毒科冠状病毒属。病毒粒子呈多形性，倾向球形，有囊膜。病毒只能在肠上皮组织培养物内生长，对外界环境和消毒药的抵抗力不强，一般消毒药都可将其杀灭。

2. 实验室诊断

(1)免疫荧光染色 取病猪小肠作冰冻切片或小肠黏膜抹片，风干后丙酮固定，加荧光抗体染色，镜检。在出现腹泻后 6 h，空肠和回肠 90%～100%阳性，十二指肠 70%～80%阳性。

(2)酶联免疫吸附试验(ELISA) 此法可用于检测病猪粪便、小肠内容物中的病毒抗原，也可用于检测病猪血清中的特异性抗体，但通常需要采取发病初期和间隔 2～3 周病愈猪的双份血清进行检测。

三、防制

1. 疫苗免疫预防

目前，常用的疫苗有轮状病毒、流行性腹泻二联苗，流行性腹泻、传染性胃肠炎、轮状病毒三联苗。于每年的 10 月中旬，仔猪、架子猪和育肥猪每头注射 1 头份，生产母猪每头注射 2 头份。对于正在发病的猪群于母猪产前 20～30 d 注射 3 头份。

2. 加强管理和消毒工作

加强饲养管理，饲喂营养丰富的饲料，做好仔猪、哺乳猪的保温和保健工作。做好场内的卫生消毒工作，用消毒威、百毒杀等消毒药对猪舍进行消毒，用干石灰铺设走道和运动场。

3. 对症治疗

本病无特效药治疗，通常应用对症疗法，可参考猪传染性胃肠炎的治疗方法。

子任务三 猪大肠杆菌病

猪大肠杆菌病是由致病性大肠杆菌引起的仔猪肠道传染性传染病，以肠炎、肠毒血症为特征。常见的有 3 种，即生后 1～7 日龄以内发生的仔猪黄痢；2～3 周龄发生的仔猪白痢；断乳前后发生的水肿病。

一、病原

大肠杆菌为革兰染色阴性，无芽孢，一般有数根鞭毛，常无可见荚膜、两端钝圆的短杆菌(图 1-149)。本菌为兼性厌氧菌，有呼吸和发酵两种类型。在普通培养基上容易生长。最适温度为 37 ℃。可见到 3 种菌落：①光滑型(居多数)。边缘整齐、湿润、呈灰色，表面有光泽(图 1-150)，在生理盐水中容易分散。②粗糙型。常见于新分离的菌株。菌落扁平，干涩，边缘不整，在生理盐水中易发生自家凝集。③黏液型。有荚膜的菌株常见，培养基中含有糖类或在室温中放置易出现。在麦康凯和远藤氏琼脂培养基上生长良好，可形成红色菌落(图 1-151)，这是由于大肠杆菌能分解乳糖所致，可与不分解乳糖的细菌相区别。在 HE 培养基上，大肠杆菌呈橙色光滑型菌落(图 1-152)，大肠杆菌能发酵多种糖产酸(图 1-153)。

大肠杆菌的抗原构造及血清型极为复杂。抗原主要由菌体抗原(O 抗原)、微荚膜抗原(K

抗原)和鞭毛抗原(H 抗原)组成,此外还有菌毛抗原(F 抗原)。O 抗原为多糖-类脂-蛋白质复合物,即内毒素。O、K、H 3 种抗原,分别已发现至少有 165、100、60 种,按抗原成分不同,可将病原性大肠杆菌分为许多血清型。血清型与致病性有着密切的关系。引起仔猪黄痢常见的 OK 群包括 $O_8:K_{87}$,K_{88ac},$O_{138}:K_{81}$,$O_{141}:K_{85}$,K_{88},$O_{147}:K_{88ac}$,K_{89},$O_{149}:K_{88ac}$,K_{99},$O_{157}:K_{88ac}$,$O_{115}:K_{99}$,$O_{60}:K_{88}$ 等血清型菌株,多具有 K_{88} 及产肠毒素能力,均具有黏附素,其中以 O_{60} 最为常见。引起仔猪白痢常见的有 O_2,O_8,O_9,O_{20},O_{45},O_{67},O_{100},O_{129},O_{138},O_{139},O_{141},O_{147},O_{149} 等血清型菌株,也检出含有 K_{88}、K_{94} 血清型菌株,但以 $O_{78}:K_{88}$ 为多见。这些菌株也多见于健康猪,据认为可能是由于菌群失调而致病。引起仔猪水肿常见的 O、K 菌群与仔猪黄痢基本相同,以 O_{139} 多见。一般不具有黏附素。研究揭示大肠杆菌致病的本质是由于多种毒力因子引起的不同病理过程。

(1)**内毒素** 内毒素是大肠杆菌外膜中含有的脂多糖,当菌体崩解时被释放出来,在败血症中作用尤为明显。

(2)**外毒素** 分两大类,即不耐热肠毒素(LT)和耐热肠毒素(ST)。LT 有抗原性,可激活肠的毛细血管上皮细胞中腺苷环化酶,使肠黏膜细胞分泌亢进,发生腹泻和脱水;而 ST 可激活回肠上皮细胞的颗粒性鸟苷酸环化酶,同样引起分泌性腹泻。

(3)**细胞毒素** 目前研究发现 SLT-Ⅱ致使猪产生水肿病的临床症状和病理变化。

除此之外,具有致病性的因子还有定植因子、直接侵袭性感染、大肠杆菌素等。

二、仔猪黄痢

1. 简介

仔猪黄痢在我国较多的地区和猪场都有发生,是危害仔猪的重要传染病之一,又称早发性大肠杆菌病,是由一定血清型的大肠杆菌引起的初生仔猪的一种急性、致死性传染病,多发生于1～7 日龄仔猪。多数病原菌株都有菌毛吸着因子并产生肠毒素,已知吸着因子(也称黏附因子)有 K_{88}、K_{99}、987P、F_{41} 4 种,且各具独特的抗原性,肠毒素以热敏肠毒素 LT 为主。这是大肠杆菌引起仔猪黄痢的主要原因。

2. 发病特点

(1)**流行病学** 本病在世界各地均有流行,同窝仔猪发病最高可达 100%,死亡率高。但随着日龄的增长,发病率和死亡率逐渐降低。在新建的猪场及头胎母猪所产仔猪发病最为严重,随着胎次的增加,仔猪发病率和致死率逐渐降低,这是由于母猪长期感染大肠杆菌而逐渐产生了对该菌的免疫力。另外,炎夏、寒冬以及潮湿多雨季节发病严重,分散饲养的发病较少。

(2)**临床症状** 该病潜伏期短,一般在 24 h 左右,病猪主要症状是拉黄痢,粪大多呈黄色水样,内含凝乳小片,混有小气泡并带腥臭,顺肛门流下,其周围多不留粪迹,易被忽视(图 1-154、图 1-155)。下痢重时,小母猪阴户尖端可出现红色,后肢被粪液玷污。病仔猪精神沉郁,不吃奶,口渴、脱水,但无呕吐现象,最后昏迷而死。急性者不见下痢,身体软弱,倒地昏迷死亡。

(3)**病理变化** 尸体脱水,表现皮肤干燥、皱缩,口腔黏膜苍白。剖检主要病变是胃肠卡他性炎症,其中以十二指肠最为严重。表现为肠壁变薄、松弛、充气,肠黏膜肿胀、充血或出血(图 1-156)。肠系膜淋巴结充血肿大,切面多汁。胃黏膜红肿,心、肝、肾有变性,重者有出血点。但有的病猪无明显变化。

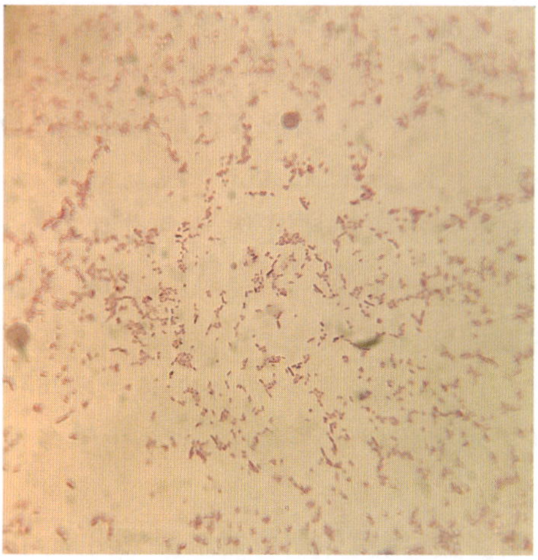

图 1-149　革兰染色，大肠杆菌呈阴性，粉红色短小杆菌

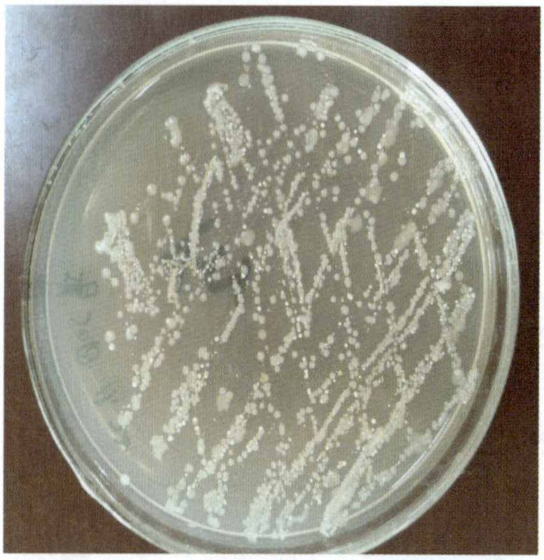

图 1-150　在普通营养琼脂培养基上，大肠杆菌长成光滑型菌落

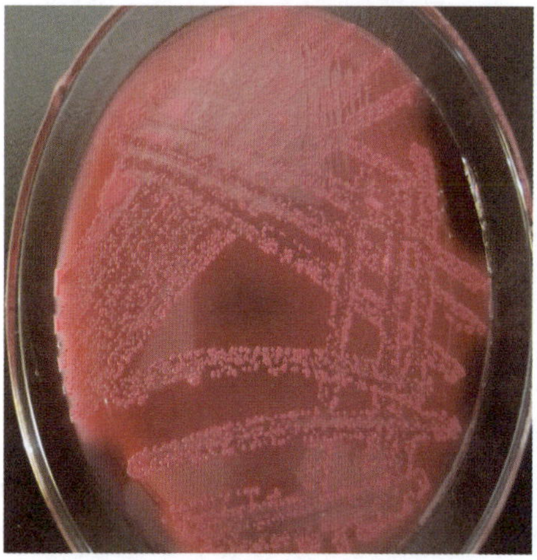

图 1-151　在麦康凯培养基上，大肠杆菌长成红色光滑型菌落

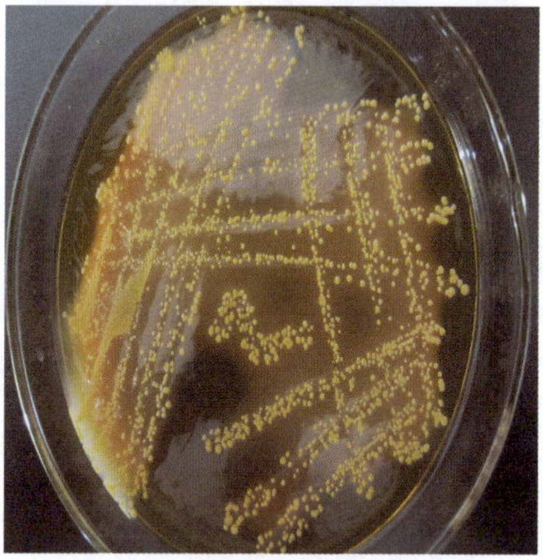

图 1-152　在 HE 培养基上，大肠杆菌长成橙色光滑型菌落

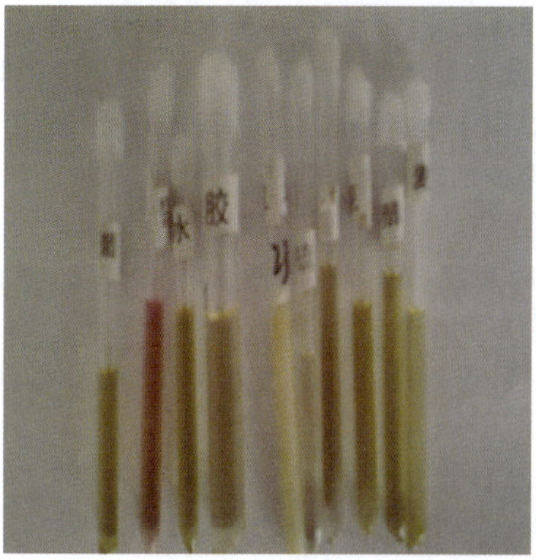

图 1-153　大肠杆菌能发酵多种糖产酸

图 1-154　仔猪腹泻，粪便呈黄色

图 1-155　10 日龄以内仔猪腹泻，脱水消瘦

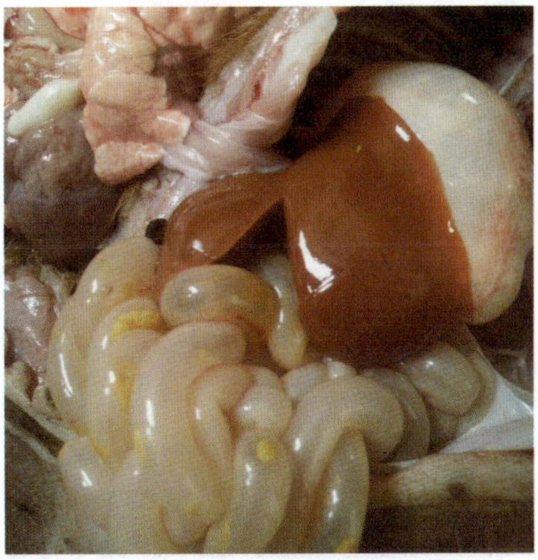

图 1-156　肠壁变薄，肠内充满黄色内容物和气体

3. 防制

对第一胎母猪及新建设的猪场，在仔猪出生后即全窝用抗菌药物口服，连用 3 d，以防止发病。也可以采用本场淘汰母猪的全血或血清，给初生仔猪口服或注射进行预防。开始发病时，立即对全窝仔猪给药，常用药物有痢特灵、金霉素等。因细菌易产生抗药性，应做药敏试验，选出最敏感的治疗药物，方能收到好的疗效；常发地区，可用大肠杆菌 K_{88}、K_{99}、987P 三价灭活菌苗，或大肠杆菌 K_{88}、K_{99} 双价基因工程苗给产前一个月的妊娠母猪注射，使仔猪通过母乳获得被动保护，防止发病。另外，要做好圈舍消毒工作及产房清洁卫生工作，防止产房潮湿。

三、仔猪白痢

1. 简介

仔猪白痢是由大肠杆菌引起的 2～3 周龄仔猪发生的消化道传染病，又叫迟发性大肠杆菌病，在我国各地猪场均有不同程度的发生，对养猪业的发展有巨大影响。临床上以排灰白色粥样稀便为主要特征，发病率高而致死率低。病原尚不完全肯定。猪肠道菌群失调、大肠杆菌过量繁殖是本病的重要病因。

2. 发病特点

(1)流行病学　本病严冬、炎热及阴雨连绵季节发生较多；气候骤变时(如下大雪、寒流等)发病数显著增加；7 日龄以内及 30 日龄以上的猪很少发病。母猪乳汁缺乏、过多、过浓，饲养管理和卫生条件不良，缺乏矿物质和维生素等问题可促进本病的发生。

(2)临床症状　病猪畏寒、脱水，吃奶减少或不吃，有时可见吐奶。体温一般不升高，常排白色、灰色粥状或黄白色稀粪(图 1-157、图 1-158)。除少数发病日龄较小的仔猪易死亡外，一般病猪病症较轻，易自愈，但多反复发病。

(3)病理变化　一般表现为消瘦和脱水等外观变化(图 1-159)。剖检时胃肠道呈卡他性炎症，胃内常积有多量凝乳块。肠壁薄而呈半透明状，肠系膜淋巴结水肿(图 1-160)。

图 1-157　乳猪排白色稀粪

图 1-158　乳猪排白色稀粪，粪便中含有气泡

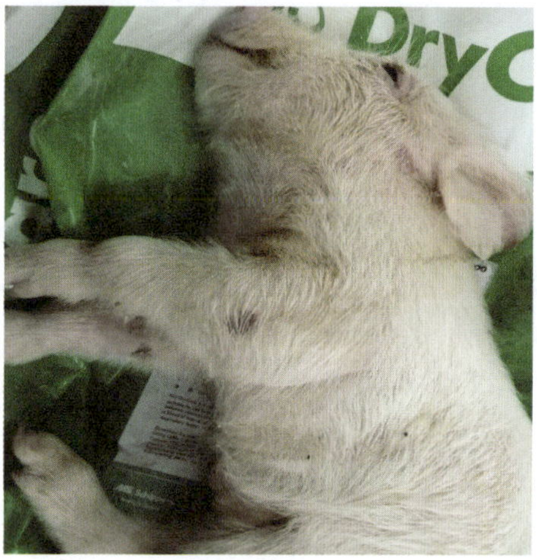

图 1-159　仔猪腹泻脱水消瘦，被毛干枯

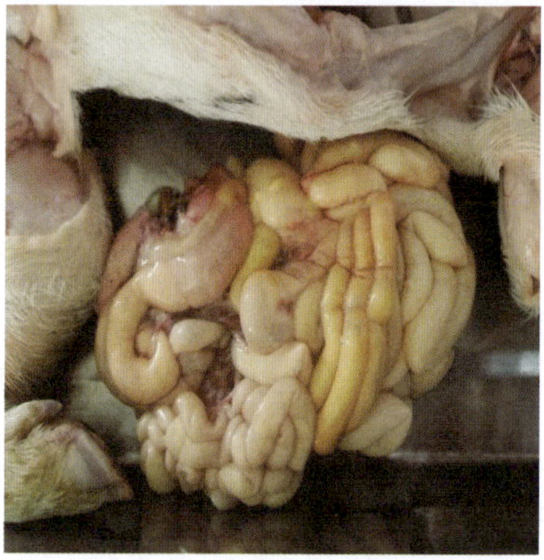

图 1-160　肠壁变薄，肠内充满黄白色内容物

3. 防制

治疗药物同仔猪黄痢，以收敛、止泻、助消化为主要用药，最好以药敏试验为依据，选择最敏感的药物进行治疗。早期治疗和改善饲养管理条件才能获得良好的效果。如病程延长到 2～3 周及以上，治愈后仔猪生长发育缓慢。平时要加强仔猪的饲养管理，不要让仔猪受凉感冒，有条件的可用本场免疫母猪菌苗进行预防。

四、猪水肿病

仔猪水肿病

1. 简介

猪水肿病又名猪胃肠水肿，是由溶血性大肠杆菌毒素引起的断奶仔猪眼睑或其他部位水肿、运动共济失调、惊厥为主要特征的传染病。

2. 发病特点

(1)流行病学　该病多发于仔猪断奶后 1～2 周，发病率 5%～30%，病死率可达 90%以上。近年来本病又有新的流行特点：发病日龄不断增加，40～50 kg 的猪也有水肿病发生；采食量大、生长速度快的猪发病率和死亡率高。一般局限于个别猪群，不广泛传播；多见于春季和秋季，特别是气候突变和阴雨后多发；病的发生还与饲养方式，饲料品质好坏、品种单一及只喂给大量精饲料等因素有关。

（2）**临床特征**　突然发病，体温在病初可能升高，很快降至常温或偏低。盲目行走或转圈，常表现突然猛向前跃，进而倒地抽搐，在昏迷状态中死亡；各种刺激或捕捉时，触之叫声嘶哑，倒地，四肢乱动，似游泳状，后躯逐渐淤血发紫（图 1-161），无力，卧地不起；眼睑或结膜水肿，重者延至颜面、颈部其他部位，头部变“胖”，病程数小时至 1～2 d。

（3）**病理变化**　全身多处组织水肿，特别是头部皮下、胃壁及肠系膜的水肿是本病的特征。剖检可见上下眼睑、颜面、下颌部、头部皮下呈白色凉粉样水肿；胃壁黏膜水肿多见于胃大弯和贲门部，切面流出无色或混有血液而呈茶色的渗出液，黏膜层和肌肉层之间呈胶冻样水肿，整个肠系膜红肿，甚至出血；胃底和小肠黏膜、淋巴结等有不同程度的充血。心包、胸腔和腹腔有程度不等的积液（图 1-162 至图 1-166）。

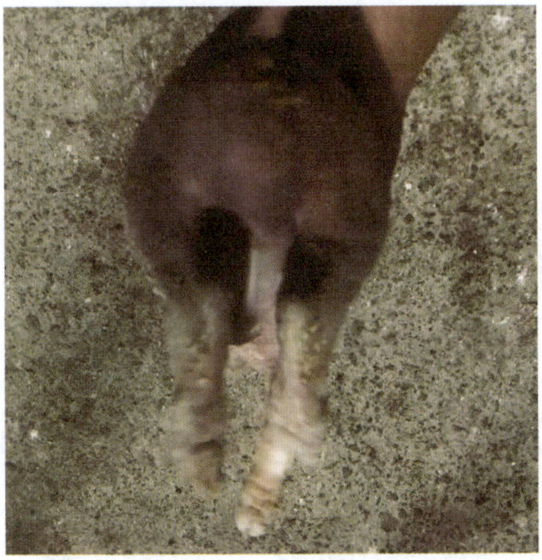

图 1-161　猪后躯淤血发紫

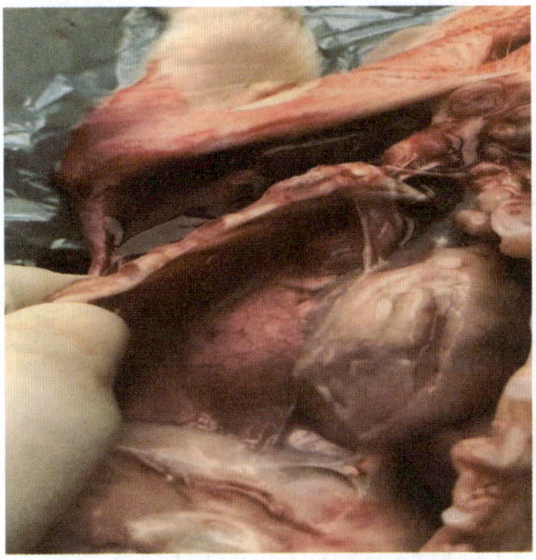

图 1-162　胸腔积有大量液体

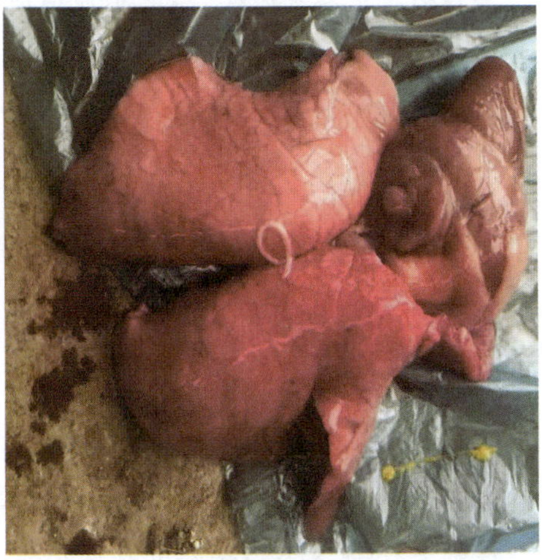

图 1-163　肺脏水肿，肺间质增宽

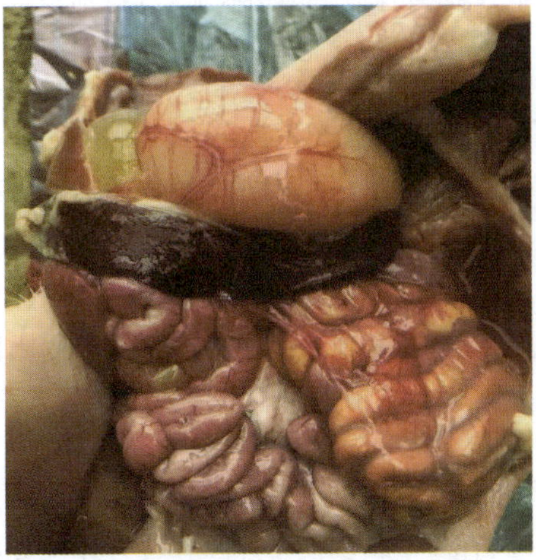

图 1-164　结肠袢系膜含有水液，呈胶冻状

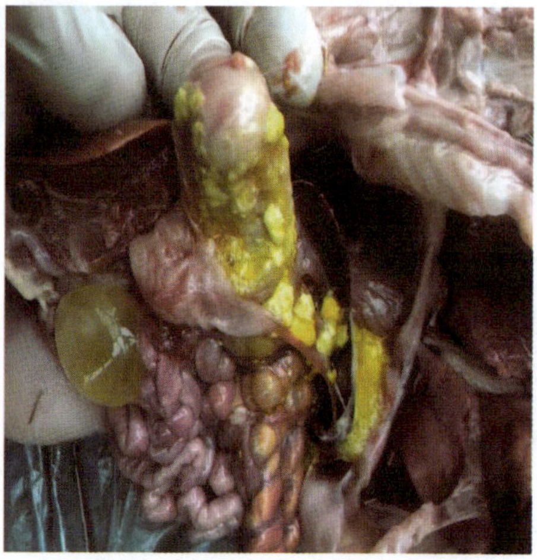

图 1-165　胆汁逆流，胃内充满黄色食糜

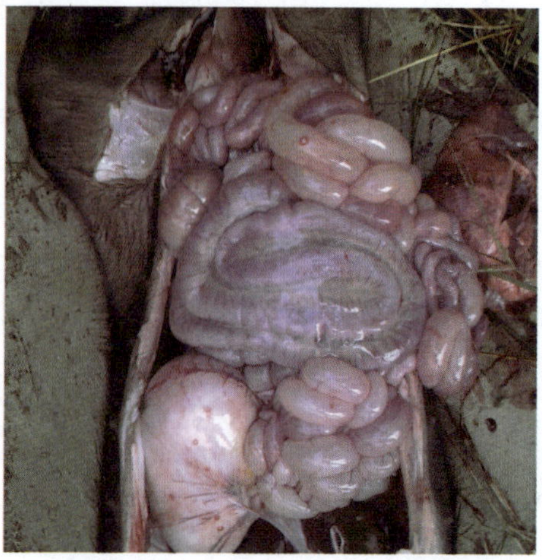

图 1-166　结肠袢水肿，呈胶冻状

3. 防制措施

加强断奶前后仔猪的饲养管理，提早训练采食、补料，使其断奶后能适应独立生活；断奶不要太突然，不要突然改变饲料和饲养方法；饲养喂量逐渐增加，防止饲料中蛋白质含量过高，要适当搭配一些青绿饲料，防止饲料单一或过于浓厚，增加维生素丰富的饲料，缺硒地区每头仔猪断奶前补硒。病初投服适量缓泻盐类泻剂，促进胃肠蠕动和分泌，以排出肠内容物。对此病的治疗主要采用综合的对症疗法，目前尚无特效的治疗措施。

子任务四　猪沙门氏菌病

猪沙门氏菌病又称仔猪副伤寒，是由致病性沙门氏菌引起仔猪的一种传染病。急性型呈败血症变化，慢性型在大肠上发生弥漫性纤维素性坏死性肠炎，有时呈卡他性或干酪性肺炎。

本病在我国各地猪场均有流行，特别是饲养条件差的猪场更容易发生，给养猪业造成较大的经济损失，属于我国法定三类疫病。

一、发病特点

1. 流行病学

引起猪沙门氏菌病的病原有猪霍乱沙门氏菌、猪伤寒沙门氏菌、鼠伤寒沙门氏菌、肠炎沙门氏菌等，其中猪霍乱和猪伤寒沙门氏菌是引起仔猪该病的主要原因。本病多发生于 2～4 月龄的仔猪，呈散发或地方流行。气候多变季节和阴雨天气多发，以春、冬两季常见。环境卫生不良、仔猪抵抗力差是发病的诱因。病猪和带菌猪的粪便污染环境、饲料和饮水而感染健康猪。

2. 临床症状

(1)急性型　多见于断奶仔猪。病猪体温升高，少食，精神沉郁，喜藏于垫草内，寒颤；病的初期与猪瘟相似，常出现便秘，随后腹泻，粪便恶臭；耳、腹部及四肢皮肤暗红。部分仔猪还有肺炎症状，一般经 4～10 d 死亡。

(2)慢性型　为最常见的病型，最主要的症状是下痢，粪便呈粥状或水样，灰白、黄绿、黄褐、灰绿或污黑色，气味恶臭，有时混有血液。严重时在吃食、躺卧、起立或行走时都可出现粪便失禁，玷污尾部及整个后躯。有的咳嗽时，稀粪呈喷射状排出。部分病猪下痢与便秘交替进行，有的还伴发肺炎，出现咳嗽和呼吸加快等症状。一般慢性病猪体温稍高或正常，喜喝脏水，初期有一定食欲，后期废绝；部分病猪濒临死亡时仍在进食。有的病猪皮肤上出现湿疹样变化(图 1-167)，关节肿大(图 1-168)。

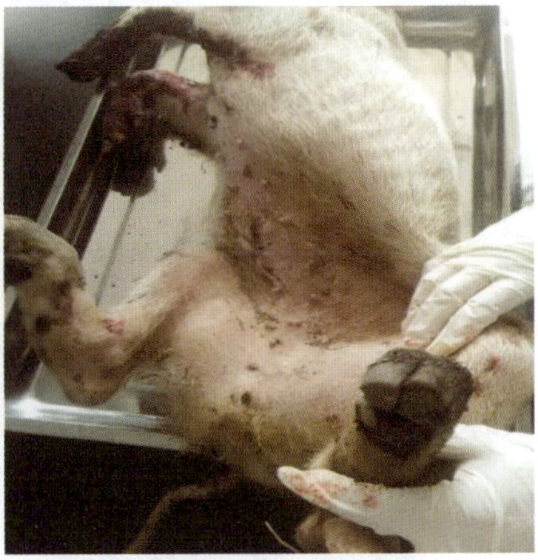

图 1-167 沙门氏菌引起皮炎

3. 剖检变化

(1)急性型(败血型) 急性型病猪呈败血症病变，全身淋巴结肿大、出血，脾肿大、质脆，呈紫红色。心内外膜、喉头、肾及膀胱黏膜出血。肠臌气、积液、出血，肠壁变薄，弹性降低。肝淤血，有散在坏死点。

(2)慢性型 慢性型病猪的盲肠、结肠呈坏死性炎症，肠壁增厚，失去弹性，表面附着一层纤维素性伪膜(图 1-169 至图 1-171)。肠系膜淋巴结肿大，髓样增生。肝脏常有散在坏死灶，胆囊黏膜坏死，出血(图 1-172)。肺脏肿大，呈紫红色。胆汁逆流入胃内(图 1-173)。

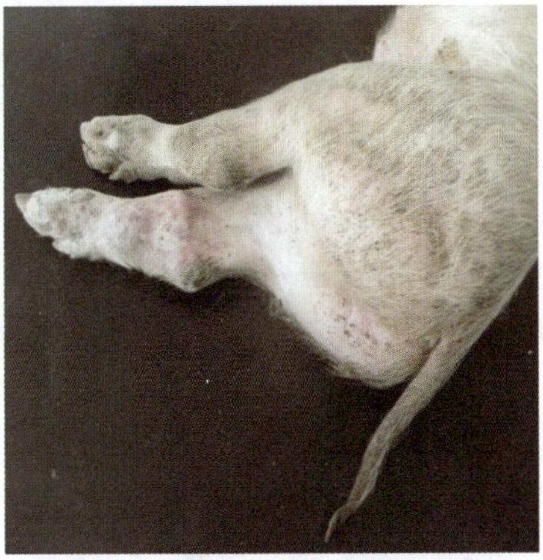

图 1-168 病猪关节肿大

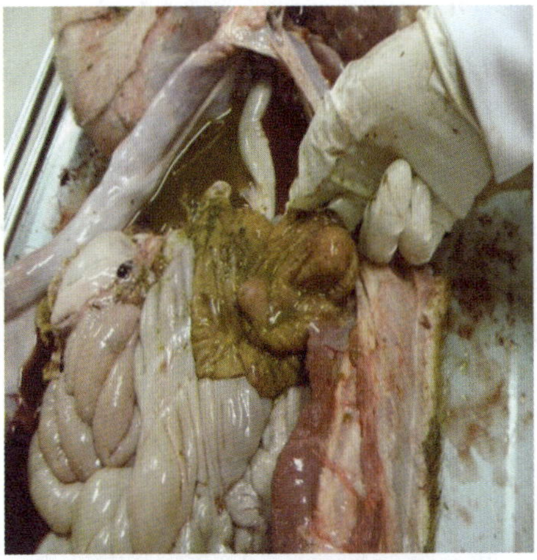

图 1-169 盲肠黏膜有伪膜

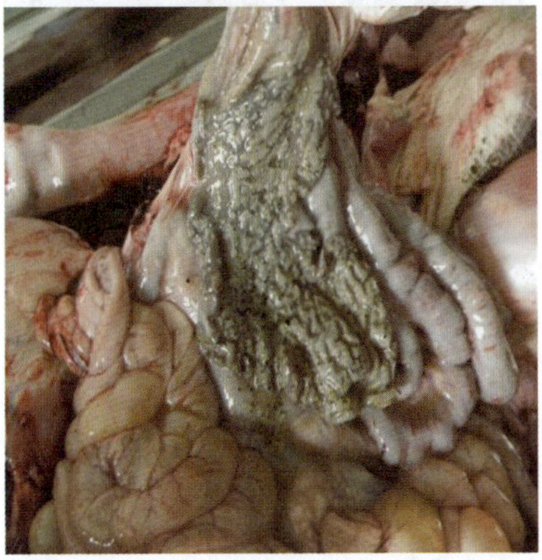

图 1-170 结肠灰白色伪膜上覆有黑绿色小颗粒

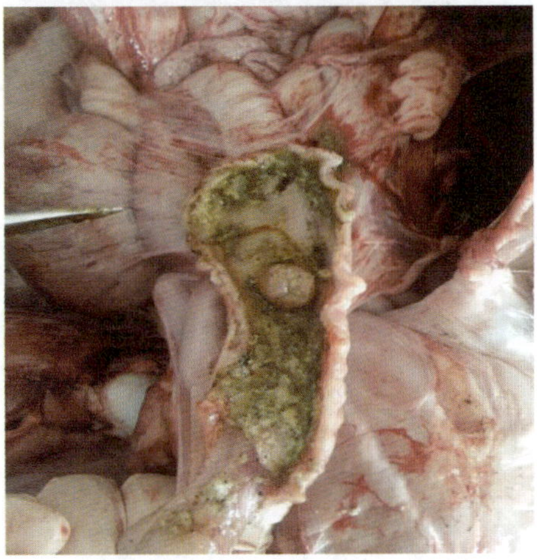

图 1-171 回盲瓣周围肠黏膜有纤维素性伪膜

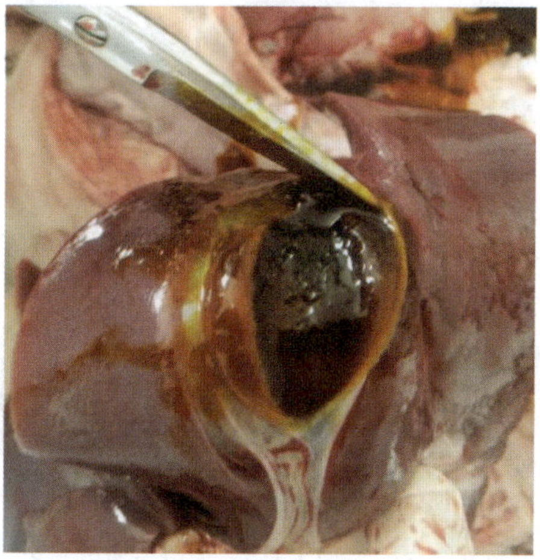

图 1-172　败血型:胆囊出血

图 1-173　胆汁逆流入胃内

二、诊断

根据流行特征、临床症状和典型病变可作出初步诊断。慢性副伤寒的发病特点、症状及病理变化都比较典型,不难作出诊断。急性副伤寒与猪瘟很相似,诊断首先需进行细菌分离培养鉴定,但慢性病例不易分离出病原菌。沙门氏菌在 HE 培养基上生成黑色菌落(图 1-174),能发酵葡萄糖产酸产气(图 1-175),沙门氏菌为革兰阴性小杆菌(图 1-176)。从病猪体内分离到沙门氏菌时,也要综合临床症状、病理变化及流行特点进行分析,排除混合感染,全面分析后才能确诊,可进行药物敏感性实验,筛选敏感性药物进行治疗(图 1-177)。

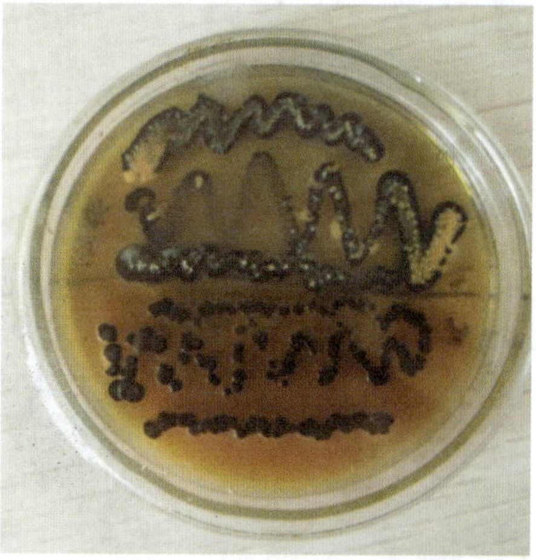

图 1-174　沙门氏菌在 HE 培养基上长成黑色菌落

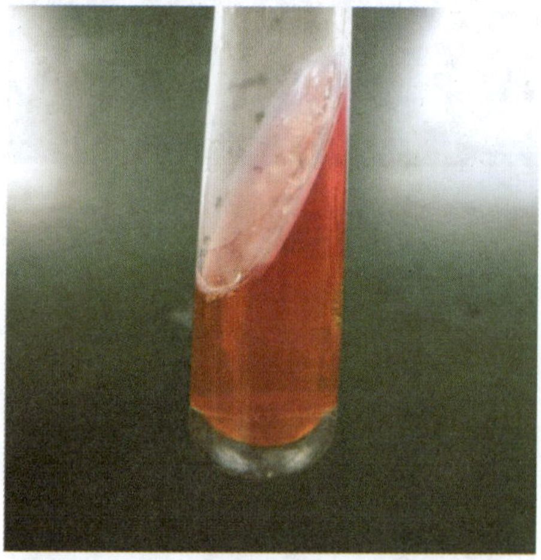

图 1-175　在三糖铁琼脂斜面培养基上,培养基底部呈黄色并产生空隙,说明沙门氏菌能发酵葡萄糖产酸产气

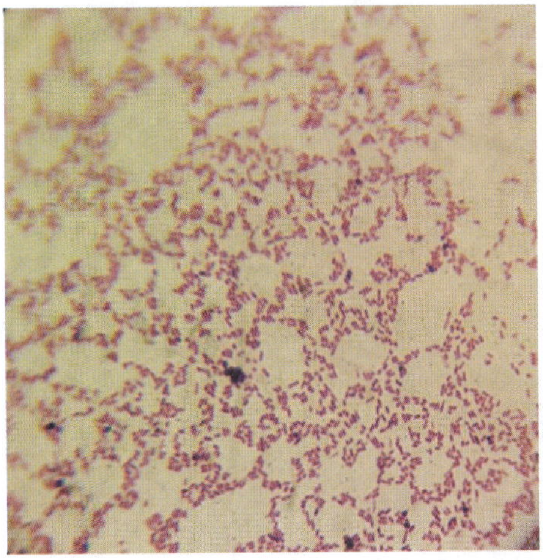

图 1-176　沙门氏菌呈粉色小杆菌，为革兰阴性

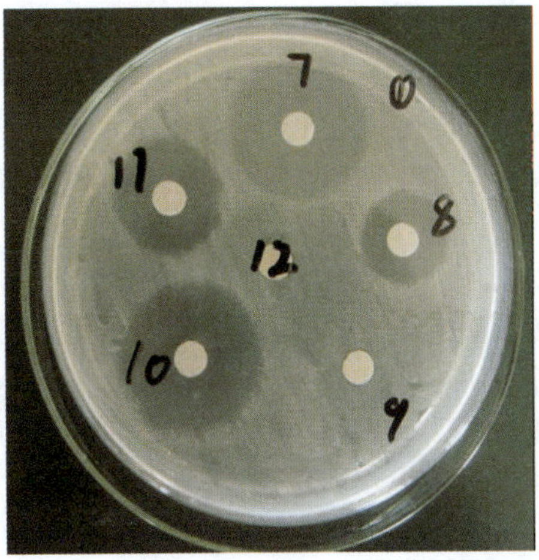

图 1-177　药物敏感性实验筛选敏感性药物

三、防制

1. 加强饲养管理

本病是由于仔猪的饲养管理和卫生条件不良导致发生和传播的，因此，预防本病的根本措施是认真贯彻“预防为主”的方针。要改善饲养管理，仔猪要提前补料，增强抵抗力。饲养用具和食槽经常清洗和消毒，圈舍要经常清洁，勤换垫草，保持干燥。断乳仔猪根据体质强弱大小，分槽饲喂，并给以优质多样化饲料，适当补充微量元素。在饲料改变时防止突然更换。

2. 定期预防接种

在本病常发地区，可对 1 月龄以上的仔猪接种仔猪副伤寒弱毒冻干菌苗，20%氢氧化铝稀释，肌内注射 1 mL，免疫期 9 个月；口服时，严格按照相关说明，服前用冷开水稀释成每头份 5～10 mL，掺入料中及时喂服。

3. 合理治疗

发病后需要隔离病猪，及时治疗。可选用土霉素，每日按每千克体重 50～100 mg，分 2～3 次口服，连用 3～5 d 后，剂量减半，继续用药 4～7 d。也可用磺胺类和痢特灵等药物。圈舍要定期清扫、消毒，特别是饲槽要经常刷洗干净。根据发病当时疫情的具体情况，必要时，对假定健康猪可在饲料中加入痢特灵或抗生素饲料进行预防。

4. 妥善处理尸体

死猪应深埋，切不可食用，防止人发生沙门氏菌食物中毒。

子任务五　仔猪梭菌性肠炎

仔猪梭菌性肠炎又叫仔猪红痢、仔猪传染性坏死性肠炎，是由 C 型魏氏梭菌引起的初生仔猪急性传染病。本病的主要特征是出血性下痢，肠坏死，多发生于 3 日龄以内的仔猪，病程短，常造成初生仔猪整窝死亡，损失很大。1955 年由英国首先报道，并先后在欧洲各国发现。我国也有本病发生。

一、发病特点

1. 流行病学

(1)传播途径　C 型魏氏梭菌在环境中广泛存在，通常存在于土壤、尘埃、饲料、污水、粪便及人畜肠道中，一些母猪的肠道中也有。仔猪出生后很快接触被污染的环境，将本菌随奶或污染物吞入消化道，随后进入空肠，侵入绒毛上皮组织并产生毒素，组织受害充血、出血和坏死。

(2)流行特点 任何品种的猪对本病均易感，主要发生于 3 日龄以内的新生仔猪，且发病快，病程短。出生 1 周以上的仔猪很少发生，同一猪群不同窝的仔猪发病率往往相差很大。病死率高，一般为 50%～70%，有时可高达 100%。本病没有季节性，一年四季都可发生。

2. 临床症状

(1)最急性型 仔猪出生当天就可发病，后躯沾满血样稀粪便，病猪虚弱，拒食，走路摇晃，很快进入濒死态(图 1-178)。少数病猪不表现症状，突然昏倒死亡。

(2)急性型 病程一般可维持 2 d 左右，病猪排出含有灰色组织碎片的红褐色水样稀粪。病猪迅速脱水、消瘦、虚弱，一般在第 3 天衰竭死亡。

(3)亚急性型 病猪开始精神、食欲尚好，但持续性腹泻，有的仔猪出现呕吐和不自主运动，粪便开始为黄色软便，后因含有坏死组织碎片和气泡，变为米粥样。随病程发展，病猪逐渐消瘦、脱水，于出生后 5～7 d 死亡。

(4)慢性型 病程 1 周以上，体温不高，呈现间隙性或持续性腹泻，粪便呈黄灰色糊状。病猪逐渐消瘦、生长停滞，数周后数头甚至整窝死亡，很少有能够耐过的仔猪。

3. 剖检变化

外观无明显变化，剖检时可见胸腔和腹腔有大量的樱桃红色积液，主要病变在空肠，有时也可扩展至回肠，常见长短不一的出血性坏死，十二指肠一般无病变。

(1)最急性型 空肠呈暗红色，与正常肠段界线分明，肠腔内充满暗红色液体，有时结肠后部肠腔也含有带血液体。肠黏膜及黏膜下层广泛出血，肠系膜淋巴结深红色。

(2)急性型 出血不太明显，可见肠壁变厚，弹性消失，色泽变黄。坏死肠段浆膜下可见小米粒大小数量不等的小气泡，使肠壁显得粗糙和肥厚，肠腔内含有稍带血色的坏死组织碎片松散地附着于肠壁。肠系膜淋巴结充血。

(3)亚急性型和慢性型 病变肠段黏膜坏死状，可形成坏死性假膜，易于剥下，肠管外观正常。脾边缘有小出血点，肾呈灰白色，其他实质器官也呈组织变性，并有出血点。

二、诊断

1. 病原

仔猪红痢的病原为 C 型魏氏梭菌(又叫 C 型产气荚膜梭菌)，革兰染色为阳性杆菌，菌体较大，大小(3～8) μm×(0.5～1.5) μm(图 1-179 至图 1-181)。无鞭毛，不运动，有荚膜，芽孢椭圆形，位于菌体中央或近端，但在人工培养基中芽孢不容易形成。在马氏血液琼脂平板上，菌落呈圆形，边缘整齐、光滑，中央隆起，呈明显溶血环。在 37 ℃厌气肉肝汤中培养 2～3 h 即开始生长，肉汤均匀浑浊，并产生大量气体，还可产生强烈的致死 α 和 β 毒素，引起仔猪肠毒血症、坏死性肠炎。葡萄糖琼脂表面生长的菌落与空气接触后变成绿色。

C 型魏氏梭菌繁殖体的抵抗力不强，一般消毒药均能杀死梭菌的繁殖体，但形成芽孢后，对热力、干燥和消毒药的抵抗力就显著增强，强力消毒液，如 20%漂白粉、3%～5%的氢氧化钠溶液消毒才能使其失去活力。

图 1-178 仔猪排红色稀便

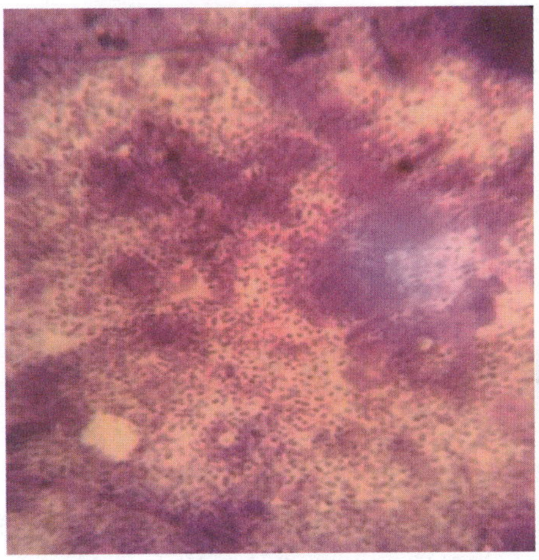

图 1-179 病猪肠内容物革兰染色镜检可见大量杆菌

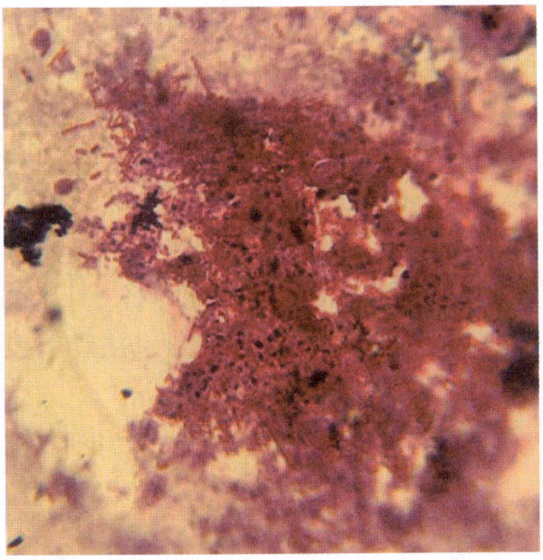

图 1-180 病猪肠内容物镜检可见大量杆菌

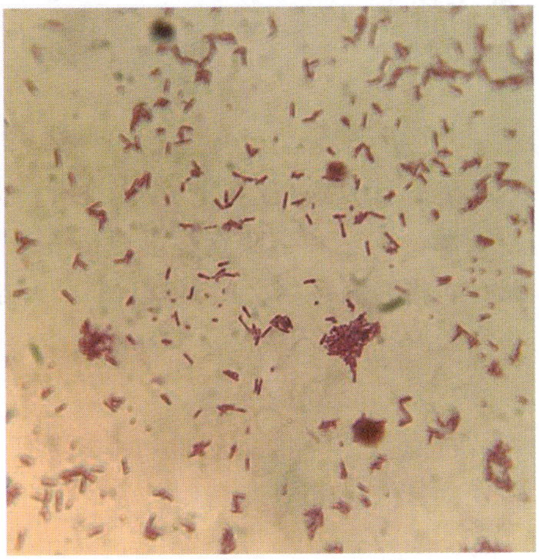

图 1-181 肠内容物分离培养后，镜检可见革兰阳性杆菌

2. 实验室诊断

(1)组织病料抹片镜检 取小肠病变部位的内容物，也可采取肝等内脏和胸腹水，涂片后革兰染色，镜检，观察到大量产气荚膜梭菌即可确诊。

(2)肠内容物毒素检查 取病猪肠内容物加等量无菌生理盐水，每分钟 3 000 转离心沉淀 30～60 min，上清液用细菌滤器过滤，取滤液 0.5 mL 静脉注射小鼠，如迅速死亡，则说明毒素存在，即可确诊。在此基础上，还可用 C 型和 D 型产气荚膜梭菌抗毒素对上清液中的毒素作中和试验，以确定是否为 C 型魏氏梭菌的毒素。

(3)细菌分离 取肠内容物和肠淋巴结，接种于厌气肉肝汤中，80 ℃水浴 20 min，杀灭非芽孢菌后 37 ℃培养。生长后移植于血液葡萄糖琼脂平板进行厌气培养，分离出病原菌毒素，可用小鼠作毒素试验和毒素中和试验进行验证。

三、防制

本病发展迅速，病程短，一旦临床症状明显，治疗几乎不能改变病程的进展。因此，日常管理中产房要认真打扫，并进行消毒，母猪奶头要用清水擦干净，以减少本病的发生和传播。在常发病猪场，可在仔猪出生后，用抗生素如青霉素、链霉素、土霉素、泰乐菌素、黏杆菌素、痢特灵进行预防性口服，可取得良好的预防效果。对常发病猪场，给第一胎和第二胎的妊娠母猪各肌内注射两次C型仔猪红痢干粉菌苗免疫母猪，第1次分娩前1个月，第2次于分娩前半个月左右，剂量为每次5～10 mL。以后每次在产仔前半个月注射3～5 mL，能使母猪产生坚强的免疫力，仔猪仅可通过初乳即获得很好的被动免疫保护。

子任务六　猪痢疾

猪痢疾是一种危害猪的严重传染病之一，又称血痢、黑痢、黏液出血性下痢等。病猪以大肠黏膜卡他性、出血性及坏死性炎症为特征。本病呈世界性分布，我国许多省市都存在本病，一旦侵入猪群，仔猪的发病率和死亡率都较高，育肥猪患病后生长速度下降，饲料利用率降低，给养猪业带来巨大的经济损失。

一、发病特点

1. 流行病学

(1)易感动物　不感染其他动物，只感染猪，各种品种和年龄的猪均易感染，但以2～3月龄猪发病多，哺乳仔猪发病较少。

(2)传染源　病猪和带菌猪是主要传染源。康复猪可带菌、排菌长达数月。易感猪与临床康复70 d以内的猪在同一猪舍时，仍可感染发病。小鼠和犬感染后也可为传染源。

(3)传播途径　消化道是唯一的感染途径，通过污染的饲料、饮水、用具、人员、动物及环境等媒介引起间接传染。

(4)流行特点　季节性不明显，四季均有发生，流行缓慢，持续期长，流行初期多为急性经过，以后转变为亚急性和慢性病例。

2. 临床症状

本病潜伏期为2 d至3个月不等，平均为1～2周，常见症状为不同程度的腹泻，有体温升高和腹痛现象，病程长的还表现脱水、消瘦和共济失调。

(1)最急性型　见于暴发初期。突然死亡且死亡率很高，多数病例表现为食欲废绝，病猪肛门松弛，剧烈下痢。粪便开始时呈黄灰色软便，含黏液、血液或血块，气味腥臭(图1-182)，随后迅速转为水样腹泻。高度脱水、寒颤、抽搐，后死亡。

(2)急性型　多见于流行初、中期。体温升高达40～40.5 ℃，食欲减少，同时因腹痛表现为弓背，并迅速消瘦、贫血。病初排稀便，继而粪便带有大量半透明的黏液而呈胶冻状，夹杂血液或血凝块及褐色脱落黏膜组织碎片。有的死亡，存活的病猪1周左右转为慢性。

(3)亚急性和慢性型　多见于流行的中、后期。病情较轻，食欲正常或稍减退，下痢时轻时重，反复发生。粪带黏液和血液，病程长的进行性消瘦，生长严重受阻，病死率低。亚急性病程为2～3周，慢性为4周以上，少数康复猪经一定时间还会复发。

3. 剖检变化

病变主要局限于大肠，最急性和急性病例表现为卡他性出血性炎症、病变肠壁肿胀，肠腔充满黏液和血液，呈红褐色或巧克力色(图1-183)。当病情进一步发展时，大肠壁水肿减轻，而黏膜炎症逐渐加重，出现坏死性炎症。病的后期，病变区扩大，可能分布于整个大肠部分，肠黏膜表面见有点状坏死和伪膜，呈水泥样（图 1-184）。刮去伪膜可露出糜烂面，肠内容物混有坏死组织碎片，血液相对较少。肠系膜淋巴结轻度肿胀、充血，腹水量增。小肠和小肠系膜及其他脏器无明显病变。

二、诊断

1. 病原

猪痢疾为蛇形螺旋体，密螺旋体属。长 6～8.5 μm，宽 0.32～0.37 μm，多为 4～6 个疏螺弯曲，有的 5～6 个，形态为两端尖锐，如双翼状（图 1-185）。革兰染色阴性，苯胺染料或吉姆萨液着色良好，但组织切片以镀银染色更好，新鲜病料在暗视野显微镜下可见活泼的螺旋体活动。本菌严格厌氧，对培养基要求较严格，常用酪蛋白胰酶消化大豆鲜血琼脂或酪蛋白胰酶大豆汤培养基进行培养，纯培养物也可用鲜血琼脂培养，可见明显的 β 型溶血。溶血区内一般不见菌落，偶尔可见云雾状表面生长或针尖大透明菌落。

病原对外界环境有较强的抵抗力，在粪便内 5 ℃环境下可存活 2 个月，25 ℃能存活 7 d，对消毒药敏感，普通消毒药如过氧乙酸、来苏儿和氢氧化钠均能迅速将其杀死。

根据流行特点、临床症状和病理变化可作出初步诊断，确诊需进一步做实验室诊断。

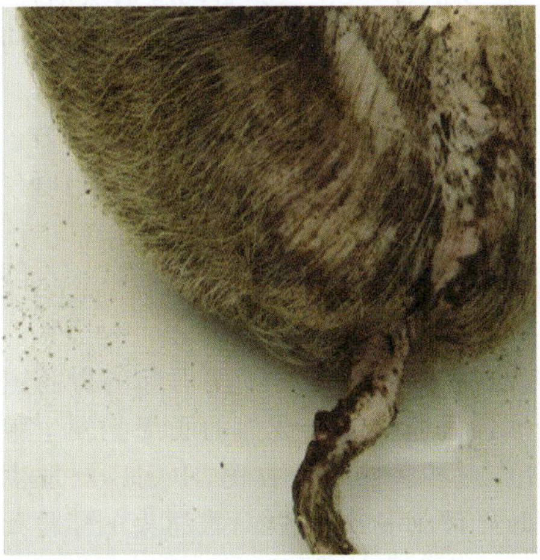

图 1-182 保育猪排红褐色血便

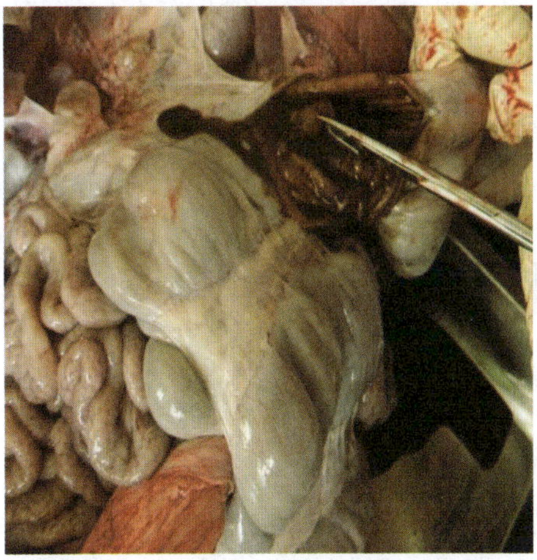

图 1-183 结肠出血，内容物呈红褐色

图 1-184 种猪肠内容物为灰色，似水泥状

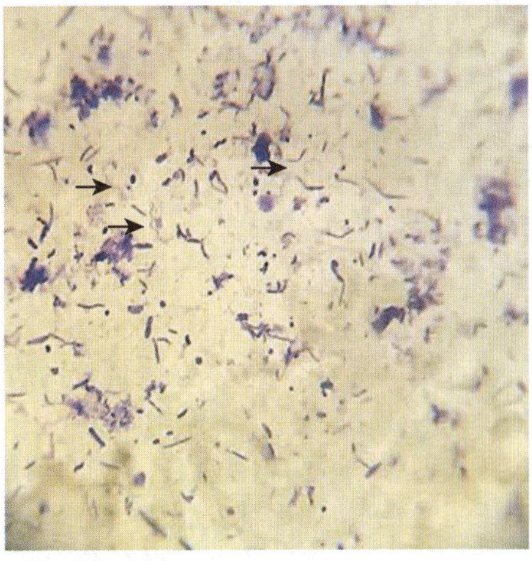

图 1-185 结肠内容物镜检，可见多量密螺旋体

2. 实验室镜检

取病猪新鲜粪便(最好为带血丝的黏液)少许,或大肠黏膜直接涂片,以草酸铵结晶紫、吉姆萨氏或复红染色液染色 3～5 min,水洗阴干后,在显微镜下观察,如每个高倍(400 倍)视野下能看到 3 个以上蛇形螺旋体,即可初步确诊。应注意健康猪粪中常存在少量非致病性密螺旋体,它一般只有 1 个弯曲,两端钝圆,长 4～6 μm。直接镜检法对急性后期、慢性、隐性及用药后的病例检出率很低,须进行分离培养。分离培养时,病料 10 倍连续稀释,每一稀释度取 0.05 mL 划线接种, 然后厌氧培养。此外,也可将结肠病料制成悬液给公兔腹腔注射,5～10 d 后穿刺睾丸,取病料涂片、染色后镜检,以确诊。

3. 血清学诊断

有凝集试验(试管法、玻片法、微量凝集、炭凝集)、免疫荧光试验、间接溶血试验、琼脂扩散试验及酶联免疫吸附试验(ELISA)等方法。其中凝集试验和酶联免疫吸附试验(ELISA)具有较好的应用价值。

三、防制

本病目前尚无有效菌苗,在饲料中添加药物,有短期预防作用,但不能彻底消灭。综合防制措施包括:禁止从疫区购猪,外地引进猪须隔离观察 1 个月以上;在无本病的地区或猪场发生本病时,最好全群淘汰,猪场彻底清扫和消毒,并空圈 2～3 个月,粪便及猪舍均应彻底消毒;若不能立即做到全群淘汰,应用凝集试验或其他方法进行检疫,对感染猪群实行药物治疗,无病猪群实行药物预防;经常定期消毒,严格控制本病的传播。

药物治疗可选用常见的庆大霉素、四环素族抗生素等多种抗菌药物,都有一定疗效。

该病治后易复发,须坚持药物治疗、改善饲养管理及搞好清洁卫生相结合,方能收到好的效果。

子任务七　猪增生性肠炎

猪增生性肠炎(PPE)又称为增生性回肠炎或终端性回肠炎,是由细菌引起的胃肠道综合性传染病。PPE 是生长育肥猪的一种常见病,以回肠和结肠隐窝内未成熟的肠细胞发生腺瘤样增生为特征的接触性传染病。早在 1931 年,英国就曾作过相关报道。目前,本病广泛发生于世界各地,特别是近几年有逐渐上升的趋势。由于我国的养猪业多数为散养,被感染的猪群死亡率不高,未造成明显危害,不被人们重视,但伴随着养猪集约化生产的推进,该病已逐渐呈蔓延态势。

一、发病特点

1. 流行病学

(1)易感动物　该病的宿主范围很广,除猪外,其他多种动物都可感染。白色品种猪易感,猪群中各种年龄的猪都可感染,但多发生于断奶后仔猪,特别是 18～45 kg 的猪多见,有时也发生于刚断奶的仔猪和成年公母猪。

(2)传染源　该病传染源主要是病猪及病菌携带猪。

(3)传播途径　本病以水平传播为主。病猪和带菌猪病原菌随粪便排出体外,污染外界环境、饲料、饮水等,经消化道感染健康猪而发病。

2. 临床症状

本病潜伏期 3～6 周,常发生于 6～20 周龄的生长育成猪,有急性型与慢性型之分。但无论是急性型还是慢性型,如无继发感染,体温一般都趋于正常。

(1)急性型　多发于 4～12 月龄的猪,主要表现为突然严重腹泻,排黑色油状粪便,后期转为黄色或血样粪便(图 1-186),不久虚脱死亡,发病率、死亡率可达 40%。皮肤苍白、贫血等症状对本病具有一定的诊断意义。

(2)慢性型 多发于6～12周龄的猪，症状较轻，间歇性下痢，颜色深暗，呈糊状或水样；在断奶后至育肥阶段，表现为食欲减退或废绝，消瘦、生长迟滞、被毛粗乱、精神沉郁或昏睡，少数死亡，大部分猪几天后自动痊愈，其中一些猪成为僵猪。一部分猪腹部膨大，犹如直肠狭窄猪。

(3)亚临床型 无明显的临床症状，有时发生轻微下痢，生长速度和饲料利用率明显下降。

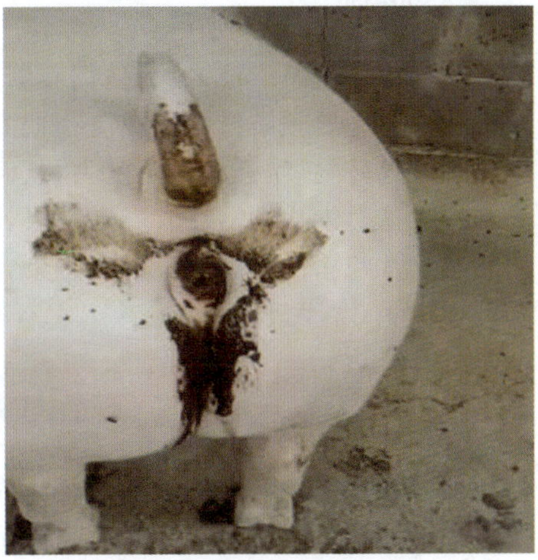

图1-186 病猪排红褐色血便

3. 剖检变化

剖检常可见小肠末端、结肠袢的上1/3和盲肠的肠壁增厚（图1-187、图1-188），肠管加粗，浆膜下和肠系膜水肿明显。肠黏膜呈现分枝状皱褶，黏膜表面湿润而无黏液，有时附有颗粒状炎性渗出物。黏膜增生或增厚的程度在不同病例间存在很大差异，有些病例回肠下段明显增厚，像橡皮水管一样；有些病猪可见回肠黏膜出现不同程度的溃疡，表面覆盖有黄色、灰白色纤维素性渗出物，浆膜下层或肠系膜水肿。更多的猪表现出增生性、出血性肠炎。粪便呈黑色柏油状，回肠腔内充满凝血块，结肠内混有带血的粪便。

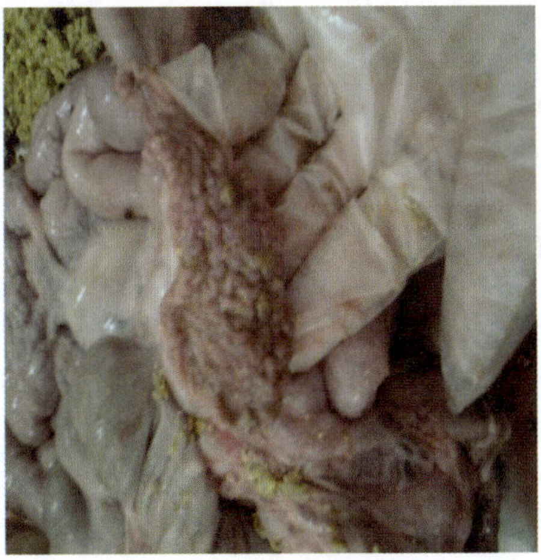

图1-187 结肠黏膜增生

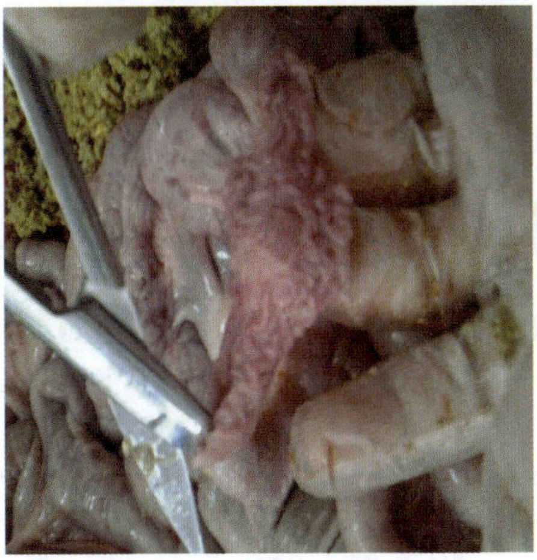

图1-188 回肠黏膜增生充血潮红

二、诊断

1. 病原

长期以来，一种肠上皮弯曲杆菌被认为是本病病原。直到1993年，由于分子生物学等方面技术的发展和应用，病理学家应用肠源细胞分离到胞内弯曲杆菌，并用纯培养物接种猪复制PPE成功，才最终确定了该菌的致病作用，命名为细胞内劳森氏菌（也称细胞内罗松菌）。该菌仅能在活细胞内生长繁殖，具有腺瘤样特征，故有增生性腺瘤病之称。

2. 实验室诊断

因增生性肠炎症状是非特异性的，故很难根据临床症状及剖检病变作出准确的诊断。实验室诊断一般采用抗酸染色法和吉姆萨染色法对肠黏膜涂片进行镜检，并结合病理变化作出初步诊断。目前常使用酶联免疫吸附试验（ELISA）检测猪血清中的病原抗体，诊断结果可靠性较强。另外，也可应用间接免疫荧光试验（IFA）、免疫过氧化物酶单层试验（IPMA）、核苷酸探针、多重聚合酶链反应等技术对发病猪血清和粪便样进行诊断。

该病常并发或继发猪痢疾、沙门氏菌病、结肠螺旋体病、鞭虫病等，引起严重的临床症状，要注意鉴别诊断。

三、防制

本病由于流行广泛，故加强饲养管理，改善饲养环境，采用全进全出饲养制度，提高猪体本身的抵抗力为主要预防措施。在流行期间，可在饲料中阶段性添加泰妙菌素、林可霉素、大观霉素、泰乐菌素等药物，增强机体免疫力，从而有效地预防该病的发生。

抗生素对本病的治疗有一定效果，可选用四环素和泰乐菌素，但疗效不一。

本病常与猪的霉菌中毒混合感染，预防过程中也应同时添加脱霉剂，以减少发病概率，从而降低损失。

复习思考题

1. 猪流行性腹泻和传染性胃肠炎的临床症状比较相似，请制定免疫方案和对症治疗方案。
2. 哺乳仔猪的细菌性腹泻有哪些症状？应该如何进行鉴别诊断和治疗？
3. 查阅资料，分析哪些原因会造成保育仔猪腹泻？针对不同原因应该如何防控？

任务六　以呼吸道症状为主的传染病

子任务一　猪圆环病毒感染

猪圆环病毒感染是由猪圆环病毒Ⅱ型引起的猪的一种多系统功能障碍性传染病，临床上主要表现为断奶仔猪多系统衰竭综合征和新生仔猪先天性震颤、繁殖障碍等，并出现严重的免疫抑制，从而容易导致继发或并发其他传染病，被世界各国的兽医公认为最重要的猪传染病之一。

本病于1991年首先在加拿大被发现，1996年暴发于世界许多国家。我国于2002年证实猪群中存在本病。

圆环病毒

一、发病特点

1. 流行病学

(1)易感动物　圆环病毒的天然宿主是猪，各种年龄、不同性别的猪均可感染该病毒，但不一定都能表现出明显的临床症状，哺乳仔猪和育成猪最易感且临床症状明显。

(2)传染源　病猪和带毒猪为本病的主要传染源。病毒存在于病猪的呼吸道、肺脏、脾和淋巴结中，从鼻液和粪便中排出。

(3)传播途径　本病毒可经口腔、呼吸道进行水平传播，也可经胎盘垂直传播。

(4)流行特点　本病的发生无季节性。因圆环病毒可破坏猪的免疫系统，使猪免疫力下降，产生免疫抑制，因此感染圆环病毒的猪易继发或并发猪繁殖与呼吸综合征、猪伪狂犬病、猪细小病毒病、猪链球菌病、猪附红细胞体病、副猪嗜血杆菌病等。本病的发生及危害程度与猪群的饲养管理及环境卫生等密切相关，各种环境因素，如拥挤、空气污浊、气候变化、饲料更换等应激因素会削弱机体的抗病能力，继发其他传染病而加重病情，造成不同程度的经济损失。

2. 临床症状

猪圆环病毒感染主要引起断奶仔猪多系统衰竭综合征和仔猪先天性震颤。

(1)断奶仔猪多系统衰竭综合征 病猪表现精神沉郁、食欲不振、发热，被毛粗乱，进行性消瘦、生长迟缓、呼吸困难、咳嗽、喘气，贫血、皮肤苍白、体表淋巴结肿大(图 1-189 至图 1-192)。有的表现皮肤与可视黏膜发黄、腹泻、嗜睡。临床上约有 20%的病猪呈现贫血与黄疸症状，具有诊断意义。

圆环病毒引起保育猪皮肤苍白，腹股沟淋巴结肿大

圆环病毒引起仔猪“抖抖病”

圆环病毒引起仔猪先天性震颤

圆环病毒仔猪震颤

(2)仔猪先天性震颤 又名抖抖病，其临床症状的变化性很大，震颤程度不等，同窝仔猪的发病数量也不定，通常表现为双侧性震颤，当仔猪休息或睡眠时可得到缓和，但受到寒冷或噪声等外界刺激时，震颤可重新激发或加重(图 1-193)。1 周龄内出现严重震颤的仔猪往往由于不能得到哺乳而死亡，1 周龄以上的仔猪常常能耐过，也有震颤症状延至生长期或育肥期。

(3)皮炎肾病综合征 病猪皮下有圆形的红色或棕色的出血斑。多发于断奶猪和生长育肥猪(图 1-194 至图 1-199)。

3. 剖检变化

仔猪先天性震颤尚未见剖检病变，组织学变化主要是脊索神经的髓鞘形成不全。

发生断奶仔猪多系统衰竭综合征时，剖检可见间质性肺炎和黏液性支气管炎变化。内脏器官贫血颜色变浅，肺脏肿胀，间质增宽，质地坚硬似橡皮样，其上面散在有大小不等的褐色实变区(间质性肺炎)(图 1-200 至图 1-205)。肝变硬、发暗或变浅(图 1-206)。肾脏种胆肿、变形、呈灰白色，皮质部有白色病灶。脾脏轻度肿胀，变形(图 1-207)。胃黏膜水肿，有大片溃疡形成。盲肠和结肠黏膜出血。全身淋巴结肿大 4～5 倍，切面呈灰黄色。特别是腹股沟、肺和肠系膜与颌下淋巴结病变明显(图 1-208 至图 1-210)。如有继发感染则可见胸膜炎、腹膜炎，心包积水、心肌出血、心脏变形，质地柔软。

图 1-189 保育猪皮肤苍白

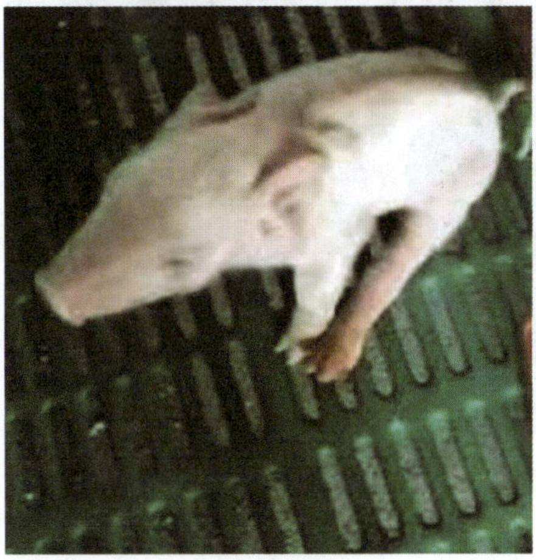

图 1-190 初生仔猪震颤，呈“八”字腿

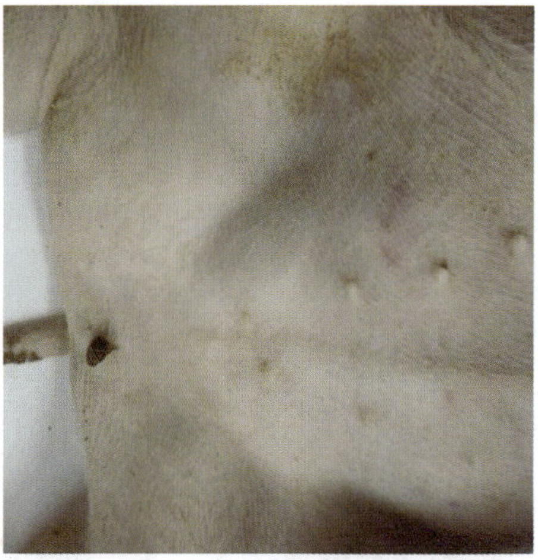

图 1-191　保育猪皮肤苍白,腹股沟淋巴结肿大

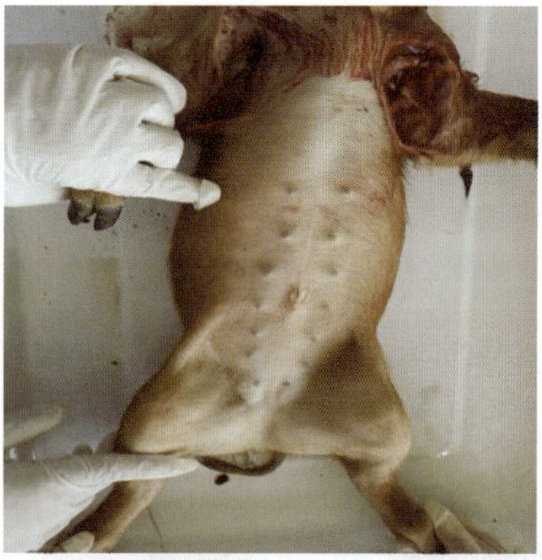

图 1-192　保育猪腹股沟淋巴结肿大

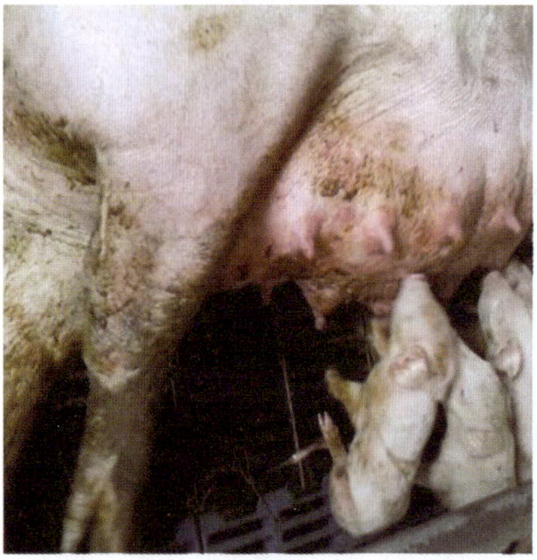

图 1-193　初生仔猪震颤,乳猪找不到乳头

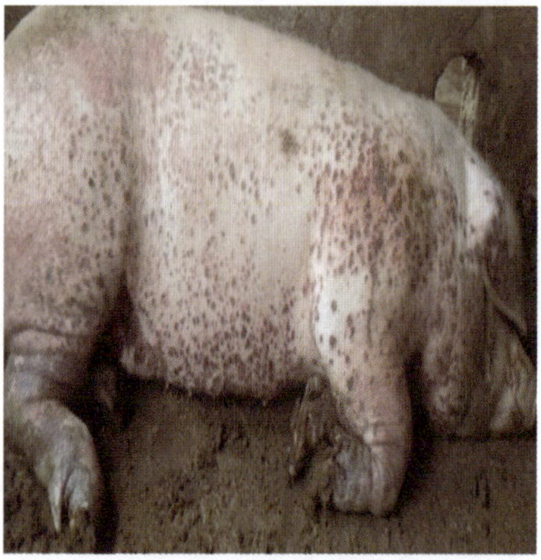

图 1-194　肥猪皮肤红疹

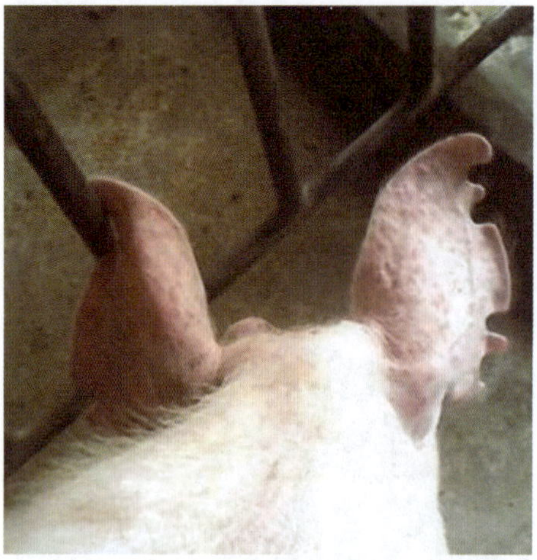

图 1-195　猪耳朵红色丘疹

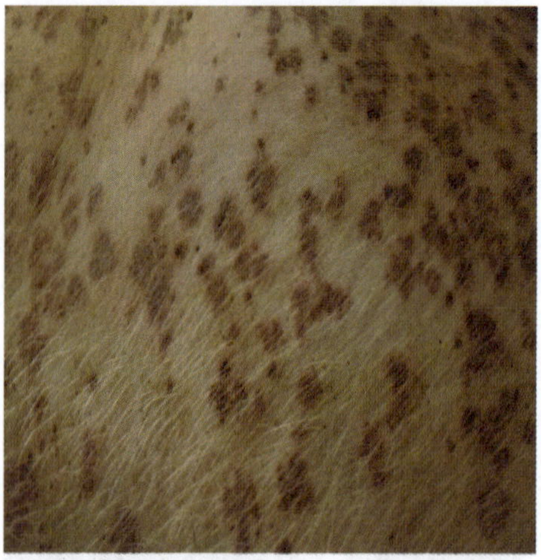

图 1-196　皮肤散在红色圆形凸出于皮肤表面的丘疹

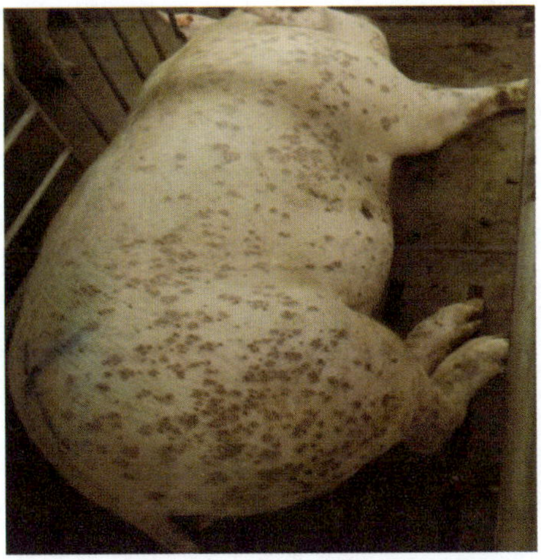

图 1-197 皮肤圆形丘疹

图 1-198 疾病前期，丘疹呈紫红色

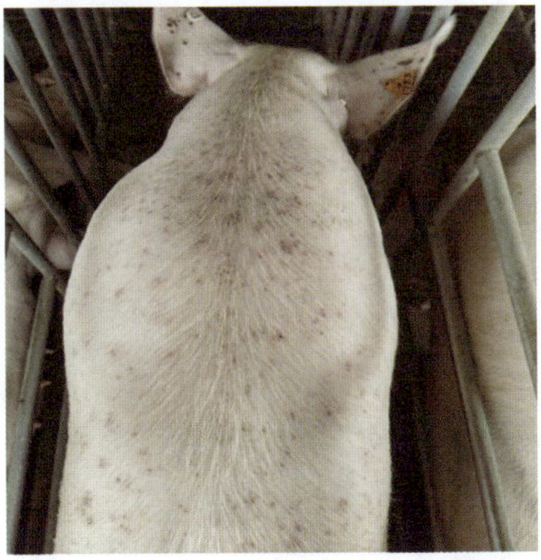

图 1-199 疾病后期，丘疹萎缩结痂，呈黑色

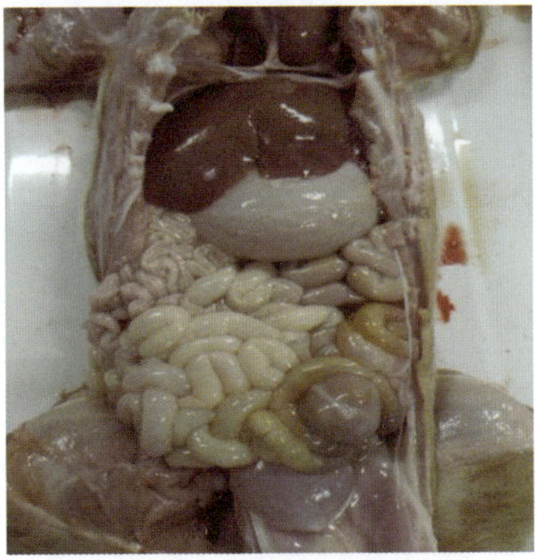

图 1-200 保育猪内脏颜色变浅

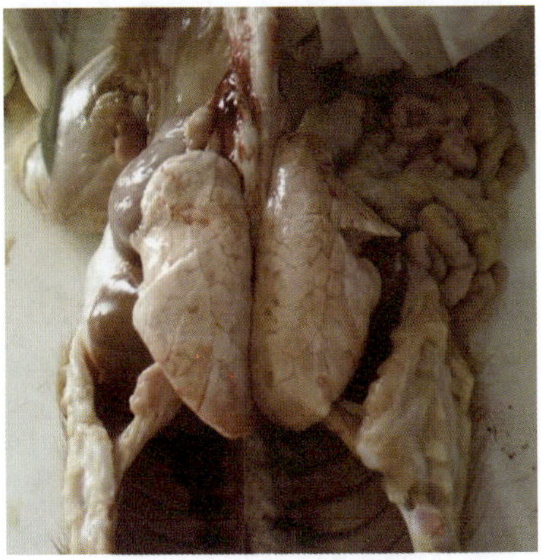

图 1-201 肺脏气肿，呈苍白色

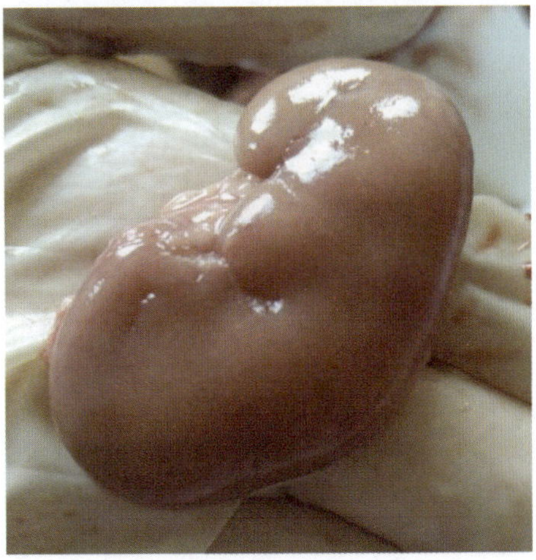

图 1-202 肾脏表面有沟变形

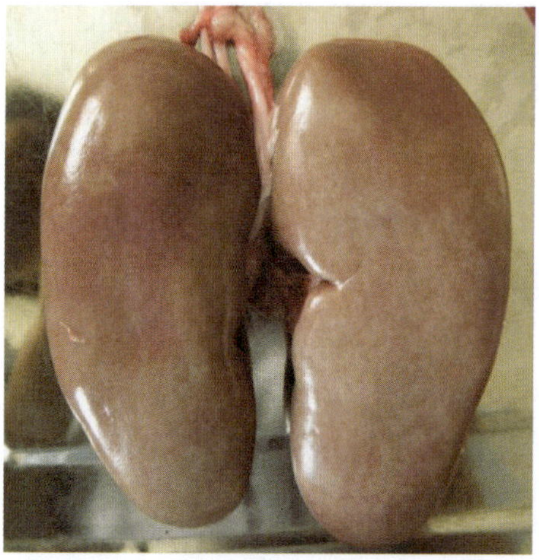

图 1-203　肾脏表面有大量白色坏死点

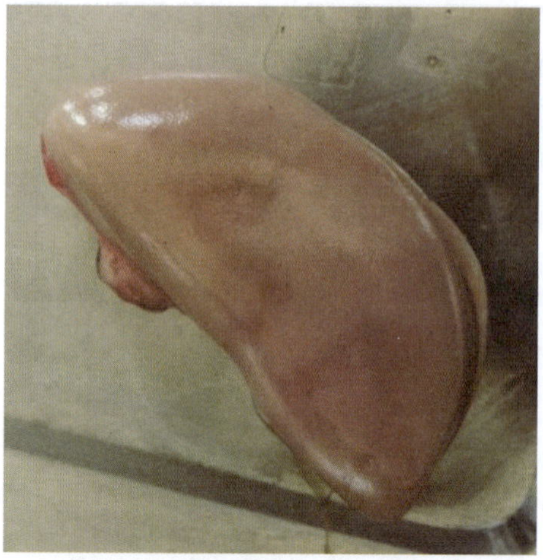

图 1-204　肾脏贫血，颜色变浅

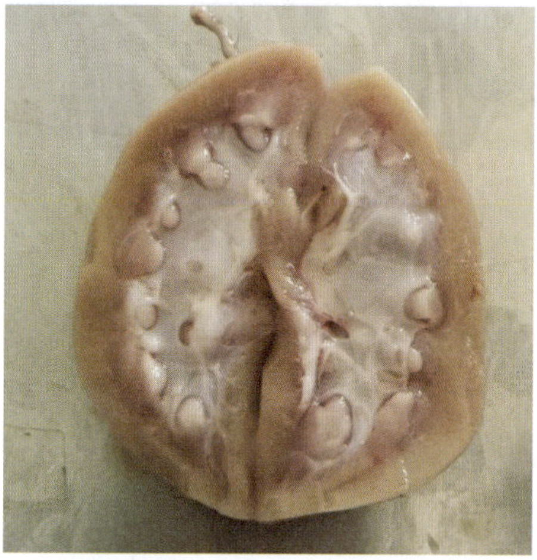

图 1-205　肾脏贫血，颜色变浅

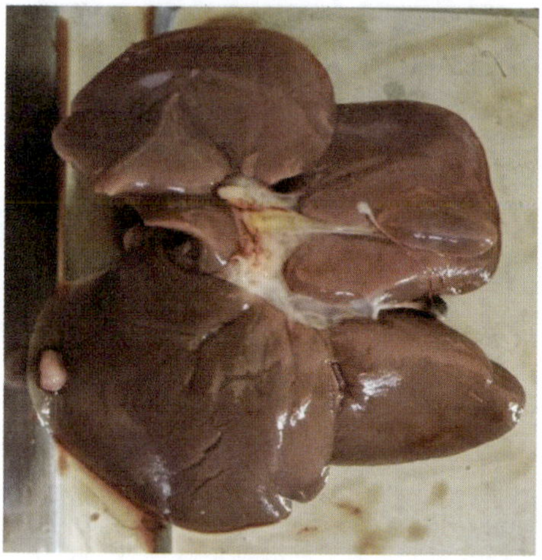

图 1-206　肝脏颜色变浅，胆囊充盈，胆汁稀薄

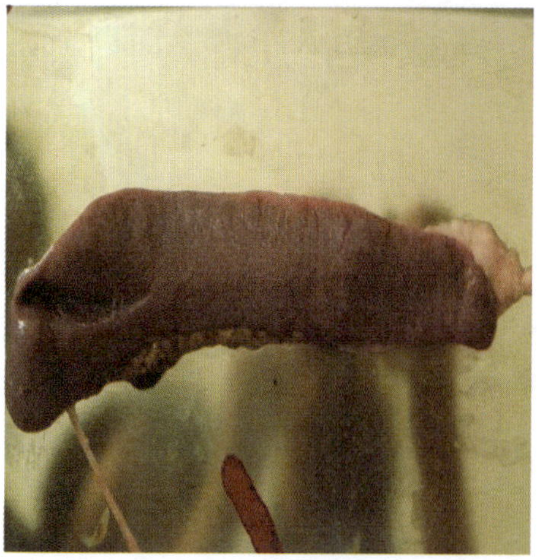

图 1-207　脾脏萎缩变形，脾头有裂痕

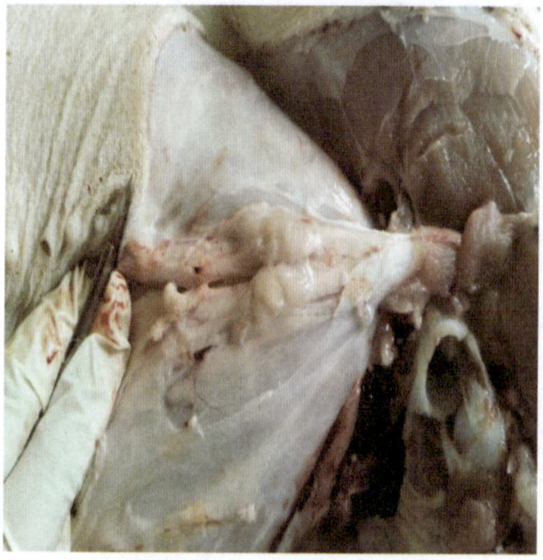

图 1-208　腹股沟淋巴结肿大

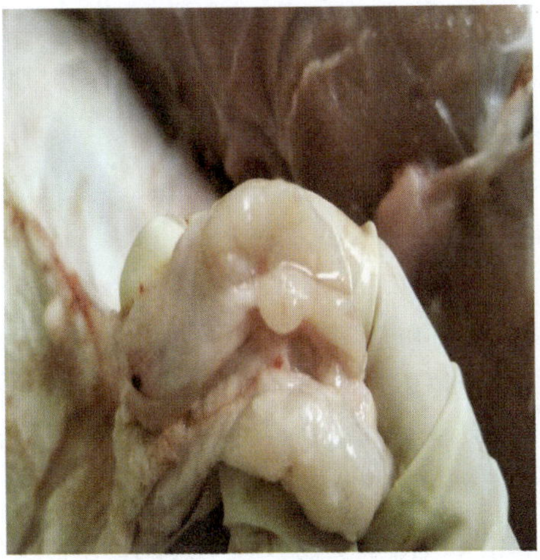

图 1-209 腹股沟淋巴结切面外翻，似“肥油”状

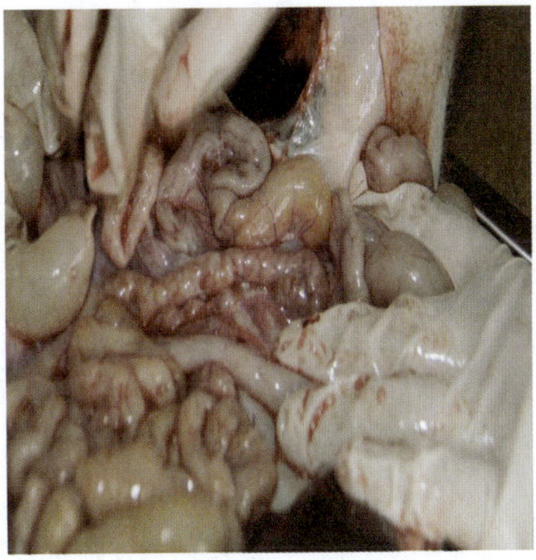

图 1-210 肠系膜淋巴结肿大，呈索状

二、诊断

1. 病原

猪圆环病毒是动物病毒中最小的一种病毒，其粒子直径为 14～25 nm，二十面体对称，无囊膜。本病毒分为 2 个型，即猪圆环病毒Ⅰ型和猪圆环病毒Ⅱ型。猪圆环病毒Ⅰ型对猪无致病性，但能产生血清抗体，在猪群中较普遍存在。猪圆环病毒Ⅱ型对猪有致病性，可引起猪发病。本病毒对外界环境的抵抗力较强，对氯仿不敏感，在 pH 为 3 的酸性环境中很长时间不被灭活。70 ℃时可存活 15 min。该病毒不能凝集牛、羊、猪、鸡等动物和人的红细胞。

2. 实验室诊断

根据本病的流行特点，结合本病的临床症状、剖解变化和病理变化一般可以作出诊断，确诊需要进行实验室诊断。常用的实验室诊断方法有免疫荧光技术、聚合酶链反应(PCR)技术和酶联免疫吸附试验(ELISA)等。检测抗体的方法主要是酶联免疫吸附试验(ELISA)。

三、防制

目前，还没有控制和消灭猪圆环病毒感染的有效措施，也没有切实可行的疫苗预防猪圆环病毒感染，只能用一般防制措施来预防本病。

1. 购入种猪要严格检疫，隔离观察

应用酶联免疫吸附试验(ELISA)与聚合酶链反应(PCR)技术对购入种猪进行检疫，隔离饲养 1 个月，健者方可进入猪场生产区。

2. 严格实行“全进全出”制度，落实生物安全措施

猪舍要清洁、卫生、保温，通风良好，要降低氨气及有害气体的浓度；饲养密度要适中，不同日龄的猪应分群饲养，不要混养；减少各种应激因素，创造一个良好的饲养环境。

3. 定期消毒，杀死病原体、切断传播途径

生产中应用 3%的氢氧化钠溶液、0.3%的过氧乙酸溶液及 0.5%的强力消毒灵和抗毒威消毒效果良好。

4. 药物预防继发感染

可应用支原净、卡那霉素、强力霉素、庆大霉素、磺胺嘧啶钠、抗病毒药等治疗，同时肌内注射维生素 B_{12}、维生素 C 及肌肝和静脉注射葡萄糖注射液等也有一定的治疗效果。

子任务二　猪巴氏杆菌病

猪巴氏杆菌病，又叫猪肺疫、猪出血性败血症，俗称“锁喉风”或“肿脖子瘟”，是由特定血清型的多杀性巴氏杆菌引起的猪的一种急性或散发或继发性传染病。急性病例以败血症和炎性出血为特点，死亡率高；慢性病例则表现为皮下、关节以及各脏器的局灶性化脓性炎症为特点，呈散发性。

本病一年四季均可发生，尤其是仔猪及育成猪在春、秋两季更易发生，以秋末春初及气候骤变季节发生最多，是危害养猪业的常见传染病，在我国属于二类疫病。

一、发病特点

1. 流行病学

(1)易感动物　多杀性巴氏杆菌对多种动物(家畜、野生动物和禽类)和人均具有致病性。猪以小猪和中猪的发病率较高。

(2)传染源　患病猪和带菌猪是主要的传染源，健康猪带菌的现象比较普遍。健康猪上呼吸道中常带有本菌，但多半为弱毒或无毒的类型。有人检查发现屠宰猪扁桃体带菌率达 63%。由于猪群拥挤、圈舍潮湿、卫生条件差、长期营养不良、处于半饥饿状态、寄生虫病、长途运输及气候骤变等不良因素，降低了猪体的抵抗力，或发生某种传染病时，病菌乘机侵入机体内繁殖，从而增强毒力，引起发病。本病可以引起内源性感染。

(3)传染途径　该病主要通过消化道和呼吸道传播，感染猪的飞沫或气溶胶均可传播本病，也能通过呼吸道分泌物污染过的媒介物接触而传播。此外，不良因素降低了动物的抵抗力也可引起内源性感染。

2. 临床症状

本病潜伏期长短不一，随细菌毒力强弱而定，自然感染的猪快者为 1～3 d，慢者为 5～14 d。临床上常分为最急性型、急性型和慢性型 3 种类型。

(1)最急性型　常见于流行初期，病猪于头天晚上吃喝如常，无明显临诊症状，次晨已死在圈内。症状明显的可见体温升高至 41 ℃以上，食欲废绝，精神沉郁，寒战，可视黏膜发绀，耳根、颈、腹等部皮肤出现紫红色斑。较典型的症状是急性咽喉炎，颈下咽喉部急剧肿大，呈紫红色，触诊坚硬而热痛，重者可波及前胸部，致使呼吸极度困难，叫声嘶哑，常两前肢分开呆立，伸颈张口喘息，口鼻流出白色泡沫液体，有时混有血液，严重时呈犬坐姿势张口呼吸，最后窒息而死。病程 1～2 d。病死率很高。

(2)急性型　急性型是本病常见的病型，主要表现为肺炎症状，体温升至 41℃左右，精神差，食欲减少或废绝。初为干性短咳，后变湿性痛咳，鼻孔流出浆性或脓性分泌物，触诊胸壁有疼痛感，听诊有啰音，呼吸困难，结膜发绀，皮肤上有红斑。初便秘，后腹泻，消瘦无力。大多 4～7 d 死亡，不死者常转为慢性。

(3)慢性型 初期症状不显，继则食欲和精神不振，持续性咳嗽，呼吸困难，进行性消瘦，行走无力。有时发生慢性关节炎，关节肿胀、跛行。有的病例还发生下痢。如不治疗常于发病2～3周衰竭而死。

3. 剖检变化

(1)最急性型 常表现败血症的变化，全身皮下、黏膜有明显的出血。在咽喉部黏膜因炎性充血、水肿而增厚，使黏膜高度肿胀、引起声门部狭窄。周围组织有明显的黄红色出血性胶冻样浸润。淋巴结急性肿大，切面红色(图1-211)，尤其颚、咽及颈部淋巴结明显肿大，甚至出现坏死。胸腔及心包积液，并有纤维素。肺充血、水肿(图1-212)。脾有点状出血，但不肿大(图1-213)。心外膜出血。

(2)急性型 主要表现肺部炎症。肺小叶间质水肿增宽，有不同时期的肝变期，质度坚实如肝，切面有暗红、灰红或灰黄等不同色彩，呈大理石样。支气管内充满分泌物(图1-214)。胸腔和心包内积有多量淡红色浑浊液体，内混有纤维素。胸膜和心包膜粗糙无光泽，上附纤维素，甚至心包和胸膜发生粘连(图1-215、图1-216)。支气管和肠系膜淋巴结有干酪样变化。

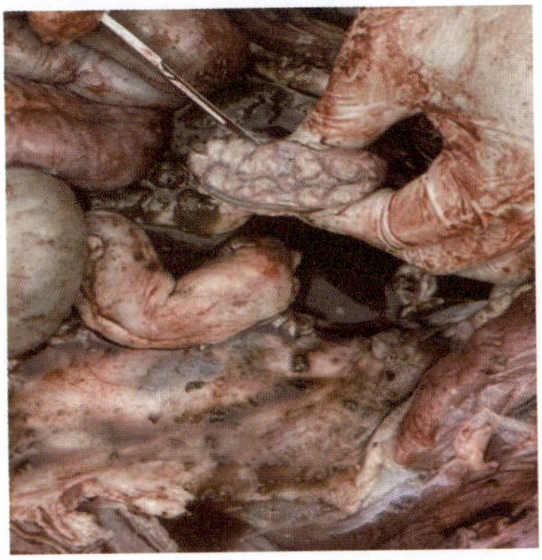

图1-211 淋巴结肿大出血，切面呈车轮状

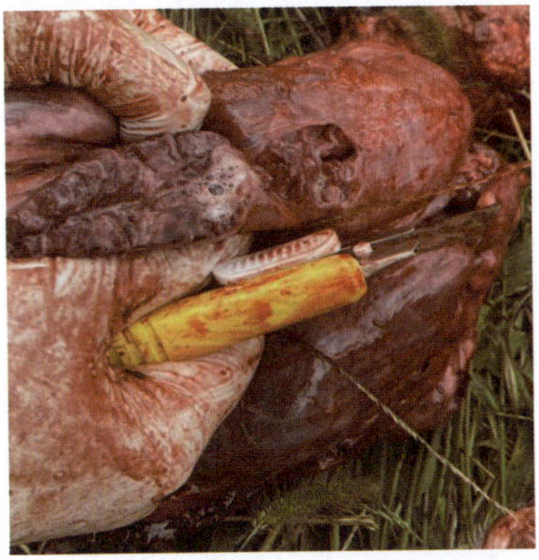

图1-212 肺脏出血淤血，切面有大量血沫

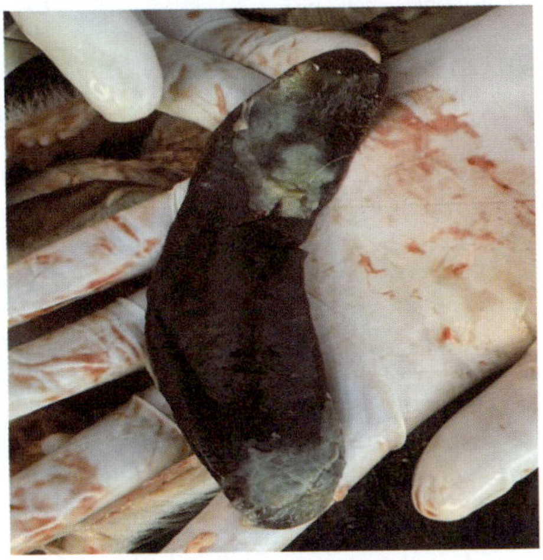

图1-213 脾脏肿大出血呈紫黑色，脾脏纤维素性粘连

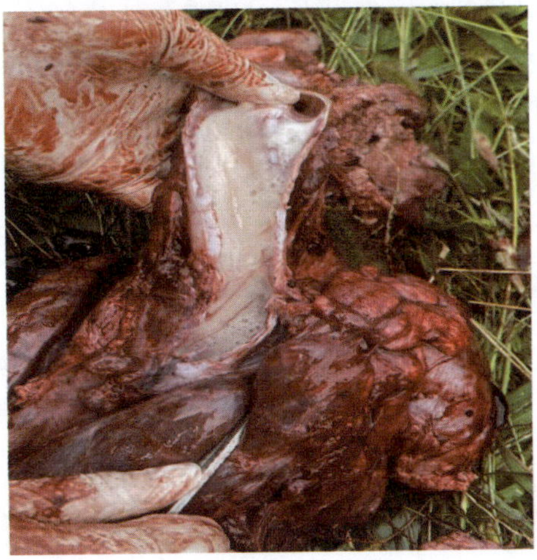

图1-214 气管内有大量痰液

图 1-215　胸腔粘连,血液凝固不良

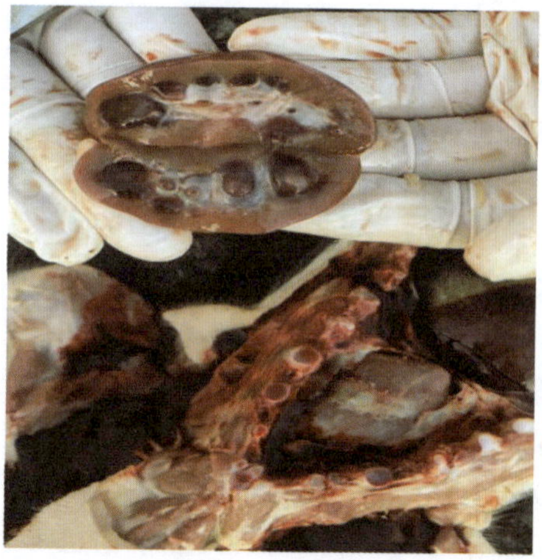

图 1-216　心包腔纤维素性渗出,肾乳头出血

二、诊断

1. 病原

猪巴氏杆菌病是由流行性多杀性巴氏杆菌引起,属革兰染色阴性菌。呈急性败血性病程,以咽喉病变为主。对外界抵抗力不强。加热至 60 ℃、1%石炭酸、5%石灰乳或 1%漂白粉均能在 1 min 内将其杀死。

2. 实验室诊断

采取肝、脾、肺、胸腔液或腹腔液等病料,制成涂抹片,用碱性美蓝液染色后镜检,如果从各种病料涂片中均见有两极着色的小杆菌时,即可确诊。但是,如果只在肺涂片中见到少数巴氏杆菌,而在其他组织的涂片中未见巴氏杆菌时,而肺脏又无明显病变,则可能是带菌猪,不可直接判定为猪肺疫。

注意与猪瘟、猪丹毒区别诊断。另外,急性咽喉炎病例要与急性炭疽区分,猪很少发生急性炭疽。

三、防制

(1)预防本病必须贯彻“预防为主”的方针,消除降低猪体抵抗力的一切不良因素,加强饲养管理,做好兽医卫生工作,以增强猪体的抵抗力,防止发生内源性感染。

(2)定期免疫接种。每年春、秋两季定期进行预防注射,以增加猪体的特异性抵抗力。我国目前使用两种菌苗。一为猪肺疫氢氧化铝菌苗,断奶后的大小猪只一律皮下或肌内注射 5 mL。注射后 14 d 产生免疫力,免疫期为 6 个月。二为猪肺疫弱毒冻干菌苗,按瓶签说明的头份,用水稀释后混入饲料或饮水中喂猪,使用方便。不论大小猪,一律口服 1 头份,免疫期 6 个月。还有供注射的弱毒疫苗。

(3)发病时,应及时隔离患病猪,并对墙壁、地面、饲管用具进行严格消毒,垫草烧掉或与粪便堆积发酵。

(4)及时治疗。青霉素、链霉素和四环素族抗生素都有一定疗效。抗生素和磺胺类药物合用则疗效更好。抗猪肺疫血清(抗出血性败血症多价血清)在疾病早期应用,有较好的效果。

子任务三　猪支原体肺炎

猪支原体肺炎又称猪地方流行性肺炎,俗称猪气喘病,是由猪肺炎支原体引起的猪的一种慢性呼吸道传染病。主要临床症状为咳嗽、气喘、呼吸困难,病理变化为融合性支气管肺炎,可见尖叶、心叶、中间叶和膈叶前缘呈“肉样”或“胰样”实变。

本病死亡率虽不高，但长期以来一直被认为是最常发生、流行最广、最难净化的重要疫病之一，是当前集约化养猪业的主要呼吸系统传染病，给养猪业造成了重大经济损失。

一、发病特点

1. 流行病学

(1)易感动物 本病只能使猪患病，其他的家畜、动物和人都不感染。任何年龄、性别、品种和用途的猪都能感染发病。哺乳仔猪患病后症状明显，死亡率高。

(2)传染源 病猪和隐性带菌猪是本病的主要传染来源，特别是隐性带菌病猪是最大的祸根，引种不慎将隐性病猪引入后，常造成本病的流行。病母猪常使吃奶小猪受到传染，在产仔季节，几窝小猪互相串群，或断奶后并群，相互传染，使本病在猪群绵延不断。另外，病猪在很长时间内，甚至在病状消失后，还可排出病原体。因此，一个猪场一旦传入本病后，如不狠下决心，采取综合措施，很难净化本病。

(3)传播途径 病原体存在于病猪呼吸器官内，随病猪咳嗽、气喘和喷嚏的飞沫排出体外。病猪与健康猪同圈、同运动场或同地放牧直接接触时，可经呼吸道感染发病。

(4)流行特点 本病一年四季均可发生，但一般在气候多变、阴湿、寒冷的冬、春季节发病严重，症状明显。以慢性经过为主，新发病的疫区常呈急性暴发，老疫区呈隐性经过。饲养管理和卫生条件不良是本病发生和病情加重的主要因素。

2. 临床症状

本病的潜伏期一般为 4～10 d，有的更长，可达 1 个月以上。大多呈慢性经过，主要的临床症状为咳嗽和气喘，体温、食欲和精神都无明显变化，随着病情的发展，其主要症状表现明显和严重。

病的早期，病猪，特别是仔猪，主要症状就是咳嗽，在吃食、剧烈跑动、早晨出圈、夜间和天气骤变时，发生最多，大多为单声干咳。病猪体温、精神、食欲都无明显变化。随着病程延长，咳嗽增重，次数增多，由单声咳嗽变为五六声甚至十余声连续咳嗽，干咳变为湿咳。病猪咳嗽时常站立不动，弓背，伸颈，头下垂几乎接近地面，直到呼吸道中分泌物咳出为止。

病的中期，出现喘气症状，腹部随呼吸动作而有节奏地扇动，特别是在站立不动或静卧时明显，呼吸次数每分钟为 40～70 次，甚至达到 100 次左右，仔猪为多。一般情况下，病猪的精神、食欲和体温并无多大变化。

病的后期，呼吸急促，呼吸次数增多，病猪呈犬坐姿势，张口呼吸或将嘴支于地面而喘息，表情十分痛苦，咳嗽次数少而沉弱，似有分泌物堵塞，难以咳出。听诊肺部有干性或湿性啰音，呼吸音似拉风箱样。这时病猪精神委顿，食欲废绝，体温可能超过 40.5 ℃，被毛粗乱，结膜发绀，怕冷，行走无力，最后可因衰竭窒息而死。

猪气喘病病猪呼吸困难，呈腹式呼吸

猪气喘病干咳

猪气喘病引起病猪干咳

3. 剖检变化

本病的主要病变在肺脏和肺门淋巴结及纵膈淋巴结。肺的心叶、尖叶、膈叶前下缘及中间叶，发生对称性实变为主(图 1-217 至图 1-219)。实变区大小不一，呈淡红色或灰红色，随病程延长、病变部转为灰白色或灰黄色。初带有胶样浸润的半透明状，呈淡灰红色，界限分明，如鲜嫩肉一样，俗称“肉变”(图 1-220)，切面压之流出黏性浑浊的灰白色液体。随着病程的发展，病变部的颜色转为灰白或灰黄，硬度增强，和胰脏组织相似，故有“胰变”之称。随病期延长，胶样浸润减轻，在肺膜下陷处可见粟粒大黄白色小点，切面致实、隆起，小支气管壁肥厚，从小支气管壁中流出白色黏液或带泡沫的暗红色液体。病变部与周围组织有不同程度的淤血和水肿。肺门和纵隔淋巴结肿大，质硬，断面呈黄白色，淋巴滤泡明显增生。其他内脏一般无明显变化。

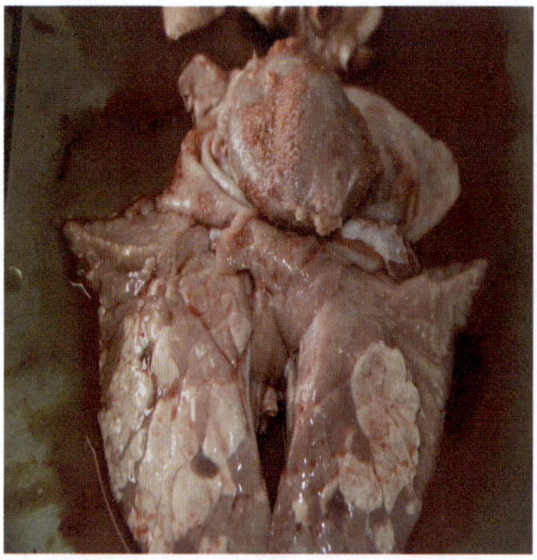

图 1-217　肺脏对称性实变，肺气肿

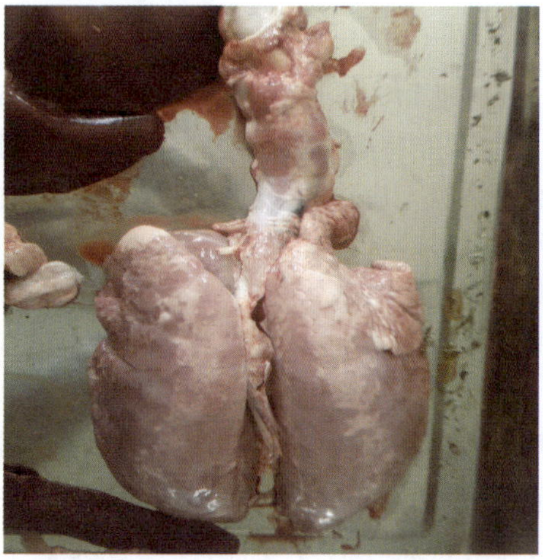

图 1-218　肺脏大面积实变，呈对称性

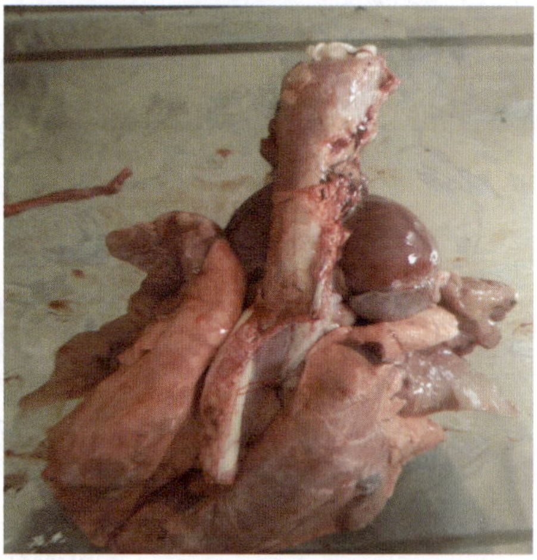

图 1-219　肺间叶、心叶对称性实变，肺萎缩

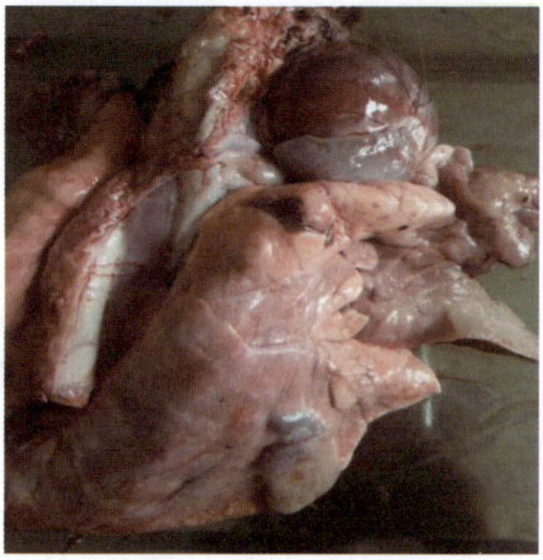

图 1-220　肺间叶肉变色

二、诊断

1. 病原

猪肺炎支原体是一种较小的、呈球状、环状、点状、杆状和两极状等多形态的微生物。本菌不易着色，可用吉姆萨或瑞特氏染色，能在无细胞的人工培养基上生长，但发育极为困难，要求有严格的培养基条件。分离用的培养基大多是组织培养基平衡盐类溶液，加入乳清蛋白水解物、酵母浸出物及猪血清，培养材料中必须没有其他支原体存在。本菌对乙醚敏感，对葡萄糖能利用并产酸，1∶5 000 的亚甲蓝溶液可抑制其生长。适于在 37 ℃有氧条件培养。

病原体对外界环境及理化学因素的抵抗力不强，当排出体外后，其生存时间一般不超过 36 h，日光、干燥及常用的消毒液，都可在较短时间杀灭病原。病肺组织中的病原体在－5 ℃可保存 45 d，在 1～4 ℃存活 7 d。对青霉素、链霉素和磺胺不敏感。在人工感染时，用壮观霉素、金霉素、土霉素、卡那霉素、林肯霉素、泰乐菌素等广谱抗生素，可阻止肺炎病变发展。常用的化学消毒剂均能达到消毒目的。

2. 实验室诊断

根据流行特点、临床症状、病理变化及血清学试验，可以对本病作出确诊。最常见的是呼吸道症状，急性感染要与猪流感相区别，慢性感染注意与传染性胸膜肺炎、猪肺疫、猪肺丝虫病、蛔虫病等相区分。临床症状明显的病变诊断较容易，隐性患猪须进行血清学诊断或X射线透视来进行检查。在流行特点上，冬春季多发；土种猪、新疫区易暴发，症状严重；老疫区多为慢性或隐性经过，常呈地方性流行。在临床上主要表现为慢性干咳，生长发育迟缓，病程长，死亡率低，发生及扩散慢，反复发作，体温变化不大。

三、防制

1. 定期预防接种

接种疫苗是预防该病的重要措施，采用猪支原体灭活疫苗和猪肺炎支原体兔化弱毒苗进行免疫接种。由于无法预测仔猪在何时会受到感染，考虑到母源抗体对疫苗的影响，2周龄以后的哺乳仔猪首免一次。种猪每年春秋各注射疫苗一次，到确定留种用时再进行第二次免疫，育肥猪不做二免。

2. 药物治疗

抗生素类药如泰乐菌素、林可霉素、氟甲砜霉素、泰妙灵、四环素、土霉素、卡那霉素、金霉素对猪肺炎支原体均有较好的治疗作用，但总的来说，抗生素不会阻止感染发生，且一旦停止用药，很快就会复发。

3. 综合防制措施

培育和建立无特定病原（SPF）猪群，以新培育的健康母猪取代原来的母猪（但由于猪肺炎支原体可以通过气溶胶传播，很难彼此隔离阻断，而且花费很大，故可操作性不强）。

人工清除干粪，加强通风、消毒，降低舍内氨气浓度，减少尘埃，保持栏舍清洁干燥，减少各种应激因素；尽可能自繁自养，全进全出，远离感染猪群及生猪贩运的主干道，减小猪群饲养密度。必须引进种猪时，应远离生产区隔离饲养3个月，并经检疫证明无疫病，方可混群饲养。

仔猪断奶后10～15 d内环境温度应为28～30 ℃，保育阶段温度应在20 ℃以上，最少不低于16 ℃。保育、产房还要注意减少温差，同时注意防止猪群过度拥挤，使用良好的地板隔离，对猪群进行定期驱虫。

给种猪和新生仔猪接种疫苗，以提高猪群免疫力。

加强饲养管理，保持猪群合理、均衡的营养水平，对控制本病有着重要的作用。

子任务四　猪传染性胸膜肺炎

猪传染性胸膜肺炎是由胸膜肺炎嗜血杆菌引起的一种高度接触传染性呼吸道传染病。本病以胸膜肺炎症状和病变为特征，急性型死亡率高，慢性型常能耐过，但生长速度降低。随着集约化养猪的发展，本病呈逐年增多的趋势，并成为猪的重要传染病之一。世界上有数十个国家和地区均有发生。

一、发病特点

1. 流行病学

（1）易感动物　本病对不同年龄的猪均有易感性，尤以断奶猪与架子猪发病率最高。

(2)**传染源** 病猪和带菌猪是本病的主要传染源，尤其慢性带菌猪是最重要的传染源。

(3)**传播途径** 病菌主要存在于病猪的呼吸道中，本病主要由相互接触传播。在急性暴发期，猪传染性胸膜肺炎可通过空气跳跃式传播，集约化猪场最易接触感染。人工授精传播本病的可能性不大，但公猪的移动也能引起该病的传播。

(4)**流行特点** 新疫区一般传染性较高，老疫区则趋于稳定。拥挤、猪舍有害气体浓度过高、气温突变、相对湿度过高、猪的移动及并群等应激因素，都有助于该病的发生和传播。在急性暴发期，发病率高，可高达90%以上。

2. 临床症状

(1)**最急性型** 多见于断奶仔猪。病猪突然发病，体温升高至41.5 ℃，初期精神沉郁、食欲废绝，咳嗽、呼吸困难，常出现心脏衰竭，短期轻度腹泻和呕吐。中后期则张口呼吸，呈犬坐姿势。口、鼻、四肢皮肤出现蓝紫色。一般发病1 d左右死亡。死前从口和鼻孔流出带泡沫血样渗出物，也有个别猪不见任何症状突然死亡。

(2)**急性型** 病猪体温升高至40.5～41 ℃，病猪食欲减退，呼吸困难，张口伸舌，咳嗽，心衰，皮肤发红与出现紫斑。可发生死亡或转为慢性型。

(3)**慢性型** 常由急性转变而成，在慢性感染猪群中，常有大量无症状病猪。有时可见病猪体温升高至39～40 ℃，有些病例无体温升高症状，间歇性咳嗽，病情缓和，增重速度下降。但有时在其他病原体感染或应激条件下，可能使症状加重甚至转为急性。

3. 剖检变化

病变主要存在于呼吸道，特别是以局部肺炎病变为主。肺炎多为两侧性，涉及心叶、尖叶和部分隔叶，与周围健康组织界限分明，纤维素性胸膜炎很明显。

(1)**最急性型与急性型** 突然死亡的猪，剖检多无明显病变。急性型剖检可见胸腔内有血样液体，呼吸道气管和支气管内充满带血色的黏液性的泡沫性渗出物，肺呈紫红色，坚实，切面似肝，间质充满血色黏液性液体，黏膜水肿、出血。全身淋巴结肿大，暗红色，切面呈大理石状花纹。

(2)**慢性型** 可见肺脏有大小不同的脓肿样结节，并由一层厚的结缔组织膜包裹，有黄色胶样渗出物，心包膜与心脏粘连(图1-221、图1-222)。有些病例肺部病变消失，只残留部分病灶和胸膜粘连。

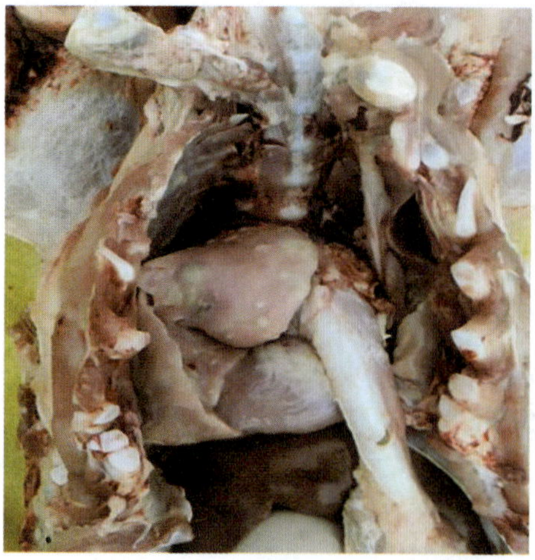

图1-221 胸腔粘连，肺脏散在大小不一的坏死结节

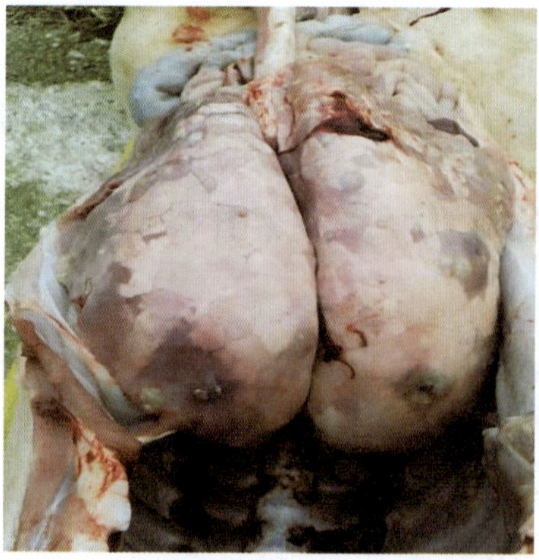

图1-222 肺脏有多量坏死结节，肺气肿

二、诊断

1. 病原

为胸膜肺炎嗜血杆菌，也称胸膜肺炎放线杆菌。属革兰染色阴性、微小至中等大小的球杆状或小杆状菌。有时形成丝状，并可表现出多形性和两极着色性。有荚膜，无运动性，属兼性厌氧菌。本菌抵抗力不强，常用的消毒药均能将其杀死。

2. 实验室诊断

根据临床症状和剖检变化可作出初步诊断，确诊则须进行实验室检查。

(1)细菌学诊断 病原菌主要存在于病猪的呼吸道，如鼻腔分泌物、支气管、病变肺组织中。有时还可能存在于血液和其他脏器如扁桃体内，而从陈旧病变或鼻腔中有时很难分离出病原菌。取病猪的肺脏、心血、肝接种血琼脂平板，进行溶血试验和卫星现象试验。若不溶血，有卫星现象，判为阳性。

(2)血清学诊断 血清学试验主要用于筛选试验和流行病学的研究。常用补体结合试验(CFT)2-巯基乙醇凝集试验和酶联免疫吸附试验(ELISA)方法进行诊断。

(3)鉴别诊断 本病与猪肺疫、猪支原体肺炎的症状、病变相似，应注意区别。可进行实验室鉴别诊断。

三、防制

1. 预防

搞好猪舍日常环境卫生，坚持自繁自养，加强检疫，严格消毒，严防将带菌猪引入。

2. 定期接种

由于免疫母猪通过初乳传递的母源抗体可在5～9周内保护仔猪免受感染，所以仔猪首免不应早于6～8周龄，首免后隔2周再免一次。初产的妊娠母猪产前6～7周首免，产前2～3周加强免疫一次；经产母猪每次分娩前2～3周免疫一次，种公猪在引入时或6月龄进行免疫。

3. 合理治疗

早期治疗效果较好，恩诺沙星有特效，也可以选用青霉素、氨苄青霉素及头孢(先锋)霉素等药物。另外，庆大霉素、多黏菌素、增效磺胺及四环素也有一定效果。若猪食欲正常，可采取注射与口服同时给药治疗。胸膜肺炎放线杆菌容易产生耐药性，因此在饲料中不可长期添加同一种抗生素药物。

子任务五 猪传染性萎缩性鼻炎

猪传染性萎缩性鼻炎是由产毒性多杀性巴氏杆菌单独或与支气管败血波氏杆菌联合引起的猪的一种慢性呼吸道传染病，其特征是生长迟缓、鼻炎、鼻甲骨萎缩和鼻变形。断奶以后的仔猪感染，症状较轻，3月龄以上的猪感染多呈隐性。世界各地都有本病，特别是美国、加拿大和瑞典，20世纪七八十年代传入我国。国际兽疫局将其列为B类动物疫病，我国将其列入二类动物疫病。

一、发病特点

1. 流行病学

(1)易感动物 任何年龄的猪均可发生感染,尤其以幼龄猪和生长阶段的猪易感。其他动物,如犬、猫、牛、马、鸡、兔、鼠和人,也能引起慢性鼻炎和支气管肺炎。

(2)传染源 病猪和带菌猪是本病主要传染源。

(3)传播途径 本病主要通过飞沫或气溶胶经口、鼻感染猪,也可通过呼吸道分泌物污染的媒介物接触传播。

(4)流行特点 本病传播比较缓慢,多为散发。存在明显的年龄相关性,年龄越小感染率越高,临床症状越严重。只有生后几天至几周的仔猪感染后才能产生鼻甲骨萎缩,成年猪感染后看不到症状而成为带菌猪。营养水平、遗传因素、不同的品种和品系以及饲养密度大、卫生条件差、通风不良等因素可促使发病。

2. 临床症状

最初呈现鼻炎症状,多见于6～8周龄仔猪。表现为喷嚏(当饲喂和运动时表现尤为剧烈)、剧烈地将鼻端向周围的墙、物上摩擦,鼻腔流出(少量)浆性或黏、脓性鼻汁 ,吸气时鼻开张,发出鼾声,严重的张口呼吸。由于鼻泪管阻塞,同时可见流泪,附着于眼内角下的弯月形的黄、黑色斑点(泪斑) 。继鼻炎后而出现鼻甲骨萎缩,致使鼻腔和面部变形,是该病的特征症状。如两侧鼻甲骨病损相同时,外观鼻短缩;若一侧鼻甲骨萎缩严重,则使鼻弯向一侧;鼻甲骨萎缩额窦不能正常发育,使两眼间宽度变小和头部轮廓变形。体温一般正常,病猪生长停滞,难以育肥,有的成为僵猪。但多数病猪出现鼻甲骨萎缩与感染周龄和是否发生重复感染以及其他应激因素存在与否的关系非常密切。感染时年龄越小,则发生鼻甲骨萎缩的越多,也越严重。一次感染后,若无发生新的重复或混合感染,萎缩的鼻甲骨可以再生。有的鼻炎延及筛骨板,则感染可经此而扩散至大脑,发生脑炎。此外,病猪常有肺炎发生,其原因可能是由于鼻甲骨损坏,异物和继发性细菌侵入肺部造成,也可能是主要病原直接作用的结果。因此,鼻甲骨的萎缩促进肺炎的发生,而肺炎又反过来加重鼻甲骨萎缩病演变过程(图 1-223 至图 1-226)。

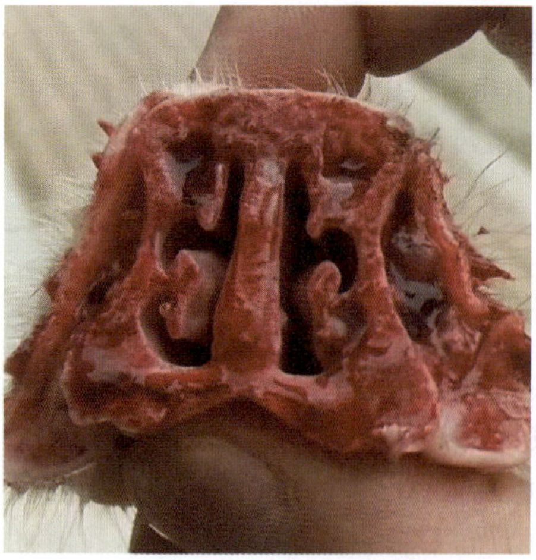

图 1-223　鼻腔充血出血,鼻甲骨萎缩

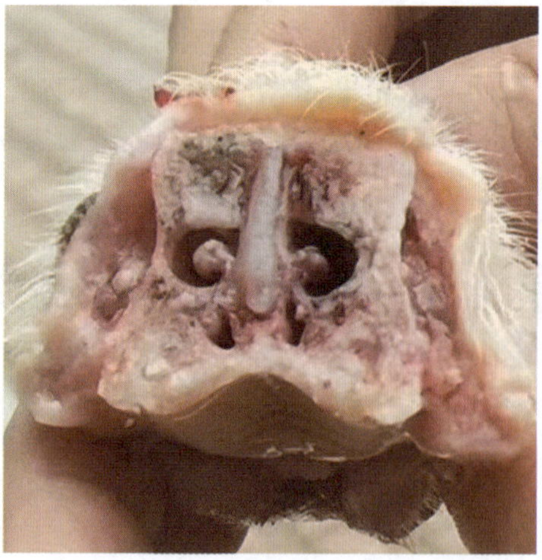

图 1-224　鼻甲骨萎缩,鼻腔内有干酪样物

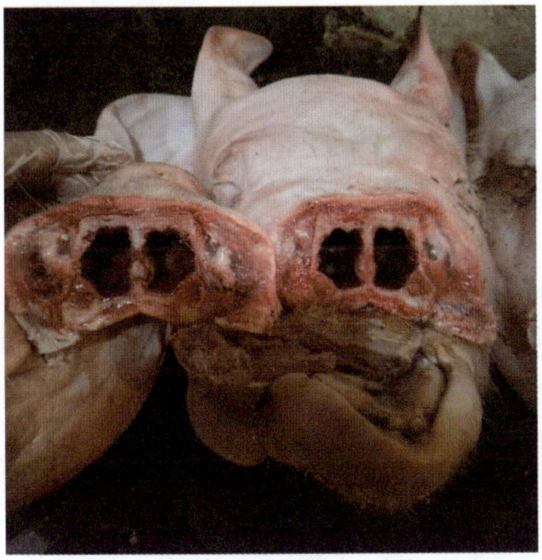

图 1-225 鼻甲骨萎缩完全消失

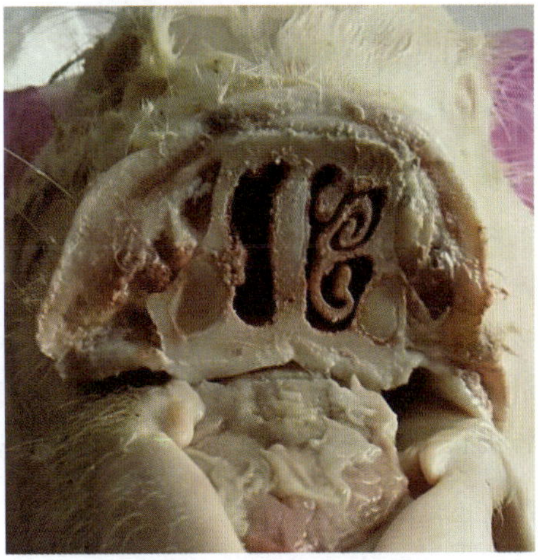

图 1-226 单侧鼻甲骨萎缩消失

3. 剖检变化

一般局限于鼻腔及其周围组织。剖检见鼻腔的软骨和骨组织软化和萎缩，主要是鼻甲骨有萎缩，特别是鼻甲骨的下卷最为常见。有时上下卷都呈现萎缩状态，甚至鼻甲骨完全消失。有时也可见鼻中隔部分或完全弯曲。鼻黏膜充血水肿，鼻窦内常积聚多量黏性、脓性或干酪样分泌物。肝、肾表面有淤血淤斑，脾表面广泛性点状出血或边缘有梗死灶，肺萎缩。

二、诊断

1. 病原

病原为支气管败血波氏杆菌和产毒性多杀性巴氏杆菌。支气管败血波氏菌为革兰染色阴性小杆菌，有运动性，不形成芽孢，为严格需氧菌。本菌在鲜血琼脂中能产生溶血，可使马铃薯培养基变黑而菌落呈黄棕色或微带绿色。本菌有 3 个菌相，Ⅰ相菌毒力较强，Ⅱ、Ⅲ相菌毒力较弱。本菌对外界环境抵抗力弱，常规消毒药即可达到消毒目的。

产毒性多杀性巴氏杆菌属巴氏杆菌科巴氏杆菌属。本菌为革兰染色阴性，不形成芽孢，无鞭毛，不能运动，所分离的强毒菌株有荚膜，并产生毒素。本菌的抵抗力不强，一般消毒药均可杀死。

2. 实验室诊断

(1)细菌分离培养 急性症状的患病仔猪有较高的检出率。但确诊须作细菌的分离鉴定(从病肺组织)。用灭菌鼻拭子探进鼻腔的 1/2 深处，小心转动数次，取黏液性分泌物作细菌分离培养。最常用的培养基是含 1%葡萄糖的血清麦康凯琼脂，37 ℃48 h 后观察，如菌落呈烟灰色，中等大小、透明，培养物有特殊腐霉气味，染色为革兰阴性杆菌，用支气管败血波氏杆菌的兔免疫血清进行玻板凝集反应为阳性，则移植于肉汤 、琼脂进一步作生化鉴定。最后用抗 O、抗 K 血清作凝集反应来确认Ⅰ相菌。

(2)病理解剖学诊断 在第 1、2 对臼齿间或第 1 臼齿与犬齿间的连线锯成横断面，可观察鼻甲骨的形态和变化。发生萎缩时，卷曲变小而钝直，甚至消失。

(3)鉴别诊断 注意与坏死性鼻炎、骨软病、传染性鼻炎、包涵体鼻炎等相区别。

三、防制

1. 加强饲养管理

加强饲养管理，降低猪群的饲养密度、维持良好的通风条件，以减少空气中病原菌、有害气体和尘埃的浓度。应避免各种大的应激因素，如温差幅度大，冷风袭击等。

2. 严格执行卫生防疫措施

发现病猪应作淘汰处理。对猪场全面彻底消毒，病猪迅速隔离，淘汰症状严重的病猪，进行无害化处理，并彻底消毒，空栏 1 个月后，重新引种。采用全进全出制度，提高母猪群的年龄，避免一次性大量引种，不从疫区引进猪只，即使从非疫区引进猪，也须隔离检疫，确定健康后方可混群饲养。

3. 疫苗接种

我国已制成支气管败血波氏杆菌Ⅰ相菌油佐剂灭活菌苗，给妊娠母猪在分娩前 8 周和分娩前 3 周各皮下注射免疫一次，剂量分别为 1 mL 及 2 mL，下一胎在分娩前 4 周加强免疫一次，剂量为 2.5 mL；对未免疫的母猪所生仔猪，在 1 周龄和 3～4 周龄分别皮下注射免疫一次，再配合滴鼻用药，可明显提高猪体的抗感染能力。此外，还可用支气管败血波氏杆菌Ⅰ相菌和产毒性 D 型多杀性巴氏杆菌油佐剂二联灭活菌苗，妊娠母猪在分娩前 4 周注射免疫一次，对未免疫的母猪所生仔猪，在 1、4 和 8 周龄各注射免疫一次，可产生坚强免疫力。

4. 药物预防

预防性投药是控制传染性萎缩性鼻炎的有效方法，用土霉素等抗菌素及磺胺类药物防制本病有效。土霉素按 0.6 g/kg 饲料，连喂 3 d，可防止新病例出现，产前 1 个月、产后 1～3 个月长期投药，有预防效果，能提高增重率和饲料利用率，但难以消除带菌状态。

子任务六　猪副嗜血杆菌病

猪副嗜血杆菌病又称多发性纤维素性浆膜炎和关节炎，也称格拉泽氏病，是由猪副嗜血杆菌引起的猪的一种接触性传染病。这种细菌在环境中普遍存在，世界各地都有，甚至在健康的猪群当中也能发现。

一、发病特点

1. 流行病学

（1）传播　该病通过呼吸系统传播。饲养环境不良时本病多发。断奶、转群、混群或运输也是常见的诱因。猪副嗜血杆菌病曾一度被认为是由应激所引起的。当猪群中存在繁殖与呼吸综合征、流感或地方性肺炎的情况下，该病更容易发生。

（2）继发感染　这种细菌也会作为继发的病原伴随其他主要病原混合感染，尤其是地方性猪肺炎。在肺炎中，猪副嗜血杆菌被假定为一种随机入侵的次要病原，是一种典型的“机会主义”病原，只在与其他病毒或细菌协同时才引发疾病。这些病毒主要有猪繁殖与呼吸综合征、圆环病毒、猪流感和猪呼吸道冠状病毒。

（3）多发日龄　猪副嗜血杆菌只感染猪，主要在断奶前后和保育阶段发病，通常见于 5～8 周龄的猪，发病率一般在10%～15%，严重时死亡率可达50%。

2. 临床症状

急性病例，往往首先发生于膘情良好的猪，病猪发热(40.5～42.0 ℃)、精神沉郁、食欲下降，呼吸困难，腹式呼吸，皮肤发红或苍白，耳梢发紫，眼睑皮下水肿，行走缓慢或不愿站立，腕关节、跗关节肿大，共济失调，临死前侧卧或四肢呈划水样，有时会无明显症状突然死亡；慢性病例多见于保育猪，主要是食欲下降，咳嗽，呼吸困难，被毛粗乱，四肢无力或跛行，生长不良，直至衰竭而死亡。

3. 剖检变化

主要病理变化是浆液性和纤维素性浆膜炎。胸腔、腹腔、心包腔和关节腔等大量积液和纤维素性渗出是本病的主要特点。肺水肿，肺间质增宽，喉管内有大量黏液。心包腔积液和纤维素性渗出，形成"绒毛心"(图1-227至图1-235)。肺脏与胸膜腔粘连。四肢关节切开有胶冻样物(图1-236)。

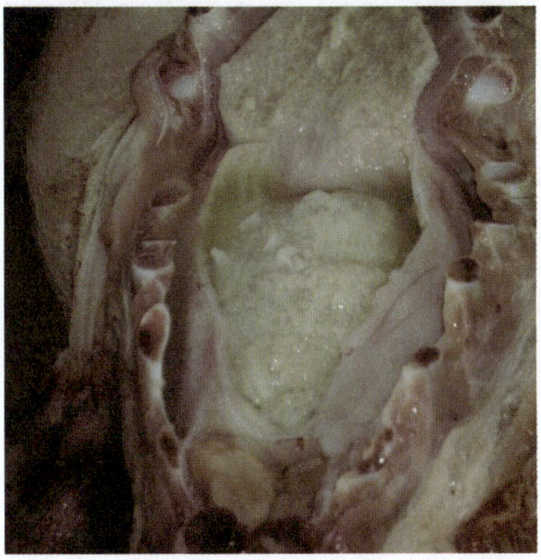

图1-227 胸腔和心包腔大量积液，纤维素性渗出

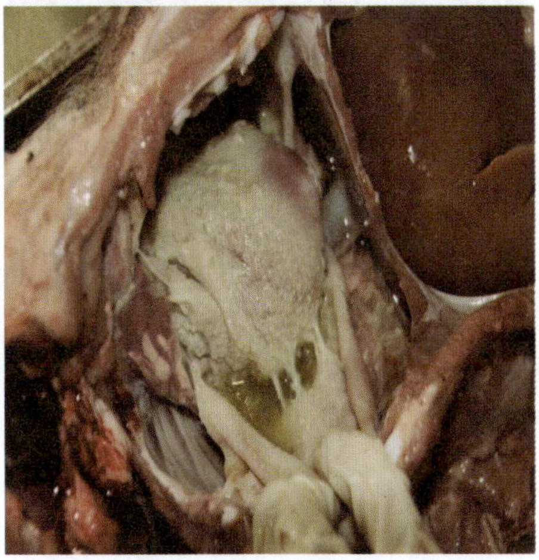

图1-228 心包腔粘连

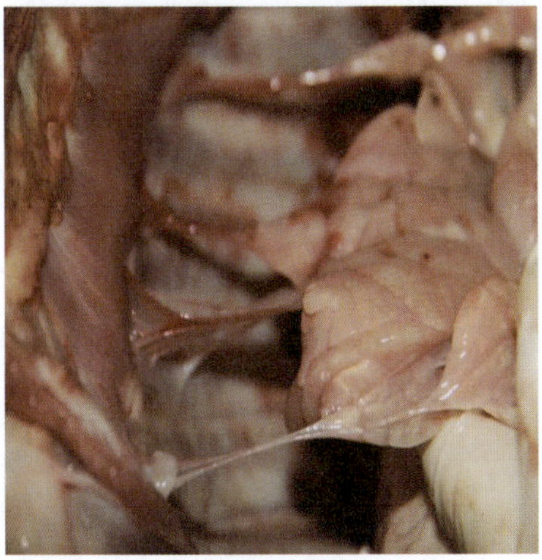

图1-229 胸腔纤维素性渗出，发生粘连

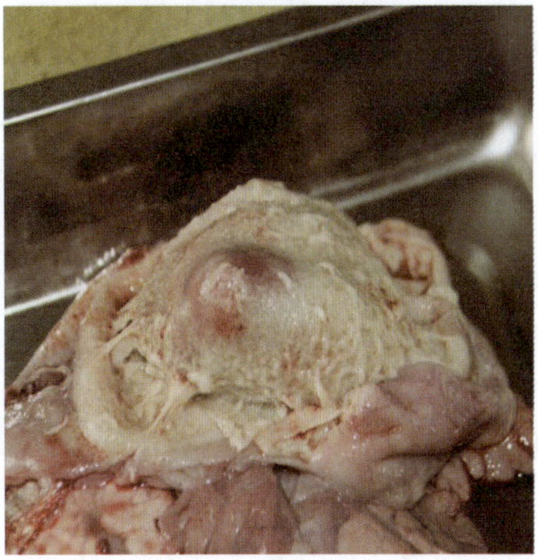

图1-230 心脏表面纤维素性渗出，形成"绒毛心"

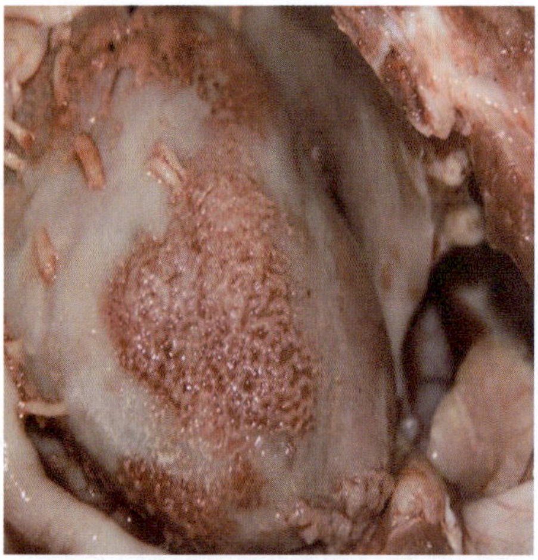

图 1-231 “绒毛心”

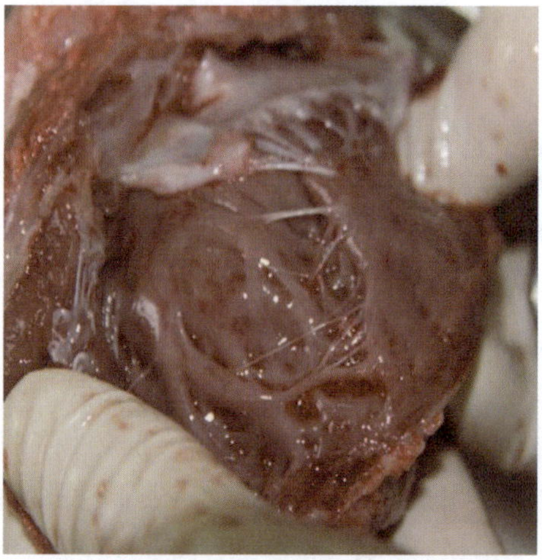

图 1-232 心肌内壁出血

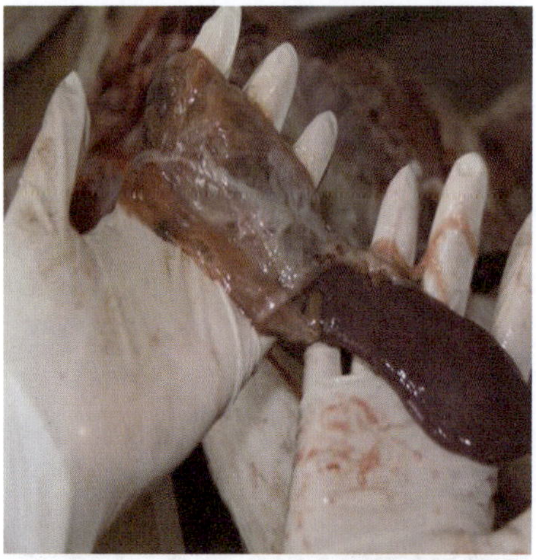

图 1-233 脾脏表面纤维素性渗出

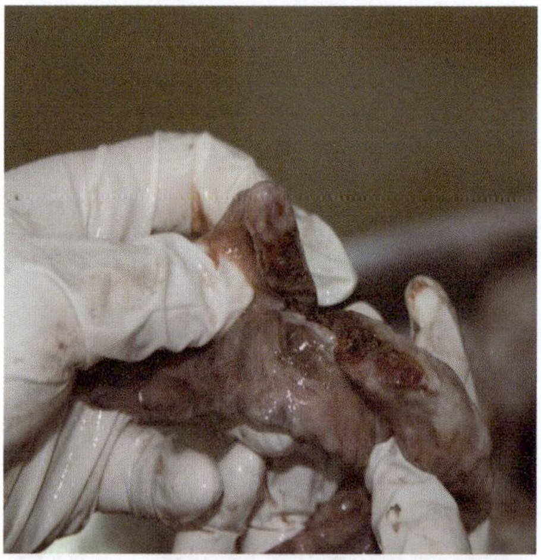

图 1-234 脾脏萎缩，切面脾脏结构不清晰

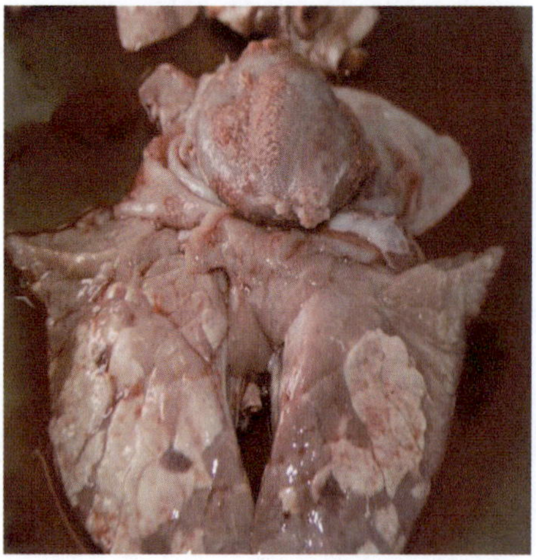

图 1-235 支原体和猪副嗜血杆菌混合感染，呈“绒毛心”，肺脏对称性肉变

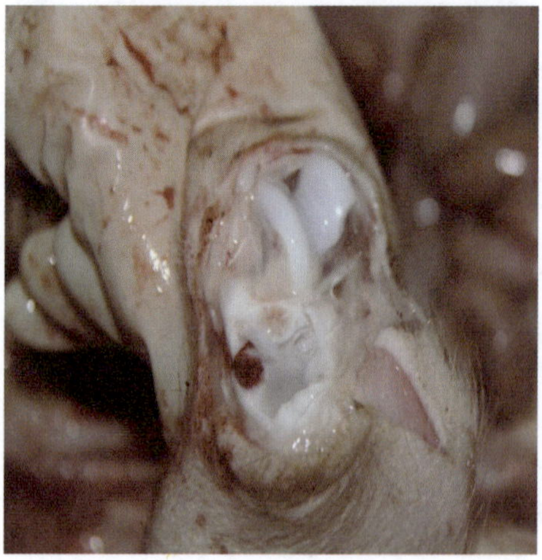

图 1-236 关节积液

二、诊断

1. 病原

猪副嗜血杆菌属革兰阴性短小杆菌，形态多变，有 15 个以上血清型，其中血清型 5、4、13 最为常见(占 70%以上)。

2. 实验室诊断

(1)细菌分离培养 猪副嗜血杆菌生长时严格需要烟酰胺腺嘌呤二核苷酸(NAD 或 V 因子)，不需要 X 因子(血红素或其他卟啉类物质)，在血液培养基和巧克力培养基上生长，菌落小而透明，在血液培养基上无溶血现象；在葡萄球菌菌台周围生长良好，形成卫星现象。革兰染色镜检可初步诊断。一般条件下难以分离和培养，尤其是应用抗生素治疗过病猪的病料，因而给本病的诊断带来困难。

(2)免疫学诊断 本病可采取待检猪静脉血，分离血清，采用酶联免疫吸附试验(ELISA)对未免疫猪群进行猪副嗜血杆菌抗体检测，如果为阳性，再结合猪群临床症状，即可确诊为感染。

三、防制

(1)严格消毒 彻底清理猪舍，用 2%氢氧化钠水溶液喷洒猪圈地面和墙壁，2 h 后用清水冲净，再用复合碘喷雾消毒，连续喷雾消毒 4～5 d。

(2)加强饲养管理 消除诱因，加强饲养管理，减少各种应激。在疾病流行期间，有条件的猪场仔猪断奶时可暂不混群，对混群的一定要严格把关，把病猪集中隔离在同一猪舍，对断奶后保育猪“分级饲养”，这样也可减少 PRRS、PCV-2 在猪群中的传播。注意保温和温差的变化；在猪群断奶、转群、混群或运输前后可在饮水中加一些抗应激的药物，如维生素 C 等。

(3)治疗 隔离病猪，用敏感的抗菌素进行治疗，口服抗菌素进行全群性药物预防。抗生素饮水对严重的该病暴发可能无效。一旦出现临床症状，应立即采取抗生素拌料的方式对整个猪群治疗，发病猪大剂量肌内注射抗生素。大多数血清型的猪副嗜血杆菌对氟苯尼考、替米考星、头孢菌素、庆大霉素及磺胺类等药物敏感，对四环素、氨基苷类和林可霉素有一定抵抗力。为控制本病的发生发展和耐药菌株出现，应进行药敏试验，科学使用抗菌素。

(4)免疫 用自家苗(最好是能分离到该菌，增殖、灭活后加入该苗中)、猪副嗜血杆菌多价灭活苗能取得较好效果。种猪用猪副嗜血杆菌多价灭活苗免疫能有效保护小猪早期发病，并降低复发的可能性。

初次免疫，母猪产前 40 d 一免，产前 20 d 二免。经免母猪，产前 30 d 免疫一次即可。受本病严重威胁的猪场，小猪也要进行免疫，根据猪场发病日龄推断免疫时间，仔猪免疫一般安排在 7 日龄到 30 日龄内进行，每次 1 mL，最好一免后过 15 d 再重复免疫一次，二免距发病时间要有 10 d 以上的间隔。

复习思考题 〉〉〉

1. 圆环病毒在不同猪群的临床表现有何不同？应该如何防控猪群圆环病的发生？
2. 猪气喘病和猪副嗜血杆菌病在发病特点上有何区别？二者在猪群中有何联系？
3. 如何鉴别诊断猪肺疫和猪传染性胸膜肺炎？
4. 猪传染性萎缩性鼻炎对猪场有哪些危害？应该如何防控？

任务七　以神经症状为主的传染病

子任务一　破伤风

破伤风又称强直症、锁口风，是由破伤风梭菌引起的一种人畜共患的急性创伤性中毒性传染病。特征是患病动物骨骼肌持续性痉挛和神经反射兴奋性增高。本病广泛分布于世界各国，呈散发性发生。

一、发病特点

1. 流行病学

(1)易感动物　各种家畜均有易感性，其中单蹄兽最易感，其次是猪，牛、羊和犬发病较少见。幼龄动物较老龄动物更为易感。人的易感性也很高。

(2)传染源　破伤风梭菌广泛存在于自然界，但感染本病主要是由于创伤引起，特别是钉伤、断脐、阉割、鞍伤、戴鼻环及大手术等。

(3)传播途径　患病动物不能直接传染给健康动物。但在临床上有1/3～2/5的病例往往查不到伤口，可能是创伤已愈合或可能经子宫、消化道黏膜损伤感染而发病。

(4)流行特点　本病多为散发，无明显季节性。幼龄动物的感受性较高。

2. 临床症状

潜伏期一般为1～2周，短者1 d，长者达40 d。猪常因阉割而感染。主要症状是骨骼肌强直性痉挛及反射兴奋性增高，病猪牙关紧闭，瞬膜外露，四肢僵硬，全身痉挛及角弓反张。多在1～3 d内死亡。

二、诊断

1. 病原

破伤风梭菌又名强直梭菌，是一种两端钝圆、细长、平直或稍弯的革兰染色阳性大杆菌，无荚膜，有鞭毛，有芽孢。芽孢圆形，位于菌体一端，呈鼓槌状。本菌为严格厌氧菌。在厌氧的条件下破伤风梭菌生长繁殖并产生2种外毒素。一种为痉挛毒素，它是一种神经毒，其毒性仅次于肉毒梭菌。这种毒素对热敏感，经甲醛处理后可成为类毒素。另一种为溶血毒素，可使红细胞发生溶血，组织坏死，但是它与破伤风梭菌的致病性无关。

本菌繁殖体抵抗力不强，一般消毒药均能在短时间内将其杀死，但芽孢体抵抗力极强，在土壤中可存活几十年，煮沸经1～3 h才能杀死。10%漂白粉和10%碘酊10 min、5%石炭酸15 min、1%升汞和1%盐酸30 min可将其杀死。

2. 实验室诊断

根据病畜特殊的症状，如骨骼肌持续性痉挛，反射兴奋性增高，体温正常，神志清醒，并有创伤病史，可以确诊。实验室可进行细菌的分离培养，镜检。

三、防制

平时要注意饲养管理和环境卫生，防止家畜受伤。

四、公共卫生

人的破伤风多由创伤感染引起，病初低热不适、头痛、四肢痛、咽肌痉挛，继而出现张口困难、牙关紧闭、呈苦笑状，随后颈背、躯干及四肢肌肉发生阵发性强直痉挛，不能坐起，颈不能前伸，两手握拳，两足内翻，咀嚼困难，饮水呛咳，有时可出现便秘和尿闭，严重时呈角弓反张状态。任何刺激均可引起痉挛发作或加剧。

一旦出现创伤后，应正确处理伤口，防止厌氧环境形成，并及时注射破伤风抗毒素。此外，还应注意要用新法接产，防止新生儿脐带感染。

子任务二 猪链球菌病

猪链球菌病是由多个不同血清群链球菌感染引起的猪的多种不同临床症状传染病的总称，急性猪链球菌病常以败血症和脑炎为特征，慢性猪链球菌病常以关节炎、化脓性淋巴结炎等为主要特性。目前该病分布范围极广，世界各地均有发生。特别是猪链球菌 2 型导致的猪链球菌病和人感染的疫情在国内外多次暴发。1968 年丹麦首次报道人感染猪链球菌引起脑膜炎的病例，此后，法国、比利时、瑞典、新西兰、荷兰、英国、澳大利亚等也先后报道人感染猪链球菌病例。1990 年以来，我国多次发生人感染猪链球菌 2 型疫情，并出现过死亡病例，不但给养猪业造成严重经济损失，也给公共卫生和食品安全带来了威胁，已成为全球性的人畜共患病重要的新病原菌。

一、发病特点

1. 流行病学

(1)易感动物 在自然条件下，猪对本病易感，不同年龄、性别、品种的猪均能感染本病。一般情况下，仔猪、架子猪和妊娠母猪发病率高。对仔猪危害大，尤其断奶后 10 多天到转栏的仔猪感染后易发生败血症及脑炎而死亡。哺乳仔猪及母猪多发生关节炎及化脓性淋巴结炎。牛、犬和禽类不易感。实验动物中，以家兔最敏感，仓鼠、小鼠次之。猪链球菌也可感染人。

(2)传染源 病猪及带菌猪是本病自然流行的主要传染源。病猪的鼻液、尿液、粪、唾液、血液、肌肉、内脏、关节液均含有病原菌。病猪和带菌猪是人感染猪链球菌病的主要传染源，目前尚未发现人之间传播的确切证据。

(3)传播途径 猪链球菌病可通过呼吸道、消化道、受损的黏膜和皮肤感染。人在接触病、死猪时，致病菌经破损皮肤或黏膜侵入人体可能为主要传播途径。

(4)流行特点 本病一年四季均可发生，但 5—11 月发生较多，呈地方性流行。在本病的流行过程中，急性败血型常表现为来势凶猛，传播迅速。此外，猪舍通风条件差，过于拥挤和其他应激因素都是诱发本病的因素，现代集约化密集养猪条件下，易流行该病。

2. 临床症状

本病潜伏期一般为 1～3 d，长的可达 6 d 以上。

(1)最急性型 发病急、病程短，常无任何症状突然死亡。病猪突然减食或饮食废绝，体温升高达 41～43 ℃，呼吸急促，多在 24 h 内死于败血症。

(2)急性型 突然发病，体温升高达 40～43 ℃，呈稽留热。呼吸迫促，鼻镜干燥，流浆液性或脓性鼻涕。结膜潮红，流泪。颈部、耳廓、腹下及四肢下端皮肤呈紫红色，并有出血点。

猪链球菌性脑炎

(3)脑膜脑炎型 多见于哺乳仔猪和断奶仔猪。主要表现为神经症状，如磨牙、口吐白沫，转圈运动，抽搐、倒地，四肢划动似游泳状，最后麻痹而死(图 1-237)。

(4)慢性型 表现为多发性关节炎，一肢或多肢关节发炎。关节肿胀，跛行或瘫痪，最后因衰弱、麻痹致死(图 1-238 至图 1-240)，慢性型还可能由外伤引起脓肿、发炎(图 1-241 至图 1-244)。

3. 剖检变化

(1)急性败血型 以出血性败血症病变和浆膜炎为主。血液凝固不良，耳、腹下及四肢末端皮肤有紫斑，黏膜、浆膜及皮下出血。鼻黏膜紫红色、充血及出血。喉头、气管黏膜出血，常见大量泡沫。肺充血肿胀。全身淋巴结有不同程度的充血、出血、肿大，有的切面坏死或化脓(图 1-245 至图 1-248)，心肌出血(图 1-249)。心包及胸腹腔积液(图 1-250)、浑浊、含有絮状纤维素。脾脏肿大(图 1-251)。

(2)脑膜脑炎型 脑膜充血、出血，严重者溢血，部分脑膜下有积液，脑切面有针尖大的出血点，并有败血型病变(图 1-252、图 1-253)。

(3)慢性型 关节腔内有黄色胶冻样或纤维素性、脓性渗出物。淋巴结脓肿。有些病例心瓣膜上有菜花样赘生物(图 1-254、图 1-255)。

图 1-237 脑炎型，病猪抽搐

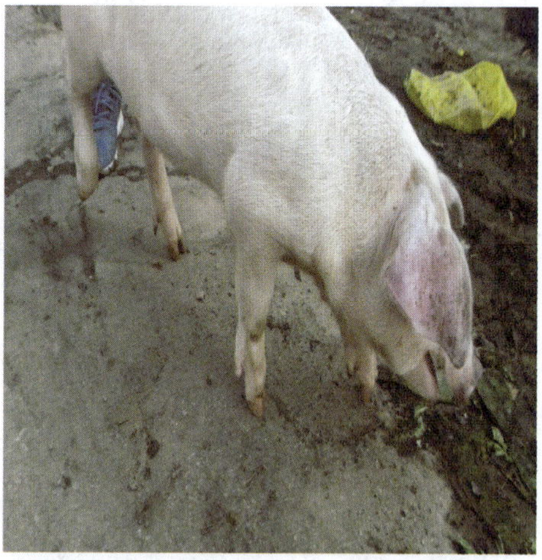

图 1-238 病猪关节炎，后腿不敢着地

图 1-239 关节炎，病猪跛行

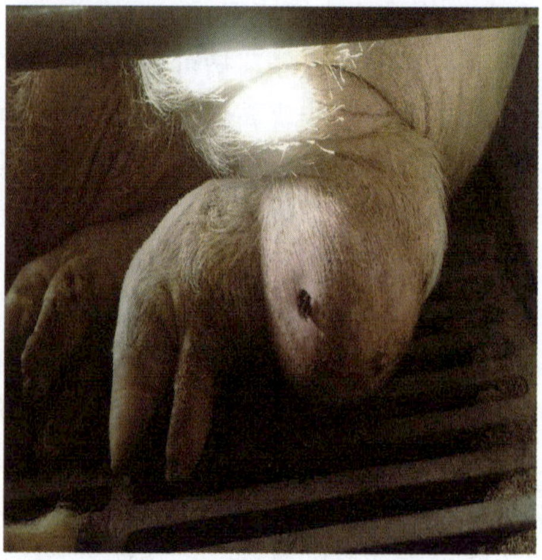

图 1-240 关节肿大，内含大量脓汁

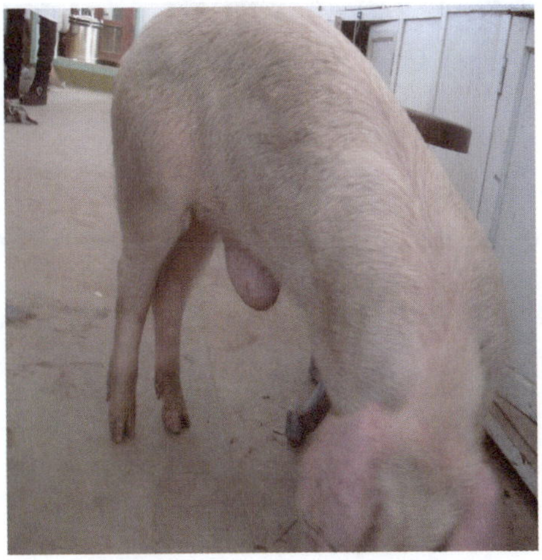

图 1-241 保育猪脐部脓肿

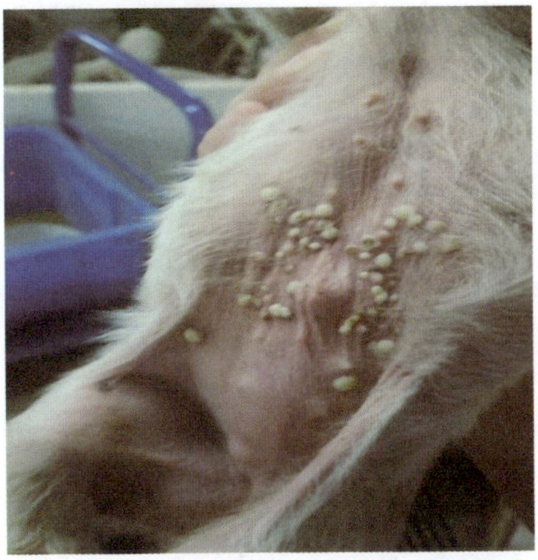

图 1-242 皮肤形成大小不一的脓包

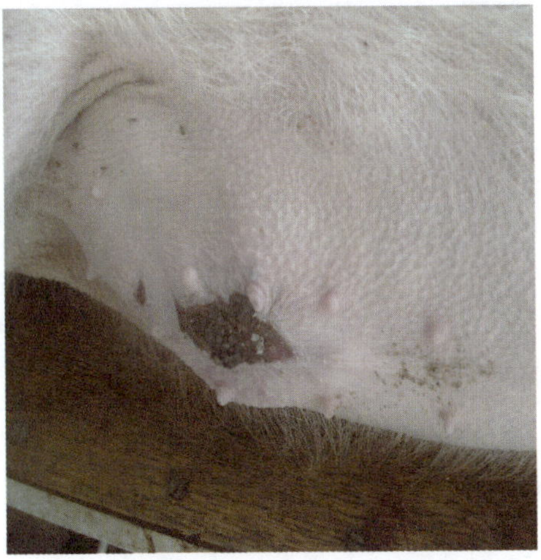

图 1-243 脐部外伤感染结痂

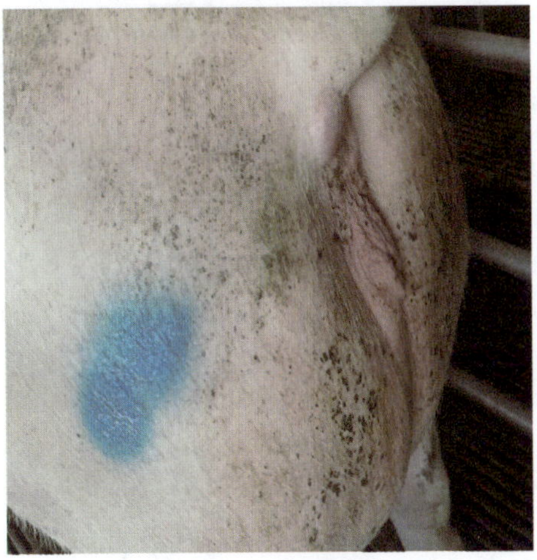

图 1-244 尾根下脓包

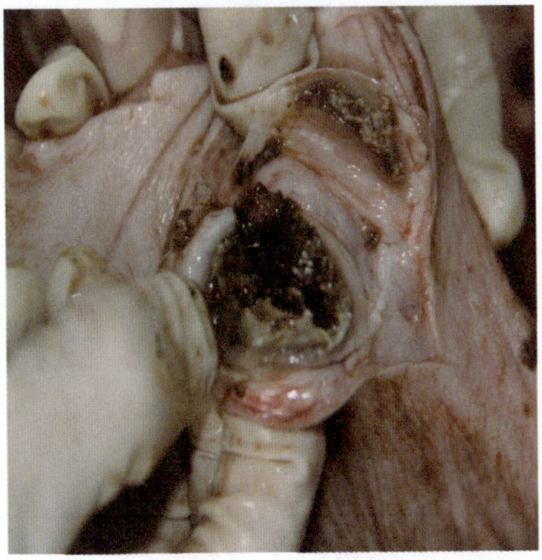

图 1-245 皮下脓肿，切面脓汁形成坏疽

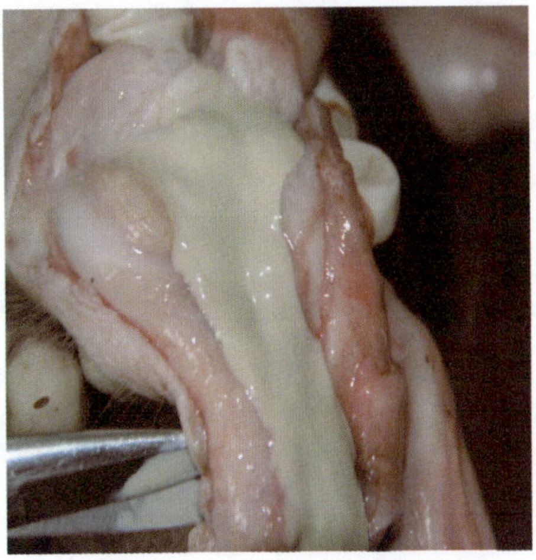

图 1-246 脓包内含有大量脓汁

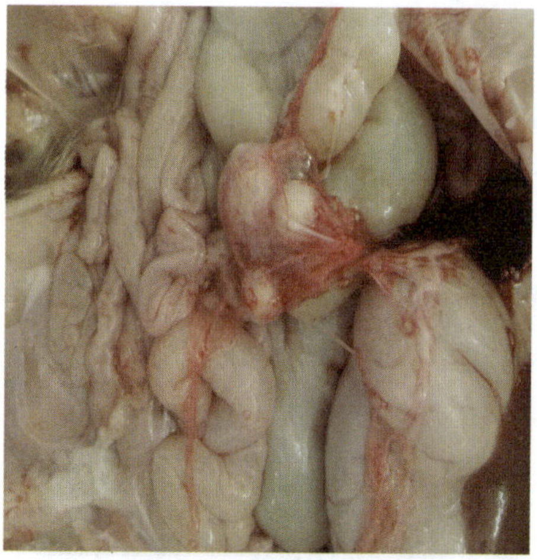

图 1-247　腹腔内形成脓肿

图 1-248　脓肿内含有乳白色脓汁

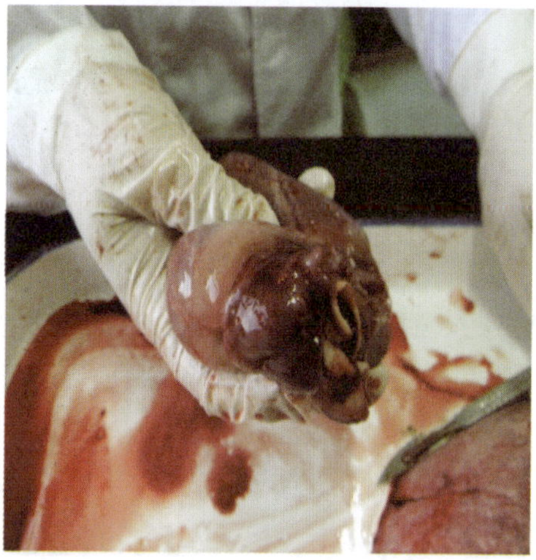

图 1-249　心房外壁出血

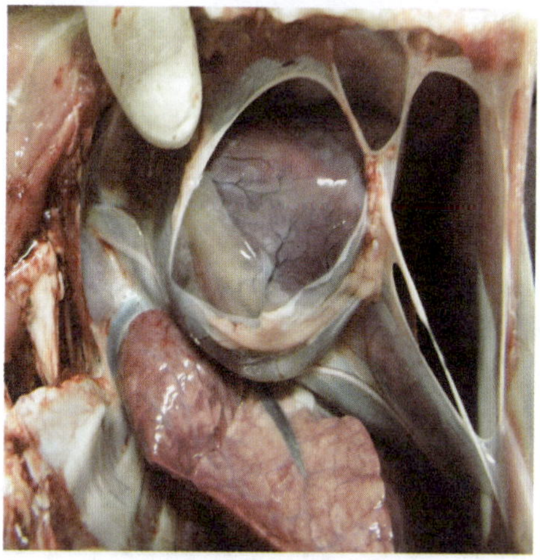

图 1-250　心包腔积液

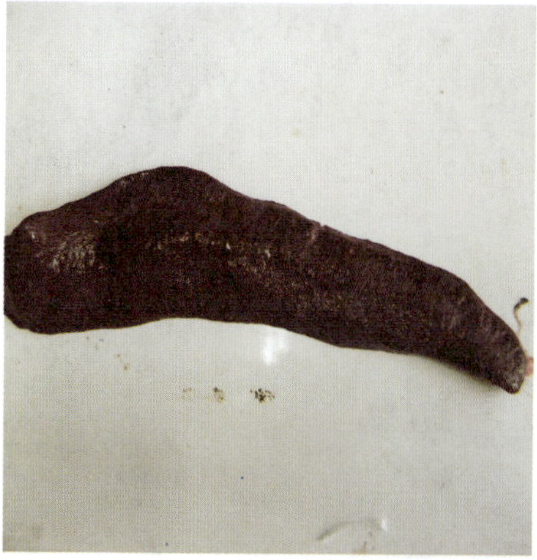

图 1-251　脾脏肿大，增生变形

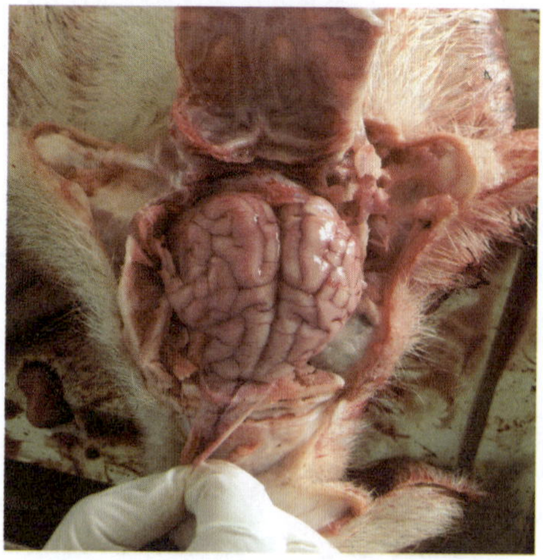

图 1-252　脑充血、出血，脑回沟变浅

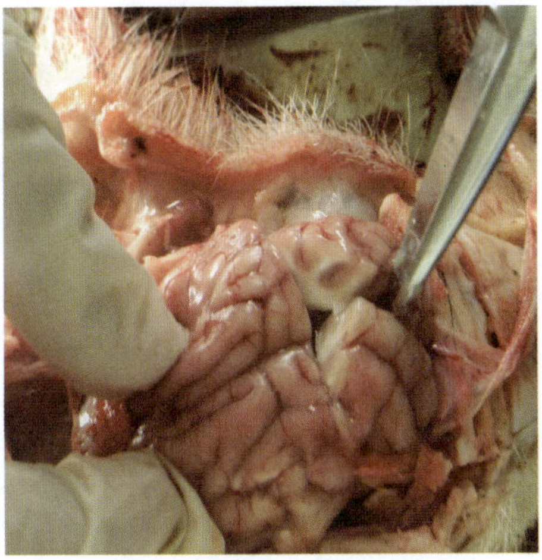

图 1-253 脑切面积有大量脑脊液

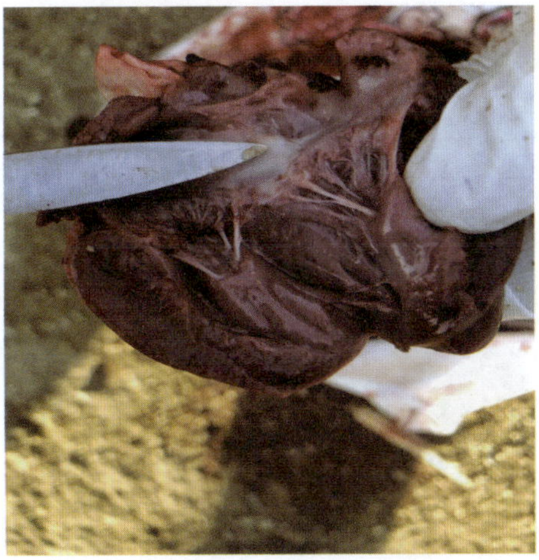

图 1-254 心脏瓣膜处出血

二、诊断

1. 病原

链球菌血清型众多、抗原结构复杂，广泛存在于自然界，在正常动物及人的呼吸道、消化道、生殖道等也常存在。链球菌为革兰阳性球菌，呈长短不一的链状，但猪链球菌多数成短链或成对排列（图 1-256）。多数链球菌为兼性厌氧。最适培养温度为 37 ℃，对营养要求比较苛刻，需在培养基中加入血液、血清或葡萄糖。在血液琼脂平板上培养 24 h 后形成灰白色、圆形、隆起、光滑、半透明小菌落。多数致病菌株能形成 β 溶血，菌落周围出现透明溶血环（图 1-257）。

猪链球菌属于链球菌属细菌，是 1987 年 Kilpper-Balzz 和 Schleifer 建议设立的一个新种。菌体呈圆形或椭圆形，直径小于 2.0 μm，为不产生芽孢的革兰阳性细菌，但结晶紫着色不良，多呈圆形或椭圆形，单个或成双排列，少数呈短链状，血液或肉汤培养基中可见呈长链状（图 1-258、图 1-259），有紫色荚膜。本菌在普通培养基中生长较差，在厌氧肉汤中生长良好，半固体琼脂中不扩散，葡萄糖有利于猪链球菌生长。猪链球菌按其荚膜抗原的差异，可分为 35 个血清型（1～34 及 1/2），猪链球菌 2 型（SS2）是其中致病力最强、最常见的一种，是一个重要的人畜共患病原菌，可引起猪败血症、脑膜炎及急性死亡，并可导致人感染，甚至死亡。SS2 菌株分为毒力株、弱毒力株和无毒力株。毒力株可引起猪的严重临床症状（如脑炎）；弱毒力株的菌株只能引起猪轻微的临床症状（如肺炎）；非致病性无毒力的菌株对猪是完全无毒力的。

链球菌对外界的抵抗力较强，0 ℃以下可存活 150 d 以上，室温下可存活 6 d，60 ℃经 30 min 可以灭活。对一般消毒药均敏感。对青霉素、红霉素、金霉素、四环素及磺胺类药敏感（图 1-260）。

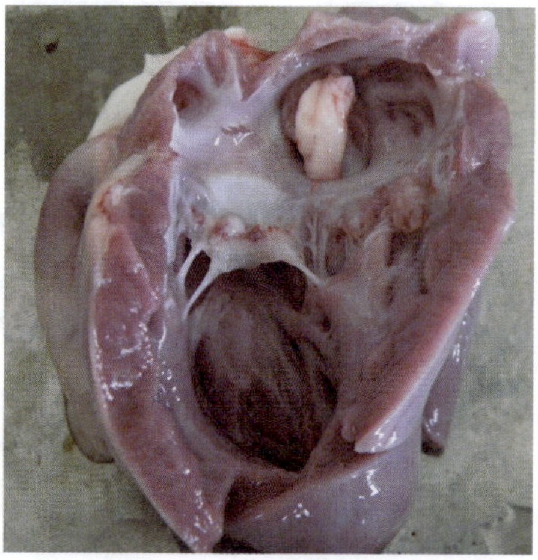

图 1-255　二尖瓣膜口出血

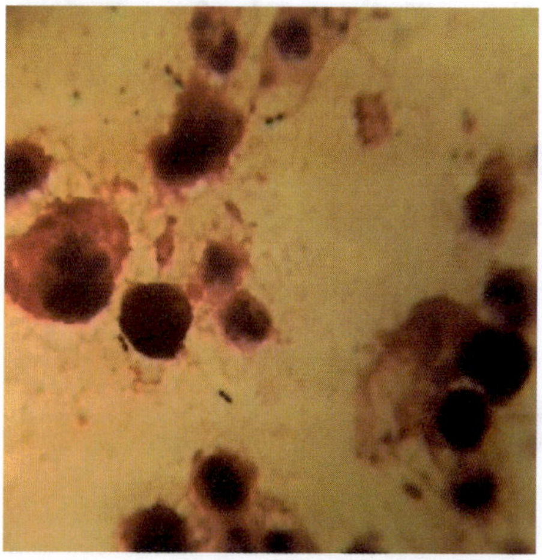

图 1-256　脑部触片镜检可见成对出现的球菌

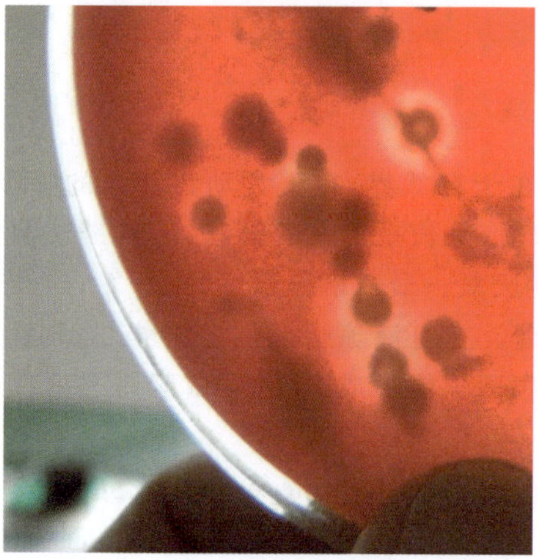

图 1-257　血液琼脂平板培养，可见菌落周围有溶血环

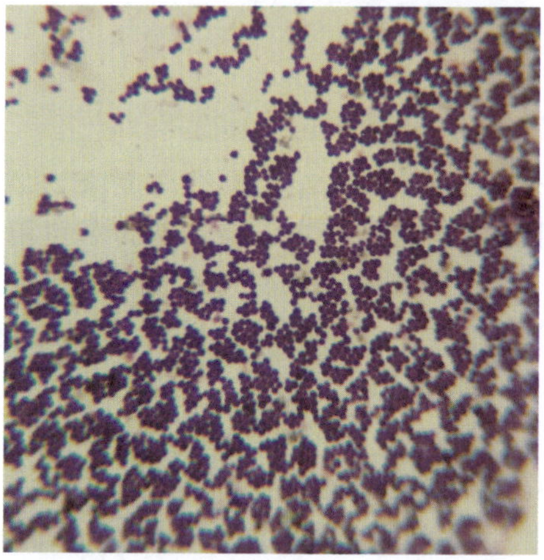

图 1-258　镜检细菌呈蓝紫色，为革兰阳性球菌

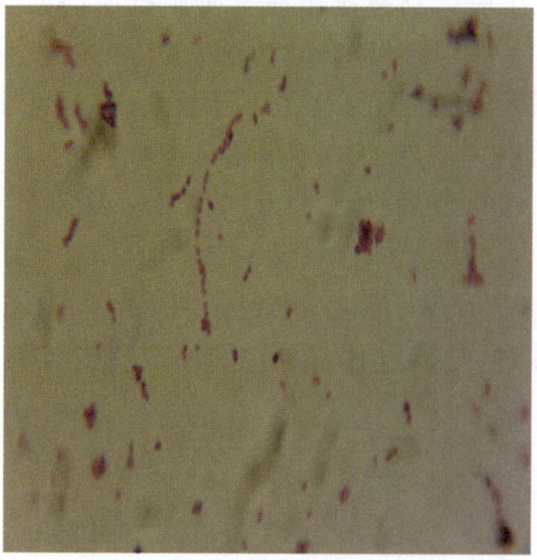

图 1-259　液体培养基培养，镜检细菌呈长链状排列的革兰阳性球菌

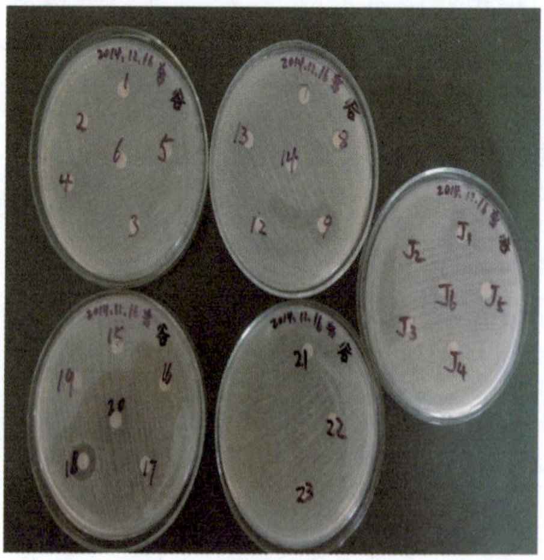

图 1-260　药敏试验结果

2. 实验室诊断

根据本病的流行病学特点、临床症状和病理变化可作出初步诊断，确诊须进一步做实验室诊断。

(1)**镜检** 病猪的肝、脾、肺、血液、淋巴结、脑、关节囊液等均可作涂片，染色镜检，如发现有单个，或成双，或呈短链的革兰染色阳性球菌，即可确诊。

(2)**分离培养** 取上述病料接种于血液琼脂平皿，37 ℃培养 24～48 h，可见 β 溶血的细小菌落，取单个的纯菌落进行生化试验鉴定。选取菌落抹片、染色、镜检可见上述相同细菌。

(3)**动物接种** 将病料制成 5～10 倍乳剂，给家兔皮下或腹腔注射 1～2 mL，或给小鼠皮下注射 0.2～0.5 mL，接种动物死亡后，取心血、脾脏抹片或分离培养，进一步确诊。

三、防制

1. 综合预防措施

加强管理和消毒，出现外伤及时处理，坚持自繁自养和全进全出制度，严格执行检疫隔离制度，淘汰带菌母猪等措施对预防本病有重要作用。

2. 疫苗预防

目前，有猪链球菌弱毒菌苗和灭活苗，最好选用当地菌株疫苗。

3. 药物治疗

治疗病猪可用大剂量青霉素和链霉素混合肌内注射，连用 3～5 d。此外，发病早期用氨苄青霉素、先锋霉素、小诺霉素和磺胺嘧啶、磺胺六甲氧等药物治疗有一定的疗效。

复习思考题 〉〉〉

1. 猪的链球菌病有哪几种类型？如何进行诊断和防制？
2. 猪伪狂犬病的诊断要点有哪些？如何进行猪场的伪狂犬病防制？

模块二

猪寄生虫病的防制

任务一　猪吸虫病的防制

姜片吸虫病是由片形科姜片属的布氏姜片吸虫寄生于猪和人的小肠内引起的一种肠道寄生虫病。临床表现为腹痛、腹泻、营养不良和发育障碍等。

一、发病特点

1. 流行病学

(1)感染源　病猪、带虫猪和病人。

(2)感染途径　经口感染。流行区猪生食了菱角、浮萍、水浮莲等水生植物或饮用了含囊蚴的生水而感染。

(3)易感动物　猪和人易感染。

(4)流行特点　姜片吸虫病是地方性流行病,以水乡为主,主要发生于以水生饲料喂猪的地区,多发于秋季。

2. 临床症状

病猪表现为精神沉郁,目光呆滞,低头,流涎,眼黏膜苍白,食欲减退,消化不良,但有时有饥饿感。腹泻,每日数次、量多、有恶臭,粪便稀薄,混有黏液和未消化食物。幼猪发育不良,被毛稀疏无光泽。母猪泌乳量下降,产仔率下降。

3. 病理变化

姜片吸虫的吸盘发达,可给吸着部位带来机械性损伤,引起肠炎,肠黏膜点状出血和水肿,全身贫血、消瘦和营养不良。严重感染时可导致机械性阻塞,甚至引起肠破裂或肠套叠而死亡。

二、诊断

1. 病原

(1)形态结构　姜片吸虫是吸虫中最大的一种,新鲜时呈肉红色,肥厚,不透明,经福尔马林固定后呈灰白色,形似斜切的姜片,故称姜片吸虫。成虫大小为(20～75)mm×(8～20)mm×(0.2～0.3)mm,腹吸盘极大,位于虫体的前方,靠近口吸盘,为口吸盘的4～6倍。咽和食管短,两条肠管弯曲,但不分枝,向后延伸至虫体后端。雌雄同体,2个分枝状的睾丸,前后排列在虫体后部的中央。卵巢1个,有分枝,位于虫体中部稍偏后方。囊蚴呈扁圆形,外形似凹透镜,外壁厚薄不一,脆弱易破,内壁光滑坚韧,厚度均匀,内含1个后尾蚴(图2-1至图2-4)。

虫卵为长椭圆形或卵圆形,卵壳很薄,有卵盖,呈淡黄色或棕色,虫卵较大,为(130～175)μm×(85～97)μm(图2-5)。卵内含有1个未分裂的胚细胞和30～50个卵黄细胞。

图 2-1 福尔马林固定后的姜片吸虫背面和腹面，可见口吸盘和腹吸盘

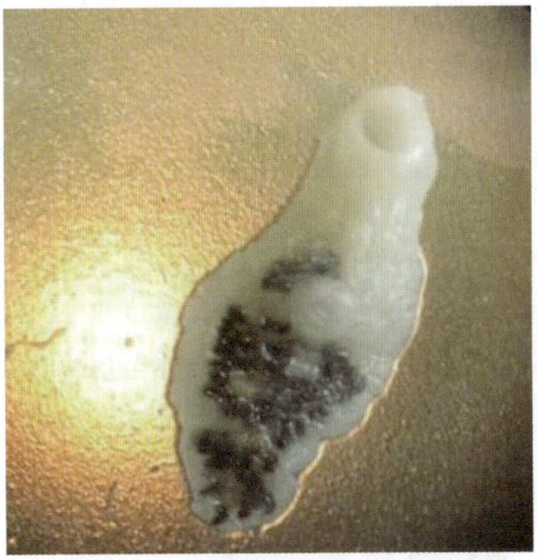

图 2-2 虫体腹部以后为黑褐色，内部含有大量虫卵

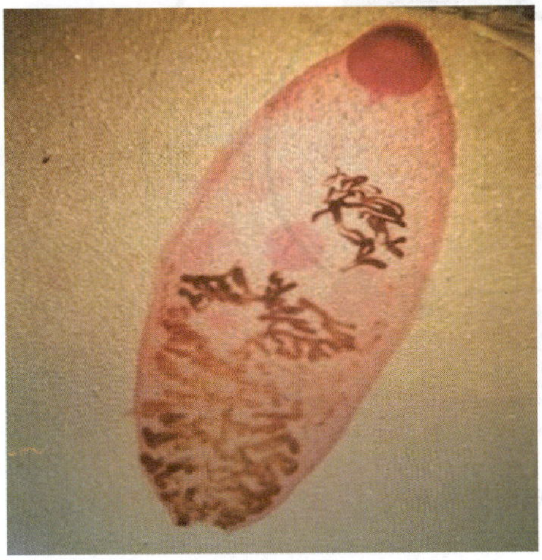

图 2-3 染色后的姜片吸虫

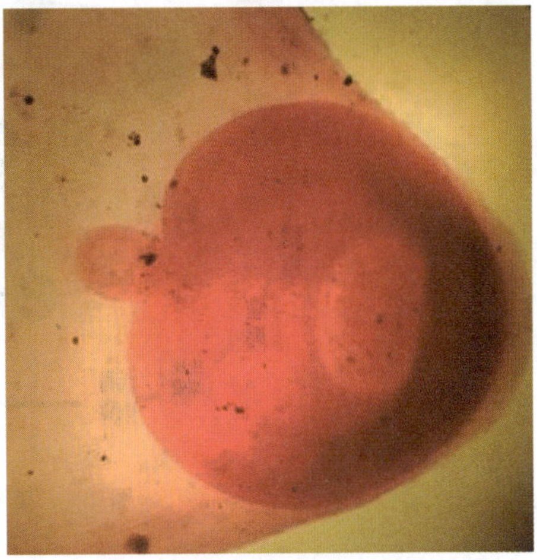

图 2-4 姜片吸虫口腹吸盘

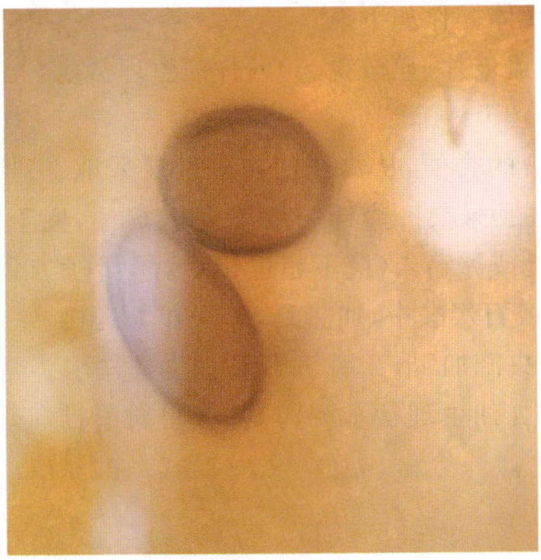

图 2-5(a) 姜片吸虫的虫卵(放大 1 600 倍)

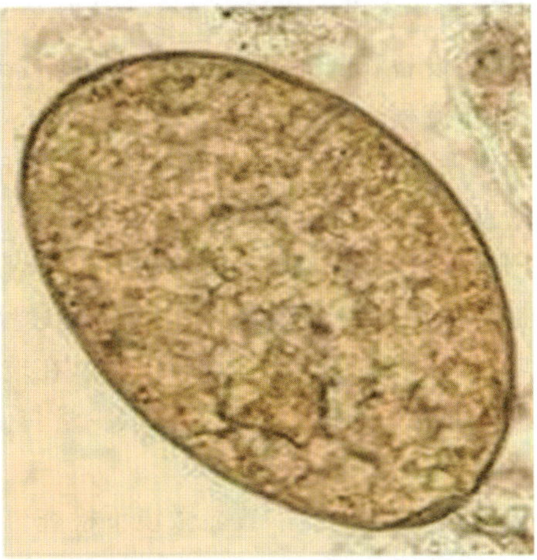

图 2-5(b) 姜片吸虫的虫卵

(2)生活史(图 2-6)

①中间宿主。扁卷螺。

②终末宿主。猪和人。

③发育过程。成虫寄生在猪或人的十二指肠内,虫卵随粪便排出,落入水中,逸出毛蚴。毛蚴侵入螺体后,发育为胞蚴、母雷蚴、子雷蚴和尾蚴。尾蚴从扁卷螺体内逸出,很快地附在水浮莲、日本水仙、满江红、浮萍、无根萍等各种水生植物的茎和叶上发育形成囊蚴。猪吞食含有囊蚴的水生植物或成熟的尾蚴而遭到感染。

④发育时间。由毛蚴侵入螺体至尾蚴逸出,在水生植物上形成囊蚴,平均需要 50 d。囊蚴进入猪体内发育至成虫,需 2～3 个月。

⑤成虫寿命。虫体在猪体内的寿命为 9～13 个月。

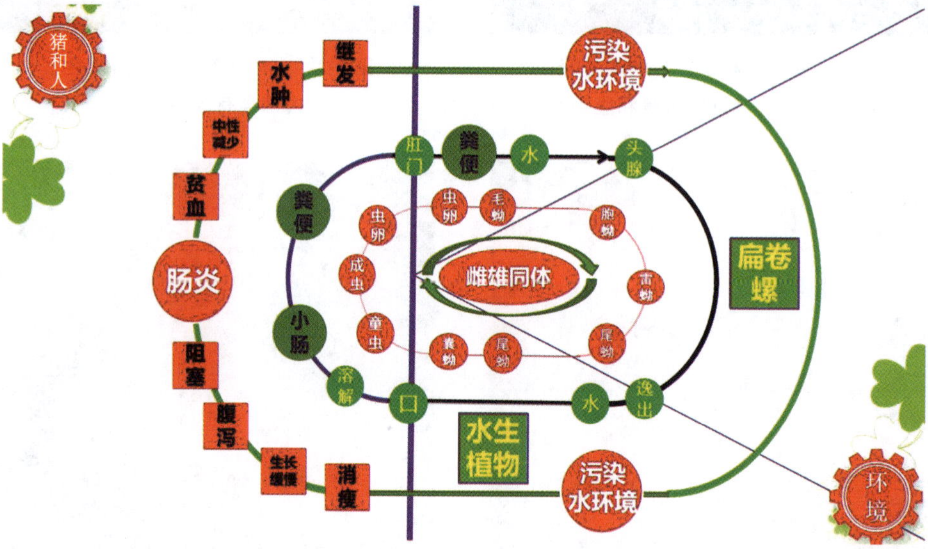

图 2-6　姜片吸虫的生活史

2. 实验室诊断

根据流行病学、临床症状和病理变化,可作出初步诊断。对病猪作粪便检查,应用直接涂片法和反复沉淀法查出虫卵便可确诊。直接涂片法具体操作如下。

(1)主要设备和试剂　载玻片、火柴棒或牙签、盖玻片、显微镜、50%甘油生理盐水。

(2)操作流程

①粪便采取。必须采取新鲜而未被尿液等污染的粪便,从粪便的内外两层采取。对于大家畜可直肠直接采取,也可用 50%甘油或生理盐水灌肠采粪。粪样一般不少于 60 g,盛于洁净容器内,并立即送检。若当天不能检查,应放在阴凉处或冰箱内(应不超过 5 ℃),但不宜加防腐剂。若异地检查时,可浸于等量的 5%～10%甲醛溶液或石炭酸中,加热到 50～60 ℃送检。

②取片加液。取一片洁净的载玻片,在玻片中央滴加 1～2 滴 50%甘油生理盐水。

③加粪混匀。用镊子或牙签挑取少量粪便,与甘油生理盐水混匀,并将粗粪渣推向一边,涂布均匀,作成涂片。

④镜检。加上盖玻片,置显微镜下检查。

(3)注意事项

①涂片的厚薄以放到书上隐约可见下面的字迹为宜。

②镜检时先在低倍镜下顺序查找，如发现虫卵，再换高倍镜仔细观察。

③如无甘油生理盐水时可以用常水代替，加甘油可使标本清晰，易于观察，并可防止涂膜很快变干燥。但是检查原虫的滋养体，必须以生理盐水进行稀释，不应加甘油，否则会影响其运动而妨碍观察。

④本法操作简单，能检查各种蠕虫卵，但检出率不高，特别是轻度感染时，往往得不到可靠结果。因此，本法只能作为辅助的诊断方法，并且每次检查要重复观察 8～10 片，才能收到确实的效果。

三、防制要点

1. 治疗

(1)吡喹酮　按 50 mg/kg 体重，一次口服。

(2)硫双二氯酚　按体重 100 kg 以下的猪 100 mg/kg 体重；体重 100 kg 以上的猪 50～60 mg/kg 体重，混在少量精料中喂服。

(3)敌百虫(95%纯度)　剂量为 0.1 g/kg 体重，成年猪每头极量不超过 8 g，混在少量精料中喂给，早晨空腹喂猪，隔日一次，两次为一疗程。如有呕吐或卧地不起等副反应时，应及时皮下注射硫酸阿托品解毒。

(4)硝硫氰胺(7505)　按 10 mg/kg 体重，一次口服。

2. 预防措施

(1)定期驱虫　病猪及时治疗，流行地区每年春、秋两季进行预防性驱虫。

(2)加强粪便管理　粪便发酵处理后，再做水生植物的肥料。

(3)消灭中间宿主扁卷螺　使用灭螺剂，如硫酸铜、生石灰等灭螺。

(4)加强饲养管理　勿放猪到池塘自由采食，水生植物洗净浸烫或青贮后喂猪。

(5)卫生防护　加强卫生宣传教育，普及防病知识，提倡不食生水生植物、不喝生水。

任务二　猪线虫病的防制

子任务一　猪蛔虫病的防制

猪蛔虫病是由蛔科蛔属的猪蛔虫寄生于猪小肠中引起的疾病，主要特征为仔猪生长发育不良，严重的发育停滞，形成“僵猪”，甚至死亡。仔猪感染率高，特别是在卫生状况差的猪场和营养不良的猪群中，感染率更高。

一、发病特点

1. 流行病学

(1)感染源　病猪、带虫猪和带有感染性虫卵的粪便。

(2)感染途径　经口感染。猪食入被感染性虫卵污染的饮水、饲料或土壤等。母猪乳房沾染虫卵，仔猪在哺乳时可感染。

(3)易感动物　只猪易感。以 3～6 月龄的仔猪感染严重；成年猪多为带虫者的感染源。

(4)繁殖力　蛔虫繁殖力强，产卵数多，每条雌虫每天平均可产卵 10 万～20 万个。卵对外界因素抵抗力强，虫卵具有 4 层卵膜，内膜能保护胚胎免受化学物质的侵蚀，中间两层能保持虫卵内水分而不受干燥的影响，外层有阻止紫外线透过的作用，且对外界其他不良因素有很强的抵抗力。虫卵的全部发育过程都在卵壳内进行，使胚胎和幼虫得到保护，大大增加了感染性虫卵在自然界的数量。

(5)抵抗力 虫卵的发育除要求一定的湿度外，以温度影响较大。当温度高于 40 ℃或低于−2 ℃时，虫卵停止发育，45～50 ℃时 30 min 死亡。在−27～−20 ℃时，感染性虫卵可活 30 d。在 28～30 ℃时，虫卵内胚细胞发育为第 1 期幼虫需 10 d，12～18 ℃时需 40 d。虫卵对各种化学药物有较强的抵抗力，常用消毒药的浓度不能杀死虫卵，如在 2%福尔马林中可以正常发育。一般用 60 ℃以上的 3%～5%热碱水，20%～30%的热草木灰或新鲜石灰水才能杀死虫卵。卵在疏松湿润的耕地或园土中一般可以生存 2～3 年；在夏季阳光直射下，数日内死亡。

(6)流行特点 猪蛔虫属土源性寄生虫，分布极其广泛，一年四季均可发生。在饲养管理不良，卫生条件差，特别在饲料中缺乏维生素和矿物质时易感染。

2. 临床症状

仔猪在感染早期，引起肺炎(虫体移行)，轻度湿咳，体温 40 ℃左右。感染严重时，精神沉郁，食欲缺乏，异嗜，营养不良，被毛粗糙；有的生长发育受阻，成为僵猪；有的出现嗜伊红细胞增多症；有的呼吸困难，常伴发声音沉重、粗厉的咳嗽，并有呕吐、流涎和腹泻等。寄生数量多时，可引起肠道阻塞，表现为疝痛，引起死亡。虫体误入胆管时，可引起胆道阻塞而出现黄疸，可引起死亡。

成年猪寄生数量不多时症状不明显，但因胃肠机能遭受破坏，常有食欲不振、磨牙和增重缓慢等症状。

3. 病理变化

初期肺组织致密，表面有大量出血斑点，肝、肺和支气管等器官常可发现大量幼虫。小肠卡他性炎症、出血或溃疡。肠破裂时可见有腹膜炎和腹腔内出血。胆道有蛔虫时，胆管内有虫体。病程较长者，有化脓性胆管炎或胆管破裂，肝脏黄染表面有白色坏死点和硬变等(图 2-7、图 2-8)，胃肠内可见蛔虫(图 2-9、图 2-10)。

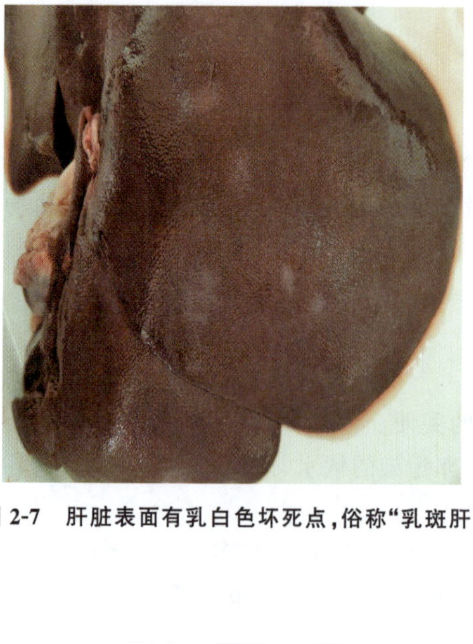

图 2-7 肝脏表面有乳白色坏死点，俗称“乳斑肝”

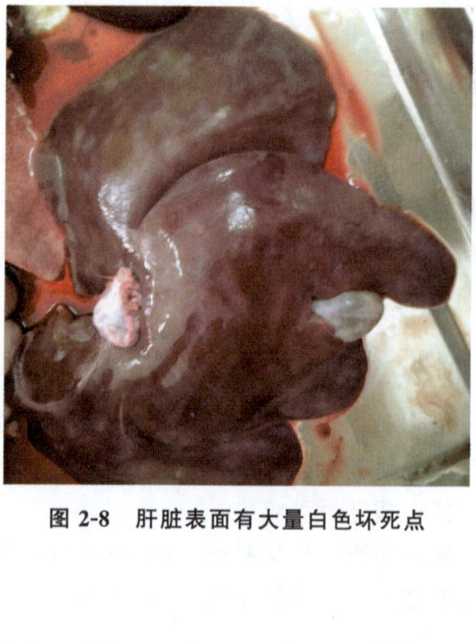

图 2-8 肝脏表面有大量白色坏死点

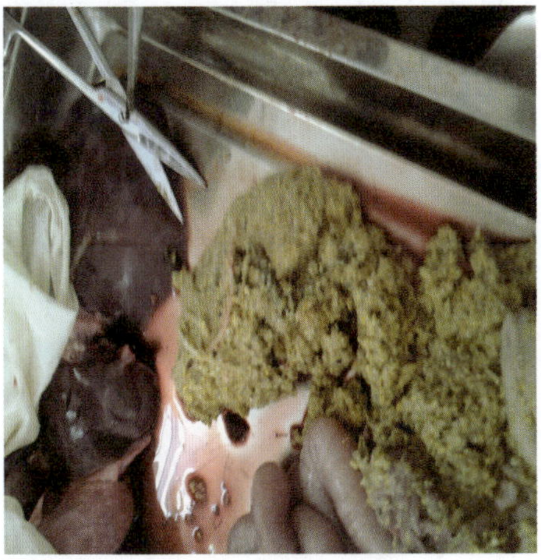

图 2-9 胃内含有蛔虫

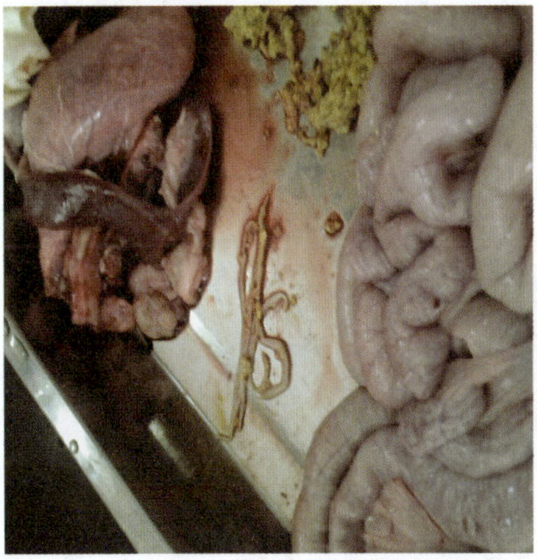

图 2-10 胃肠内的蛔虫

二、诊断

1. 病原

(1)形态结构 猪蛔虫是寄生于猪小肠的大型线虫。虫体近似圆柱形，活体呈淡红色或淡黄色，死后呈苍白色。虫体前端有 3 个唇片，1 片背唇较大，2 片腹唇较小，排列成"品"字形。唇之间为口腔。口腔后为大食道，呈圆柱形。雄虫体长 15～25 cm，宽约 0.3 cm；尾端向腹面弯曲，形似鱼钩；泄殖腔开口距后端较近；具有 1 对较粗大的等长的交合刺；无引器。雌虫体长 20～40 cm，宽约 0.5 cm；尾端直；生殖器为双管形；两条子宫合为 1 个短小的阴道，阴门开口于虫体腹中线前 1/3 处；肛门距虫体末端较近(图 2-11 至图 2-14)。

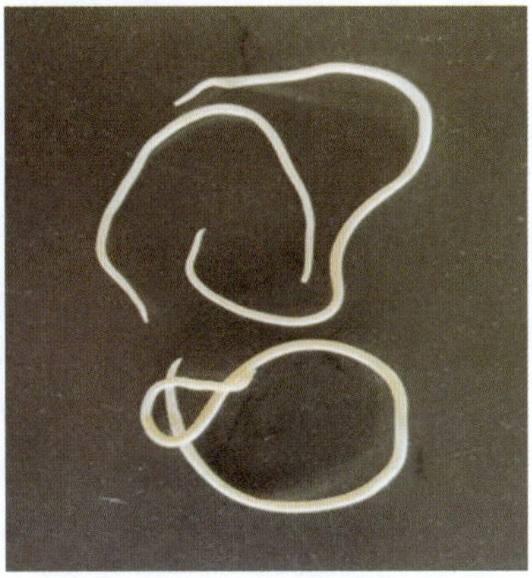

图 2-11 猪蛔虫

虫卵近似圆形，黄褐色，卵壳厚，由 4 层组成，最外层为呈波浪形的蛋白质膜。虫卵大小为 60 μm。未受精卵较狭长，多数没有蛋白质膜，或有而甚薄，且不规则，内容物为很多似油滴状的卵黄颗粒和空泡(图 2-15、图 2-16)。

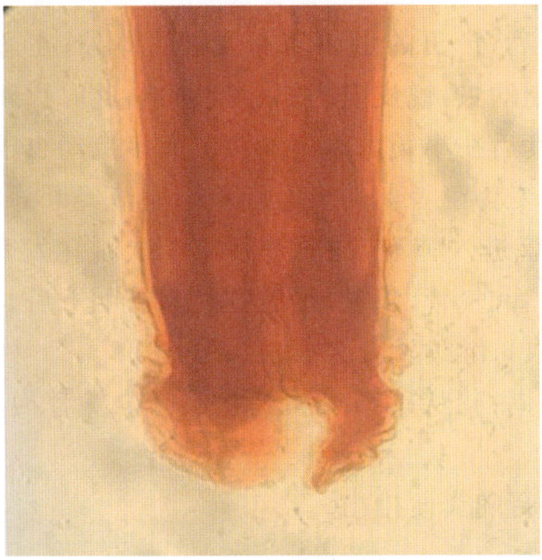

图 2-12 蛔虫的唇

图 2-13 蛔虫的雄虫交合刺

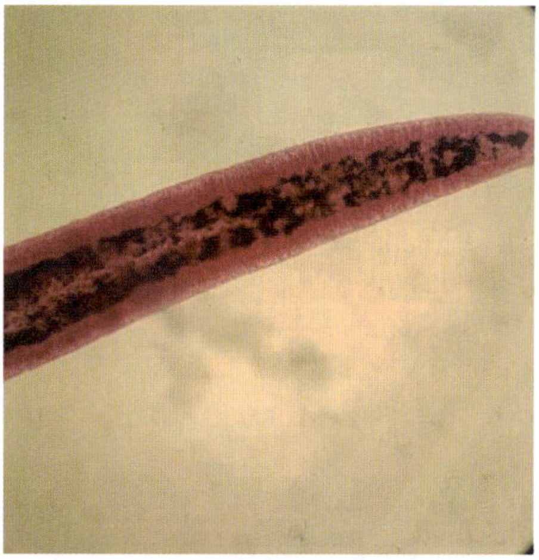

图 2-14　蛔虫雌虫的生殖器

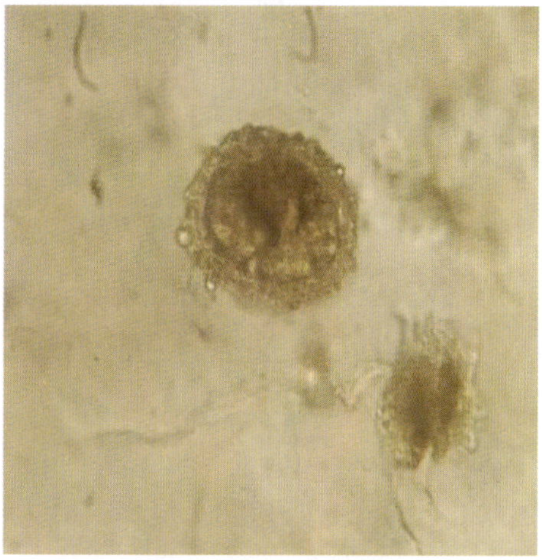

图 2-15　蛔虫未受精的卵

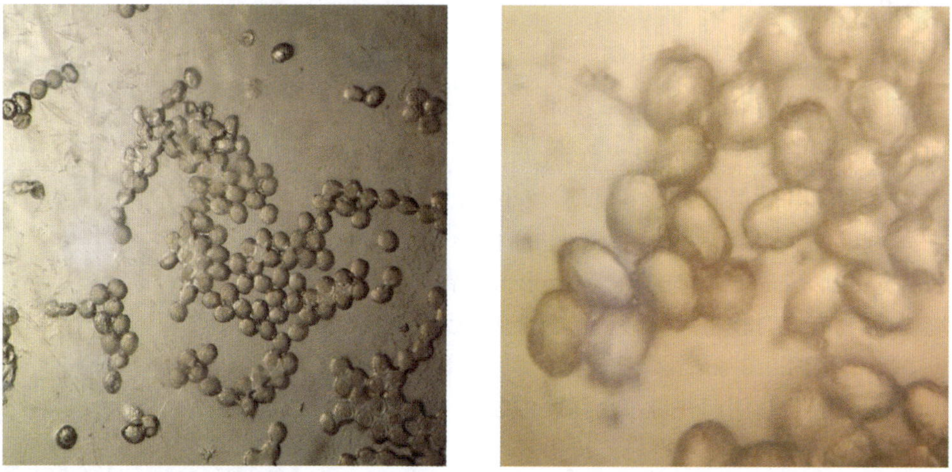

图 2-16　蛔虫未受精的卵(左放大 400 倍,右放大 1 000 倍)

(2)生活史

①直接为发育型,不需要中间宿主。

②发育过程。成虫寄生于猪的小肠,雌虫受精后,产出的虫卵随粪便排出体外,在适宜的温度、湿度和充足的氧气环境下,在卵内发育为第 1 期幼虫,蜕皮变为第 2 期幼虫,此时虫卵尚无感染力,再经过一段时间发育为感染性虫卵,被猪吞食后在小肠内孵出幼虫。大多数幼虫很快钻入肠壁血管,随血液循环进入肝脏,进行第 2 次蜕化,变为第 3 期幼虫。幼虫随血液经肝静脉、后腔静脉进入右心房、右心室和肺动脉,穿过肺毛细血管进入肺泡,在此进行第 3 次蜕化发育为第 4 期幼虫并继续发育。幼虫上行进入细支气管、支气管、气管,随黏液到达咽部,被咽下后,经食道、胃进入小肠,经第 4 次蜕化发育为第 5 期幼虫(童虫),继续发育为成虫。

③发育时间。虫卵发育为感染性虫卵需 3～5 周;猪从感染虫卵到在小肠内发育为成虫,需要 2～2.5 个月。

④成虫寿命。成虫在猪体内可生存 6 个月,自行随粪便排出。

2.实验室诊断

根据流行病学、临诊症状、粪便检查和剖检等综合判定。粪便检查采用直接涂片法或漂浮法。由于猪蛔虫相当常见，1 g 粪便中虫卵数达到 1 000 个以上时才可确诊。剖检发现虫体即可确诊。幼虫移行出现肺炎时，用抗菌素治疗无效，但可为诊断提供参考。饱和生理盐水漂浮法具体操作如下。

(1)主要设备和试剂 锥形瓶、玻璃棒、烧杯、水浴锅、纱布、试管或安瓿瓶、载玻片、盖玻片、显微镜、食盐等。

(2)操作流程

①粪便采取。

②配制饱和盐水溶液。将水倒入锥形瓶，放入水浴锅将水煮开，然后加入食盐搅拌，使之溶解，边搅拌边加食盐，加至食盐不再溶解而生成沉淀为止(1 000 mL 沸水中约加食盐 380 g)，再以双层纱布过滤至另一干净的烧杯内，待凉后即可使用。

③粪液制备。取粪便 5～10 g，置于 100～200 mL 的烧杯中，先加入少量饱和盐水，把粪便调匀，然后加入约为粪便的 12 倍量的饱和盐水，并搅拌均匀，用纱布或 40 目的铜丝筛过滤于另一干净的烧杯内，滤液静置 30～40 min，得粪液。

④制片镜检。将滤液直接倒入试管或安瓿瓶内，补加饱和盐水使试管充满，加上载玻片(盖玻片应与液面完全接触，不能留有气泡)，静置 30～40 min，取下盖玻片，贴在载玻片上进行镜检。

(3)注意事项

①本法原理是采用比重比虫卵大的溶液，使虫卵浮集于液体的表面，形成一层虫卵液膜，然后蘸取此液膜，进行镜检。

②溶液凉后如出现食盐结晶，则说明该溶液是饱和的，合乎要求，其比重为 1.18。此溶液应保存于温度不低于 13 ℃的情况下，才能保持较高的比重。

③本法检出率高，在实际工作中广泛应用，可以检查大多数的线虫卵和绦虫卵。为了提高漂浮效果，可用其他饱和溶液代替饱和盐水。如在检查比重较大的后圆线虫时，可先将猪粪便按沉淀法操作，取得沉渣后，在沉渣中加入饱和硫酸镁溶液，进行漂浮，收集虫卵。

三、防制要点

1. 治疗

(1)左咪唑 按 10 mg/kg 体重，口服或混料喂服。

(2)丙硫苯咪唑 按 10 mg/kg 体重，一次口服。

(3)甲苯咪唑 按 10～20 mg/kg 体重，混料喂服。

(4)氟苯咪唑 按 30 mg/kg 体重，混料喂服，连用 5 d。

(5)伊维菌素 按 0.3 mg/kg 体重，一次皮下注射。

2. 防制措施

(1)定期驱虫 对散养育肥猪，仔猪断奶后驱虫 1 次，4～6 周后再驱虫 1 次。母猪在怀孕前和产仔前 1～2 周驱虫。育肥猪在 3 月龄和 5 月龄各驱虫 1 次。对引入的种猪进行驱虫。规模化养猪场，对全群猪驱虫后，以后每年对公猪至少驱虫 2 次；母猪产前 1～2 周驱虫 1 次；仔猪转入新圈或新猪群时驱虫 1 次；后备猪在配种前驱虫 1 次。新引入的猪驱虫后再合群。

(2)加强饲养管理 圈舍要及时清理，勤冲洗，勤换垫草，对粪便和垫草进行发酵处理；产房和猪舍在进猪前要彻底清洗和消毒；母猪转入产房前要用肥皂水清洗；运动场保持平整，排水良好。

子任务二　猪后圆线虫病的防制

后圆线虫病是由后圆科后圆属的多种线虫寄生于猪支气管、细支气管和肺泡所引起的疾病，又称为“肺线虫病”，主要危害仔猪，引起支气管炎和支气管肺炎，严重时可造成大批死亡。

一、发病特点

1. 流行病学

(1)感染源　病猪、带虫猪。

(2)感染途径　经口感染。猪食入被虫卵污染的饮水、饲料或土壤等。

(3)易感动物　仅家猪和野猪易感。主要发生于6～12月龄的散养猪。

(4)抵抗力　后圆线虫的虫卵和第1期幼虫对外界的抵抗力较强，在外界可生存6个月以上。感染性幼虫可在蚯蚓体内长期保持感染性。

(5)流行特点　本病分布很广。猪的发病季节与蚯蚓的活动季节是一致的，一般在夏、秋季发生感染。

2. 临床症状

轻度感染时，影响猪的生长。严重感染时，猪发育不良，阵发性咳嗽，尤其在早晚运动或遇冷空气刺激时，咳嗽尤为剧烈；被毛干燥、无光泽，鼻孔内有脓性黏稠液体流出，呼吸困难。有的在胸下、四肢和眼睑部呈现浮肿。严重病例发生呕吐、腹泻，最后因极度衰竭而死亡。

3. 病理变化

眼观病变常不显著。严重感染时在肺脯叶腹面边缘有楔状气肿区，支气管增厚、扩张，靠近气肿区有坚实的灰色小结，小支气管周围呈淋巴样组织增生和肌纤维状肥大，支气管内有虫体和黏液。

二、诊断

1. 病原

(1)形态结构

猪后圆线虫呈乳白色或灰色(图2-17)，口囊很小，口缘有1对分3叶的侧唇。雄虫交合伞一定程度退化，有1对细长的交合刺。雌虫两条子宫并列，至后部合为阴道，阴门紧靠肛门，前方覆角质盖，虫体后端有时弯向腹侧。卵胎生。常见的病原体有3种：

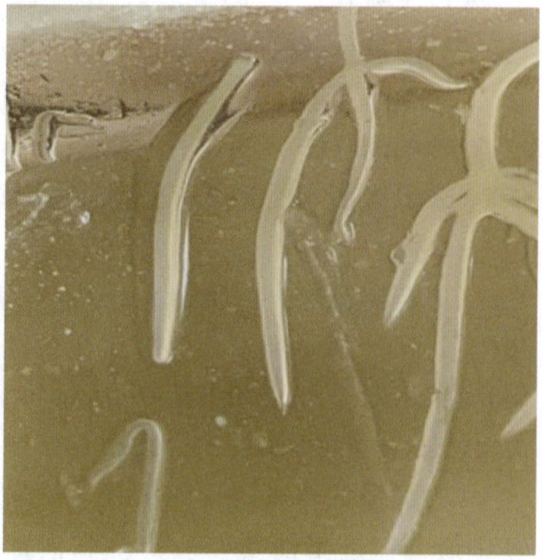

图2-17　放大后的后圆线虫

①野猪后圆线虫。又称长刺后圆线虫。雄虫长11～25 mm，交合伞较小，前侧肋大，顶端膨大，中侧肋和后侧肋融合在一起，背肋极小；交合刺长，呈丝状，末端有单钩，无引器。雌虫长20～50 mm，阴道长，尾端稍弯向腹面。虫卵呈钝椭圆形，壳厚，表面不光滑。排出时已含有发育成形的幼虫盘曲在内。虫卵大小为(51～54)μm×(33～36)μm。

②复阴后圆线虫。雄虫长16～18 mm，交合伞较

大，交合刺末端有双钩，有引器。雌虫长 22～35 mm，阴道短，尾直，有较大的角质膨大覆盖肛门和阴门。虫卵大小为(57～63)μm×(39～42)μm。

③萨氏后圆线虫。雄虫长 17～18 mm，交合刺长，末端有单钩。雌虫长 30～45 mm，阴道长，尾端稍弯向腹面。虫卵大小为(53～56)μm×(33～40)μm。

(2)生活史

①中间宿主。蚯蚓。

②终末宿主。野猪后圆线虫除寄生于家猪和野猪外，偶见于人、羊、鹿、牛和其他反刍动物。复阴后圆线虫和萨氏后圆线虫寄生于家猪和野猪。

③发育过程。雌虫在宿主支气管内产卵，卵和支气管黏液混合，由于咳嗽转至口腔，与唾液混合，随唾液被咽下，再经消化道随粪便排到体外。虫卵在潮湿的土壤中可因吸收水分，卵壳膨大而破裂，孵出第 1 期幼虫。蚯蚓吞食了第 1 期幼虫或虫卵(第 1 期幼虫在其体内孵化)，经 2 次蜕化变为感染性幼虫，随蚯蚓粪便排至土壤中。蚯蚓受伤时幼虫也可经伤口逸出。猪因吞食了蚯蚓或土壤中的感染性幼虫而感染，幼虫在小肠逸出钻入肠壁，沿淋巴系统进入肠系膜淋巴结，在此蜕化变为第 4 期幼虫，然后沿淋巴进入血液循环系统，随血液流至心脏和肺脏，穿过肺泡进入支气管，再蜕化变为第 5 期幼虫，进而发育为成虫。

④发育时间。进入蚯蚓体内的第 1 期幼虫发育为感染性幼虫约需 10 d，进入猪体内的感染性幼虫发育为成虫需 25～35 d。

⑤成虫寿命。一般可生存 1 年左右。

2. 实验室诊断

根据流行病学、临诊症状和粪便检查综合确诊。粪便检查用漂浮法(用饱和硫酸镁或硫代硫酸钠溶液作为漂浮液，也可用饱和食盐水作为漂浮液)。只有检出大量虫卵时才能认定。剖检时，在肺隔叶发现虫体，即可确诊。

三、防制要点

1. 治疗

可用以下药物驱虫。肺炎严重的猪，应采用抗生素防止继发感染。

(1)左咪唑 按 10 mg/kg 体重，口服或混料喂服。

(2)丙硫苯咪唑 按 10 mg/kg 体重，一次口服。

(3)甲苯咪唑 按 10～20 mg/kg 体重，混料喂服。

(5)伊维菌素 按 0.3 mg/kg 体重，一次皮下注射。

2. 防制措施

(1)定期驱虫 在流行地区，春、秋各进行一次驱虫。

(2)加强饲养管理 猪实行圈养，防止采食蚯蚓。

(3)加强粪便管理 及时清除粪便，进行生物热发酵。

子任务三 猪毛首线虫病的防制

猪毛首线虫病是由毛首科毛首属的猪毛首线虫寄生于猪大肠(主要是盲肠)引起的一种寄生虫病。虫体为乳白色，前部细长，后部短粗，外观极似马鞭，又称猪鞭虫病。本病主要危害仔猪，严重感染时死亡，长期以来一直影响养猪业的发展。

一、发病特点

1. 流行病学

(1)**感染源** 病仔猪、带虫仔猪。

(2)**感染途径** 经口感染。猪食入被虫卵污染的饮水、饲料或土壤等。

(3)**易感动物** 仔猪。1.5 月龄的仔猪即可检出虫卵,4 月龄的猪,粪便中虫卵数和感染率均很高;14 月龄以上的猪很少感染。

(4)**抵抗力** 卵的抵抗力极强,可在土壤中存活 5 年。

(5)**流行特点** 本病一年四季均可感染,夏季发病率最高。

2. 临床症状

轻度感染的仔猪一般无明显症状。严重感染时精神沉郁,食欲减少,结膜苍白,贫血,顽固性腹泻,粪稀薄,有时夹血丝或血便;身体虚弱,弓腰吊腹,行走摇摆;体温 39.5～40.5 ℃,死前排水样血色便,带黏液;最后因呼吸困难、脱水、极度衰竭而死。

3. 病理变化

猪鞭虫寄生于家猪和野猪的盲肠。盲肠、结肠充血、出血,结肠黏膜上布满乳白色细针尖样虫体,虫体钻入处形成结节,有的结节呈圆形囊状物(图 2-18、图 2-19)。盲肠和结肠出现出血性坏死、水肿和溃疡,还有结节虫病所类似的结节,结节中含有虫体或虫卵。肝脏表面形成白色坏死斑,称为“乳斑肝”(图 2-20、图 2-21)。

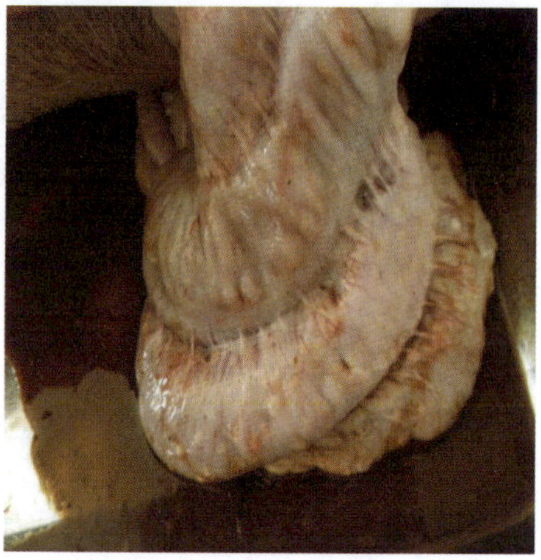

图 2-18 结肠浆膜大量结节

图 2-19 结肠有大量鞭虫寄生,肠壁出血,内容物呈红褐色

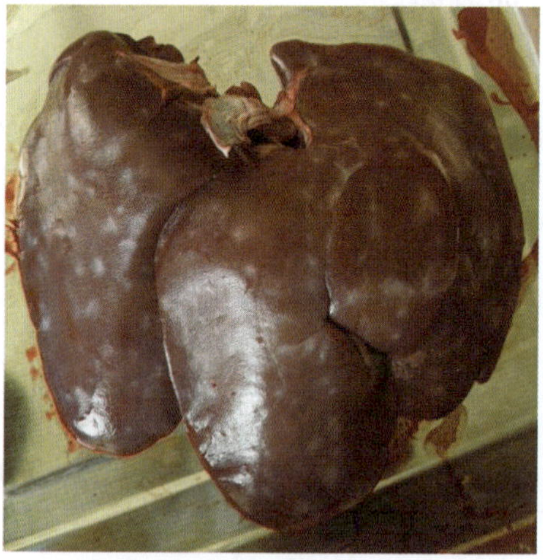

图 2-20 鞭虫微丝蚴寄生在肝脏,形成白色坏死斑,称为“乳斑肝”

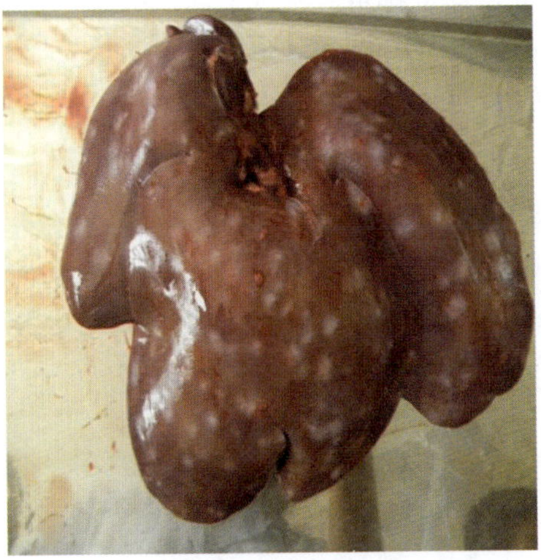

图 2-21 白斑多说明有大量虫体寄生

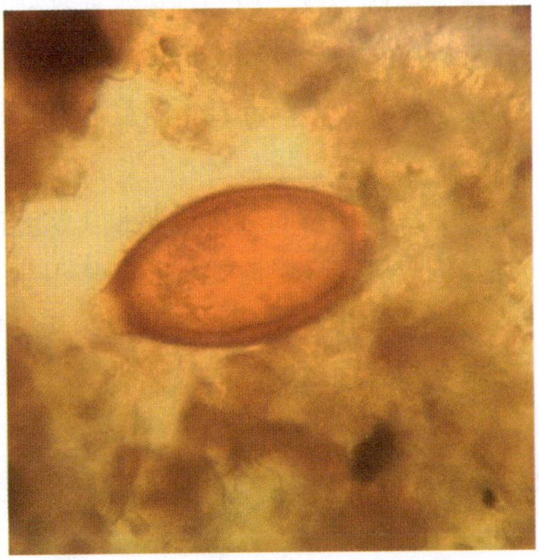

图 2-22 鞭虫虫卵为棕黄色，呈“腰鼓状”

二、诊断

1. 病原

(1)形态结构

猪毛首线虫呈乳白色，前部为食道部，细长，呈毛发状，内含单细胞的食道，占虫体全长的2/3；后部为体部，短粗，内有肠管和生殖器。雄虫长20～52 mm，雌虫长39～53 mm。虫卵棕黄色，呈腰鼓状，卵壳厚，两端有塞(图 2-22)。

(2)生活史

①宿主。家猪和野猪。

②发育过程。成虫在猪盲肠中产卵，卵随粪便排到体外，在适宜的温度和湿度下，发育为感染性虫卵(含第 1 期幼虫)。虫卵污染饲料及饮水，被猪吞食后，第 1 期幼虫在小肠内脱壳而出，钻入肠绒毛间发育，后移行到盲肠和结肠并固着在肠黏膜上，再钻入肠腺，经 4 次蜕皮，发育为成虫。

③发育时间。虫卵发育为感染性虫卵约需 3 周，感染性虫卵发育为成虫需 40～50 d。

④成虫寿命。成虫的寿命为 4～5 个月。

2. 实验室诊断

根据流行病学、临床症状、病理变化和粪便检查(漂浮法)综合确诊。粪检若查出虫卵(呈腰鼓状，两端有塞状结构，卵壳厚，外壳光滑、棕黄色)即可确诊。

三、防制要点

1. 治疗

(1)敌百虫 按 100 mg/kg 体重，拌料喂服或灌服。

(2)驱虫净(噻咪唑) 按 25 mg/kg 体重，口服；或配成 3%～10%浓度，15～20 mg/kg 体重，肌内注射。

(3)丙硫苯咪唑 按 20 mg/kg 体重,口服,36 h 后即可排虫。

(4)左旋咪唑 按 7.5 mg/kg 体重,口服或肌内注射。

(5)羟嘧啶 按 2～4 mg/kg 体重,溶于水后灌服(严禁注射)。

2. 预防

(1)定期驱虫 仔猪断乳时应驱虫 1 次,经 1.5～2 个月再驱虫 1 次。

(2)加强饲养管理 平时要保持环境卫生,定期给猪舍消毒,减少虫卵污染的机会;定期消毒或铲去一层表土,换新或用生石灰消毒。从外地引猪,应进行本病虫卵的检查。

(3)加强粪便管理 将粪便沤制发酵,以消灭虫卵。

子任务四　旋毛虫病的防制

旋毛虫病是由毛形科毛形属的旋毛虫寄生于多种动物和人引起的一种人畜共患病。成虫寄生于哺乳动物小肠,称为肠旋毛虫;幼虫寄生于肌肉组织,称为肌旋毛虫。该病可致人死亡,是肉品卫生检验项目之一,在公共卫生上具有重要意义。

一、发病特点

1. 流行病学

(1)感染源 患病或带虫猪、犬、猫、鼠等动物。

(2)感染途径 经口感染。猪感染旋毛虫主要是由于吞食了老鼠。动物尸体、蝇蛆、步行虫均可成为感染源。用生的病肉屑、洗肉水和含有病肉的废弃物喂猪都可引起旋毛虫的感染。人感染旋毛虫病多与食用腌制与烧烤不当的猪肉制品有关。切过生肉的菜刀、砧板均可能黏附有旋毛虫的包囊,也可能污染食品而造成食源性感染。

(3)易感动物 包括人、猪、鼠、犬、猫、熊、狐、狼、貂和黄鼠狼等近 50 种动物,以及许多昆虫,如蝇蛆和步行虫等。

(4)繁殖力 旋毛虫病属世界性分布。繁殖能力强,1 条雌虫能产出 1 000～10 000 条幼虫。

(5)抵抗力 包囊幼虫的抵抗力很强,在－20 ℃时可保持生命力 57 d,高温 70 ℃才能杀死;盐渍和熏制品不能杀死肌肉深部的幼虫;在腐败肉里能活 100 d 以上。

2. 临床症状

猪初感染时往往不显病状,严重感染时,初期有食欲不振、呕吐和腹泻病状,随后出现肌肉疼痛、步伐僵硬,呼吸和吞咽亦有不同程度的障碍,有时眼睑、四肢水肿,很少死亡,病状可自行恢复。

人的旋毛虫病病状明显。成虫侵入肠黏膜时引起肠炎,严重时出现带血性腹泻。幼虫进入肌肉,特征为急性肌炎、发热和肌肉疼痛,同时出现吞咽、咀嚼、行走和呼吸困难,眼睑水肿,食欲不振,极度消瘦。严重感染时多因呼吸肌麻痹、心肌及其他脏器的病变和毒素的刺激而引起死亡。早期移行期白细胞总数增多,但外周血液中嗜酸粒细胞显著增多是人体旋毛虫病最常见的特征之一。

3. 病理变化

成虫可引起肠黏膜出血、发炎和绒毛坏死。幼虫移行时引起肌炎、血管炎和胰腺炎，在肌肉定居后引起肌细胞萎缩、肌纤维结缔组织增生。

二、诊断

1. 病原

(1)形态结构 旋毛虫成虫细小，前部较细，后部较粗。雄虫长 1.4～1.6 mm，尾端有泄殖孔，无交合伞和交合刺，有两个呈耳状悬垂的交配叶。雌虫长 3～4 mm，阴门位于身体前部的中央，胎生。幼虫长 1.15 mm，蜷曲并形成包囊，呈圆形、椭圆形或梭形(图 2-23 至图 2-25)。

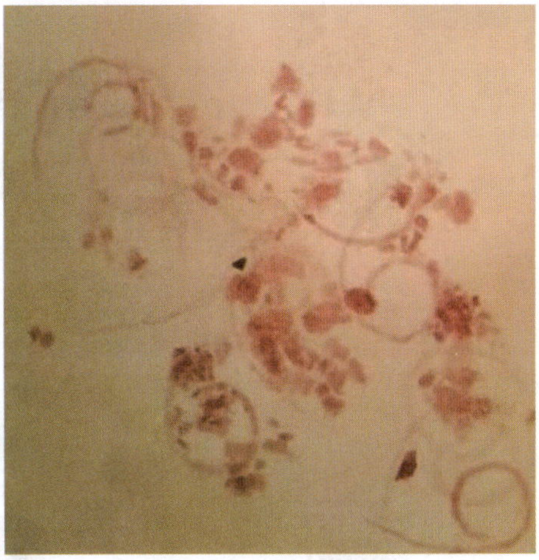

图 2-23 旋毛虫幼虫

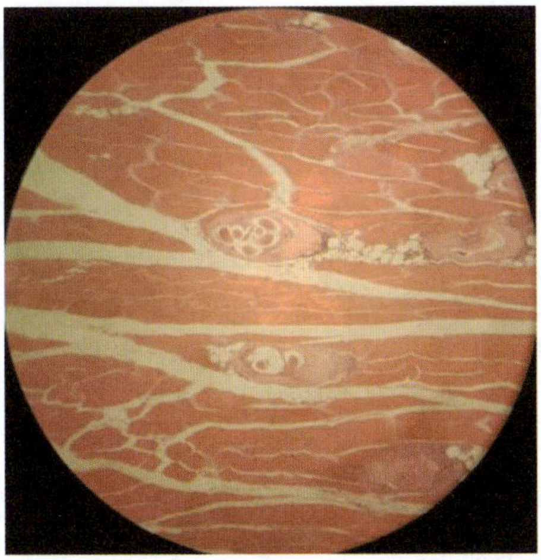

图 2-24 肌肉组织间的包囊

图 2-25 放大后的包囊

(2)生活史(图 2-26)

①宿主。宿主范围广，包括人、猪、鼠、犬、猫、熊、狐、狼、貂和黄鼠狼等近 50 种动物。成虫与幼虫可寄生于同一宿主。动物和人感染时，先为终末宿主，后成为中间宿主。

②发育过程。终末宿主因摄食了含有包囊幼虫的动物肌肉而受感染。包囊在宿主胃内被溶解，幼虫释出，经两昼夜发育为成虫。在小肠内雌雄虫交配后，雄虫死亡，雌虫钻入肠腺或肠黏膜下淋巴间隙产出大量幼虫。幼虫随淋巴经胸导管、前腔静脉入心脏，然后随血液循环散布到全身，只有到达横纹肌的幼虫才能继续发育。在感染后 17～20 d，肌肉内的幼虫开始蜷曲，周围逐渐形成包囊，7～8 周包囊完全形成，此时的幼虫具有感染力。每个包囊一般只有 1 条虫体，偶有多条。到 6～9 个月，包囊从两端向中间钙化，全部钙化后虫体死亡。否则幼虫可长期生存，保持生命力可达 25 年之久。

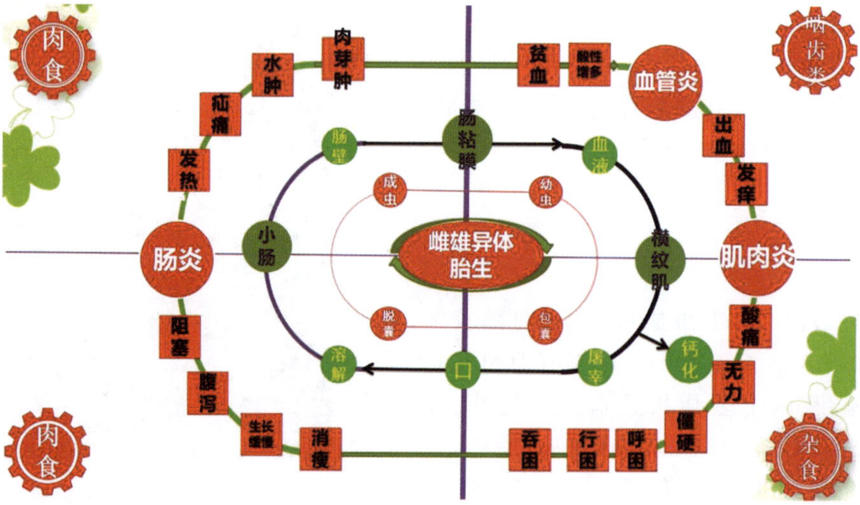

图 2-26 旋毛虫生活史

2. 实验室诊断

生前诊断困难，可采用间接血凝试验和酶联免疫吸附试验等免疫学方法。目前国内已有快速诊断试剂盒。死后诊断可用肌肉压片法和消化法检查幼虫。肌肉压片法操作如下。

(1)主要设备和试剂 剪刀、旋毛虫检验器、显微镜。

(2)操作流程

①取样。从猪的左右膈肌取样，切小块。

②肉眼观察。撕去肌膜与脂肪，肉眼观察有无可疑的旋毛虫病灶——针尖大小、露滴状、半透明。

③压片镜检。从肉样不同部位切取 24 小块(麦粒大小)，用旋毛虫检验器压片镜检。

④结果判定。若 24 小块中有一个旋毛虫则不能食用，经高温处理才可食用。

(3)注意事项

①肌肉活组织检查。感染后第 4 周取三角肌或腓肠肌(肌痛最显著的部位)一小片，置两玻璃片中压成薄片，低倍显微镜下观察，可见蜷曲活动的幼虫。

②肌肉活检受摘取组织局限性的影响，感染早期及轻度感染者不易检出幼虫。

③将患者吃剩下的肉或带肉馅的食品，用压片法检查包囊，消化法分离包囊和动物接种。

④早期移行期白细胞总数增多，但外周血液中嗜酸粒细胞显著增多是人体旋毛虫病最常见的指征之一。

⑤我国旋毛虫病酶联免疫吸附试验快速诊断试剂盒已经商品化。

三、防制要点

1. 治疗

丙硫苯咪唑为首选药物，一般于服药后 2～3 d 体温下降，肌痛减轻，浮肿消失。

2. 预防措施

(1)卫生教育 加强健康教育宣传，使群众了解本病的传播途径及其危害性，把好“病从口入”关，不吃生的或半熟的肉类，刀和菜板要生熟分开，注意个人卫生及饮食卫生，养成饭前便后洗手的习惯。

(2)加强肉品检验 家畜集中屠宰，加强肉品检验，加强废弃物的无害化管理。

(3)消灭传染源 治疗患者、病畜,减少传染源。

(4)切断传播途径 禁止用生肉喂猫、犬等动物;流行地区猪只不能放牧,不用生废肉屑和含有生肉屑的泔水或垃圾喂猪。

(5)控制易感动物 长期坚持灭鼠工作。

任务三 猪绦虫病的防制

子任务一 猪囊尾蚴病的防制

猪囊尾蚴病是由猪带绦虫的幼虫(猪囊尾蚴)寄生于猪或人体内所引起的一种人畜共患寄生虫病,又称猪囊虫病。有该寄生虫的猪肉,俗称"豆猪肉"或"米猪肉"。猪囊尾蚴病在公共卫生上占有重要地位,是我国重点防制的寄生虫病,不但影响猪的健康,而且对人的健康造成严重危害,是肉品卫生检验的重要项目之一。

一、发病特点

1. 流行病学

(1)感染源 猪带绦虫病人和囊尾蚴病猪。

(2)感染途径 经口感染。

猪食入病人的粪便或被粪便污染的饲料、饮水而感染。

人感染囊尾蚴的途径有两种:异体感染(外源性感染)和自体感染。异体感染是食入了被虫卵污染的食物而感染;自体感染是患者食入自己排出的粪便中的虫卵而造成的感染,或是因患者恶心、呕吐引起肠管逆蠕动,使肠中的孕节返入胃或十二指肠中,孵出六钩蚴而造成的感染。异体感染为主要感染方式。

(3)易感对象 猪、人。

(4)繁殖力 绦虫或患者每月可排出200多卵节片,可持续数年甚至20余年。每个节片含虫卵3万~5万个。

(5)抵抗力 虫卵在外界抵抗力较强,一般能存活1~6个月。

(6)流行特点 猪带绦虫在全世界分布广泛,主要流行于发展中国家。在我国主要分布在东北、华北、中原和西南的某些地区,北方各省较多,长江流域较少,有的地方呈局限性流行或散在发生。

2. 临床症状

猪囊尾蚴寄生在脑时可引起神经障碍。寄生在肌肉时,一般不表现明显的致病作用;大量寄生时,可能造成生长迟缓,发育不良,贫血和肌肉肿胀。寄生于眼结膜下组织或舌部时,可见豆状肿胀。重症病猪可见呼吸困难或声音嘶哑、打呼噜;视力减退,眼神痴呆,呈醉酒状等;两肩外张,臀部异常肥胖而呈哑铃形或狮体状体形。

人患猪带绦虫病时,表现肠炎、腹痛、肠痉挛和神经症状。猪囊尾蚴寄生于脑时,出现头痛、眩晕、恶心、呕吐、癫痫、记忆力减退和消失,严重者可致死亡。寄生在眼时可导致视力减弱,甚至失明。寄生于皮下或肌肉组织时肌肉酸痛无力。

3. 病理变化

剖检可见咬肌、腰肌、骨骼肌及心肌有乳白色椭圆形的猪囊尾蚴。

二、诊断

1. 病原

(1)形态结构

猪囊尾蚴的成虫为猪带绦虫，又叫有钩绦虫、链状带绦虫，寄生于人体的小肠内。成虫扁平带状，分为头节、颈节和链体 3 部分。头节粟粒大，近球形，有 4 个吸盘和 1 个顶突。顶突在头节的顶端，具有角质小钩，排成大小相同的两圈，内圈的钩较大，外圈的钩稍小；头节下为颈节，细长狭小，下接链体，有节片 800～900 片。未成熟节片宽而短，成熟节片长宽几乎相等，呈四方形，孕卵节片则长度大于宽度。每节片边缘各有一个生殖孔，不规则地排列于链体两侧。每节片具雌、雄性生殖器官各一套。睾丸呈滤泡状，150～200 个，分布在节片两侧。卵巢分三叶，位于节片中后部，两侧叶大，中间一叶较小。孕节中除充满虫卵的子宫外，其他器官均退化。孕卵节片内子宫由主干分出 7～13 对侧枝。每一孕节含虫卵 3 万～5 万个，孕节单个或成段脱落(图 2-27 至图 2-29)。

囊尾蚴呈囊状，又称猪囊虫。成熟的猪囊虫呈椭圆形，长 8～18 mm，宽 5 mm，呈白色半透明状，内有白色头节 1 个，上有 4 个吸盘和有小钩的顶突。囊尾蚴的大小与形态因寄生部位的不同而不同。

虫卵呈球形，大小为 31～43 μm；卵壳两层，外层薄、无色透明，且易脱落；内为胚膜，棕黄色，厚而坚固，内有 1 个六钩蚴(图 2-30)。

图 2-27　一条猪带绦虫

图 2-28　猪带绦虫

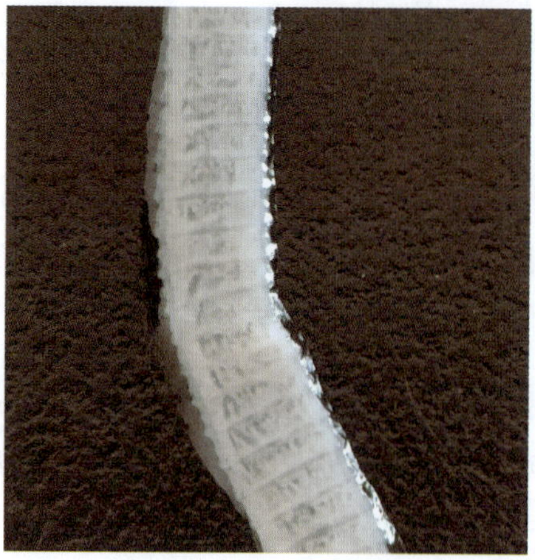

图 2-29　猪带绦虫的节片

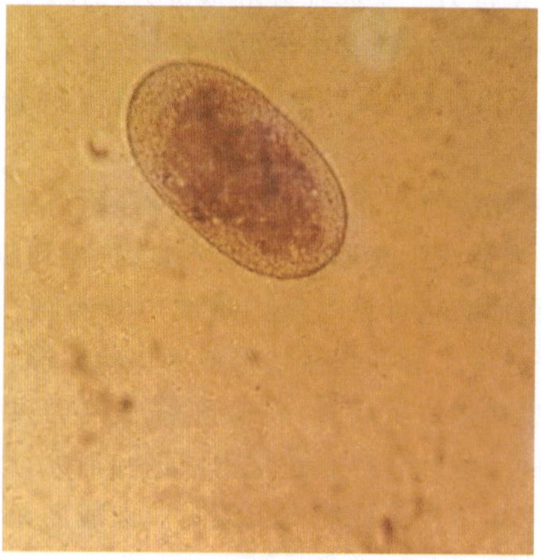

图 2-30　猪带绦虫的虫卵

(2)生活史(图 2-31)

①中间宿主。猪或人。

②终末宿主。人。

③发育过程。猪带绦虫寄生于人的小肠中,其孕卵节片脱落后随人的粪便排出体外,孕卵节片在直肠或外界由于机械作用破裂而散出虫卵,污染地面、食物和饮水等,猪吞食孕卵节片或虫卵而感染。节片或虫卵经胃肠消化液的作用而破裂,六钩蚴逸出,钻入肠黏膜的血管或淋巴管内,随血流到达猪体的各部组织中,主要是横纹肌内,发育为成熟的猪囊尾蚴。人吃入含有猪囊尾蚴的病肉而感染。猪囊尾蚴在胃液和胆汁的作用下,于小肠内翻出头节,用其小钩和吸盘固着于肠黏膜上发育为成虫。一般只寄生 1 条,偶有数条。

④发育时间。在猪体内,虫卵发育为囊尾蚴需 2 个月;在人小肠内,幼虫发育为成虫需 2~3 个月。

⑤成虫寿命。在人的小肠内可存活 25 年之久。

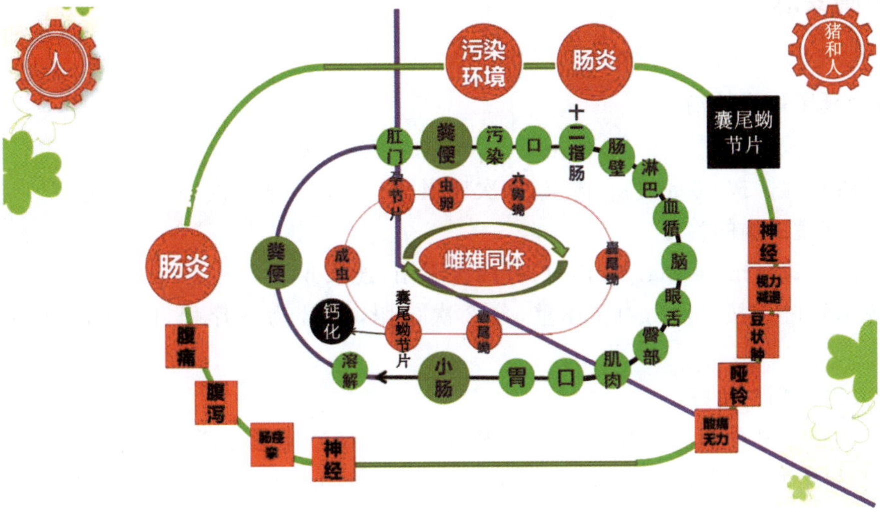

图 2-31 猪带绦虫的生活史

2. 实验室诊断

生前诊断比较困难,对感染严重的猪可以用"听、看、检"的方法进行检查,即听病猪的呼吸声,有无打呼噜或声音嘶哑;看猪体外形是否呈哑铃形或狮体状体形;检查猪眼结膜和舌根部有无因猪囊尾蚴引起的豆状肿胀,可作为生前诊断的依据。一般只有在宰后检验时才能确诊。血清学诊断方法已经被应用于猪囊尾蚴病的诊断上。人猪带绦虫病可通过粪便检查发现孕卵节片和虫卵确诊。间接血凝试验具体操作如下。

(1)主要设备和试剂 96 孔(12×8)"V"型底微量血凝板、微量移液器、诊断液、致敏血球悬液、非致敏血球悬液、阳性对照高免血清、阴性对照血清、磷酸缓冲液(PB 或 PBS)。

(2)操作流程

①血清采集。通过耳静脉采集血液,离心得血清备用。

②操作方法。试验在 96 孔(12×8)"V"型底微量血凝板上进行,被检血清为一排,阳性和阴性对照血清各一排,每排最后一孔为空白对照,事先每孔顺序加入稀释液 1 滴(0.05 mL)。然后分别用移液器吸取血清 1 滴(0.05 mL)于每排第一孔,按倍比进行稀释后改用 0.025 mL 滴管,每孔加入 1%致敏血球悬液 0.025 mL,振摇混合 2~3 min,加盖平放在室温(25 ℃左右)中

2～3 h 后观察结果。

③判断标准。

红细胞呈均匀薄层平铺孔底，周边皱缩或呈圆圈状，为“＋＋＋＋”。

红细胞呈均匀薄层平铺孔底，似毛玻璃状，为“＋＋＋”。

红细胞平铺孔底，中间有小量红细胞集中的小点，为“＋＋”。

红细胞大部分沉于孔底中心，但边缘稀疏的膜样凝集，为“＋”。

红细胞全部沉于孔底中心，边缘光滑呈圆点状，为“－”。

(3)注意事项

①被检血清必须新鲜。

②诊断液的保存。在 4 ℃冰箱中保存，有效期不少于 6 个月，不能冻结，使用前必须充分摇匀，如发现颗粒则不应使用。

三、防制要点

1. 治疗

(1)对猪囊尾蚴病的治疗

①吡喹酮。按 30～60 mg/kg 体重，每天 1 次，连服 3 d。

②丙苯硫咪唑。按 30 mg/kg 体重，一次口服，隔 48 h 再服 1 次，共服 3 次。

(2)对人脑囊虫病的治疗

①吡喹酮。每日按 20 mg/kg 体重，分两次服用，连服 6 d。

②丙硫苯咪唑。按 20 mg/kg 体重，分 2 次口服，15 d 为一疗程，间隔 15 d，至少服 3 个疗程。

(3)对人绦虫病的治疗

①南瓜籽和槟榔合剂。南瓜籽 50 g，槟榔片 100 g，硫酸镁 30 g。南瓜籽炒后去皮磨碎，槟榔片作成煎剂，晨空腹先服南瓜籽粉，1 h 后再服槟榔煎剂，0.5 h 后服硫酸镁。应多喝白开水，服药后 4 h 可排出虫体。

②用仙鹤草根芽晒干粉碎，成人 25 g，晨空腹一次服下。

③氯硝柳胺(灭绦灵)，成人用量 3 g，晨空腹分两次服下，药片嚼碎后用温水送下，否则无效，间隔 0.5 h 再服另一半，1 h 后服硫酸镁。

人驱虫后应检查排出的虫体有无头节，如无头节，虫体还会生长。

2. 预防措施

采取驱除人体绦虫，消灭传染源，切断传播途径的“查、驱、检、管、灭”的综合性对策和措施。

(1)驱除人体绦虫，消灭囊虫 在绦虫病发生地区以村为单位，逐户进行普查，对查出的绦虫病患者应及时进行驱虫治疗。以驱出完整绦虫虫体并有头节方为驱虫成功。此外，应积极开展对猪的检查和治疗。

(2)加强肉类食品卫生检疫 定点集中屠宰，加强市场肉食品及集贸市场检疫工作，病猪肉必须经过严格的处理或销毁，杜绝囊虫猪肉进入市场销售。

(3)加强粪便管理 修建卫生厕所，实行猪圈养，防止猪吞食人粪中的虫卵。教育群众不随地大小便，人畜粪便经厌氧或高温发酵无害化处理后再施肥，杀灭虫卵，切断猪的感染途径。

(4)卫生防护 加强卫生宣传教育，增强群众的自我保健意识，注意个人卫生及饮食卫生，养成饭前便后洗手的习惯。肉制品应熟透后食用，切生肉及熟食的刀、板要分开使用。

子任务二 猪细颈囊尾蚴病的防制

细颈囊尾蚴病是泡状带绦虫的幼虫，寄生于猪、绵羊、山羊、黄牛等多种家畜及野生动物的肝脏浆膜、大网膜及肠系膜等腹腔内所引起的疾病，主要特征为腹痛、出血性肝炎。细颈囊尾蚴病可以影响仔猪的生长发育和增重，也可因屠宰失重和胴体品质降低而导致巨大的经济损失。

一、发病特点

1. 流行病学

(1)感染源 发病或带虫的猪、牛、羊等中间宿主。

(2)感染途径 经口感染。猪、牛、羊等中间宿主食入被感染性虫卵污染的牧场、饲料和饮水等而感染。

(3)易感动物 猪、牛、羊等，以猪感染普遍。

(4)抵抗力 细颈囊尾蚴对幼畜致病力强，尤其以仔猪、羔羊与犊牛为甚。

(5)流行特点 本病分布广泛，凡有犬分布的地方，都有牲畜感染细颈囊尾蚴。我国各地普遍流行，尤其是猪，感染率为50%左右，个别地区高达70%，且大、小猪只都可感染。由于感染泡状带绦虫的犬、狼等动物的粪便中排出绦虫的节片或虫卵，污染了牧场、饲料和饮水而使猪等中间宿主感染。每逢农村宰猪或牧区宰羊时，凡不宜食用的废弃内脏便丢弃在地，任犬吞食而感染。

2. 临床症状

多呈慢性经过，大猪一般无明显症状；细颈囊尾蚴病对幼畜致病力强，尤其以仔猪、羔羊与犊牛为甚；仔猪出现急性出血性肝炎和腹膜炎症状，体温升高，腹部因腹水或腹腔内出血而增大；耐过者生长发育受阻，但多数仅表现虚弱，消瘦。

3. 病理变化

六钩蚴由肝实质向肝包膜移行时，引起急性出血性肝炎，可见肝脏肿大，表面有很多小结节和出血点，实质中有虫道。当幼虫最后到达大网膜、肠系膜或其他浆膜发育时，可引起局限性或弥散性腹膜炎。严重感染时，引起胸膜炎或肺炎；在腹腔内有大量带血色的渗出液和幼虫。慢性病例，肠系膜、大网膜和肝脏表面有大小不等的水铃铛。

二、诊断

1. 病原

(1)形态结构 细颈囊尾蚴俗称“水铃铛”，呈乳白色、囊泡状，大小不等，可达鸡蛋大或更大。囊壁上有一乳白色头节，囊内含透明液体。脏器中的囊体，常被一层宿主组织产生的厚膜所包围，故不透明，易与棘球蚴相混淆。

泡状带绦虫呈乳白色或淡黄色，体长可达5 m，头节稍宽于颈节，顶突上有26～46个小钩，排成两圈；前部的节片宽而短，向后逐渐加长，孕节的长度大于宽度。孕节子宫每侧有5～16个粗大分支，每支又有小分支，全被虫卵充满。

虫卵近似椭圆形，内含六钩蚴，大小为(36～39)μm×(31～35)μm。

(2)生活史

①中间宿主。猪、牛、羊和骆驼等。

②终末宿主。犬、狼等食肉动物。

③发育过程。成虫寄生于终末宿主的小肠中，孕卵节片随粪便排出体外，散出虫卵，污染草地、饲料和饮水，中间宿主采食时受到感染，在消化道内六钩蚴逸出，并钻入肠壁，随血液到达肝实质，再由肝实质移行到肝脏表面，进入腹腔，附在肠系膜、大网膜等处发育成细颈囊尾蚴。含有细颈囊尾蚴的脏器被狗等终末宿主吞食后，细颈囊尾蚴在其小肠内翻出头节，附着在肠壁上发育为成虫。

④发育时间。虫卵发育成细颈囊尾蚴需要 2～3 个月；细颈囊尾蚴经 51 d 发育为成虫。

⑤成虫寿命。成虫在犬的小肠可生存一年之久。

2. 实验室诊断

本病生前诊断比较困难，可用血清学方法诊断；尸体剖检时发现虫体即可确诊。肝脏中的细颈囊尾蚴应注意与棘球蚴相区别，前者只有一个头节，且囊壁薄而透明，后者囊壁厚而不透明。皮内变态实验具体操作如下。

(1)主要设备和试剂　兽用注射器、游标卡尺、囊液、生理盐水。

(2)操作流程

①囊液采集。从宰后检验无病的猪只中摘取白色、透明的新鲜囊泡置于冰箱中冻存。

②解冻注射。将冰箱冻存的细颈囊尾蚴，解冻后，用消毒好的兽用注射器吸细颈囊尾蚴的透明囊液，在猪耳背侧无血管处用 75%的酒精消毒后，用皮内注射针头或兽用 22 号(人用 6～7 号)针头进行皮内注射，每头注射剂量为 1 mL，注射部位呈黄豆大隆起，中间皮肤略有发白为准。

③观察测定。注射后 2～3 min 开始进行观察，连续观察 3 次。

④对照。在另一边耳背侧处注射等量的生理盐水作对照。

⑤ 结果判定。在注射后 2～3 min，注射部位表皮呈直径 1～1.5 cm 紫红色变化者判为阳性反应；注射部位无反应，表皮无紫红色变化的为阴性反应；注射部位稍有点充血性微红色变化者为可疑(±)。

(3)注意事项

①此方法经济简便，适于广大基层用于临床诊断和普查，有较高的应用价值。

②皮内注射囊液未发现任何不良反应和副作用。

③囊壁半透明、囊液清纯，若囊壁增厚、囊内有血丝、囊液呈红黄色、液体黏稠者均不能使用。

④吸取囊液注射时，注射用具要严格消毒。

⑤注射时，必须直接插入囊内吸取抗原囊泡液，注射一定要准确，在皮内进行，否则会直接影响诊断效果。囊液注射皮内时，阻力较大，隆起慢，注射处皮肤中间迅速发白；而囊液进入皮下时，阻力小，注射处皮肤无变化。因此，要求试验人员必须熟练掌握皮内注射操作技术。

三、防制要点

1. 治疗

(1)吡喹酮　按 50 mg/kg 体重，与液体石蜡按 1∶6 比例混合研磨均匀，分两次间隔 1 天深部肌内注射，可全部杀死虫体。

(2)硫双二氯酚　按 0.1 g/kg 体重，喂服。

2. 预防措施

本病重在预防，而不是治疗。

(1)禁止犬类进入屠宰场，禁止把含细颈囊尾蚴的脏器丢弃喂犬。

(2)防止犬进入猪舍,避免饲料、饮水被犬粪便污染。

(3)对犬定期驱虫,捕杀野犬。

任务四 猪原虫病的防制

子任务一 猪弓形虫病的防制

弓形虫病是由刚地弓形虫寄生于动物和人有核细胞中所引起的一种人畜共患疾病。该病对家畜和孕妇以及免疫功能缺陷者的危害严重,主要以神经、呼吸及消化系统症状为特征。

一、发病特点

1. 流行病学

(1)感染源 带有弓形虫滋养体、包囊和假囊的病人、病畜及带虫动物,或病猫排出的卵囊及被卵囊污染的土壤、水源、饲料、牧草或食具。猫是最重要的传染源。

(2)感染途径 经黏膜和胎盘感染。主要经口、鼻、咽、呼吸道黏膜、眼结膜感染,以及胎儿在母体经胎盘而感染;经损伤的皮肤和黏膜也可以传染;节肢动物携带卵囊也具有一定的传播意义。

(3)易感动物 人类和各种家畜(如猫、犬、兔、猪、牛、羊)以及 200 余种哺乳动物、70 种鸟类、5 种爬行动物和一些节肢动物。其中人类中胎儿、婴幼儿、肿瘤和艾滋病患者最易感染;家畜中猪和羊最易感染。

(4)繁殖力 弓形虫一天可排出 1 000 个卵囊,排囊可持续 10～20 d。

(5)抵抗力 卵囊对外界抵抗力较大,对酸、碱、消毒剂均有相当强的抵抗力,室温下可生存 3～18 个月,5 ℃下可存活 120 d,－20 ℃下为 60 d,猫粪内可存活 1 年;对干燥和热的抗力较差, 80 ℃下 1 min 即可杀死,因此加热是防止卵囊传播最有效的方法。在免疫功能正常的机体,包囊在宿主体内可存活数月、数年,甚至终身不等;当机体免疫功能低下或长期应用免疫抑制剂时,可以继续发育繁殖。

(6)流行特点 刚地弓形虫是一种机会致病性原虫,本病在全世界广泛存在和流行。弓形虫感染与饮食习惯、生活条件、接触猫科动物、职业因素有关。人弓形虫的感染率一般是温暖潮湿地区比寒冷干燥地区高。家畜弓形虫病一年四季均可发病,以夏秋季居多(每年的 5—10 月),常形成局部暴发流行,严重影响畜牧业发展,也威胁人类健康。

2. 临床症状

(1)猪 弓形虫病主要引起神经、消化及呼吸系统的症状。急性猪弓形虫病高热稽留,在 40～42 ℃之间,食欲减退、异嗜、精神委顿、喜卧;被毛蓬乱无光泽,尿液橘黄色,粪便干燥,呈暗红色或煤焦油色;呼吸困难,呈腹式或犬坐姿势呼吸;皮肤有紫斑,体表淋巴结肿胀。怀孕母猪高热、废食、精神委顿、昏睡,产出死胎、流产、畸形怪胎。猫感染此病后,通常无明显症状。

(2)人类 人弓形虫病有先天性和获得性两种。先天性弓形虫病只发生于初孕妇女,经胎盘血流传播。受染胎儿或婴儿多数表现为隐性感染。急性感染主要表现为呼吸困难、咳嗽,并伴有鼻漏、高烧、体表淋巴结肿大、腹部皮肤及耳部出现淤血斑等症状;也可造成孕妇流产、早产、畸胎或死产,尤以早孕期感染,畸胎发生率高。淋巴结肿大是获得性弓形虫病最常见的临床类型,多见于颌下和颈后淋巴结。获得性弓形虫病可因虫体侵袭部位和机体反应性而呈现不同的临床表现，因而无特异症状，须与相关疾病鉴别。

3. 病理变化

急性病例多见于年幼动物，出现全身性病变。淋巴结、肝、肺和心脏等器官肿大，有许多出血点和坏死灶（图 2-32、图 2-33）。肾脏黄褐色，常见针尖大出血点或坏死灶（图 2-34）。肠道重度充血，肠黏膜可见坏死灶，腹腔积液（图 2-35）。慢性病例多可见内脏器官水肿，并有散在的坏死灶。

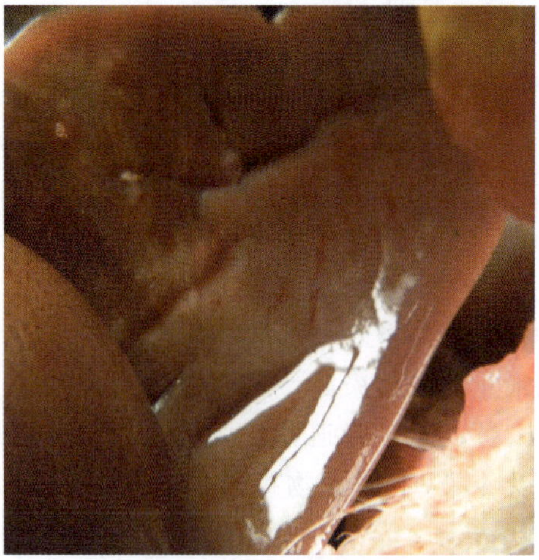

图 2-32　肝脏坏死点

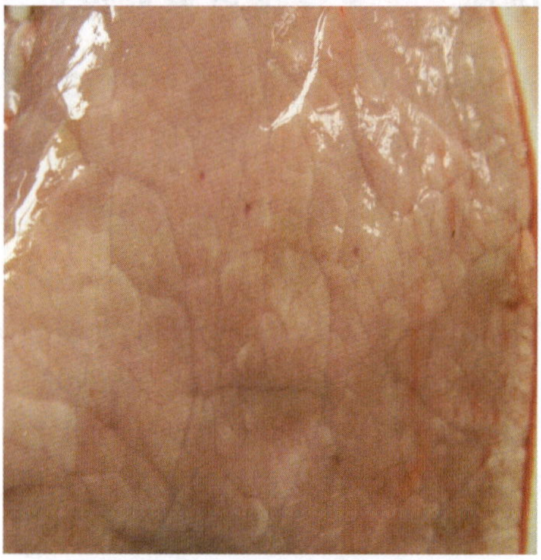

图 2-33　肺脏出血点

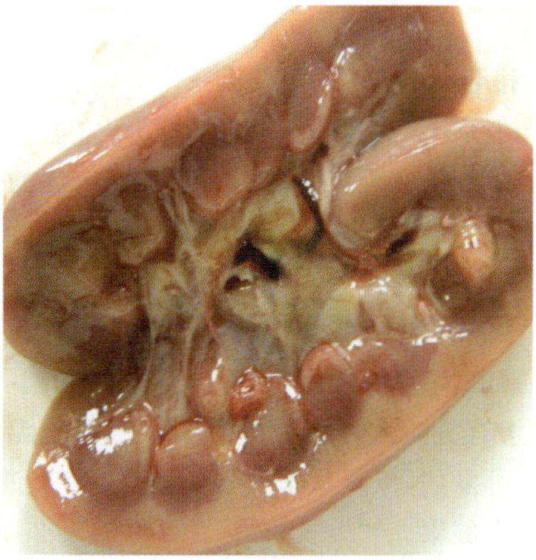

图 2-34　肾脏颜色变浅，肾盂出血

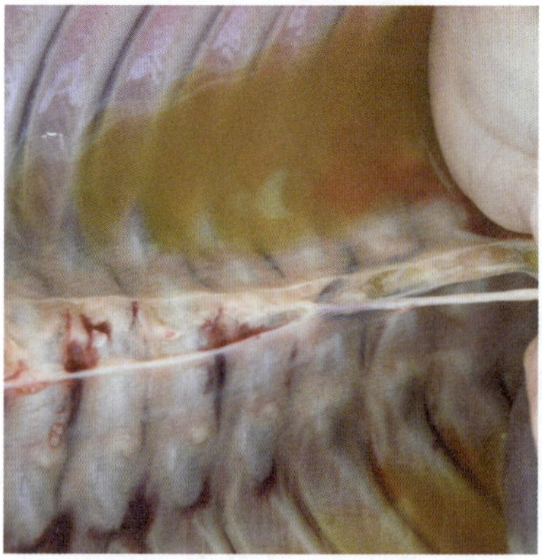

图 2-35　腹腔少量积液

二、诊断

1. 病原

(1)形态结构　刚地弓形虫是一种多宿主寄生虫，有 5 种不同形态的阶段，即滋养体、包囊、裂殖体、配子体和卵囊。滋养体和包囊出现在中间宿主体内，裂殖体、配子体和卵囊出现在终宿主猫体内。

①滋养体（速殖子）。主要出现于急性病例的腹水中，以二分裂法增殖。虫体呈弓形或月牙

形，一端较尖，一端钝圆；一边扁平，另一边较膨隆；长 4～7 μm，宽 2～4 μm；经吉氏染色或瑞氏染色后，胞浆呈蓝色，胞核呈紫红色，核位于虫体中央。数个至十多个虫体聚集在宿主细胞内形成假包囊；当胞膜破裂，速殖子释出，随血流至其他细胞内继续繁殖。

②包囊。见于慢性病例的脑、骨骼肌、心肌和视网膜等处；呈圆形或椭圆形，直径 5～100 μm，具有一层富有弹性的坚韧囊壁；囊内滋养体称缓殖子，可不断增殖，内含数个至数百个虫体，在一定条件下可破裂，缓殖子重新进入新的细胞，形成新的包囊，可长期在组织内生存。

③裂殖体。见于终末宿主猫小肠绒毛上皮细胞内，呈长椭圆形，内含 4～29 个裂殖子；裂殖子呈新月状，前尖后钝(图 2-36)。

④配子体。见于终末宿主。一部分游离的裂殖子形成配子体，进而发育为大小配子体(雌雄配子体)。大小配子体发育为大小配子，大小配子受精结合为合子，而后发育成卵囊。

⑤卵囊。见于终末宿主猫小肠绒毛上皮细胞内。刚从猫粪排出的卵囊为圆形或椭圆形，大小为 10～12 μm；成熟卵囊含 2 个孢子囊，每个孢子囊内含有 4 个子孢子，呈新月形(图 2-37)。

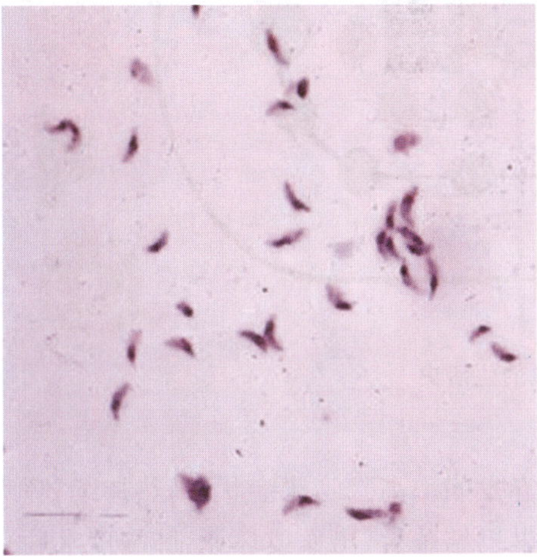

图 2-36 弓形虫的裂殖体

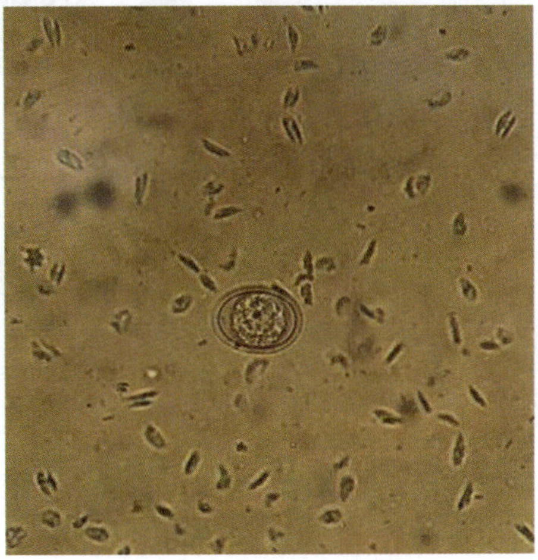

图 2-37 弓形虫的卵囊

(2)生活史(图 2-38)

①中间宿主。哺乳类、鸟类、鱼类、爬行类和人；弓形虫对中间宿主的选择极不严格，对寄生组织的选择也无特异亲嗜性，除红细胞外的有核细胞均可寄生。

②终末宿主。猫和猫科动物。

③发育过程。弓形虫全部发育须经过 3 个阶段。

a. 无性生殖阶段(裂殖生殖法) 此阶段在肠上皮细胞内进行。终末宿主猫吞食带有弓形虫包囊或假包囊的内脏或肉类组织以及食入或饮入被成熟卵囊污染的食物或水而感染。包囊在消化液作用下，速殖子或子孢子在小肠腔逸出，侵入小肠上皮细胞，经 3～7 d 发育，形成多个核的裂殖体，成熟后，细胞破裂，释出裂殖子，侵入新的肠上皮细胞形成第二、三代裂殖体。

中间宿主吃入孢子化卵囊或含有滋养体或包囊的病肉而感染，子孢子、缓殖子或速殖子在肠内逸出，侵入肠壁，进入血或淋巴循环，扩散至全身各器官组织，进入细胞内繁殖，直至细胞破裂，速殖子重行侵入新的组织、细胞，反复繁殖。

b. 有性生殖阶段(配子生殖法) 此阶段在肠上皮细胞内进行。裂殖体经数代增殖后，部分裂殖子发育为大小配子体，进而形成大、小配子，小配子钻入大配子内形成合子，合子周围迅速形成一层被膜，即形成卵囊；卵囊破出进入肠腔，随粪便排出体外。

c. 孢子生殖阶段　此阶段在适宜环境中进行。卵囊随粪便排出体外，在适宜温湿度环境下，经 2～4 d 即发育为具感染性的孢子化卵囊。新鲜卵囊在外界短期发育才具有感染性。

d. 寄生部位　弓形虫在终末宿主猫体内完成有性生殖阶段（同时也进行无性增殖，也兼中间宿主），在中间宿主只能完成无性繁殖阶段，在外界完成孢子生殖阶段。有性生殖只限于在猫科动物小肠上皮细胞内进行，称肠内期发育。无性繁殖阶段可在其他组织、细胞内进行，称肠外期发育。

e. 发育时间　猫从感染到排出卵囊需要 3～5 d；卵囊孢子化需要 2～4 d。

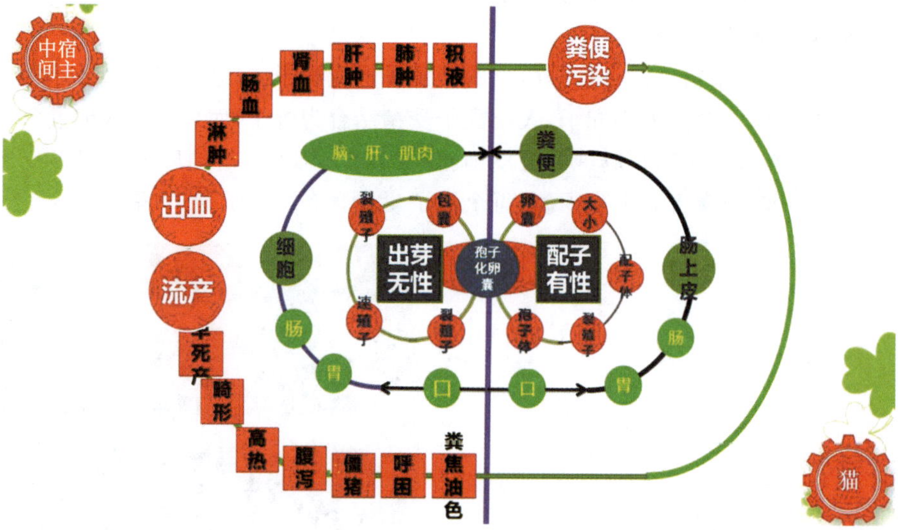

图 2-38　弓形虫的生活史

2. 诊断

根据流行病学资料（宿主范围广，秋、冬季和早春发病率高）、临床症状（高热持续、呼吸困难、皮肤出现紫斑、体表淋巴结肿大）和病理剖检（全身淋巴结肿大、出血或坏死、肺高度水肿）等可作出初步诊断。由于弓形虫病无特异性临床症状，易与多种疾病混淆，故必须依靠病原学和血液学检查结果，方可确诊。

(1)病原学检查(涂片镜检)　生前采用病人、发热期病畜的血液、脑脊髓、眼分泌物、尿、唾液以及淋巴结穿刺液做涂片；死后采取心血、心、肝、脾、肺、脑、淋巴结及胸、腹水等做涂片；经吉姆萨或瑞氏染色，检查有无速殖子。此外，在猫还应收集其粪便，检查是否有卵囊存在。一般是将被检材料，观察其发病情况，并从腹腔液检查速殖子。涂片镜检技术具体操作如下。

①主要设备和试剂。载玻片、显微镜、甲醇、吉姆萨染色液。

②操作流程

a. 样品采集：生前采用病人、发热期病畜的血液、脑脊髓、眼分泌物、尿、唾液以及淋巴结穿刺液；死后采取心血、心、肝、脾、肺、脑、淋巴结及胸、腹水。

b. 涂片制备：取样品液一滴，于洁净的载玻片上，制成涂片，自然干燥，甲醇固定 5 min。

c. 染色镜检：吉姆萨或瑞氏染色，检查有无速殖子。

d. 结果判定：滋养体（速殖子）呈弓形或新月形，一端较尖，一端钝圆，大小为(4～7)μm×(2～4)μm，核在中央，偏于虫体钝圆一端。染色后观察，胞浆呈浅蓝色，有颗粒，核呈深蓝紫色。

③注意事项。在急性病例的腹水中，常见到此种游离的单个虫体。在宿主细胞的胞浆里，可见有滋养体簇集在一个囊内，为之假包囊。慢性病例的脑、眼、骨骼肌中可见有包囊，呈卵圆

形，有较厚的囊膜，囊中有虫体（慢殖子）数十个至数千个，包囊直径 50～60 μm。在猫还应收集其粪便，检查是否有卵囊存在。一般是观察被检材料发病情况，并从腹腔液检查速殖子。

(2)血清学诊断 血清学试验有染色试验、间接血凝试验和酶联免疫吸附试验等。间接红细胞凝集试验（IHA）具体操作如下。

①主要设备和试剂。96 孔 V 型微量血凝板、微量移液器、诊断液、致敏血球悬液、非致敏血球悬液、阳性对照高免血清、阴性对照血清、磷酸缓冲液（PB 或 PBS）。

②操作流程。先将 96 孔 V 型微量血凝板按血清编号，每份被检血清为一排，阳性和阴性对照血清各为一排，每排最后一孔为致敏红细胞空白对照；每孔加入稀释液 25 μL，吸取待检测血清 25 μL，加于每排第一孔，自左至右按次序作倍比稀释。同时做阴、阳性对照，每孔滴加致敏血球悬液 25 μL，滴好后用微型振荡器或以指尖轻轻拍匀，在 25 ℃左右恒温箱内静置 2～3 h 即可判读结果。

③凝集反应强度

“＋＋＋＋”：红血球呈均匀薄层平铺孔底，周边皱缩或呈圆圈状。

“＋＋＋”：红血球呈均匀薄层平铺孔底，似毛玻璃状。

“＋＋”：红血球平铺孔底，中间有少量的红血球集中的小点。

“＋”：红血球大部分沉于孔底中心，周围有轻微的凝集小点。

“－”：红血球全部沉于孔底中心，边缘光滑呈圆点状。

④判断标准。“＋＋”以上判为凝集反应即为阳性，血清凝集价在 1∶64 以上为阳性；大于或等于 1∶32 而小于 1∶64 为可疑；1∶16 以下为阴性；可疑血清再经 4～5 d 采血复检，其凝集价在 1∶64 以上为阳性，否则判为阴性。

⑤注意事项

a. 被检血清必须新鲜。

b. 诊断液的保存：在 4 ℃冰箱中保存，有效期不少于 6 个月，不能冻结，使用前必须充分摇匀，如发现颗粒则不应使用。

(3)动物接种试验 将肺、肝、淋巴结等组织研碎，加入 10 倍生理盐水和双抗后，室温下放置 1 h，取上清液 0.5～1 mL 接种幼龄小鼠腹腔，1～3 周若小鼠发病，剖杀取腹腔液镜可查到虫体，如为阴性，需传代 2～3 次后再检查。

三、防制要点

1. 治疗

磺胺类药物对弓形虫病有很好的治疗效果，与抗菌增效剂联用，疗效最好。但应注意在发病初期及时用药，否则，虽可使临床症状消失，但不能抑制虫体进入组织形成包囊，使病人或病畜成为带虫者。使用磺胺类药物首次剂量应加倍。用药后 1～3 d，体温即可逐渐恢复正常，需连用 3～4 d。

对于孕妇应首选螺旋霉素，因此药毒性较小，口服剂量 2～3 g/d，分 4 次服用，连用 3～4 周，间隔 2 周，重复使用。

2. 预防措施

本病重在预防，采取综合防制措施。

(1)加强猫的管理 畜舍内灭鼠，严禁养猫，防止猫进入；猫舍及时清扫，使用 55 ℃以上热水或 0.5% 氨水消毒。

(2)加强粪便管理 做好猫粪消毒处理。严防猫粪污染饲料和饮水等。

(3)**流行病学监测** 定期对血清学阳性猪只及时隔离饲养或淘汰，消除感染源。病愈后的猪不能作为种猪。屠宰废弃物必须煮熟后方可作为饲料。

(4)**卫生防护** 儿童不要逗猫，孕妇更不要与猫接触。密切接触家畜的人，如屠宰厂、肉类加工厂、畜牧场的工作人员应定期作血清学检查。培养良好的卫生习惯，饭前便后勤洗手，去除不良饮食习惯，禁食生肉半生肉(−10 ℃15 d，−15 ℃3 d 可杀死虫体)、生乳及生蛋；切生、熟肉的用具应严格分用分放；接触生肉、尸体后应严格消毒，对预防弓形虫感染有重要作用。

(5)疫苗预防有成效，但最大缺点是会在免疫动物体内残留包囊，并在机体免疫力低下时活化。

子任务二　猪球虫病的防制

猪球虫病是由艾美耳科等孢属和艾美耳属寄生于猪肠上皮细胞内，可引起仔猪严重下痢的消化道寄生虫病疾病。成年猪多为带虫者，是本病的传染源。

一、发病特点

1. 流行病学

(1)**感染源** 成年带虫猪、孢子化卵囊污染的饲料和饮水等。

(2)**感染途径** 经口感染。猪等宿主吃入感染性卵囊污染的饲料和饮水等而感染。

(3)**易感动物** 各种品种猪均易感，仔猪出生后即可感染；1～5 月龄猪感染率较高，6 月龄以上的猪很少感染。

(4)**流行特点** 本病多发生于气候温暖、雨水较多的夏秋季节。患其他传染病和肠道线虫病的猪，抵抗力降低，易感染球虫病。球虫是否引起发病，取决于球虫种类、其致病力强弱、感染的数量、宿主的年龄、抵抗力、饲养管理条件及其他外界环境因素。仔猪球虫病主要是由猪等孢球虫引起的。

2. 临床症状

以水样腹泻为特征。病猪排黄色粪便，初为黏性，1～2 d 后排水样稀粪，表现衰弱、脱水、失重，生长发育受阻(图 2-39)。寒冷和缺奶等因素能加重病情。

病变主要在空肠和回肠。肠黏膜有异物覆盖，肠上皮细胞坏死脱落。在组织切片上可见肠绒毛萎缩和脱落，还可见到不同内生性发育阶段的虫体(裂殖体、配子体等)(图 2-40)。

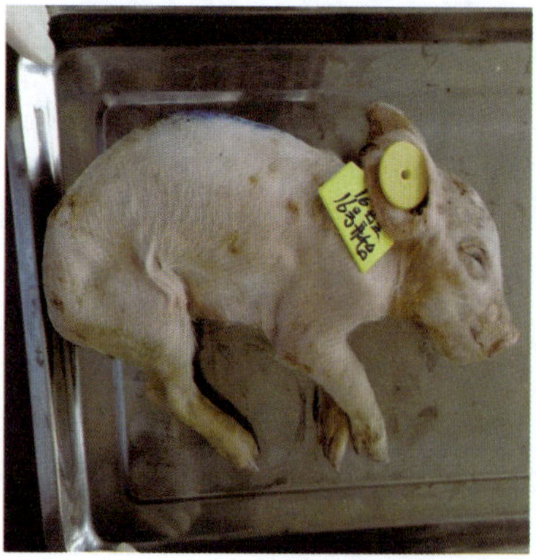

图 2-39　乳猪腹泻，脱水消瘦，被毛粗乱，弓背

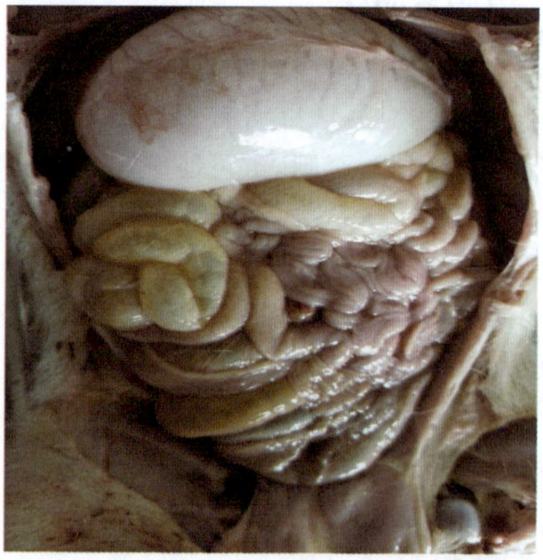

图 2-40　肠道内容物稀薄，含有大量气泡

二、诊断

1. 病原

(1)形态结构 猪球虫有粗糙艾美耳球虫、蠕孢艾美耳球虫、蒂氏艾美耳球虫、猪艾美耳球虫、有刺艾美耳球虫、极细艾美耳球虫、豚艾美耳球虫和猪等孢球虫,其中以猪等孢球虫的致病力最强。猪卵等孢球虫囊呈球形或亚球形,囊壁光滑,无色,无卵膜孔。卵囊的大小为(18.5～23.9)μm×(16.9～20.1)μm,囊内有 2 个孢子囊,每个孢子囊内有 4 个子孢子,子孢子呈腊肠形(图 2-41 至图 2-43)。孢子化最短时间为 63 h,潜隐期为 10～12 d。

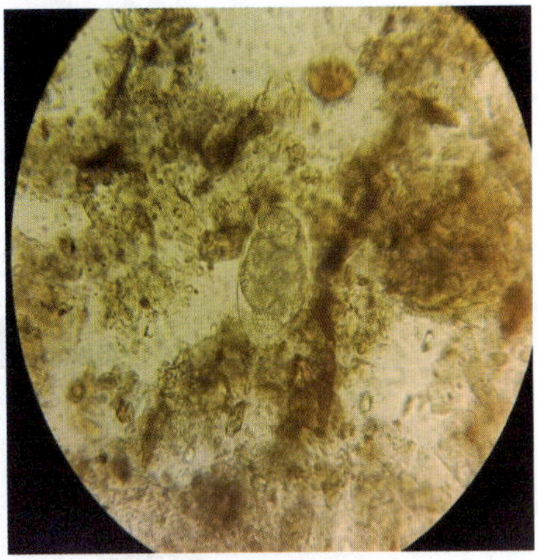

图 2-41 球虫受精卵囊

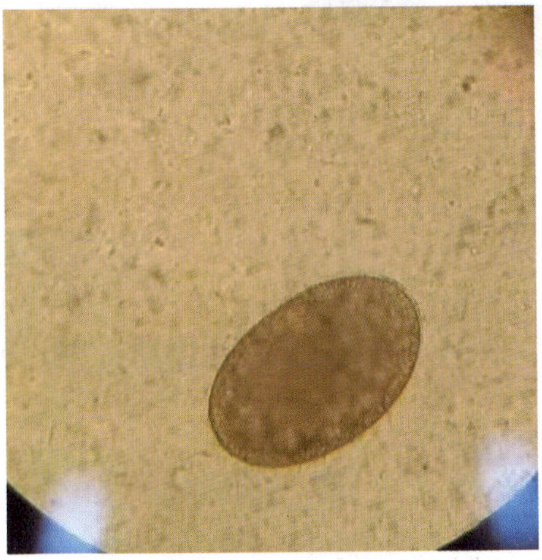

图 2-42 球虫未受精卵囊

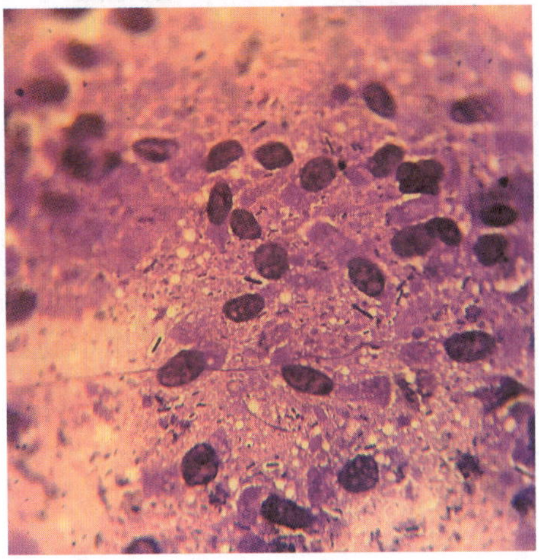

图 2-43 小肠内的球虫卵囊

(2)生活史

①宿主。猪。

②发育过程。艾美耳球虫属于直接发育型,不需要中间宿主,须经过 3 个阶段。

a. 无性生殖阶段(裂殖生殖法):当猪吞食感染性卵囊污染的饲料和饮水后,感染性卵囊在宿主消化液的作用下,释放出子孢子(脱囊过程在十二指肠上皮细胞内进行)。子孢子侵入肠上皮细胞,变为裂殖体;裂殖体形成大量裂殖子破坏上皮细胞后逸出,又侵入新的上皮细胞,继续裂体生殖。

b. 有性生殖阶段(配子生殖法):无性生殖进行 3 或 4 个世代后,一部分裂殖子侵入上皮细胞形成配子体,即大小配子体,进而形成大配子和小配子;小配子钻入大配子内融合成合子。

c. 孢子生殖阶段:合子周围形成一层被膜,形成卵囊;卵囊由上皮细胞进入肠管随动物粪便排出体外,在外界环境适宜时(温度、湿度和充足氧气),经数天发育为孢子化卵囊(孢子生殖阶段),被猪吞食后,重新开始在动物体内进行裂殖生殖和配子生殖。

裂殖生殖和配子生殖在宿主体内进行,称为内生性发育;孢子生殖在外界环境中完成,称为外生性发育。

③发育时间。柔嫩艾美耳球虫的 7 d 生活史，包括两代或两代以上的无性繁殖和一代有性繁殖，从宿主排出的卵囊必须在孢子化(第 7 天)后才具有感染性(图 2-44)。

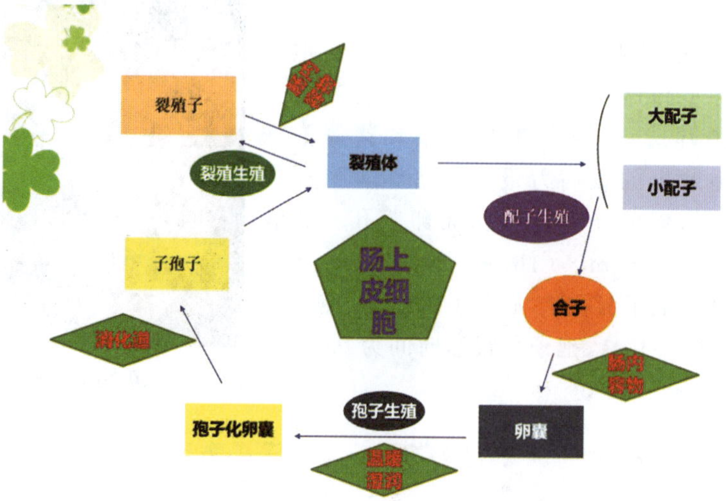

图 2-44　柔嫩艾美耳球虫生活史

2. 实验室诊断

根据临床症状、流行病学资料和病理剖检及粪便检查结果进行综合判断。对于 15 日龄以内的仔猪腹泻，即应考虑仔猪球虫病的可能性。可采用饱和盐水漂浮法检查，若粪便中发现大量球虫卵囊即可确诊。剖检时作小肠黏膜涂片镜检，见到大量裂殖体、配子体和卵囊也可作出诊断。

三、防制要点

1. 治疗

用百球清、呋喃类、磺胺类或氨丙啉配合健胃药及维生素进行治疗。

2. 预防

(1)药物预防　本病流行的猪场，在母猪产前产后 15 d 内饲料中，添加抗球虫药物如氨丙啉、癸喹酸酯及磺胺类，以预防仔猪感染。

(2)加强饲养管理　猪舍勤清扫消毒，将猪粪及垫草堆积发酵处理；地面用热水冲洗，或用含氨和酚的消毒液喷洒，并保留数小时或过夜，而后用清水冲去消毒液，这样可降低仔猪的球虫感染率。

任务五　体外寄生虫病的防制

子任务一　猪疥螨病的防制

疥螨病又叫疥癣、癞皮病、疥疮等，是由疥螨科疥螨属的疥螨寄生于动物皮肤内所引起的皮肤病，主要特征为剧痒、脱毛、皮炎及高度传染性。

一、发病特点

1. 流行病学

(1)感染源 病畜或带虫畜。

(2)感染途径 接触感染。健畜和病畜直接接触或间接接触被病畜污染过的厩舍、用具、饲养人员或兽医人员的衣物和手等而感染。

(3)易感对象 羊、猪、牛、骆驼、马、犬、猫、兔等哺乳动物,特别是猪和山羊。

(4)抵抗力 疥螨可以休眠,当条件不适宜时,转入休眠,休眠时间可达 5~6 个月,复苏后可存活 40 余天。

(5)流行特点 本病多发生于秋末、冬季和春季,特别是阴雨天气、拥挤、阴暗潮湿、通风不良的栏舍,蔓延最快,发病严重,体弱的家畜和幼畜最易受侵袭。

2. 症状

多见于 5 月龄以内的猪,常由头、眼、背部开始蔓延到全身。感染初期皮肤出现针尖大的丘疹和小水泡;后期患部剧烈搔痒,尤其是睡眠时虫体活动增强,奇痒难忍,导致动物摩擦和啃咬患部,造成局部脱毛、皮肤皲裂,流出淋巴液,形成痂皮,皮肤变厚,出现皱褶、龟裂,无弹性(图 2-45)。猪表现食欲不振,营养不良。

图 2-45 猪背部皮肤变厚,有皱褶、龟裂

二、诊断

1. 病原

(1)形态结构 虫体呈龟形,淡黄色,背面隆起,腹扁平。颚体短小,颚基陷入躯体颚基窝内,螯肢似钳状,尖端具小齿。须肢分 3 节。无眼和气门。躯体背面有许多细横纹、皮棘、刚毛等;腹面光滑,有 4 对粗短的足,前 2 对足末端带长柄,第 3 对足末端均为长鬃,第 4 对足末端雌雄螨不同,雌螨为长鬃,而雄螨为吸垫(图 2-46、图 2-47)。

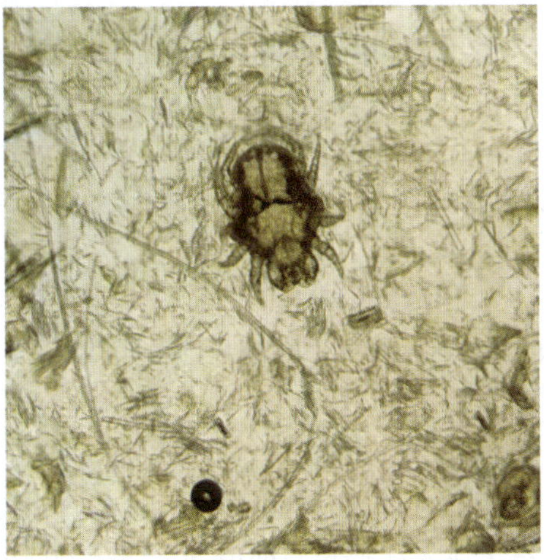

图 2-46 疥螨(1)

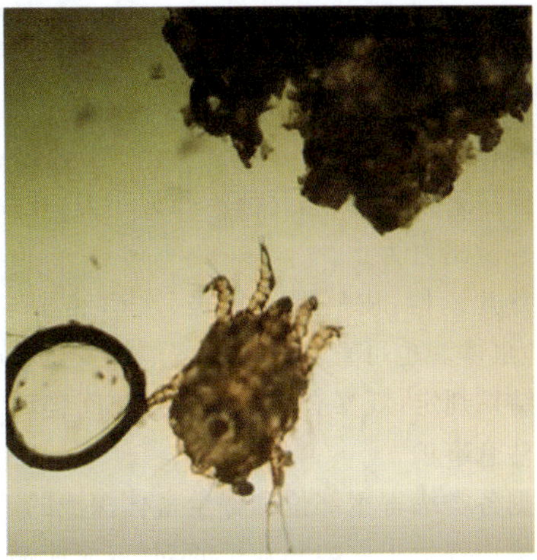

图 2-47 疥螨(2)

(2)生活史

①宿主。猪、羊、牛、骆驼、马、犬、猫、兔等,猪和山羊多发。

②发育过程。疥螨属于不完全变态,包括卵、幼虫、若虫和成虫 4 个发育阶段。疥螨在宿主表皮挖凿隧道,并在隧道内进行生长发育和繁殖。雌、雄成螨在宿主表皮上交配,雄螨交配后死亡,雌螨在隧道内产卵,一生产卵 40～50 个,卵经 3～8 d 孵出幼螨,产卵后雌螨死于隧道中。幼螨离开隧道爬到皮肤表面,然后钻入皮内开凿小穴,在其中蜕皮变为若螨,若螨进一步蜕化形成成螨(图 2-48)。

③发育时间和寿命。雌螨寿命为 4～5 周。整个发育过程为 8～22 d,平均 15 d,条件适宜时 3 个月可繁殖 6 个世代。

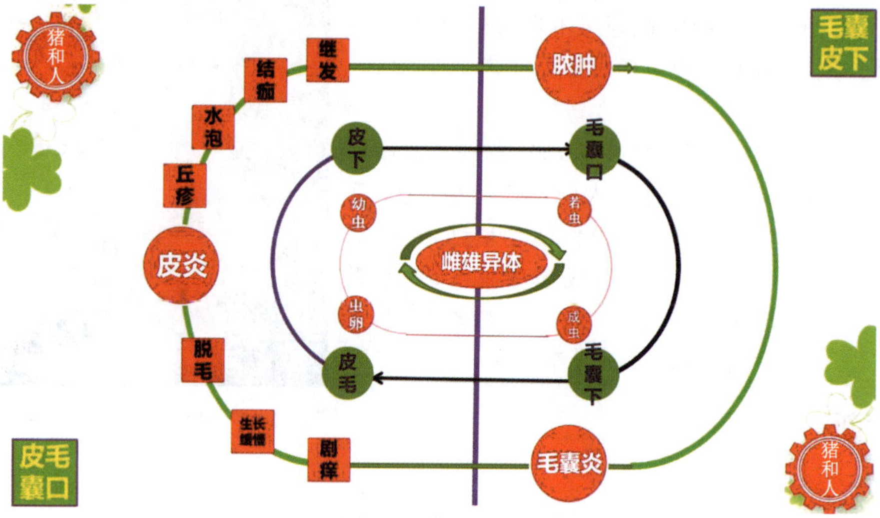

图 2-48 疥螨的生活史

2. 诊断

(1)根据其症状表现及疾病流行情况,取皮肤刮取物查找病原进行确诊。直接检查法具体操作如下。

①主要设备和试剂。刀片、酒精灯、载玻片、显微镜、50%甘油水溶液或煤油、10%氢氧化钾或氢氧化钠。

②操作流程

a. 样品采集:用火焰灭菌的凸刃小刀,在皮肤的患部与健部的交界处用力刮取皮屑,一直刮到皮肤轻微出血为止。

b. 涂片镜检:皮屑置于载玻片上,滴 1～2 滴 50%甘油水溶液或煤油,盖盖玻片,制成涂片,镜检虫体。也可直接向待检皮屑滴少量 10%氢氧化钾或氢氧化钠制片镜检。

c. 结果判定:观察有无螨虫在皮屑间爬动。

③注意事项

根据各类螨寄生部位和寄生畜体深浅的不同,采集病料时也应分别采之。例如,疥螨和背肛螨及膝螨均寄生于皮内和毛短的部位,而痒螨则寄生于体表和毛长的部位,但采集病料方法均是刮取皮屑,置于显微镜下,寻找虫体和虫卵。

刮取皮屑的方法,甚为重要。不正确的刮取方法,不易找到病原体,故应选择病变部与健康部的交界处，这里的活螨多。刮取皮屑时，先剪毛，然后用外科刀或其他刀具，使刀刃与畜体皮肤呈垂直，稍用力刮取，下接一培养皿或试管，直到皮肤轻微出血。

规模化猪场的螨病检查，用蘸有50%甘油水溶液的外科刮匙，在猪耳内侧取皮屑，直至微微出血为止。然后，将刮匙中的皮屑放入一次性透明薄塑手套的指头套内，并用卫生纸把刮匙擦干净，同法刮取其他猪的皮屑。每个手套可放5个样品，编上号，带回实验室，稍压平整，使皮屑较均匀地分开在指头套内。剪取每样品一小方块塑料套，置于载玻片上镜检，有较高的检出率。

(2)鉴别诊断

①秃毛癣。也称钱癣，患部呈圆形或椭圆形，界限明显，其上覆盖的浅灰(黄)色干痂易于剥落，痒觉不明显。镜检经10%氢氧化钾处理的毛根或皮屑，可发现癣菌的孢子或菌丝。

②湿疹。痒觉不剧烈，且不受环境、温度影响，无传染性，皮屑内无虫体。

③虱和毛虱。症状与螨病相似，没有皮肤增厚和变硬等变化，且皮肤炎症、形成痂皮及落屑程度较轻，容易发现虱与虱卵，皮屑中无螨虫。

④过敏性皮炎。无传染性，皮屑内无虫体，病变由丘疹发展成散在的、细小的干痂或圆形的秃毛斑。

三、防制要点

1. 治疗

(1)注射或灌服药物 伊维菌素或与伊维菌素药理作用相似的药物，剂量按100～200 μg/kg体重。

(2)涂药疗法 四季均可用，适用病畜数量少、患部面积小的情况，但每次涂药面积不得超过体表的1/3。用1%敌百虫溶液、二嗪哝、双甲脒、溴氰菊酯(倍特)等药物，按说明使用。

(3)药浴疗法 可用1%～2%敌百虫水溶液、0.05%双甲脒溶液、0.03%林丹乳油水溶液、0.05%蝇毒磷乳剂水溶液、0.05%辛硫磷油水溶液等。药浴时，要特别注意防止中毒。

2. 预防措施

①注意环境卫生，猪舍经常打扫，畜舍要宽敞、干燥、透光、通风良好。

②注意畜猪中皮肤有无发痒、掉毛现象，及时发现病猪并隔离饲养和治疗。

③引猪时应事先了解有无螨病存在，并作螨虫检查，也可隔离1周，确实无螨病时，方可合并入群。

子任务二 猪血虱病的防制

猪血虱病是由血虱科血虱属的猪血虱寄生于体表而引起的一种寄生虫病，主要特征为猪体搔痒。

一、发病特点

1. 流行病学

(1)感染源 大猪或母猪体表的各阶段虱。猪血虱是痘病毒的传播媒介。

(2)感染途径 接触感染。健畜和病畜在场地狭窄、猪只密集拥挤、管理不良时直接接触感染，或通过垫草、饲养人员、用具等间接接触而感染。

(3)易感对象 猪。

(4)流行特点 一年四季都可感染，但以寒冷季节感染严重。该虫分布广，尤其是在饲养管理不良的猪场，大、小猪只均可不同程度地寄生。本病可诱发皮肤病，使猪特别是仔猪的生长受到一定的影响。

2. 临床症状

猪血虱寄生于耳根、颈下、体侧及后肢内侧，以吸食猪血液为生，刺痒皮肤。猪出现搔痒、烦躁不安，导致饮食减少、营养不良和消瘦，皮肤粗糙落屑。仔猪尤为明显。仔猪由于体痒，经常舔吮，造成食毛癖，时间久之，在胃内形成毛球，影响食欲和消化机能。

二、诊断

1. 病原

(1)形态结构 猪血虱背腹扁平，椭圆形，表皮呈革状，呈灰白色或灰黑色，分头、胸、腹三部分，体长可达 5 mm。有刺吸式口器，呈灰褐色，体表有黑色花纹。卵长椭圆形，黄白色，(0.8～1)mm×0.3 mm。虫体胸、腹每节两侧各有 1 个气孔(图 2-49、图 2-50)。

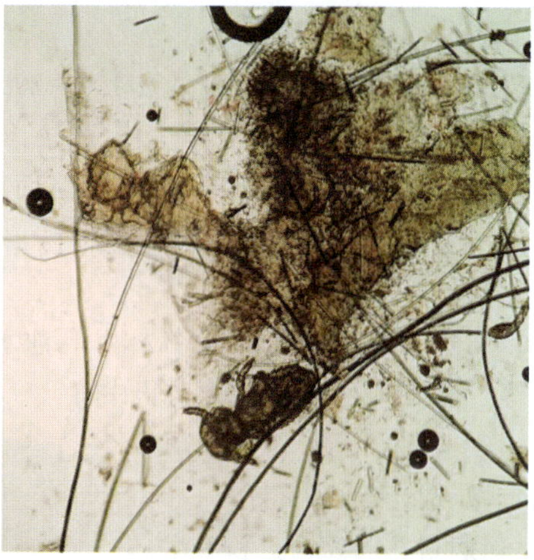

图 2-49 猪虱子

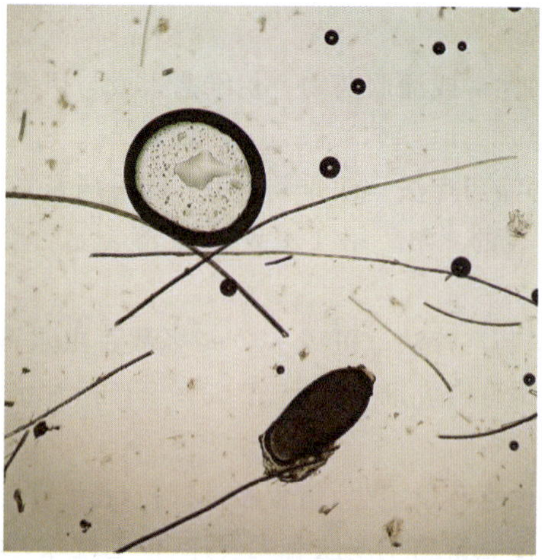

图 2-50 虱子的卵附着在猪毛上

(2)生活史

①宿主。猪。

②发育过程。猪血虱的发育属不完全变态，其发育过程包括卵、若虫和成虫。雌、雄虫交配后，雄虫死亡，雌虱吸饱血后产卵，用分泌的黏液将卵附着在被毛上，虫卵孵化出若虫。若虫经 3 次蜕化发育为成虫。整个发育过程都在猪体上完成(图 2-51)。

③发育时间。卵经 9～20 d 孵化为若虫；每期若虫经 4～6 d 蜕化 1 次。

④成虫寿命。雌虫每次产卵 3～4 个，产卵持续期 2～3 周，一生共产卵 50～80 个。

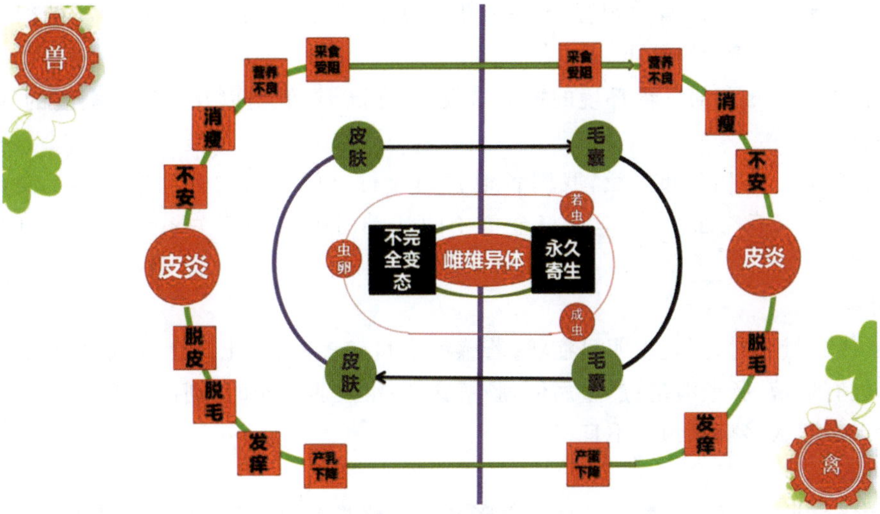

图 2-51 猪血虱的生活史

2. 实验室诊断

根据临床表现，在猪体上发现有猪血虱时即可确诊。虱和羽虱引起的症状与螨病极相似，但不如螨病严重，特别是皮肤病变，用手触摸，没有硬的感觉。虱多寄生在动物的颈部、耳翼及胸部等避光处，仔细检查体表眼观即可发现虱或虱的卵，据此可作出诊断。

三、防制要点

1. 治疗

(1)**敌百虫** 用 0.5%～1%水溶液，对猪体进行喷洒。

(2)**硫黄粉** 直接向猪体撒布。

(3)**伊维菌素** 按 200 μg/kg 体重，配成 1%溶液，皮下注射。

2. 预防措施

①加强饲养管理及环境消毒、猪体清洁等工作，发现猪血虱，应全群用药物杀灭虫体。

②定期检查，对患有猪血虱的病猪及时进行隔离。

③新引进的猪要先进行检疫、隔离检查。

任务六 猪棘头虫病的防制

猪棘头虫病是由少棘科巨吻属的蛭形巨吻棘头虫寄生于猪小肠（主要是空肠）内引起的疾病，主要特征为下痢，粪便带血，腹痛。

一、发病特点

1. 流行病学

(1)**感染源** 患病猪或带虫猪排出带有虫卵的粪便。

(2)**感染途径** 经口感染。主要是因猪吞食了含有棘头囊的甲虫幼虫、蛹或其他幼虫而感染。

(3)**易感动物** 家猪、野猪、犬和猫，偶见于人。

(4)繁殖力强 雌虫繁殖力很强，1条雌虫每天产卵26万～68万，产卵持续时间达10个月，排卵数量大，对环境污染严重。

(5)抵抗力强 虫卵对外界环境的抵抗力很强，在高温、低温以及干燥或潮湿的气候条件下均可长时间存活。

(6)流行特点 本病分布广泛，我国各地普遍流行。放牧猪比舍饲猪感染率高，后备猪比仔猪感染率高。季节性强，感染季节与金龟子的活动时期有密切关系，金龟子一般出现在每年的3—7月。

2. 临床症状

感染虫体数量少时，不表现明显症状；若感染数量较多时，会出现食欲减退、可视黏膜苍白、腹泻、粪内混有血液、肠壁溃疡；严重病例，肠壁穿孔；继发腹膜炎时，则体温升高(41～41.5 ℃)、腹痛、不食、抽搐，大多病例预后不良。

3. 病理变化

剖检病猪可见尸体消瘦，黏膜苍白。空肠和回肠浆膜上有灰黄或暗红色小结节，其周围有红色充血带，肠黏膜充血出血，肠壁增厚，有溃疡病灶。严重感染时，肠道可见虫体，可能出现肠壁穿孔而引起腹膜炎。

二、诊断

1. 病原

(1)形态结构 蛭形巨吻棘头虫呈乳白色或淡红色，长圆柱形，前部较粗，后部逐渐变细；体表有横皱纹；头端有1个可伸缩的吻突，上有5～6行小棘，每列6个。雄虫长7～15 cm，雌虫长30～68 cm。虫体无消化器官，营养来源主要依靠体表的微孔吸收。幼虫棘头蚴的头端有4列小棘；棘头囊长3.6～4.4 mm，体扁，白色，吻突常缩入吻囊，肉眼可见。虫卵呈长椭圆形，深褐色，两端稍尖，卵内含有棘头蚴。卵壳壁厚，由4层组成，外层薄而无色，易破裂；第2层厚，褐色，有皱纹，两端有小塞状结肋，第3层为受精膜；第4层不明显。虫卵大小为(89～100)μm×(42～56)μm，平均为91.7 μm×47 μm(图2-52、图2-53)。

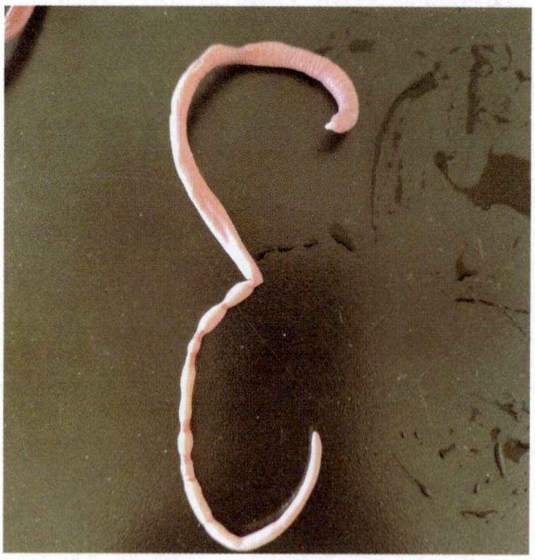

图2-52 猪棘头虫

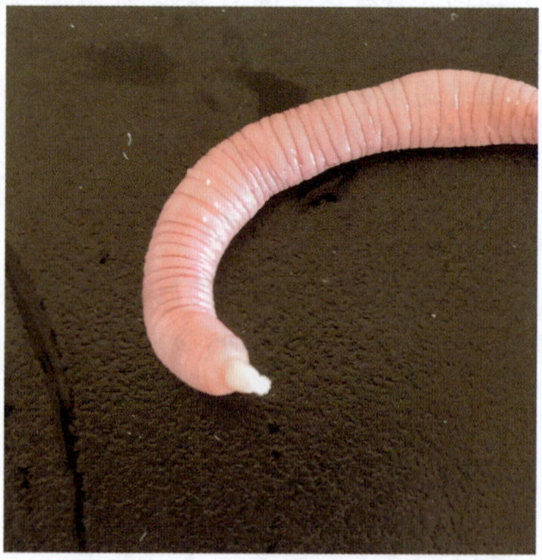

图2-53 猪棘头虫的吻突

(2)生活史

①中间宿主。金龟子及其他甲虫。

②终末宿主。家猪，也感染野猪、犬和猫，偶见于人。

③发育过程。雌虫所产虫卵随终末宿主粪便排出体外，被中间宿主的幼虫吞食后，虫卵在其体内孵化出棘头蚴。棘头蚴穿过肠壁，进入体腔内发育为棘头体，继续发育为具有感染性的棘头囊。猪吞食了含有棘头囊的中间宿主的幼虫或成虫而感染。棘头囊在猪的消化道中脱囊，通过吻突附着于肠壁上发育为成虫。

④发育时间。幼虫在中间宿主体内的发育时间差异较大，若甲虫幼虫在 6 月份以前感染棘头卵，则棘头蚴经 3 个月可发育成具有感染性的棘头囊；若在 7 月份以后感染，则需要经过 12～13 个月才能发育成具有感染性的棘头囊。棘头囊发育为成虫需 2.5～4 个月。

⑤成虫寿命。成虫在猪体的寿命为 10～24 个月。

2. 实验室诊断

根据流行病学和临床症状，以直接涂片法或沉淀法检查粪便中的虫卵确诊。卵呈长椭圆形，深褐色，两端稍尖，大小为(89～100)μm×(42～56)μm。沉淀虫卵检查法具体操作如下。

(1)主要设备和试剂 玻璃棒、烧杯、离心机、纱布、载玻片、盖玻片、显微镜。

(2)操作流程

①粪便采取。必须采取新鲜而未被尿液等污染的粪便，从粪便的内外两层采取。对于大家畜可从直肠直接采取，也可用 50%甘油或生理盐水灌肠采粪。粪样一般不少于 60 g，盛于洁净容器内。粪样须立即送检，若当天不能检查，应放在阴凉处或冰箱内(应不超过 5 ℃)，但不宜加防腐剂。若异地检查时，可浸于等量的 5%～10%甲醛溶液或石炭酸中，加热到 50～60 ℃送检。

②自然沉淀法。取粪便 5～10 g，放在干净的烧杯内，加水搅拌，充分混匀成悬浮液，然后用 40 目铜丝筛过滤至另一干净量杯中，滤液静止 10～15 min 后，将上清液倒掉，再加水沉淀，再静止 10～15 min，倒掉上清液，如此反复多次，直至上清液澄清为止。把上清液倒掉，取沉渣做成涂片镜检。

③离心沉淀法。取粪便 1～2 g，放在干净的小烧杯中，加约 10 倍量的水，充分混匀成悬浮液，再用 40 目钢丝筛过滤至另一干净的离心管中，放入离心机内；也可以用上法处理过的滤液倒入离心管中，放入离心机内，以 1 500 r/min 的速度离心 2～3 min，此时，因虫卵比重大，经离心后沉于管底，然后倒去上清液，取沉渣进行镜检。

3. 注意事项

①采用普通清水处理被检粪便，使虫卵沉淀集中，便于检查。

②本法适用于检查各种虫卵，而比重较大的虫卵，如吸虫卵，棘头虫卵等尤宜采用此法。

三、防制要点

1. 治疗

(1)左旋咪唑 猪 8 mg/kg 体重，口服，或按猪 4～68 mg/kg 体重肌内注射，1 次/d，连用 2 d。

(2)丙硫苯咪唑 猪每千克体重 5 mg，混入调料，或配成混悬液给药，1 次/d，连用 2 d。

2. 防制措施

(1)定期驱虫 流行地区的猪应定期驱虫，每年春、秋季各 1 次，以消灭感染来源。

(2)加强粪便管理 加强猪粪便的无害化处理，切断传播途径。

(3)**消灭中间宿主甲虫。**

(4)**加强饲养管理** 在本病流行地区，猪必须圈养(尤其在甲虫活跃季节)。

任务七 规模化猪场寄生虫的综合防制

猪寄生虫病是猪三大类疾病(传染病、寄生虫病、普通病)之一，在集约化养猪生产过程中，由于猪的密度高、饲养量大，寄生虫病更加容易流行传播。有关数据表明，寄生虫感染可使育肥猪生长速度下降8%~15%，饲料利用率下降13%~25%，对经济效益影响极大。因此，如何正确认识各类驱虫药物的作用特点，认真研究规模化养猪场主要寄生虫的流行及其防控措施，对促进养猪业规模化、标准化生产具有十分重要的作用。

寄生虫对各阶段猪群的感染程度不尽相同，同阶段猪群的寄生虫感染率从高到低的排列顺序是：种公猪>种母猪>育肥猪>生长猪>保育猪。因此，种猪是猪场最主要的带虫者，是散播寄生虫的源头，是猪场控制寄生虫病的关键环节。各类寄生虫感染率的高低排列顺序以结肠小袋纤毛虫和猪球虫的感染率最高，其次是猪蛔虫和毛首线虫，食道口线虫的感染率较低。此外，猪场寄生虫存在较严重的混合感染现象。因此，根据猪场寄生虫的感染流行情况，合理选用驱虫药以及科学地做好驱虫工作至关重要。规模猪场常用驱虫药有以下几类。

1. 有机磷酸酯类

此类药物系低毒有机磷化合物，常用做杀虫药和驱虫药，主要有敌百虫、敌敌畏、蝇毒磷等，其中以敌百虫应用较多。

敌百虫为广谱驱虫药，对多种猪消化道线虫，如猪蛔虫、毛首线虫、食道口线虫均有驱除作用，外用还可杀灭体外寄生虫，如螨、虱、蚤等。但是，由于敌百虫毒性较大，安全范围窄，使用时注意勿超量，孕猪及胃肠炎患猪禁用，也不要与碱性药物配合应用。由于此类药物毒性和副作用较大，而且驱虫效果不够理想，所以近些年使用者逐渐减少。

2. 脒类化合物

此类药物为合成的接触性外用广谱杀虫药，使用较多的是双甲脒，为结晶性粉末，在水中几乎不溶解，所以多制成乳剂应用，如双甲脒乳油(特敌克)。它对各种螨、虱、蜱、蝇等均有杀灭作用，且能影响虫卵活力，对人、畜无害，外用时，可做喷洒、手洒、药浴等。使用时配成为0.05%溶液，常用于猪体及畜舍地面和墙壁等处。此药停药期为7 d。

3. 咪唑丙唑类

目前，在兽医临床上应用的主要是左旋咪唑，它属广谱、高效、低毒的驱线虫药，对猪蛔虫、食道口线虫有良好的驱除效果。左旋咪唑口服或注射的剂量均为每千克体重7.5 mg，皮下或肌内注射对局部有一定的刺激性，同时常引起动物精神不振、流涎、咳嗽等症状，但如果猪感染有猪肺丝虫(猪后圆线虫)时，流涎、咳嗽有助于加速虫体的排出。此药的停药期为7 d。

左旋咪唑使用时可引起肝功能变化，肝病患猪禁用。本品中毒症状似胆碱酯酶抑制剂，阿托品可解除中毒时的M-碱样症状。肌内注射或皮下注射时，对组织有较强的刺激性；口服给药的休药期不得少于3 d，注射给药的休药期不得少于7 d。

4. 苯丙咪唑类

此类药物有很多种，但在兽医临床上使用最广的是阿苯达唑(又名丙硫苯咪唑、抗蠕敏)，除此以外还有芬苯达唑、甲苯达唑、奥芬达唑、丙氧苯达唑、氟苯达唑、三氯苯达唑等在临床上应用。此类药物对许多线虫、吸虫成虫均有驱除效果，并对某些线虫的幼虫有驱杀作用，对虫卵的孵化也有抑制作用。阿苯达唑给猪口服量为每千克体重 10～30 mg。阿苯达唑适口性较差，混饲投药时应每次少添分多次投服。该药有致畸的可能性，应避免大量连续应用。此药的停药期为 14 d。

5. 大环内酯类

此类药物主要包括阿维菌素、伊维菌素、多拉菌素、埃普利诺菌素等阿维菌素类和摩西菌素、杀线虫菌素、杀螨菌素 D、杀螨菌素肟等杀螨菌素。此类驱虫药属于较新的广谱、低毒、高效的药物，其突出优点在于它对畜禽体内、外寄生虫同时具有很高的驱杀作用。它不仅对成虫，还对一些线虫某阶段的发育期幼虫也有杀灭作用。这类药物在猪驱虫药中以阿维菌素类为代表，主要有阿维菌素、伊维菌素及多拉菌素等。

阿维菌素类驱虫药具有同时驱除猪体内、外寄生虫的优点，它对内寄生虫的胃肠道线虫，如猪蛔虫、猪胃圆线虫、猪食道口线虫（结节虫）和猪毛首线虫（鞭虫）等的成虫和大部分的第 4 期幼虫，以及肺线虫病的猪后圆线虫（肺丝虫）、猪冠尾线虫（猪肾虫）的成虫都具有驱杀作用，同时对猪体表猪疥螨和猪血虱也有很好的杀灭作用，但对它们的卵没有杀灭作用。阿维菌素类对绦虫和吸虫、结肠小袋纤毛虫、猪球虫等没有作用。

阿维菌素类驱虫药的剂型有口服剂、注射针剂和外用的浇泼剂等，口服的剂型有粉剂、片剂、胶囊、糊剂等。在这些不同的剂型中，以纯粉制成的 0.2%或 1%的口服预混剂较为常用，混入饲料中口服较为方便。但是，针剂的生物利用度最高，且它本身具有缓释作用，并在注入皮下后药物与皮下脂肪结合可起到一定的缓释作用。因此，它除了对已感染的寄生虫起到驱杀治疗作用外，还因血药浓度维持时间较长，可保护猪在一定时间内不会因环境污染寄生虫而再感染，起到治疗和预防的双重效果。另外，针剂的投药较口服投药的剂量准确，所以在有条件时最好以使用针剂注射为首选。

伊维菌素是在阿维菌素的基础上改进的，它的优点是降低了毒性，所以临床应尽量选用伊维菌素。伊维菌素注射剂一般可按每 10 kg 体重 0.3 mL 计算，要用短针头注射于皮下，不要注入肌肉或血管内。伊维菌素使用皮下注射时有局部刺激作用。皮下注射休药期不少于 28 d，混饲给药休药期不少于 5 d。

一、驱虫方案

1. 选好时间，全群覆盖驱虫，将寄生虫消灭于幼虫状态

（1）后备母猪在配种前驱虫 1～2 次，如在全封闭式猪舍中饲养，在配种前每隔 3 个月驱虫 1 次即可。对来自被污染畜舍的后备母猪，不进行驱虫或驱虫不当，会污染清洁猪舍；对来自清洁猪舍的未感染后备母猪，移至被污染的畜舍而未进行适当的驱虫，会受到严重危害，甚至死亡。因此，所有外购的后备母猪一到达新的猪舍就要用驱虫药驱虫。

（2）切断母猪和仔猪间的寄生虫传播环节对整个猪场寄生虫的成功控制极为关键。母猪在配种前 14 d、分娩前 15 d 左右进行一次驱虫，使母猪在产仔后身体不带虫，可避免仔猪感染。由于母猪生长期长，且在整个生活过程中经常接触寄生虫，往往被寄生虫感染，特别是母猪怀孕后期免疫力非常低，对寄生虫的易感性增加，而仔猪和母猪的接触又非常亲密，所以母猪感染寄生虫很容易传染给后代。总之，母猪的产前驱虫对阻止寄生虫传播有重要意义。

（3）公猪每年至少驱虫两次，即春、秋各 1 次。如果种公猪经常暴露在被寄生虫污染的环境，应每隔 3 个月对所有种公猪驱虫 1 次。

（4）要对生长育肥猪进行驱虫。对于外购仔猪育肥猪场，如果猪场虱较多，可以在间隔 10 d

左右用第 2 次药，对于感染疥螨严重的病猪，可以再用药 1 次。如果仔猪已应用了广谱驱虫药驱虫，在猪到达新场后不需立即驱虫，但 3～4 周后应进行驱虫。因为在 3～4 周里，仔猪可能会被育肥猪场的寄生虫感染，而再次驱虫则可将感染终止在虫体发育成熟并污染猪舍或其他区域之前。如果育肥猪舍被严重污染，首次驱虫应在仔猪到达后立即进行。在此后的 4～5 周需要进行第 2 次驱虫。

2. 了解虫情，选好驱虫药、驱虫方法，取得好效果

(1)选用恰当的驱虫药 在选用时考虑毒性、稳定性，用药时应注意药量不能过量或者不足，以免中毒或影响驱虫效果。

(2)选用恰当的驱虫方法 喂驱虫药前，让猪停饲一顿，晚上饲喂时将药物与饲料拌匀，一次让猪吃完，若猪不吃，可在饲料中加入适量的盐或糖，以增强适口性。

(3)注意加强对猪舍场地的消毒 驱虫后应及时清理粪便，堆积发酵或深埋；地面、墙壁、饲槽应用 5%的石灰水消毒，以防排出的虫体和虫卵又被猪采食而重新感染。

(4)注意仔细观察驱虫效果 给猪驱虫时，应仔细观察。若出现中毒，如呕吐、腹泻等症状应立即将猪赶出栏舍，让其自由活动，缓解中毒症状；对拉稀者，取适量活性炭拌入饲料中喂服，连服 2 d 即愈。

3. 猪场寄生虫的监测

寄生虫的感染状况可以通过定期粪便检查和病死猪剖检进行监测。每年至少用粪便漂浮检查法进行一次粪便检查，以确定是否存在寄生虫。如检出寄生虫，则说明现有的驱虫方案尚需调整。剖检也是监测蠕虫的重要依据，可对死亡猪进行剖检，观察消化道内有无虫体或其他脏器病变，如肝脏有无由虫引起的乳白色斑点，盲肠内有无鞭虫，大肠上有无由结节虫幼虫引起的结节等。给猪驱虫时，应仔细观察。若猪出现中毒，如呕吐、腹泻等症状，应立即将猪赶出栏舍，让其自由活动，缓解中毒症状，必要时可注射肾上腺素、阿托品等药品解救。

4. 严禁饲养猫、犬等宠物

搞好猪群及猪舍内外的清洁卫生和消毒工作，定期做好灭鼠、灭蝇、灭虫等工作，消灭中间宿主，并严禁在猪场饲养猫、犬等宠物，避免其传播病原，以尽量减少猪场寄生虫病发生的机会。

二、驱虫程序

与传统散养相比，规模化猪场的集约化饲养提高了饲养管理水平，改善了环境卫生条件，但这并不意味着寄生虫被消灭。相反，这些猪场寄生虫感染率高但是死亡率低，并且多呈亚临床症状。感染规模化猪场的寄生虫主要有线虫(如毛首线虫、食道口线虫、肺丝虫、类圆线虫等)和体外寄生虫(如疥螨、血虱、蠕型螨等)。

1. 使用程序

①首先全群用药 1 次，针对已表现寄生虫感染临床症状的个体单独治疗。

②育成猪、育肥猪转群前给药 1 次。

③公猪每年保证驱虫 3 次，也可以根据感染程度酌情增减 1 次。

④引进猪只并群前驱虫 1 次(隔离期间)。

⑤空怀母猪、后备母猪配种前驱虫；分娩前 1～2 周驱虫 1 次。

2. 模式特点

本程序以母猪、仔猪作为猪场中免受寄生虫感染的保护重点。因为，一方面，生长发育中的仔猪最易受到寄生虫侵袭，造成的危害也是最严重的；另一方面，母猪是仔猪寄生虫感染的传染

源。由于猪群中隐性感染个体是寄生虫感染的重要传染源，因此，本程序注重整体防制，并非个体治疗。

3. 注意事项

①母猪泌乳期禁止使用驱虫药物。

②有计划按照适合本场的驱虫程序用药，须考虑环境卫生的处理措施（如妥善处理猪群的排泄物、粪便的无害化处理等），这样可以防止散布在环境中的虫卵重复感染，发挥驱虫药的最大经济效益。

三、驱虫实施

在兽医临床中，抗寄生虫药的种类很多，应用中也有口服、注射及外用等给药途径。具体实施应在现场诊断的基础上，依据当地存在的寄生虫病，进行以下选择。

1. 药物的选择

采用两种或两种以上的驱虫药联合应用，既可起到协同作用，又可扩大驱虫范围，提高疗效。

(1)球虫病 复方抗球虫药，例如磺胺喹噁啉＋二甲氧苄啶（DVD）、盐酸氨丙啉＋乙氧酰胺苯甲酯、盐酸氨丙啉＋磺胺喹噁啉、盐酸氨丙啉＋乙氧酰胺苯甲酯＋磺胺喹噁啉、尼卡巴嗪＋乙氧酰胺苯甲酯、甲基盐霉素＋尼卡巴嗪、氯羟吡啶＋苄氧喹甲酯等。

(2)姜片形吸虫病 可用硝氯酚，或硫双二氯酚驱虫。

(3)绦虫病 可用硫双二氯酚或氯硝柳胺驱虫。

(4)线虫病 可选择相应的驱虫药物，如圆形线虫病可选用左咪唑驱虫。

(5)混合感染的驱虫 可用复方药物，如硫双二氯酚配合左咪唑；或硝氯酚、氯硝柳胺及左咪唑相配合。复方中药的剂量与单独使用时相同。

2. 剂型的选择

口服用的剂型有片剂、预混剂、水溶性粉、溶液、混悬液、糊剂、膏剂、小丸剂、颗粒剂等；适用于外用的剂型有乳化溶液、洗液、喷雾剂、气雾剂、浇注剂、喷滴剂、香波等。一般来说，驱除胃肠道的寄生虫宜选用供口服的剂型，胃肠道以外寄生的虫体可选用注射剂型或口服剂型，而体外寄生虫可选择外用剂型药浴或浸泡、喷雾给药；也可选择口服、注射均对体外寄生虫有杀灭作用的阿维菌素类药物，这种药效果较好。为投药方便，集约化饲养或大群猪的集体驱虫多选用药物溶于饮水（如盐酸左旋咪唑）或混饲给药法。国内有左旋咪唑浇注剂用于驱除猪的胃肠道线虫。毒性较大、不宜口服驱虫的敌敌畏，制成树脂塑丸缓释剂后，既能发挥驱虫作用，又降低了药物的毒性作用。

3. 药量的确定及给药

驱虫药多是按体重计算药量的，所以首先用称量法或体重估算法确定驱虫猪的体重，再根据体重确定药量和悬浮液的给药量。猪多为群体给药（饮水和拌料给药）。拌料时先按群体体重计算好总药量，将总药量混于少量拌湿料中，然后均匀与日粮混合进行饲喂。个体给药时，根据所选药物的要求，选择相应的给药方法，具体投药技术与临床常用给药法相同。

四、注意事项

1. 因地制宜，合理使用抗寄生虫药

在选用前应了解寄生虫的种类、寄生方式、生活史、感染程度、流行病学情况，以及猪品种、个体、性别、年龄、营养状况等，根据本地的药品供应、价格，结合猪场的具体条件，选用理想的药物。只有充分了解药物、寄生虫和猪三者之间的关系，熟悉药物的理化性质，采用合理的剂型、剂量、给药方法和疗程，才能达到满意的防制效果。

2. 避免猪发生药物中毒

使用某种抗寄生虫药驱虫时，药物的用量最好按《中华人民共和国兽药典》或《中华人民共和国兽药规范》所规定的剂量。一般来说，使用这种剂量对大多数猪是安全的，即使偶尔出现一些不良反应亦能耐过。若用药不当，则可能引起毒性反应，甚至导致猪死亡。因此，要注意药物的使用剂量、给药间隔和疗程。由于猪的年龄、性别、体质、病理状况、饲养管理等因素均能影响抗寄生虫药的作用，因此在进行大规模驱虫前，最好选择少数有代表性的猪（包括不同年龄、性别、体况的猪）先做预试，取得经验后，才能进行全群驱虫，这对试用阶段的新型抗寄生虫药尤为重要。此外，同一药物，相同的给药方法，也可能因溶剂的不同而发生意外事故。

3. 防止寄生虫产生耐药性

小剂量多次或长期使用某些抗寄生虫药物，虫体对该药物可产生耐药性，尤其是球虫对抗球虫药极易产生耐药。一旦出现耐药虫株，不仅原有的治疗药物无效，甚至对结构相似或作用机理相同的同类药物亦可产生交叉耐药现象。虽然寄生虫的耐药现象不像细菌耐药那么普遍和严重，但也应引起足够的重视。在制定动物的驱、杀虫计划时，应定期更换或轮换使用几种不同的抗寄生虫药，以避免或减少因长期或反复使用某些抗寄生虫药而导致虫体产生耐药性。

4. 注意避免药物在猪体内的残留

猪体内的抗寄生虫药应能及时迅速地消除，否则猪产品会有药物残留，不仅影响猪产品的质量，而且危害人类的健康。目前，世界各国都很重视这个问题，明文规定了抗寄生虫药的最高残留限量及屠宰前的休药期，我国也规定了不少抗寄生虫药的最高残留限量和休药期。例如，左旋咪唑在猪的肌肉、脂肪、肾中的最高残留限量均为 10 μg/kg，肝为 100 μg/kg。口服盐酸左旋咪唑在猪的休药期是 3 d，猪皮下或肌内注射盐酸左旋咪唑的休药期是 28 d。

五、驱虫效果评定

驱虫是寄生虫病防制的重要措施，通常是指用药物将寄生于猪体内、体外的寄生虫杀灭或驱除。驱虫目的有两个：一是把宿主体内或体表的寄生虫驱除或杀灭，使宿主得到康复；二是杀灭寄生虫就是减少病原体向自然界的扩散，也就是对健康动物的保护和预防。

驱虫可分为治疗性驱虫和预防性驱虫两种类型。治疗性驱虫是指当猪感染寄生虫之后出现明显的临床症状时要及时用特效驱虫药对患病猪进行治疗；预防性驱虫是指按照寄生虫病的流行规律，定时投药，而不论其发病与否。防制蠕虫病常采用定期预防性驱虫，防制球虫病常采用长期给药预防。一般在选择用药和实施大规模驱虫之前都要对猪进行驱虫试验，然后进行驱虫效果评定。

驱虫效果评定主要是通过驱虫前后动物各方面情况对比来确定，包括对比驱虫前后的发病率与死亡率，对比驱虫前后的各种营养状况比例，观察驱虫前后临床症状减轻与消失的情况，计算动物的虫卵减少率和虫卵转阴率，必要时通过剖检等方法，计算出粗计与精计驱虫率，最后综合以上情况进行全面的效果评定工作。为了准确地评价驱虫效果，驱虫前后粪便检查时所用器具、粪样数量以及操作中每一步骤所用时间要完全一致；驱虫后的粪便检查时间不宜过早（一般为 10 d 左右），以避免出现人为的误差；应在驱虫前、后各粪检 3 次。驱虫药药效的评定计算公式如下：

虫卵转阴率＝虫卵转阴动物数/试验动物数×100%

虫卵减少率＝（驱虫前 EPG－驱虫后 EPG）/驱虫前 EPG×100%

注：EPG 是每克粪便中的虫卵数。

精计驱虫率＝排出虫体数/（排出虫体数＋残留虫体数）×100%

粗计驱虫率＝（对照组平均残留虫体数－试验组平均残留虫体数）/对照组平均残留虫体数×100%

驱净率＝驱净虫体的动物数/全部试验动物数×100%

对于猪驱虫时，一般按猪群总重量计算药量，喂前应选择出 10 只以上具有代表性个体做安全试验。喂时先计算好总药量拌在少量湿料内，然后再混匀于日常饲料中，在绝食 6～12 h 后喂服。

复习思考题 〉〉〉

1. 简述猪蛔虫的诊断要点，如何防控？
2. 猪疥螨病的发病有哪些特点？应该如何进行防制？
3. 怎样对猪旋毛虫病进行实验室检查？
4. 请为规模化猪场制定合理的寄生虫防制方案。

模块三

猪场常见普通病的防制

任务一　霉菌毒素中毒

子任务一　黄曲霉毒素中毒

猪黄曲霉中毒，是由于采食了被黄曲霉毒素污染的饲料而引起的，以肝细胞变性、坏死和出血为主要特征的中毒性疾病。各种动物均可发病，人也可发病，是一种严重的人畜共患病。

一、发病特点

1. 流行病学

黄曲霉毒素主要是由黄曲霉和寄生曲霉产生的有毒代谢产物，常见有 B_1、B_2、G_1、G_2 4 种毒素，均属嗜肝脏毒，其中以黄曲霉毒素 B_1 含量最多，毒性最大，具有强致癌性。

黄曲霉和寄生曲霉广泛存在于自然界中，主要污染玉米、花生、棉籽、稻谷、豆类等。气温高、湿度大的环境，有利于黄曲霉的繁殖。在我国，特别是长江中下游地区，春末及夏季是黄曲霉毒素中毒性疾病常发季节。

2. 临床症状

黄曲霉毒素是一类肝毒物质，因此，猪中毒后以肝脏损伤为主，同时还伴有血管损伤和中枢神经系统损伤，临床上以出血、水肿、黄疸及神经症状为主要特征。猪黄曲霉毒素中毒可分为急性型、亚急性型和慢性型 3 种类型，其中亚急性较常见。

急性型中毒多于食入毒素污染饲料后 1～2 周发病，体质健壮及食欲旺盛的仔猪更易感。多数病猪可在运动中发生死亡，或发病后 2 d 内死亡。

亚急性型中毒时，病猪精神沉郁，食欲减退或废绝，体温正常，后躯无力，走路摇摆，有时站立一隅或头抵墙下，粪便干燥，直肠出血。初期可视黏膜苍白，后期黄染，皮肤出血和充血。以后出现间歇性抽搐，表现过度兴奋，角弓反张，常于发病后 2～3 d 死亡。

慢性型中毒多发生于成年猪和育肥猪，病猪表现精神委顿，食欲不振，出现异嗜癖者，喜吃稀食和青绿饲料，甚至啃食泥、瓦砾，常离群独处，头低垂，弓背，蜷腹，粪便干燥。随着病程的延长，病猪呈现兴奋不安、冲跳、狂躁等一系列神经症状。

3. 病理变化

(1)急性型　主要病变是贫血和出血，胸腹腔大出血，常积有液体。全身多处肌肉出血，常见于大腿前和肩胛下区的皮下肌肉。胃肠黏膜可见出血斑点，肠内混血呈煤焦油状，肾脏有出血斑点。肝肿大，呈黄褐色，脆弱，表面有出血点。胆囊扩张，心内、外膜常见明显出血点。

(2)亚急性型和慢性型 肝硬变、黄色脂肪变性,有时在肝表面可看到黄色小结节,胆囊缩小。胸腔及腹腔内有大量橙黄色液体。大肠黏膜及浆膜有出血斑,结肠浆膜呈胶样浸润。肾脏苍白、肿胀。淋巴结充血、水肿。

二、诊断

根据病史、饲料霉变,结合出血、水肿、黄疸及神经症状等临床症状和病理变化,可作出初步诊断。确诊需要对可疑饲料进行霉菌的分离培养,以及饲料中黄曲霉毒素含量的测定,必要时还可进行动物毒性试验。

三、防制

1. 治疗

目前,无特效药物,当发生中毒时,就应立即停止饲喂霉变饲料,改饲碳水化合物多的青饲料和高蛋白饲料,并减少或不饲喂含脂肪过多的饲料。同时采取对症治疗,大猪应用25%～30%葡萄糖注射液60 mL,加25%维生素C 10 mL静脉注射。

2. 预防

本病主要在于预防。预防关键又在于做好饲料的防霉和有毒饲料的脱毒两个环节性工作。防霉和脱毒又应以防霉为主。

(1)防霉 饲料防霉的根本措施是破坏霉变的因素,如温度和相对湿度等。在谷物收割和脱粒过程中,避免遭雨淋,并防止在场上发热发霉,做到充分通风,晾晒,使之迅速干燥,便可防止发霉和产毒。为了防止谷类饲料在贮藏过程中霉变,可使用化学熏蒸法或防霉剂。常用的防霉剂为丙酸钠和丙酸钙,按1～2 kg/t添加,可安全存放8周以上。

(2)脱毒 霉变饲料的脱毒处理常用连续水洗法,将饲料用清水反复浸泡漂洗,直至浸泡用水无色时,方可供猪饲用。

对轻微霉变的谷物饲料,可用3倍量的清水浸泡一昼夜,再换等量清水浸泡,如此连续换3～4次,后捞出晒干,再做饲料用。

严重污染的饲料或棉籽,可使用氨水进行脱毒。饲料或棉籽与氨水混合后,密封于大容器中,保存于阳光下,3～5 d后去毒效果可达90%以上,但须注意的是,饲喂前应使残余的氨气充分挥发。

子任务二 玉米赤霉烯酮中毒

猪玉米赤霉烯酮毒素中毒,是猪采食了含玉米赤霉烯酮的玉米、大麦、高粱等而发生的,中毒症状以雌激素亢进症和阴户红肿为主要特征。本病多发于3～5月龄的仔猪。

一、发病特点

1. 流行病学

玉米赤霉烯酮又称F-2毒素,它首先从有赤霉病的玉米中分离得到。玉米赤霉烯酮主要由禾谷镰刀菌产生,粉红镰刀菌、窜珠镰刀菌、三线镰刀菌等多种镰刀菌也能产生这种毒素。玉米赤霉烯酮主要污染玉米、小麦、大米、大麦、小米和燕麦等谷物,其中,玉米的阳性检出率较高。

玉米赤霉烯酮具有雌激素的作用,可造成猪的雌激素水平提高。目前发现,猪对此毒素较为敏感,能造成猪急、慢性中毒。玉米赤霉烯酮作用的靶器官主要是雌性动物的生殖系统,同时对雄性动物也有一定的影响。

2. 临床症状

临床上，玉米赤霉烯酮中毒分为急性中毒和慢性中毒。

急性中毒时，猪兴奋不安，走路蹒跚，全身肌肉震颤，突然倒地死亡。同时还可发现黏膜发绀，体温无明显变化。动物呆立，粪便稀如水样，恶臭，呈灰褐色，并混有肠黏液，频频排尿，呈淡黄色。病畜同时还表现外生殖器肿胀，精神委顿，食欲减退，腹痛腹泻等特征。

慢性中毒时，主要对母畜的毒害较大。它会导致母畜外生殖器肿大、充血，死胎和延期流产的现象大面积发生，并且伴有木乃伊胎的现象。50%的母畜患卵巢囊肿，频发情和假发情的情况增多，育成母畜乳房肿大，自行泌乳，并诱发乳腺炎，受胎率下降。同时对公畜也会造成包皮积液，食欲不振，掉膘严重和生长不良的情况。

3. 病理变化

病理变化主要在生殖器官。母猪阴户肿大，阴门外翻，阴道黏膜充血、水肿，子宫肥大，子宫间质性水肿，子宫角增大，变粗变长。子宫内膜发炎，子宫壁肌层增厚，卵巢发育不全。公猪睾丸萎缩、精液量减少、密度降低、精子萎缩、畸形率增加。

在剖检时还能发现淋巴结水肿，胃肠黏膜充血、水肿，肝轻度肿胀，质地较硬，色淡黄。

二、诊断

根据病猪情况、临床症状和病理变化，可作出初步诊断。确诊需要对可疑饲料进行玉米赤霉烯酮含量的分析。

三、防制

1. 治疗

目前，对动物玉米赤霉烯酮中毒尚无特效药治疗，生产中应立即停止饲喂发霉或可疑饲料。对于已经中毒的家畜给予一定的治疗。

急性中毒的猪，可采取静脉放血和补液强心的方法。根据猪的体重不同从静脉放血 100～500 mL。同时，用 10%葡萄糖 500～1 000 mL，5%葡萄糖 500～1 000 mL，40%乌洛托品 60 mL，右旋糖酐 500～1 000 mL，静脉注射。同时，肌内注射维生素 K 3～5 mL。

慢性中毒的猪，立即停喂霉变的饲料，然后灌服绿豆苦参煎剂，静脉注射葡萄糖和樟脑磺酸钠，同时肌内注射维生素 A、维生素 D、维生素 E 和黄体酮。

对外阴部的治疗可用 0.1%高锰酸钾洗涤肿胀阴户，对于破溃处可用 3%碘酒擦拭。

2. 预防

玉米赤霉烯酮在体内有一定的残留和蓄积，一般毒素代谢出体外的时间可达半年之久，造成的损失大、时间长。所以，做好必要的防毒措施十分重要。

(1)加强饲料管理 严格检查饲料原料。污染的谷实类作物中通常都含有赤霉烯酮，如玉米、小麦、大麦等，因此要求严控饲料原料关，通过感官检查发现原料存在霉变就要停止饲喂。另外，温度较高且雨水较多的季节，有利于霉菌的繁殖，因此要加强饲料储存，确保饲料存放在干燥通风的地方。

(2)脱霉处理 如果只有少量玉米面或者混合饲料发生霉变，则可添加在新鲜饲料中使毒素稀释，然后用于饲喂育肥猪，但不允许饲喂妊娠母猪及仔猪；如果发生严重霉变，则最好淘汰用于肥料。如果是玉米粒发生霉变，可直接使用清水进行 3 次淘洗；或者先在 5%～8% 石灰水中浸泡 5 h，然后再使用清水淘净，晒干就能够使毒素水平明显下降；或者在紫外线下进行 10 h 照射，不仅能够将真菌杀死，还能够使其生成的毒素也被破坏；或者放在完全密闭的容器内，控制水分超过18%，打入氨气进行10 h熏蒸，也可使用1.5%液态氨进行处理，在25 ℃条件下进行24 h，最后将其烘干或者晒干即可继续使用。

子任务三 烟曲霉毒素中毒

烟曲霉毒素中毒是猪采食了含烟曲霉毒素的饲料而发生的，中毒症状以肺毒性、肝毒性和免疫毒性为主要特征。除马和兔之外，猪是最易受烟曲霉毒素影响的动物。

一、发病特点

1. 流行病学

烟曲霉毒素又称为伏马毒素或伏马菌素，是由串珠状镰刀菌和多育镰刀菌等产生的一种水溶性的真菌毒素，其纯品为白色针状结晶，在谷物加工处理过程中能够稳定存在。目前，已经鉴定出的烟曲霉毒素有16种，有A、B、C和P 4种类型，其中B类型FB_1在饲料中的含量最多，达到烟曲霉毒素总含量的70%～80%，FB_2其次。

烟曲霉毒素主要污染玉米及其制品，尤其在水分活度大于0.91、温度15～25 ℃时更易产生。WHO调查显示，全球59%的玉米和玉米制品受到FB_1的污染。此外，烟曲霉毒素污染常伴有黄曲霉毒素的存在，这更增加了对人和动物危害的严重性。

本病的发生具有明显的季节性和地区性，我国多发生于东北、华北和西北等玉米主产区，在玉米收获后9—10月为发病高峰，其他月份只有零星发生。

2. 临床症状

烟曲霉毒素可引起多种动物中毒，因动物种类不同，毒素作用的靶器官也不同，症状也有较大差异。

较低水平的烟曲霉毒素可引起猪心肺血管系统的慢性损害，进而导致猪急性肺水肿病；过高的烟曲霉毒素水平导致过多的体液涌入肺组织，导致肺水肿或胸腔积液。同时，该毒素也危害肝脏组织，导致黄疸及其他组织出现黄色病变。烟曲霉毒素可引起猪肝脏组织和食道黏膜层结节性增生。

日粮中含有10～25 mg/kg烟曲霉毒素B_1即可引起鸡的中毒，临床症状为萎靡嗜睡、呼吸困难、头颈伸展、运动失调、肌肉麻痹、生长迟缓。

3. 病理变化

霉菌毒素主要损伤动物的免疫器官、中枢神经、肝、肾和生殖器官等内脏组织。

烟曲霉毒素具有肺毒性，可以引起猪肺水肿。猪剖检可见严重的肺水肿和胸腔积液，肺泡隔充血，小叶间中隔显著增宽，无增生和纤维组织形成。鸡剖检可见肠系膜水肿、消化道黏膜出血、心脏体积增大、心包积液、胸腔积水。

二、诊断

根据病猪发病情况、临床症状和病理变化，可作出初步诊断。确诊需要对可疑饲料进行烟曲霉毒素含量的分析。

三、防制

1. 治疗

对烟曲霉毒素中毒尚无特效疗法。发生猪中毒，应立即更换饲料，采用促进毒物排除和对症治疗等措施。

2. 预防

产毒串珠镰刀菌分布广泛。据报道，世界上60%的玉米样品检出烟曲霉毒素B_1。本病预防的关键是玉米收获后要晒干贮藏，防止玉米发霉，严禁用发霉的玉米饲喂动物。加工后的饲料应密闭包装，也可在饲料中添加防霉剂。轻度发霉的饲料应脱毒处理后再饲喂动物，严重霉变的饲料应废弃。

目前，有关烟曲霉毒素去毒方法的报道较少。有报道在室温条件下用0.1 mol/L氢氧化钙处理24 h，可使饲料中烟曲霉毒素含量下降74.1%。烟曲霉毒素对热的稳定性较强，经100 ℃处理175 min，发现仅有50%被破坏。

目前，已发现的霉菌毒素有200余种，其中少部分在自然条件下可引起动物及人中毒，它们引起猪中毒的症状多种多样。图3-1至图3-18为常见的临床症状和病理变化。

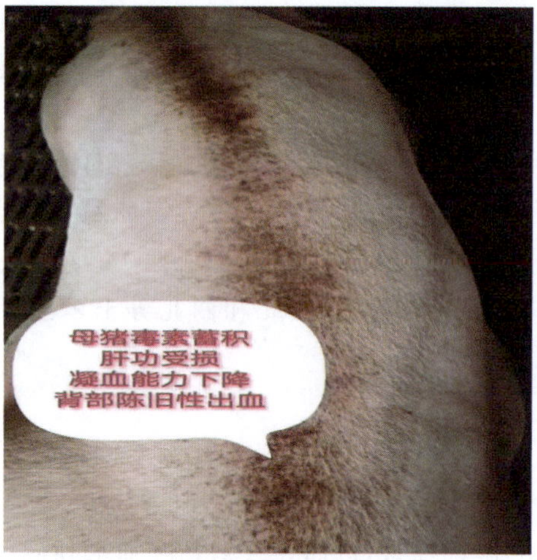

图3-1　背部皮肤出血，呈铁锈色

图3-2　有眼眵

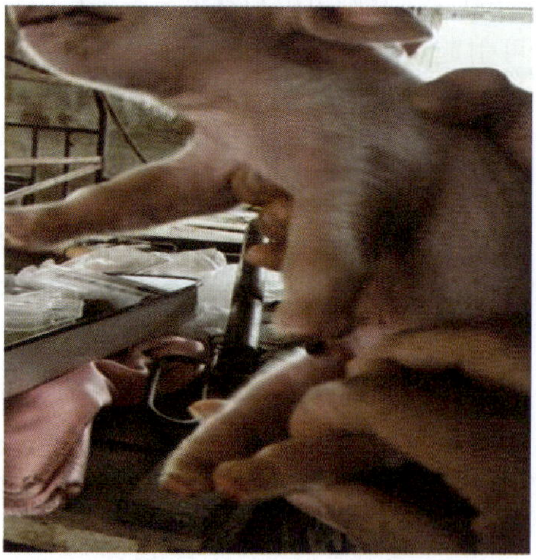

图3-3　仔猪畸形，没有猪蹄

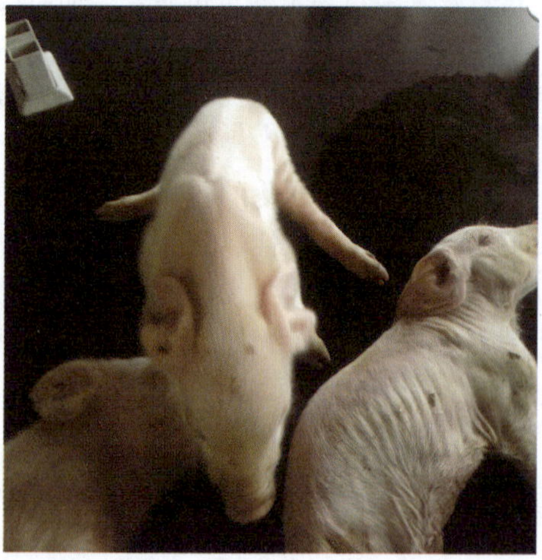

图3-4　仔猪腹泻消瘦，初生仔猪呈“八”字腿

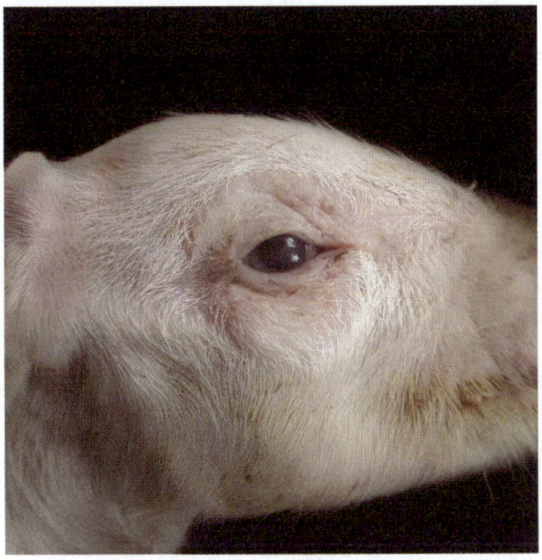

图 3-5 角膜浑浊

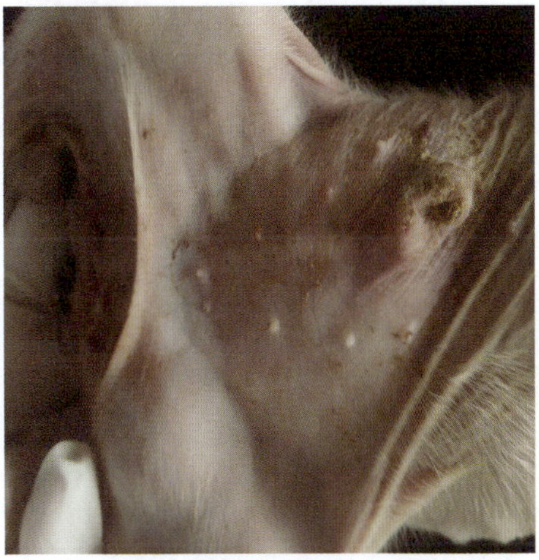

图 3-6 腹股沟淋巴结呈青紫色

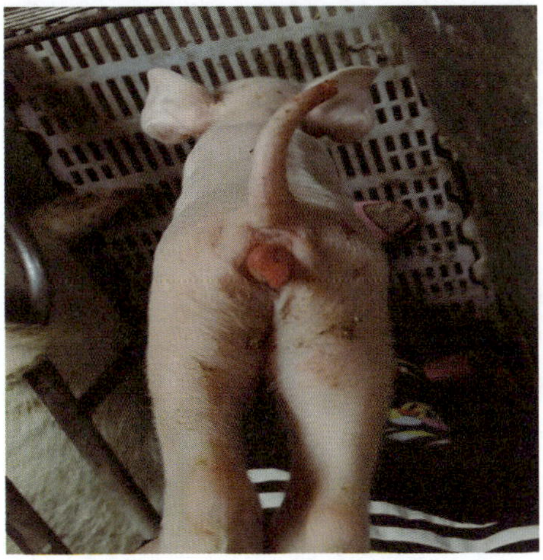

图 3-7 乳猪外阴红肿,似樱桃

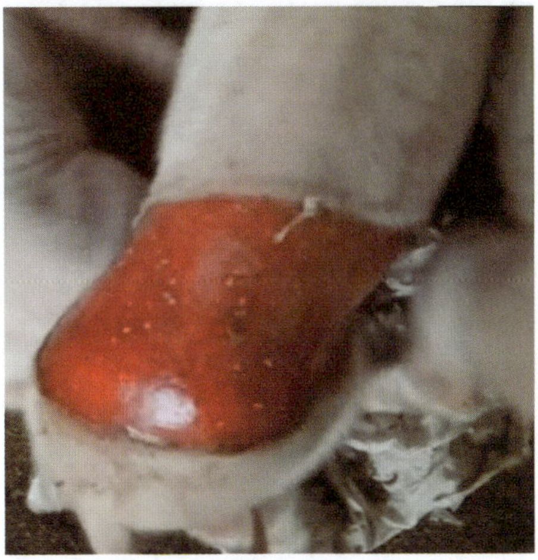

图 3-8 乳猪畸形,皮肤生长不全

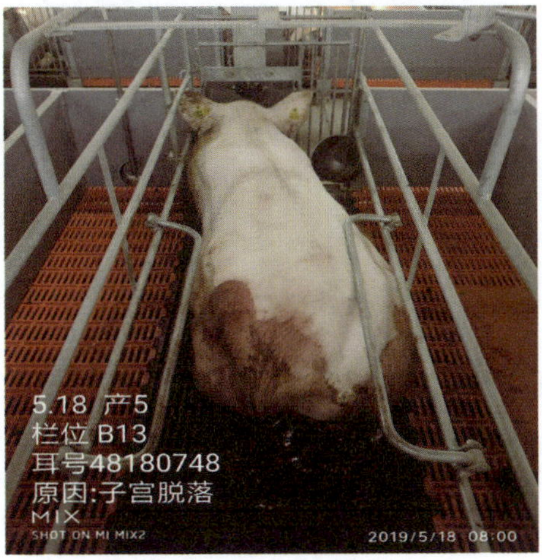

图 3-9 母猪子宫脱落

图 3-10 肺充血出血

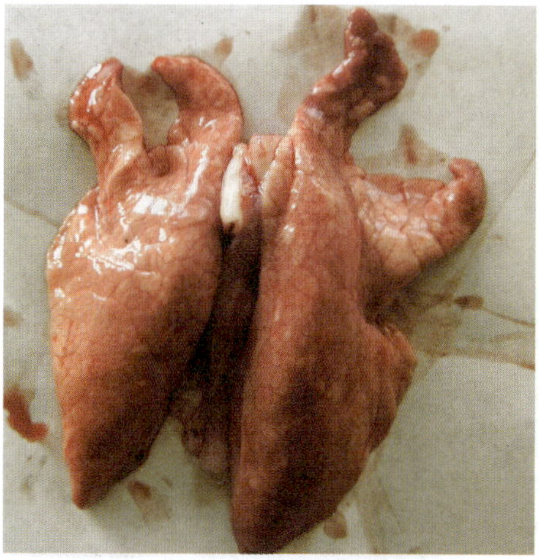

图 3-11 肺间质增宽，肺水肿、气肿

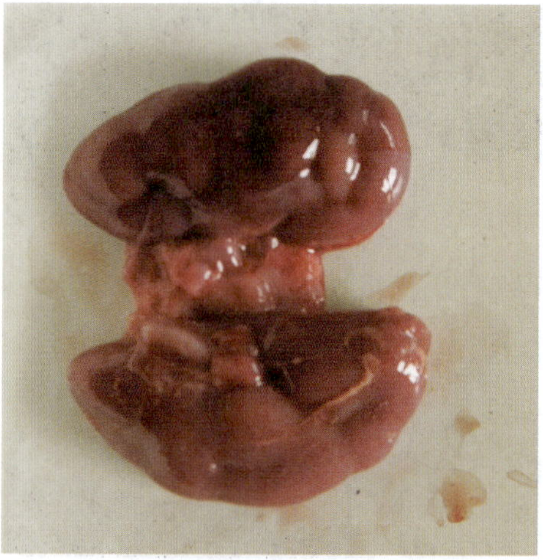

图 3-12 肾变形似桑葚，俗称“桑葚肾”

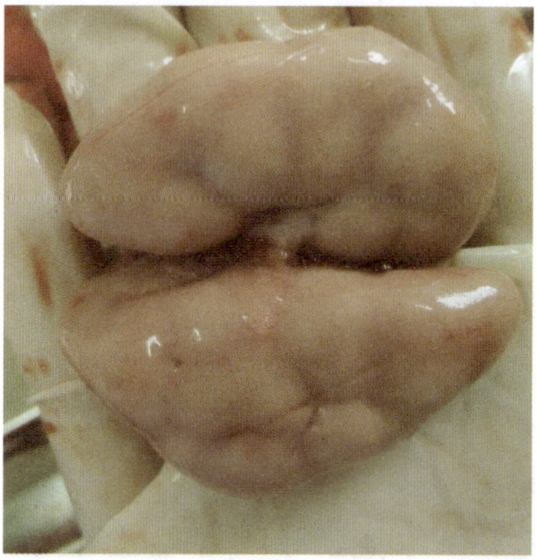

图 3-13 肾贫血，颜色变浅变形，呈“桑葚肾”

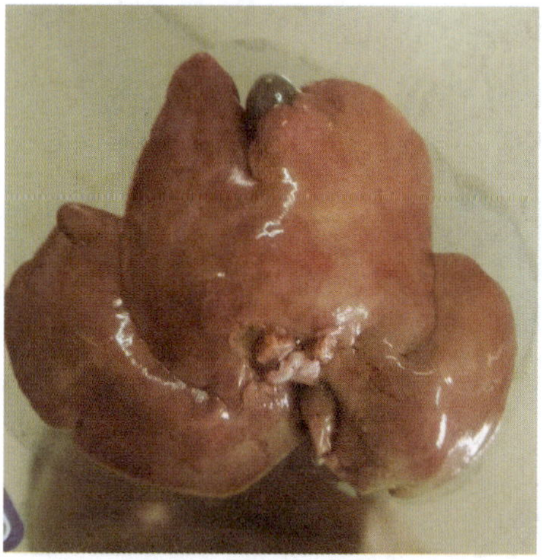

图 3-14 肝脏变性，颜色变浅

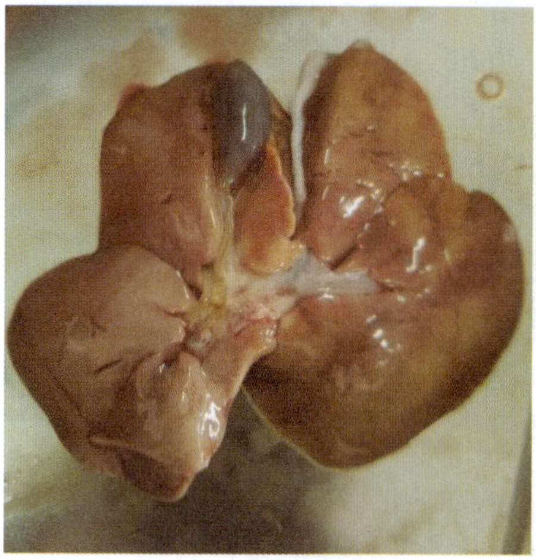

图 3-15 肝脏黄染，胆囊充盈

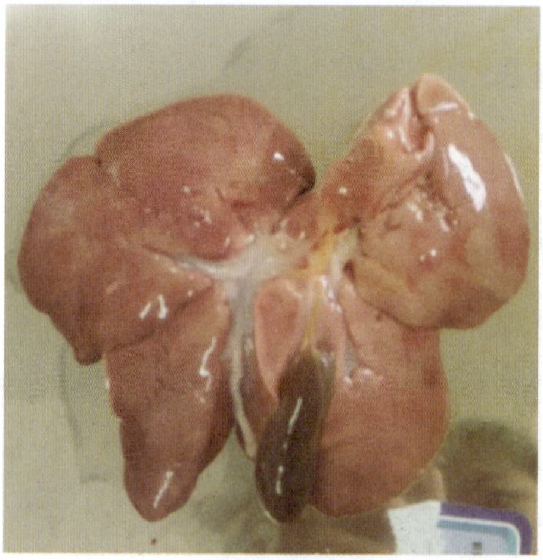

图 3-16 肝脏色浅，胆囊充盈

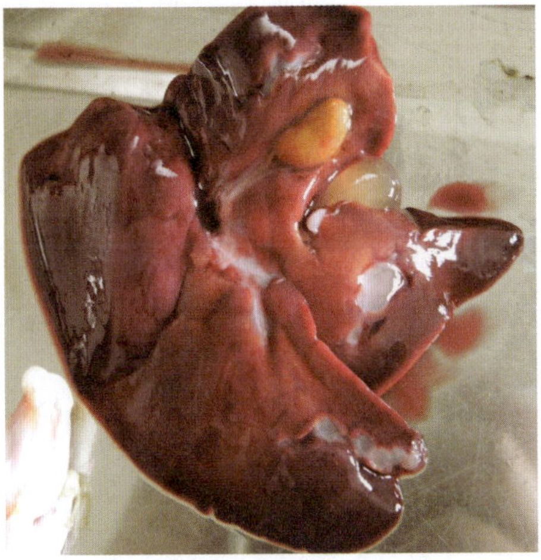

图 3-17 肝脏变形，有多量囊肿，胆囊充盈，胆汁浓稠

图 3-18 肝脏严重黄染

任务二 子宫内膜炎

子宫内膜炎又称子宫炎，是母猪子宫黏膜出现黏液性或化脓性炎症的一种产科疾病。该病多发于母猪产后几天或流产，其主要危害为：母猪发情不正常，或发情正常但屡配不孕，即使妊娠也易发生流产或弱胎，给养猪业造成严重的经济损失。

母猪子宫炎

母猪子宫炎—仔猪下痢

一、发病特点

1. 流行病学

本病多继发于分娩异常，如流产、难产、死胎滞留、胎衣不下以及子宫脱出、产道损伤等；难产时手术不洁、人工授精时消毒不彻底、自然交配时公猪生殖器官或精液内有炎性分泌物等也是引起子宫内膜炎的主要因素。

本病多为混合感染，主要的病原有葡萄球菌、链球菌、绿脓杆菌、大肠杆菌、化脓性棒状杆菌、变形杆菌、支原体等。此外，某些传染病如布鲁氏菌病、副伤寒等也是并发子宫内膜炎的重要原因。

2. 临床症状

在临床上分为急性子宫内膜炎、慢性子宫内膜炎和隐性子宫内膜炎。

(1)急性子宫内膜炎 多发生于产后或流产后，母猪全身症状明显，精神不振、食欲减少或不食，体温升高到41 ℃以上，常卧地、弓背、努责，频频排尿，从阴道内流出黄白色脓性分泌物，病重猪的分泌物呈污红色或棕色，有时夹有胎衣碎片，具有腥臭味，卧下时排出量较多(图 3-19)。哺乳母猪泌乳量减少，不愿给仔猪哺乳。

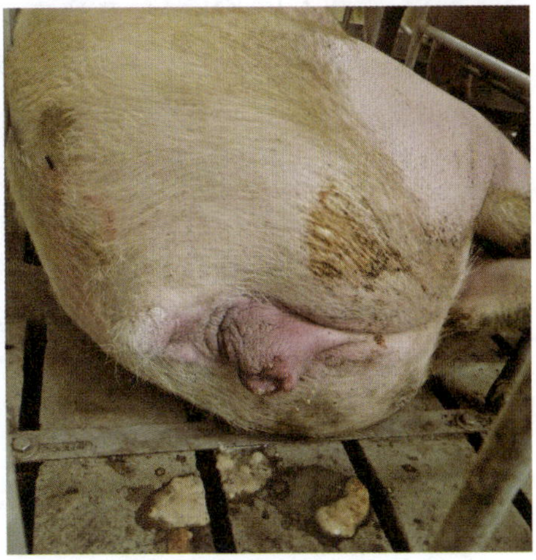

图 3-19 阴门流出大量乳白色脓汁

(2)慢性子宫内膜炎 多由急性子宫内膜炎转化而来，病猪全身症状不明显，但周期性地从阴道内排出少量

黄白色分泌物，尤其在卧地或发情时流出一些不透明浑浊液体。母猪不发情或发情不正常，延迟发情或屡配不孕，即使怀孕也易发生早期流产现象。

(3)隐性子宫内膜炎 病母猪一般无明显的全身症状，发情周期也基本正常，但发情时可见从阴道内流出的分泌物较多，不清亮透明，略带浑浊，配种受胎率偏低。

3. 病理变化

急性子宫内膜炎剖检可见子宫肿大明显，子宫内积有大量脓性或粉红色分泌物，阴道内也有少量脓性分泌物；慢性子宫内膜炎可见子宫轻度肿大，内积有少量黄白色分泌物；隐性子宫内膜炎无明显的肉眼病变。

二、诊断

根据病史、临床症状可作初步诊断，必要时可采用超声波进行诊断。

三、防制

1. 治疗

治疗原则：抗菌消炎，排出子宫内容物，促进子宫机能恢复。

(1)全身疗法 对于急性子宫内膜炎应施行全身疗法，采用抗生素或磺胺类药物进行治疗。如大剂量青霉素、链霉素肌内注射，2 次/d，同时静脉注射 10%磺胺嘧啶钠 50 mL，加入糖盐水静脉注射，效果良好。

(2)子宫冲洗疗法 冲洗子宫是治疗急、慢性子宫内膜炎的一种有效疗法，对子宫内分泌物较多尤为重要。所选药物应无刺激性，可用 0.9%生理盐水、0.1%高锰酸钾溶液、0.1%雷夫奴尔溶液。冲洗液的温度为 35～42 ℃，药液能引起子宫充血，加速炎症的消散，每次药液量为 1 000 mL，反复冲洗，直至排出透明液体为止。

(3)子宫内给药 选用抗菌谱广的药物，如青霉素、阿莫西林、金霉素等。待子宫经冲洗液体排净后，往子宫注入 160 万～320 万单位青霉素或 2～3 g 阿莫西林粉等药物，或用少量生理盐水溶解，做成溶液或混悬液，用导管注入子宫，2 次/d。对于慢性子宫内膜炎，选用上述药物直接注入子宫内进行治疗。

2. 预防

(1)加强猪舍的清洁卫生及消毒 猪舍应坚持每天一小清洁，每周一大清洁，做到定期消毒，保持地面干燥。对临产母猪的后躯和外阴须清洗和消毒。对有流产的死胎、胎衣、木乃伊胎，必须焚烧或深埋。对猪栏应先冲洗后消毒，2 次/周，消毒药可选用百毒杀。

(2)助产或操作检查遵守消毒制度 分娩时保护好母猪产道，尽量避免产道损伤而导致感染。发生难产而予以助产时应小心谨慎，禁止不洁手术；取完胎儿及胎衣，应用弱消毒溶液洗涤产道，并注入青霉素、链霉素等抗菌药物。对子宫和阴道等各项检查操作要严格遵守消毒规程。

(3)配种时严格消毒 在人工授精或自然交配时，要做好消毒工作。配种前使用 0.1%高锰酸钾溶液对公猪下腹和尿囊、母猪后躯和外阴进行清洗消毒。公猪生殖器官有炎症时，不允许公猪带菌多次配种。

任务三 乳房炎

乳房炎又称乳腺炎，是乳腺受到物理、化学、微生物等致病因子作用后而发生的炎性疾病，临床上以一个或多个乳腺出现肿大、疼痛，泌乳减少为特征。本病是泌乳母猪常见的一种疾病，其危害不仅是患病母猪本身，还殃及仔猪。

一、发病特点

1. 流行病学

本病多发生于产后或流产后的母猪。由于母猪舍环境不清洁，常见的产气杆菌、葡萄球菌、大肠杆菌、无乳链球菌、化脓性棒状杆菌、绿脓杆菌等病原菌侵入乳腺引起乳房炎。常见病因为：母猪乳房与地面摩擦而损伤乳头；仔猪吮奶时咬伤乳头；母猪患有子宫内膜炎或其他细菌感染性疾病时，也可转移或波及乳房发炎；其他因素，如乳房过度挤压、应激等也会引发乳房炎。

2. 临床症状

(1)局限性乳房炎 母猪局限性乳房炎是一种常见病，局限于1～3个乳区发生炎症。患病乳区急性肿胀，皮肤发红，触诊乳房发热、有硬块、疼痛敏感，常拒绝哺乳。乳汁减少，乳汁变黄白色或血清样，内有乳凝块。多数病例炎症可趋向缓和，但是也可恶化或蔓延到其他乳区，甚至形成数个化脓灶，破溃流脓；或者形成慢性炎症，泌乳停止，乳腺萎缩、坚硬，待炎症消失后形成瞎乳。病猪全身症状不明显，体温正常或略高，精神、食欲并无异常。多数病例经过及早有效治疗后可痊愈。

(2)扩散性乳房炎 多数于分娩后发病，1～2 d内所有乳区全部患病，急剧肿胀，几乎无乳汁分泌。此类乳房炎大多由猪的其他部位炎症扩散感染到乳房所致。全乳区发生炎症后，体温升高到40 ℃以上，食欲减退乃至废绝，乳房分泌黄色黏稠水样脓汁乳。仔猪吮乳后可导致腹泻。时间久之，乳房肿胀部位会化脓、溃烂，甚至流出腥臭脓汁。

(3)慢性乳房炎 多无全身症状，少数病猪体温略高，食欲降低。乳腺患部组织弹性降低，出现硬结，泌乳量减少。有时由于结缔组织增生而变硬，致使泌乳能力丧失。

3. 病理变化

母猪的乳头有红肿炎症反应，严重时乳房脓肿或溃疡。

二、诊断

在临床上主要根据乳房红、肿、热、痛，触诊乳房肿胀、发硬，分泌絮状性乳汁进行诊断。

三、防制

1. 治疗

(1)热、冷敷法与涂擦药物 对发热、急性和有痛感的乳腺必须用冷敷疗法。对于隐形乳房炎或病程较长的乳房炎，可使用50 ℃左右的热水用毛巾热敷，并给乳房进行按摩，促进血液循环，有助于减轻乳房肿胀和疼痛。挤掉患病乳腺的乳汁，局部涂擦10%鱼石脂软膏，每日涂抹1～2次，

(2)抗菌消炎 对于轻症的病例，采取乳房内灌注抗生素。先将患区乳汁挤净，用卡那霉素150万～200万单位；或0.2%环丙沙星100 mL溶入青霉素160万～240万单位，患区乳房一次灌注，2次/d，连用3～4 d。若乳汁中含絮状物或脓样物或血凝块较多时，宜用生理盐水或0.1%雷佛奴尔溶液冲洗后，再灌抗菌药物。

对于急性型和最急性型病例，必须采取乳房内和全身给药。青霉素160万～240万单位、链霉素160万～240万单位，肌内注射，1次/d，连用3～4 d。如体温升高者配合使用复方氨基比林

10～20 mL肌内注射。

(3)手术治疗 乳房浅表脓肿，须手术法切开排脓、冲洗，撒布消炎药物，以免引起脓毒败血症。

2. 预防

(1)控制好环境卫生 改善猪舍环境，使猪舍通风良好、向阳性好。母猪入产房前，猪体要清洗干净，用0.1%新洁尔灭溶液喷洒猪体。分娩后，用0.1%高锰酸钾擦拭母猪乳房、胸腹部和臀部，可避免或减少细菌感染乳房。

(2)加强管理 规模化猪场要注意母猪产房不要过于粗糙，以防擦伤乳房皮肤而被细菌感染引发乳房炎。为防止仔猪咬伤乳头，应在仔猪出生后做好“断齿”工作，防止仔猪吸吮过程咬伤乳房而造成乳房炎。

(3)科学饲喂 首先要掌握好母猪分娩前后的饲喂方法，一般于产前5 d开始减料，至分娩当天不喂料，产后第2天喂料0.5 kg，以后逐渐加料，至第5～7天达到2.5 kg。第8～14天要达到哺乳母猪喂料标准。日喂3次，饮充足清洁水，避免或减少母猪分娩后泌乳过多而发生乳房炎。

(4)药物预防 母猪在围产期间，可在饲料中添加大环内酯类药物如替米考星或泰万菌素，这些药物在奶水中浓度高，可有效减少乳房炎的发生。

任务四 仔猪营养性贫血

仔猪营养性贫血又称仔猪缺铁性贫血，是由于机体中缺铁而引起的仔猪贫血和生长受阻的营养代谢性疾病。临床上表现为血红蛋白含量降低、红细胞数量减少、皮肤黏膜苍白，生长受阻。该病具有地区群发性，常给养猪业造成严重的损失。

一、发病特点

1. 流行病学

本病多发于哺乳仔猪，以2～4周龄仔猪最易患病。在秋、冬、早春季节发病率较高。圈舍为水泥地面或石板地面饲养的仔猪，铁的唯一来源于母乳，最易发病。

2. 临床症状

仔猪一般在2～4周龄发病，初期病仔猪表现精神沉郁，食欲减退，离群伏卧，被毛粗乱，生长缓慢，抵抗力下降，可视黏膜、皮肤苍白，轻度黄染。病情严重时，黏膜苍白如纸，光照耳廓也几乎不见明显的血管，头部水肿。嗜睡，精神不振、脉搏和呼吸均增数。稍微活动就表现心悸亢进、喘息不止。严重的贫血，皮肤苍白、皱褶，被毛粗乱无光泽，并伴有腹泻症状，极度消瘦。大部分病例死亡较慢，若病猪能耐过6～7周龄，开始采食后，病情可逐渐好转。

3. 剖检变化

皮肤、可视黏膜苍白，有时轻度黄染。血液稀薄不易凝固，肌肉色淡，特别是臀肌和心肌最为明显；全身轻度水肿或中度水肿。肝脏肿大，且有脂肪变性，呈淡黄色，肝实质少量淤血；心肌松弛，心脏扩张；肺发生水肿；肾实质变性。

二、诊断

根据临床症状和病理变化可作出初步诊断。如需确诊，可采血进行红细胞计数和血红蛋白测定。

三、防制

1. 治疗

可通过给仔猪肌内注射铁制剂或口服铁制剂，达到补充铁元素的目的。

(1)肌内注射铁制剂 对患病仔猪立即进行深部肌内注射右旋糖酐铁注射液，1 次 2 mL(每 mL 含铁 50 mg)，一般一次即可。重症患猪隔周重复注射 1 次。

(2)口服铁制剂 用硫酸亚铁 2.5 g，硫酸铜 1 g，常水 100 mL，按 0.25 mL/kg 体重口服，每日 1 次，连用 1 周；或每日灌服 30 mg 焦磷酸铁，连用 1～2 周。

2. 预防

加强妊娠母猪和哺乳母猪的饲养管理，母猪在产前、产后时期，饲料中多加些氨基酸螯合铁(如苏氨酸铁)。仔猪出生后 2～4 d 肌内注射 1 次铁制剂(如牲血素)，必要时隔周再注射 1 次。

任务五 硒-维生素 E 缺乏症

硒-维生素 E 缺乏症是指硒、维生素 E 单独或同时缺乏、不足所引起的营养代谢障碍综合征，统称硒-维生素 E 缺乏症。该病可发生于各种年龄段猪，尤其以仔猪多发，临床上常表现猪白肌病、仔猪桑葚心及仔猪肝营养不良。

一、发病特点

1. 流行病学

本病的发生具有一定的地域性，即发病地区与缺硒带相一致。动物硒缺乏的主要原因是饲料中硒含量不足，而饲料中硒来源于土壤硒，当土壤硒低于 0.5 mg/kg 时，即为贫硒土壤。我国北起黑龙江，南至云南，存在一条斜行的狭长缺硒地带。另外，青海高原、甘肃部分地区、山东、江苏沿海各县均属贫硒或缺硒地带。

维生素 E 广泛存在于植物饲料中，但其化学性质很不稳定，易受许多因素作用而发生氧化破坏。饲料品质不良、加工调制不当；长期饲喂含大量不饱和脂肪酸的饲料，如霉变饲料、变质鱼粉、酸败的脂类等；饲料中含大量维生素 E 拮抗剂，均可导致该病的发生。

除此之外，本病还具有群体选择性，即幼龄阶段多发。这是因为幼龄阶段生长发育和代谢旺盛，对营养物质需求量相对增多，所以对硒缺乏尤为敏感。

2. 临床症状

仔猪精神不振，喜卧，行走时步态强拘，站立困难，常呈前肢下跪或犬坐姿势。病程继续发展，则四肢麻痹。心跳、呼吸加快，心律不齐，肺部听诊常出现啰音。下痢，出现血红蛋白尿，尿胆素增高。一般有以下几种表现形式。

(1)白肌病 即肌营养不良，多发于冬春气候骤变、青绿饲料缺乏时，其发病率和死亡率较高，以 1～3 月龄或断奶后的育成猪多发。急性病例，多见于生长快速、发育良好的仔猪，往往突然出现呼吸困难，心脏衰竭而死。病程稍长者，精神不佳，食欲减退，心跳加快，心律不齐，运动无力。严重时，站立困难，前肢跪下或呈犬卧姿势，或背腰弓起，或四肢叉开，肢体弯曲，肌肉震颤。肩部、背腰部肌肉肿胀。仔猪常因不能站立，吃不到母乳而饿死。

(2)桑葚心 此病是硒-维生素 E 缺乏的最常见病之一，多见于外观发育良好的仔猪。一般营养状况良好，多是饲喂高能饲料，但其中维生素 E 含量较低。病猪常在没有任何前驱征兆的情况下突然死亡，存活者表现严重呼吸困难，可视黏膜发绀，躺卧，强迫其行走时易发生突然死亡。亚临床症状常表现消化紊乱，在应激刺激下可转为急性，不久即突然抽搐、嚎叫而死。皮肤有不规则的紫红斑点，多在两腿内侧，有时遍及全身。

(3)肝营养不良 常见于1～4月龄仔猪或育肥猪，尤其是断奶前后的仔猪。急性病例多为体况良好、生长迅速的仔猪，往往无任何征兆便突然死亡。个别病猪可见呼吸困难、黏膜发绀、躺卧不起等症状，强迫其走动往往引起突然死亡。有的猪有消化道症状，如食欲不振，呕吐、腹泻，粪便带血等。病猪可视黏膜发绀，后肢衰弱，臀及腹部皮下水肿，病程长者可出现黄疸和发育不良等症状。

3. 病理变化

(1)白肌病 以骨骼肌、心肌纤维及肝组织等发生变性、坏死为主要特征。骨骼肌苍白呈熟肉或鱼肉状，有灰白或黄白色条纹块状浑浊的变性、坏死区，横切面有灰白色斑纹，质地变脆；骨骼肌中以背腰、臀、腿肌变化最明显，且呈双侧对称性。心肌扩张变薄，心内外膜下有与肌纤维一致的灰白色条纹，心脏横径扩大，外观呈球形。心包积水，有纤维素沉着。

(2)桑葚心 心脏横径增大呈圆球状，沿心肌纤维走向发生多发性出血，心肌红斑密集于心外膜与心内膜下层，使心脏外观呈桑葚样，故称桑葚心。心包、胸腔、腹腔均有积液，色深透明；肺水肿；胃肠壁水肿。

(3)肝营养不良 急性病例肝脏肿大，质脆易碎，呈豆腐渣样。正常肝小叶和红色出血性坏死小叶及白色或淡黄色小叶混杂在一起，形成彩色多斑或嵌花式外观，通常称为槟榔肝或“花肝”。慢性病例的充血部位呈暗红色，乃至红褐色，坏死部位萎缩，结缔组织增生，形成瘢痕，使肝表面凸凹不平。

二、诊断

根据临床症状，结合病史、病理变化及补硒和维生素E的疗效等，可做出初步诊断，确诊须做病理组织学检查，对血液和组织器官进行硒定量测定和谷胱甘肽过氧化物酶活性测定。

三、防制

1. 治疗

对发病仔猪，每头仔猪肌内注射亚硒酸钠维生素E注射液1～3 mL(每mL含硒1 mg、维生素E 50～100 mg)，隔日1次，共用2次；或肌内注射0.1%亚硒酸钠溶液，每次2～4 mL，间隔1～3 d，再给药1次；配合应用维生素E 50～100 mg肌内注射，效果更佳。

2. 预防

在缺硒地区，应在饲料中添加含硒和维生素E的饲料添加剂；尽可能使用硒和维生素E较丰富的饲料饲喂猪；对妊娠和哺乳母猪加强饲养管理，注意日粮的合理搭配，避免使用单一饲料。

复习思考题

1. 分析造成霉菌毒素中毒的原因有哪些？如何进行诊断？应采取哪些防制措施？
2. 简述造成子宫内膜炎的原因和防制方法。
3. 如何防制母猪乳房炎的发生？

模块四

猪场生物安全体系

生物安全是一项系统工程，主要目标是在养殖过程中采取多种措施，建立屏障，保护猪群免遭致病微生物的侵袭，避免病原体扩散到健康猪群，保障猪群养殖全程健康。

猪场的生物安全体系则是指在养猪生产过程中采取的防止猪病传染源进入猪场，侵袭猪群，造成疫病流行的技术措施。这些措施要达到的目标包括：①防止场外病原微生物（包括细菌、病毒、寄生虫，以及有害生物和昆虫等）侵入猪场，引起猪群发病；②防止场内病原微生物（包括细菌、病毒、寄生虫，以及有害生物和昆虫等）在猪场不同阶段交叉感染和传播，引起猪群发病；③防止场内病原微生物（包括细菌、病毒、寄生虫，以及有害生物和昆虫等）通过各种途径扩散到场外，进而影响其他猪场猪群健康。

猪场生物安全体系主要包括环境控制、饲养管理、防疫保健、疫病控制和动物福利等几个组成部分。

任务一　猪场环境控制

一、猪场建设

猪场场址选择和布局合理，远离传染源的猪场建筑是猪群生物安全体系的基础条件。

1. 场址选择

猪场选址应考虑地势、水源、雨量、交通、疫情等自然条件，还要为未来发展留有余地；既能保证足够的使用面积，又不浪费土地资源。应选择地势高燥、排水方便的地点，水质要符合标准要求。土质要求透气性好，易渗水、热容量大，不含不利猪群健康的杂质。

参考数据：猪场距铁路、国家一二级公路的距离不少于 300～500 m，距三级公路不少于 150～200 m，距四级公路不少于 50～100 m；距居民点不少于 300～500 m，与其他猪场不少于 1 000 m；猪场要建在居民点的下风方向，远离屠宰厂、肉类加工厂。

2. 建筑布局

一般猪场可分为 4 个独立区域。

(1)生活区　包括职工宿舍、文化娱乐区、食堂等。

(2)生产管理区　包括办公室、接待室、饲料加工调制车间、饲料仓贮库、水电供应设施等。

(3)生产区　包括各类猪舍和生产设施，是猪场的主要建筑。

(4)隔离区　包括兽医室和病猪隔离舍、尸体剖检、尸体处理设施和粪污处理设施等。

生活区应距猪场 500 m 以上；生产管理区位于猪场的一端，形成独立的建筑群，与生产区之间有消毒室相连。

生产区分为三点安排：公猪、母猪、妊娠母猪以及产仔舍（哺乳母猪）放置一点；断奶以后的保育期猪单独放置一点；生长育肥猪放置一点。各点距离可以从 20 m 至 1 000 m 不等，彼此用绿化带、水渠或围墙隔开。三点间有道路或门控制，不能随意往来。

场内风向和地势走向：应按照生活区→管理区→保育区→繁殖区→育成育肥区→隔离区→粪污处理区的顺序排列。

场内道路与排水：猪场周围应建 3 m 以上的围墙，有条件的可建设防疫沟或防疫隔离带。净道与污道分开，也不交叉。饲料车和工作人员走净道，粪便、病猪、死猪、出场猪等走污道。场外运输车辆不能进入生产区，生产区内的运输由专用车辆解决。

场区内排水系统主要为排除雨、雪水，一般在道路两侧。污水走暗沟，连通舍内粪尿沟。猪舍内粪尿沟在小单元设置时，不能横向从上单元流向下单元，以免病原菌传播。

猪场周围环境和场区环境绿化：有条件的猪场应建立绿化带，在上风口种植 5～10 m 宽的防风林，其他方向及各场区间种植 3～5 m 宽的防风林和隔离林。

参考数据：场区外 5～10 m 宽防风林，可以使冬季风速降低 70%～80%，夏季气温下降 10%～20%，有害气体减少 25%，臭气减少 50%，尘埃减少 30%～50%，细菌数减少 20%～80%。

二、环境控制

猪舍内环境控制必须符合猪的生物学特点，可通过建筑设备、工艺程序等进行调节，为猪只提供适宜的生长环境。

猪是恒温动物，依靠物理调节和化学调节保持体温恒定，在调节过程中依赖于环境的影响。但猪的生物特点又与其他动物不同，如猪的皮毛稀疏（成年猪每平方厘米皮上只有 10 根毛），保温隔热性能很差，而皮下脂肪和上皮组织含水量很少，脂肪的导热系数极低，猪又无汗腺，故大猪极其怕热，环境温度一高，就采食下降，体内热积蓄增加，影响生长、容易生病。而初生仔猪不仅皮薄毛稀，没有皮下脂肪，且体重小，体表发热面积相对较大，体组织隔热能力比成年猪低，体温调节中枢又不完善，所以初生仔猪的等热区较高，一般为 32～34 ℃。为此，仔猪初生后要尽快吃好初乳，补充乳糖以提高体温。所以，猪舍的环境温度要适宜，不可过高或过低，要按照猪的不同生理阶段，满足其对不同温度的需求。

湿度与温度有密切的协同关系，也必须适宜。

NH_3、H_2S、CO_2、空气中细菌数和粉尘等都会影响猪群健康。有害气体主要损伤猪只的呼吸道黏膜，溶解黏膜水中的钠离子会引发结膜炎、肺炎，造成肺水肿，降低猪体免疫能力。因此，必须注意猪舍的通风换气。

各种猪舍都需要有良好的环境卫生，要及时清除粪便，清洗猪床、猪栏、粪尿沟，清扫走道，定期而认真地用选择好的消毒药进行消毒。不同猪群适合的环境卫生指标见表 4-1。

表 4-1 不同猪群适合的环境卫生指标 m^3

猪群		温度/℃		相对湿度/%	空气卫生					通气量/[m^3/(h·kg)]		
		环境	局部		NH_3/(mg/m^3)	H_2S/(mg/m^3)	CO_2/%	细菌数/[万个/m^3]	粉尘/(mg/m^3)	冬	春、秋	夏
种公、母猪		16～18		65～75	26	10	0.2	<6.0	<1.5	0.45	0.60	0.70
后备公、母猪		18～21		65～70	26	10	0.2	<10	<1.5	0.45	0.60	0.70
分娩与带仔母猪	分娩前	18～20		65～70	15	10	0.2	<5	<1.5	0.35	0.45	0.60
	分娩期间	25～26		65～70	13	8	0.1	<3	<1.0	0.35	0.45	0.60
	分娩 1～3 d	24～25	30～34	65～70	13	8	0.1	<3	<0.05	0.35	0.45	0.60
	分娩 4～16 d	21～22	26～28	65～70	13	8	0.1	<3	<0.05	0.35	0.45	0.60
	分娩 11～23 d	20	22	65～70	13	10	0.2	<5	<1.5	0.35	0.45	0.60
断奶仔猪	24～30 d	21～22		65～70	15	10	0.2	<5	<1.5	0.35	0.45	0.60
	31～60 d	21		65～70	15	10	0.2	<5	<1.5	0.35	0.45	0.60
	61～90 d	20		65～70	15	10	0.2	<5	<1.5	0.35	0.45	0.60
育成育肥猪	30～40 kg	20		75～80	25	10	0.2	<10	<1.5	0.35	0.45	0.65
	60～105 kg	18		75～80	25			<10	<1.5	0.35	0.45	0.65
说明		1. 本数值为理想指数 2. 须参考有关资料，并依本场经验制定 3. 仅供参考										

任务二 猪场饲养管理

良好的饲养管理是猪场健康运行的基本保障。为将生物安全工作效果发挥到最佳状态，必须坚持预防为主的方针，做到饲养管理规范化、防疫措施制度化，不断提高猪只的健康水平。

一、饲养管理

1. 坚持自繁自养，尽量做到全进全出

猪场最好自己饲养公猪、母猪，繁殖仔猪并育肥，这样既可避免购买猪时带进传染病，又可降低养猪成本。引进种猪时尽量从非疫区购入，并经兽医部门检疫，经消毒后进入隔离猪舍，经健康观察 30 d，并按本场免疫程序注射疫苗后，再经过 15～20 d 的适应阶段的观察，方可入场混群。各阶段育肥猪猪舍以小单元为最好，这样有利于全进和全出，也有利于彻底冲洗和消毒。

2. 严格执行消毒制度

消毒的目的是杀灭病原体，猪的分泌物、排泄物和被病猪污染的粪尿、血液及其分泌物、土壤、用具、畜舍等要定期进行消毒。一般规模化猪场可一周消毒一次，疫情较大的猪场也可 3 d

消毒一次。每次消毒时，应先将粪尿打扫干净，用消毒剂（稀释后）进行喷雾带猪消毒。

3. 制定严格的免疫程序

免疫程序是根据猪群的免疫状况和传染病的流行情况及季节，结合各猪场的具体疫情而制定的预防接种计划。由于各猪场的疫病流行情况各不相同，因此各场应根据各自情况制定相应的免疫计划。

4. 严格保障饲料质量

通过严格措施保证饲料原料的健康和安全，并按照猪群的不同生产阶段配备合适的饲喂方案，以增强猪只体质。坚决杜绝使用发霉饲料、污染饲料、厨余下脚料等喂猪。

5. 严格做好引种前检查

引种前必须对引种地进行疫情调查，保证从无疫区引种。引种前做好主要疫病的检疫，确定引种猪健康无病，并开据健康证明。引进种猪在运输过程中要注意防护，避免感染。对运输车辆做彻底清洗消毒。新引进的种猪，应在远离饲养场的地方有 30 d 以上的隔离观察期，确认健康无病，并逐渐与原有猪群循序接触，才能合群饲养。

二、消毒制度

建立完善的消毒制度并严格贯彻执行。

1. 人员消毒

（1）进入猪场的人员，在门岗雾化消毒，同时在消毒池内消毒鞋底，并更换场内生活区衣服和鞋。

（2）进入生活区　凡需进入猪场生活区的人员必须更换生活区衣服、换鞋、沐浴、隔离；

（3）进入生产区　需进入生产区的人员必须在更衣室沐浴、更换隔离区衣服并换鞋，必须按要求隔离；进入生产区前，必须更换生产区衣服和鞋，并在消毒池内消毒鞋底；有洗浴设备的猪舍，必须在进入车间工作房前淋浴、更衣和换鞋；猪舍无洗浴设备的猪场，在进入猪舍前必须在指定的更衣室，更换生产区衣服和鞋。

2. 生活用品及生产用具消毒

（1）进入猪场的食品消毒方法

①表面活性剂清洗消毒。无外包装的食品，使用食品洗涤剂水溶液浸泡 30 min 后，用清水冲洗，晾干；

②熏蒸消毒。有外包装的食品，应将食物分散摆放在熏蒸消毒室内，打开臭氧发生器，消毒 30 min；

③臭氧消毒。无外包装的食品（如蔬菜、水果等），将食物清洗干净后，放入接臭氧发生器的水槽内，打开臭氧发生器，浸泡 20 min。

（2）衣物消毒（包括衣服、帽、口罩及鞋）　将其分别浸泡在 0.2%过氧乙酸溶液中 20 min，用清水冲洗，再用去污剂搓洗，清水洗净。

（3）其他物资可选以下几种消毒方法

①消毒液浸泡消毒。可用 0.2%的过氧乙酸或 1∶100 的戊二醛溶液浸泡 20 min；

②紫外线消毒。表面光滑的物品可用紫外线消毒法消毒，但注意保证物品每个表面均接受到紫外灯照射 30 min；

③熏蒸消毒。将物品分散摆放在熏蒸消毒室内，加热过氧乙酸溶液，过氧乙酸的用量为 3～5 mL/m^3，封闭消毒室 12 h 以上方可取出；

④臭氧消毒。将物品分散摆放在消毒室内，打开臭氧发生器，封闭消毒室，消毒 30 min，等臭氧挥发完后取出；

⑤擦拭消毒。手机、手提电脑可使用 75%的酒精擦拭消毒；

⑥疫苗等生物制品消毒。将外包装除去，产品说明书经臭氧消毒后交给兽医，用 75%酒精喷雾消毒疫苗瓶。注意：务必在 5 min 内完成，并迅速放入保温箱内交给兽医；务必将酒精喷雾至包装各部分。

3. 车辆消毒

(1)车辆消毒池 车辆在进入猪场和跨区域活动时必须经过车辆消毒池，车辆消毒池内消毒液为 2%～3%烧碱水，至少每 4 d 更换 1 次，如遇暴雨应在雨后立即更换；消毒液的量应保证整个车轮在经过消毒池时全部浸湿。

(2)车身消毒方法

①清扫。未装载物资的车辆进入车辆清洗、消毒间(区)后，车辆清洗、消毒人员将车上所有物品、挡板及可拆卸部件等卸下，用扫帚清扫干净车厢内杂物等；

②清水冲洗。用高压水枪(使用清水)冲洗，将车身所有表面及车厢内部的污物冲洗干净；

③喷洒清洁剂。用常压水管将 0.2%洗衣粉水或 0.2%肥皂水喷洒至需要清洗的车身及车厢内部的所有表面，并使清洁剂在需要清洗的所有表面停留 10～15 min，将污物刷净；

④清水冲洗及晾干。用高压水枪(使用清水)将清洁剂及污物冲洗干净，晾干；

⑤消毒。用 1：100 的戊二醛消毒液，高压水枪冲洗，使车身全部浸湿，停留 20 min；

⑥清水冲洗消毒剂及晾干。用高压水枪(使用清水)将消毒液冲洗干净，晾干。

(3)检查车辆 通知检查人员检查车辆，检查合格车辆，签发合格单。如不合格，检查人员当即通知相关人员返工，重复以上程序，进行清洗和消毒工作。

①洁净度检查。车轮、车外部、车箱内部和驾驶室洁净无污物(如泥土、物资残留物等)。

②有机物检查。使用有机物快速检测棒，检测有机物残留。

③消毒药浓度检查。使用消毒药浓度测试纸检测所使用的消毒药浓度。

(4)消毒间地面消毒及晾干 检查合格后，用 1.5%～2%的烧碱水冲洗地面，检查人员等待消毒后，用 pH 试纸检测地面消毒水浓度及冲洗情况，晾干。

4. 环境消毒

(1)道路消毒 清扫后，浇泼 2%烧碱水或火焰喷烧消毒；

(2)办公生活区房间消毒 清洁后，用 0.2%过氧乙酸喷雾消毒地面及墙面，喷雾后，关闭门窗 30 min。

(3)转猪台消毒 用高压水枪冲洗干净，干燥，再用 1：100 戊二醛喷雾消毒。

5. 猪舍消毒(生物安全，行为规范)

(1)“全进全出”猪舍消毒程序 清洗必须在空圈后 24 h 内完成：将可移动的物品移开，彻底清扫(包括房顶、墙壁、排污沟等)后，用清水浸泡 12 h；再用 6 kg 压力的冲洗机彻底冲洗；用常压水管将 0.2%洗衣粉水或 0.2%肥皂水喷洒浸泡 2 h，用 6 kg 压力的冲洗机彻底冲洗；待干后，用 1：100 的戊二醛溶液高压喷雾消毒，再冲洗；非金属设备也可用石灰乳涂布；检查合格后，空栏净化 2 d。

(2)配种妊娠舍、公猪舍消毒 猪只转出后的空栏，用高压水枪冲洗干净，干燥后，用 0.1%戊二醛喷雾消毒地面和圈栏等设备。

(3)生产区猪舍门口消毒池 生产区的每栋猪舍门口必须设立消毒池，加 2%烧碱水，每天更换 2 次。

6. 饮水消毒

(1)适合用于饮水消毒的消毒剂 氯制剂：漂白粉、二/三氯异氰尿酸钠、二氧化氯；过氧化物：过氧乙酸；碘伏：第一、第二、第三代碘伏均可。

(2)氯制剂用于饮水消毒的方法 浓度在 1～3 g/t，不超过 5 g/t，加氯后经一定消毒时间(15～30 min)，水中维持的总氯量在 2 g/t。

7. 兽医诊疗器材消毒

兽医诊疗器材消毒方法见表 4-2。

表 4-2 兽医诊疗器材消毒方法

消毒对象	消毒方法
体温计	将用后的体温计放于 1%过氧乙酸溶液内浸泡消毒，5 min 后取出，冲洗；甩下水银(35 ℃以下)；再放入另一 1%过氧乙酸溶液内 30 min 取出；用冷开水冲洗；再用消毒纱布擦干，存放在清洁盒内备用。
注射器或注射器玻管	用水清洗干净，再煮沸或高压消毒，存放在清洁盒内备用。
针头	用皂水煮沸消毒 15 min 后，洗净，再经煮沸或高压消毒后，放在针头盒中备用。
托盘、方盘等	将其浸泡在 1%漂白粉清液中 1 h，用皂水洗净，再用清水洗净后备用。
污物桶	将桶内污物倒去后，用皂水将桶洗干净，再用清水冲洗后用 0.2%过氧乙酸喷雾消毒，后置 30 min 后，用清水冲洗干净备用。
镊子、钳子等	先用清水洗净，再放入皂水中煮沸消毒 15 min，用清水洗净，煮沸或高压消毒备用。
推车	定期用去污粉或皂粉将推车擦洗一次，污染的推车用浸有 1∶100 的戊二醛溶液擦洗，30 min 后，再用清水冲洗，擦干。

任务三　防疫保健

定期做好杀虫、灭鼠、驱虫、防疫和猪群保健工作。

一、免疫工作

养猪场应根据《中华人民共和国动物防疫法》及其配套法规的要求，结合当地传染病实际发生的情况及发病规律，选择适宜的疫苗、免疫程序和免疫方法，有选择地进行疫病的预防接种工作。

为了保障免疫效果，切实起到防疫免疫的目的，必须注意以下问题。

(1)疫苗运输、贮藏科学而合理，避免太阳光直射，温度不宜过高或过低；瓶内进入空气、超过有效期皆不可使用。

(2)疫苗与疫病血清型对号。

(3)稀释后在规定时间内用完。

(4)被污染或混有杂质的疫苗弃之不用。

(5)注意用够剂量。

(6)做好免疫程序的制定,两种疫苗注射的间隔时间适宜。注意猪群健康状况、猪只的生理阶段,以及饲料质量或猪群所处环境对疫苗免疫注射的影响等。

(7)只对健康猪免疫。

(8)细菌苗注射药后至少 1 周禁用抗生素.

(9)用完的疫苗瓶集中处理,不得乱丢乱放。

(10)配合管理措施,杜绝猪只漏注。

(11)每年至少进行 3 次免疫抗体检测,及时发现和纠正免疫工作的失误。

(12)所用针头、器械要认真消毒,最好一猪一针头,(仔猪或同一栏肥猪可共用一针头)。针头长度应达到要求,具体见表 4-3。

表 4-3 一般肌内注射要求的针头长度

猪体重/kg	针头长/mm	针头型号	猪体重/kg	针头长/mm	针头型号
<10	12～18	20～21	30～100	25～30	18
10～30	18～25	18～19	>100	38～44	18

二、驱虫程序

选择高效、安全、广谱的抗寄生虫药,进行一次彻底的驱虫,而后建立驱虫程序。首选的驱虫药有阿维菌素、伊维菌素和道拉菌素。各猪群的驱虫时间如下。

(1)后备猪在配种前驱除体内外寄生虫。

(2)对怀孕母猪于产前 1～4 周内驱虫 1 次。

(3)种公猪每年至少驱虫 2 次。对已感染寄生虫的猪场,每年应驱虫 4～6 次。

(4)所有仔猪在转群时驱虫 1 次。

(5)后备母猪在配种前驱虫 1 次。

(6)对引进猪及后备猪应进行 2 次驱虫,第 1 次和第 2 次间隔 10～14 d,并隔离饲养 30 d 以上合群。

三、猪场灭鼠、杀虫程序

1. 环境治理

(1)灭鼠前要及时断绝鼠粮,彻底清除垃圾,检查不符合规定储存的粮食、食品、包装物等,特别是餐饮剩饭剩菜须密封保管,厨余垃圾要及时密闭清运。

(2)外环境中可供鼠食用的遗弃食品和积水应及时清理。

2. 规范防鼠设施

(1) 门窗严丝合缝,门与门框、窗与窗棱缝隙应小于 6 mm,饲料仓库及其他可招致鼠害的场所木质门的下沿应镶包内外 30 cm 高铁皮;楼房地下室或地上一层的窗户及通风孔应加装 13 mm×13 mm 的铁丝网。

(2)各种管道或电缆进出建筑的孔洞用水泥等材料堵塞;室内可能被鼠类利用的孔洞、缝隙也用水泥填堵。

(3)下水道应装返水弯,室内排水沟应装有完整铁篦,通往外界出水口部位应有 13 mm×

13 mm 防鼠铁丝网闸。

(4)所有仓库木门应包有 30 cm 高铁皮，经常开启的门应设置 50 cm 高包铁皮的防鼠挡板，库内常年备有盛装新鲜灭鼠药品的鼠盒或粘鼠板。

3. 鼠药投放

(1)员工生活居住区 每 15 m^2 房间投放 2～3 堆毒饵，沿墙根投放，厨房至少投毒饵 1 堆，院内沿墙每隔 10 m 投放 1 堆，每堆 30 g；每床铺下投放 1 堆，每堆 30 g；至少连投 3 d 毒饵，吃一份补两份。

(2)生产区 每 15 m^2 投放 1～2 堆毒饵，投在机械下方，连续检查 3 d，吃一份补两份。

(3)办公区 每间房投放 1～2 堆毒饵，投在柜下，二楼以上房间有鼠就投毒饵。院内沿墙根每 20 m 投放 1 份蜡块，吃一份补两份，连续检查 3 d。

(4)食堂餐饮 使用毒饵盒投药，每 5 m 投 1 堆毒饵，储藏室门口 1 堆，每堆 50 g。室外每隔 10 m 投放 1 份蜡块，连续检查补充毒饵至少 7 d。外环境一律投放蜡块类药，禁投放颗粒鼠药。在食堂周边可相应设 2～4 处毒饵站，可长期投蜡块灭鼠。

(5)下水道及管线井 投放蜡块类毒饵 100 g，隔日检查并补充毒饵至少 3 次。

(6)原料、成品仓库 用鼠药盒长年投放鼠药或粘鼠板，沿墙根隔 5 m 设 1 处，并随时补充投药。

4. 鼠尸处理

鼠尸要及时清理，采取深埋或焚烧处理，禁止不清理或随意丢弃。

5. 注意事项

室内投药以饵料大隆鼠药和粘鼠板为主，外环境及下水管道等处，采用蜡块类大隆、立克命等毒饵为主；在原料和成品仓库等采用饵料盒投毒饵。要严格管理，绝对防止污染；要将死鼠及时深埋处理。

四、猪群保健

不同生理阶段的猪群要求有不同的生活环境，要求不同的保健管理措施。在保证猪舍清洁和定期消毒免疫的基础上还应做到以下几点。

1. 后备猪的保健管理

后备猪在种猪群中占 35%～45%，其健康水平直接影响全场养猪生产水平和经营效益。

(1)对引进的后备猪要隔离饲养 60 d 以上，并做好猪瘟、伪狂犬病的抗体和抗原检查；进行蓝耳病抗体检测。

(2)按免疫程序进行防疫免疫接种。

(3)在免疫基础上，隔离 1 个月后让后备母猪与淘汰母猪或保育舍感染后康复的小猪接触，以驯化其对蓝耳病病毒及圆环病毒的适应能力。

(4)分胎次饲养。第一胎母猪健康稳定性差，对营养、饲养管理、抗体水平与其他母猪不同，有条件的猪场应开辟头胎母猪饲养舍，以便有效地控制疫病发生。

(5)调整饲养，因膘施饲，不使后备青年母猪过肥过瘦，并增加维生素喂量。最好喂给适量的青绿多汁类饲料。加强运动，控制膘情，使后备猪的膘情适中。

(6)增加异性刺激时间，保障后备猪正常发情、配种。

2. 配种母猪的保健管理

(1)新转群的待配母猪应合理分群，加强运动。每天 2 次进行观察测试。配种后转入观察区，下床猪经 7～10 d 不发情者，可实行人工催情。

(2)母猪待配期做好猪瘟、猪丹毒、猪肺疫疫苗接种；选择性地对猪细小病毒、猪乙脑、猪蓝耳病、猪衣原体等进行免疫。每年 3 次进行口蹄疫免疫；每半年用依维菌素或阿维霉素驱虫 1～2 次。

(3)对 300 头以上的母猪舍应划分待配母猪区、公猪区、观察区和后备猪饲养区。猪群转进和转出前后进行 1 次大消毒，每周进行 1 次常规消毒；每日上、下午各对猪舍进行 1 次清扫，保持猪舍环境卫生。

(4)每天 3 次观察猪的采食、饮水、大小便、休息、运动及精神状态，发现异常及时治疗。配种后 3～4 周观测妊娠与否，21～30 d 进行妊娠检查，妊娠者转入单体栏，未妊娠者转入配种区。长期不发情或屡配不孕者应及时淘汰。

3. 种公猪的保健管理

(1)当公猪生长到 7～8 月龄、体重 120 kg 以上、背膘厚在 20 mm 时，经过训练与调教，至少经 2 次精液品质检查，精子活力在 0.8 以上，密度中等以上，方可用于正式配种。青年公猪每 3 d 配种 1 次，成年公猪每 2 d 配种 1 次。每周至少进行 2 次精液品质检查，发现问题及时采取纠正措施。

(2)种公猪适宜的舍温是 18～20 ℃，冬季应保温，夏季要防暑。温度高于 33 ℃，持续 1 周后会导致睾丸萎缩，造成死精或精子活力降低、精子畸形，以及性欲衰退等。故夏季要冲洗公猪或采取机械通风或喷雾降温、滴水降温、水帘降温、舍处遮阳等措施。种公猪舍的湿度不宜过大，适宜相对湿度为 65%～75%。公猪舍要有良好的光照。

(3)注意种公猪舍有良好的通风条件，防止 NH_3、H_2S、CO_2 等有害气体超标。

(4)合理运动、刷拭。种公猪每天运动 1 h 以上，行程 1～2 km。每天对公猪进行 2 次体表刷拭，每次 30 min；夏季冲浴。

(5)防止公猪自淫。

(6)150～200 kg 体重的公猪，日采食量 2.5～3.0 kg，日粮粗蛋白质含量在 13.5% 左右，能量水平为 13.66 MJ/kg(高能量低蛋白)，但也有人主张蛋白质水平在 18%～20%，可消化能量在 15 MJ/kg 为好。两种方式各场依条件而定。硒与精子形成有着密切的关系，种公猪每天获得硒应在 30～35 mg。维生素也不能缺少，如维生素 E 可提高免疫力，减少应激，增强性欲与精子活力；维生素 B_1、维生素 B_2 缺乏时会造成睾丸萎缩、性欲减退；维生素 C 有助于减轻热应激。

(7)种公猪每年春秋进行 1 次猪瘟、猪丹毒、猪肺疫、猪伪狂犬病等的免疫。每年进行 3 次口蹄疫免疫，每半年用依维菌素或阿维菌素驱虫 1～2 次。

4. 妊娠母猪的保健管理

(1)依妊娠天数分期分批实行限位或分群饲养；经常检查妊娠情况，发现返情、早期胚胎退化或流产、早产及时进行处理，并做好记录；对流产、死胎和仔猪应剖检，检查胎盘，判断病因，及时治疗。未妊娠母猪及时转入配种区。

(2)依免疫程序进行免疫注射。

(3)母猪进单体栏前后各进行 1 次清洗、消毒。每周进行 1 次常规消毒。每日上、下午各进行 1 次清扫，保持环境卫生。防止猪舍地面过滑。群养猪密度不宜过大，以防拥挤，造成流产。

(4)注意舍内温、湿度变化，保持良好的空气质量。夏季要防暑降温，加强通风；冬季要保暖换气，保持空气新鲜。

(5)妊娠最后1个月进行1次驱虫。

(6)每天3次观察猪的采食、大小便及运动情况。经常检查日粮质量，防止霉变，不得以发霉玉米等做饲料用。定期检查母猪膘情，维持正常体态。

5. 哺乳仔猪的保健管理

(1)产房应严格遵守小单元、全进全出的工艺流程；统间式猪舍应划成若干区，实行部分全进全出。

(2)母猪产仔前5～7 d进入产房，上床前进行母猪的体表消毒，常采用的方法是洗浴喷雾消毒。

(3)母猪分娩时，首先用消毒药(高锰酸钾等)消毒母猪后躯、外阴部及乳房。

(4)仔猪出生后，立即用消毒毛巾拭去猪体黏膜，除去口腔黏液，擦干仔猪全身，并消毒断脐、去犬齿，称重、记录，剪耳缺或刺耳号。

(5)初生后立即送到适当乳头哺乳，开始固定乳头，保障每头仔猪吃好初乳。产后36 h以内的初奶对保障仔猪健康、提高免疫力至关重要。初乳中干物质占全乳总量的1/4以上，其中70%以上是免疫球蛋白。初生仔猪小肠绒毛处于开口的原始状态，对初乳免疫球蛋白极易吸收利用。为此，初生仔猪吃好初乳是保障仔猪健康，提高成活率的重要措施。

(6)仔猪3 d内补注铁剂，7 d补料，严防仔猪下痢，严防传染性胃肠炎和流行性腹泻。

(7)每日进行1次常规消毒，每3 d进行1次大消毒。上、下午各清扫1次猪舍，冲洗粪尿沟，并彻底消毒。

(8)注意保持猪舍适宜的温、湿度。冬季保暖，夏季通风降温。天寒时安装保暖设备，夏天用水帘降温。

6. 保育猪群的保健管理

断奶以后仔猪免疫系统尚未完全成熟，免疫力较弱，其消化系统不能完全适应新的饲养环境。这时的保健核心是做好3个过渡，减轻应激反应，避免断奶引起多系统衰竭综合征。

(1)做好3个过渡，减轻应激反应

①饲料过渡。乳猪料转换成断奶料，要逐步过渡，要有5～7 d的过渡期。

②环境条件的过渡，特别是猪舍温度变化过渡。一是循序渐进，最好在刚进保育舍时，给一个“反弹”温度，如断奶时猪舍温度降至18～20 ℃，刚进保育舍，最好调至20～25 ℃，确保幼猪的适应。

③管理方式的过渡。建议在仔猪达到断奶日龄时立即称重、分组(最好原圈原窝)，作部分免疫注射。不立即转群，原圈培育1周后转群，让其适应新的环境。转群后的管理方式不要改变太大，令其稳步过渡。

(2)保育猪舍的饲养密度不宜太大，一般刚转群时以3头/m^2为宜。适当增加饲料槽长度，每头小猪至少有7 cm，保证仔猪采食。

(3)加强通风换气，改善空气质量。推荐限度：NH_3小于10 mg/m^3，CO_2小于0.11%。经常保持保育猪舍的环境卫生，及时清除粪便，一日2次清扫，每天清洁消毒，捕灭蚊蝇。冬季做好保暖，夏季做好防暑降温。

(4)全进全出，严格执行清扫消毒、防疫检疫、驱除体内外寄生虫的规定；严格执行有关的防疫免疫规定。

(5)注意饲料质量，霉变饲料不可喂给保育猪；饲料槽要定期清洁消毒。

(6)供给充足清洁饮水。

7. 生长育肥猪的保健管理

生长育肥猪是即将出栏的猪，保健工作好坏直接影响猪场经济效益和人们生命健康。这段时间主要的疾病有呼吸道疾病综合征及各种原因引起的腹泻。保障猪群健康的工作有如下几点。

(1)注意密度不可过大 在体重 60 kg 以上时应保持每群不超过 12 头，每头猪所占猪舍面积应在 1.0 m^2 以上，漏缝地板猪舍则应在 0.85 m^2 以上。密度过大会造成通风不良、应激，加重争食打架等一系列恶习行为，并会感染呼吸道疾病，造成疫病流行。

(2)加强营养，合理饲养 育肥猪的饲料成本占养猪生产的 70%～80%，合理使用饲料、科学而合理地配置营养是节省饲料的核心和降低成本的关键，也是保障猪群健康的基础。为此，在保障能量和蛋白水平的情况下，日粮中应适当添加维生素和微量元素，使营养平衡，并注意避免饲料浪费。确保饲料质量良好，不发霉、不变质。随时注意猪的食欲状况，如发现母猪的外阴红肿情况，要及时检查饲料的颜色与气味。出栏前 3～4 周，在饲料中停止添加各种非营养性物质及药物。

(3)全进全出 生长育肥猪也要求全进全出。猪只出栏后彻底清洗、消毒、清圈、凉圈，杜绝病原菌存留于猪舍而继续感染其他猪只。对长势缓慢的猪只或僵猪若继续留在原来猪舍中，不但影响清洗消毒效果，还会成为新的传染源。

(4)调节猪舍温度 在夏季天气炎热时，要采取有效措施降低猪舍温度，可采取水帘降温、喷雾降温、滴水降温；同时加强通风，室外加遮阳网等。冬季要增温保暖，使猪舍内保持适宜温度。

(5)保持环境卫生 粪便要及时清除，强化通风系统，有害气体、粉尘和有害气体不得超标。避免经常混群、调群，以减少应激。

五、免疫监测

创造条件积极开展猪群免疫监测工作。主要疫病监测与处理流程如下。

1. 猪瘟

(1)采样时间 猪瘟苗免疫 21 d。

(2)采样比例 按 10%抽样进行抗体监测。

(3)判断标准 群体免疫抗体阳性率 80%以上判为合格。

(4)结果处理 对不合格猪群补免一次，6～8 周后再次进行检测，经检测仍为阴性者淘汰。

2. 伪狂犬

(1)采样时间 伪狂犬 gE 基因缺失苗免疫 21 d 后。

(2)采样比例 ①对生产母猪按 10%抽样；②对新选入的后备母猪、公猪逐头检测。

(3)判断标准 ①后备母猪、公猪野毒阴性、免疫抗体合格率 100%判为合格；②生产母猪进行伪狂犬 gE 抗体监测的结果应为野毒阳性比例不扩大、免疫抗体合格率 95%以上判为合格。

(4)结果处理 对以上检出的野毒阳性猪予以淘汰，免疫不合格者补免一次。4～6 周后再次进行检测。

3. O型口蹄疫

(1)采样时间 O型灭活类疫苗免疫28 d后。

(2)采样比例 按10%抽样取样。

(3)判断标准 液相阻断ELISA抗体效价≥26判为合格,群体免疫合格率达70%以上判为合格。

(4)结果处理 对不合格猪群补免一次,28 d后再次进行检测。

4. 猪繁殖与呼吸综合征

(1)采样时间 活疫苗免疫28 d后。

(2)采样比例 按10%取样。

(3)判断标准 高致病性猪蓝耳病ELISA抗体IRPC值>20判为合格,群体免疫抗体合格率≥70%判定为合格。

(4)结果处理 对于抗体合格率低于70%加强免疫一次,28 d后再检测一次。

任务四 疫病控制体系

一、猪场疾病的诊断

当猪场发生疾病时应由专业技术人员进行诊断,必要时,应将病料及时送到检疫部门进行实验室确诊。

(1)临床症状观察 此法最简略,但误差也最大,一般要求诊断者具备相当的疫病知识和临床经验,具体进行时应观察细致,并做好详细记录。

(2)药物诊断 在临床观察和判断前提下,针对性地使用一定的药物(包括种类和剂量),以观察疗效。疗效好证明判断正确,不好则须换药或考虑其他病因。

(3)剖检 诊断人员须具备相当经验和病理专业知识,主要通过组织肉眼病变的观察来判定种类疾病。一般先经前两种方法诊断,然后治疗无效的猪都应进行尸体解剖。

(4)组织病理学检查 将病变组织做成切片进行显微观察,由专业人员进行。

(5)病原分离与鉴定 由专业机构进行。

二、猪场疾病的预防和治疗原则

各种疾病的病因不同,处理方法也各异。

1. 病毒性疾病

此类疾病包括猪瘟、伪狂犬、口蹄疫、水疱病、细小病毒病、猪痘、传染性胃肠炎、乙脑、轮状病毒和猪繁殖与呼吸综合征等。由于此类疾病无法用抗生素治疗,可根据其并发症发生情况使用抗生素疗法控制继发感染;或利用疫苗免疫预防,并辅以消毒、隔离、支持疗法(如下痢时补液)或捕杀等来处理。

2. 细菌性疾病

此类疾病包括大肠杆菌、沙门杆菌、巴氏杆菌、丹毒和链球菌病等,对它们的处理是利用抗生素来治疗或预防,或疫苗免疫预防,但免疫前后不可使用抗生素药物。

3. 寄生虫病

弓形虫、球虫病等多采用磺胺类药物或新砷矾纳明等化学药物治疗。蛔虫、鞭虫、螨虫等使用有机磷类杀虫剂或此类型的驱虫药。

4. 立克次氏体病

如猪附红细胞体病等，以四环素族药或有机砷制剂治疗和控制。

5. 混合感染

首先，应设法判断何者为原发性感染，何者为继发性感染，何者在综合征中处主要危害地位，然后控制原发感染和主要危害病原，从而控制综合征的发生。

此外，要注意，疾病的治疗应选用对症、质量好、价廉且易采购的药品。同一种药物，特别是抗生素不宜长期使用，也不得随意加大剂量。治疗器械每次使用前应消毒，使用后应清洁干净。

三、常见猪病的防制

1. 猪场常见猪病防制的一般原则

每天仔细观察每一头猪，以便病猪的及时发现和治疗。按兽医卫生管理要求，及时处理无治疗价值和可能引发感染的病猪。对病死猪最好在其死后 1 h 内及时做诊断解剖。散发猪病对症治疗；群发病首先检查饲料、饮水，然后综合分析各种症状，考虑是否是传染病及是何种传染病。传染病发生时，应立即按相关要求隔离、消毒，对症（或保护性）治疗病猪，同时采取适当的方法处理病、死猪只。对于那些预见可能会发生的疫病，如有可靠的疫苗，应提前进行免疫。传染病发生早期应采取紧急免疫措施。对每一病例治疗都应选用有效的药物和制定治疗方案，并对治疗情况进行详细记录。定期汇总、分析治疗记录，以便于掌握猪场病原种类、发病规律、有效的治疗药物和预防措施等情况。

2. 常见的烈性传染病防制

(1)猪瘟 无有效治疗方法。疫苗预防：后备猪引进后第一月注射猪瘟疫苗 4 头份一次；种母猪每胎仔猪断奶时注射猪瘟疫苗 4 头份一次；种公猪每半年注射疫苗 1 次，每次 4 头份；仔猪 21 日龄、65 日龄各注射疫苗一次，每次 2 头份。流行时采取的措施有：封锁疫点至最后一头病猪死亡或处理后，彻底消毒方可解除封锁；对全场猪只进行临床检查，病猪的血液、内脏等深埋处理，对环境彻底消毒；对疫区（点）假定的健康猪以平时 2～3 倍的疫苗剂量进行紧急免疫；禁止人员往来（包括场内人员相互往来），以免传播；对带毒综合征母猪及带毒母猪之死胎、弱仔应予坚决淘汰和处理。

(2)猪口蹄疫 无有效治疗方法。免疫预防：后备猪引进第二个月注射口蹄疫疫苗 2 头份（浓缩苗，后同）一次；种公猪每 4 个月注射 2 头份疫苗一次；种母猪产前 3 周注射 2 头份疫苗一次；仔猪 8 周龄、12 周龄各注射 1 头份疫苗一次；特殊情况下，肥猪出栏前 15～20 d 可进行一次疫苗注射。

发病时控制措施；坚决捕杀病猪及其同栏猪；未发病的猪群按常规剂量的 2～3 倍紧急免疫；封锁疫点 2～3 个月以免传染；封锁全场后进行全场彻底消毒，然后将血清检查为阴性的猪移入原病猪圈 14 d 不发病时可解除封锁。

(3)猪水疱病 无有效治疗方法。参照使用相关的疫苗预防。发病时的控制措施同猪口蹄疫。

(4)猪丹毒 在做好兽医卫生管理工作的同时，可使用疫苗，并在饲料中定期添加 200 mg/kg

的阿莫西林或400 mg/kg金霉素等控制本病的发生。疫苗在种猪每6个月注射1次，仔猪21日龄、80日龄各注射1次。发病控制：及时检测、隔离病猪，死猪深埋或烧毁，同群未发病猪普注青霉素，猪舍进行彻底消毒。治疗以按每千克体重1万IU（20 kg以下用20万IU）每天肌内注射青霉素2次，直至体温和食欲正常24 h以后。急性病例可参照上述剂量静脉注射。其他如金霉素、土霉素和泰乐菌素等也可参照用于治疗。

（5）猪链球菌病

①预防：做好清洁消毒工作，及时隔离、治疗病猪和淘汰病原携带猪。仔猪60日龄首免接种，其他猪群每半年进行一次一次性免疫接种。每头猪肌内注射弱毒苗1 mL。

饲料中定期添加400 mg/kg金霉素或200 mg/kg阿莫西林控制本病发生。

②治疗：发病早期使用大剂量抗生素或磺胺类药物。一般治疗用青霉素，每头每次40万～100万IU，每天肌内注射2～4次，直至康复稳定；或乙酰环丙溶量2.5～10 mg/kg体重，每12 h注射1次，连用3 d。

（6）猪附红细胞体病

①预防：做好饲养管理工作，特别是严格有效地实施体外寄生虫（蚧螨，猪虱）驱除计划。病原场饲料定期添加金霉素600 mg/kg，氟苯尼考20～40 mg/kg，喂2～3周控制本病发生。

②治疗：使用贝尼尔5～7 mg/kg体重深部肌内注射，48 h后重复用药1次；新砜钠明10～15 mg/kg体重静脉注射；对氨基苯胂酸钠180 mg/kg饲料添加1周，然后90 mg/kg饲料添加1个月。

3. 猪繁殖障碍性疾病

（1）猪场狂犬病 无治疗方法，主要做好预防工作。做好各项兽医卫生管理工作，特别是进行严格的灭鼠活动和严格控制猫、犬、鸟类和其他家禽进入猪场。检测并淘汰阳性猪以净化猪场。

疫苗免疫：种猪每4个月统一做1次一头份的疫苗免疫；仔猪12周龄时做一次免疫，剂量为1头份。

（2）猪细小病毒病 无治疗方法，主要采取综合防制。做好兽医卫生管理工作。种猪尽量自繁自养，若须引种最好应确认供种场无此疾病。后备猪在引入的第3周、第6周各注射1头份的疾病疫苗；若是本场自留应在配种前2个月分两次，时间间隔两周各注射1头份细小病毒疫苗。经产猪和公猪如为血清检查阴性但又有阳性猪在群时，也应进行疫苗免疫。发生疫病时，应按要求加强消毒和彻底消毒。新母猪入群前与老母猪混养至少35 d。

（3）日本乙型脑炎 无法治疗，主要采取综合防制措施。做好环境卫生工作，消除蚊虫滋生地。引种猪第5周时和种只公母猪每年的3—4月普遍进行1次1～2头份剂量的乙脑苗免疫。

（4）猪繁殖与呼吸综合征 无有效治疗方法。防制措施包括：加强饲养管理，严格消毒制度；切实搞好环境卫生和小环境调控，加强灭鼠工作和犬、猫控制。仔猪早期药物断奶，栏舍全进全出，降低饲养密度。猪群饲料定期添加药物，防止继发感染和增加维生素E。疫苗免疫（专家意见不一，认为效果不确定）。可能感染的阴性场最好使用灭活菌，而阳性场可考虑使用弱毒菌。具体实施为初产和经产母猪舍群统一进行两次1头剂量的免疫，间隔时间为3周。新母猪入群前与老母猪混养1～2个月。

（5）猪衣原体病 落实猪场兽医卫生管理制度。淘汰血清检测阳性种猪。饲料定期（如每月

1 次,1 次 7 d)添加四环素等抗菌素预防。不从阳性场引进种猪。疫苗免疫:种公猪每年 1 次 2 mL/头无活菌注射,种母猪配种前每年 1 次 2 mL/头无活菌注射。加强灭鼠和驱赶鸟类。

治疗:参照药物使用说明,使用衣原体敏感药物。

任务五 动物福利

所谓的动物福利就是让动物在娱乐状态下生存。该标准包括动物没有任何疾病或异常行为,没有心理紧张、抑郁和疼痛。基本原则包括:让动物免于饥饿和口渴,享受舒适生活的自由,免于痛苦,没有恐惧和悲伤的生活自由,以及表达天性的自由;给予动物应有的益处,最大限度地发挥动物的生理状态,最大限度地发挥身体的免疫功能和其他生理功能,大大降低疾病感染的风险。

一、猪群安排

根据猪只所处的不同生长阶段与需求,合理安排猪群空间,控制环境,配备工作人员。

1. 猪头平均占用圈舍面积

猪头平均占用圈舍面积,因地板的类型、猪只的大小、不同的生长阶段和生产性能、设施、设备、圈舍形状、环境温度,以及遗传性能等的不同而异。在实际生产中,应综合上述各种因素,及时进行调整 。表 4-4 为不同猪只占用圈舍面积参数。

表 4-4 不同猪只占用圈舍面积参数

猪体重/kg 或猪只类型	断奶<及 23	23～45	45～72	72～100	>100	妊娠	配种	公猪
占栏(m^2/头)	0.20～0.30	0.45～0.65	0.65～0.8	0.8～1.2	1.2～1.4	1.4	2.8	4.0

注:使用固定圈舍饲养的公猪平均占用圈舍(栏)面积约 1.8 m^2/头,母猪 1.4 m^2/头,分娩床面积 2.2×1.8=3.96(m^2)。

2. 料槽槽位的配置

饲料槽位的需要与圈舍的尺寸、形状,料槽在舍内的位置和方向,每圈(栏)猪只的头数、大小、饲喂方式(如限制或自由采食)等因素密切相关。猪的料槽空间需要量见表 4-5。

表 4-5 猪的料槽空间需要量

猪只的类型或体重/kg	猪只数/空间	空间宽度/cm
断奶	2	9
7～22	3	15
22～45	4	25
45～110	5	35
种公/母猪	1	50

注:大型猪场,由于保育和育肥猪都是使用的圆盘自动饲槽,群体较大,应充分保证料桶内饲料的存贮,以避免部分猪只因"料位"过少吃不上料。

3. 猪群的控制

猪群的组成直接影响猪只生产性能和健康水平，要综合进场猪只来源、品种、性别、大小、生长发育状况和健康水平等来组建和调整各类猪群。

(1)猪群组织原则 引进猪只的入群，必须经过隔离饲养、观察、检疫确认无病，且与本场猪同等健康水平后方可进入。同圈舍或者同群猪最好是同一类型的猪只。同圈舍(栏)猪，应是同一品种或同一类型品种。同群猪必须保证生长发育正常，健康水平一致。同群猪，性别一致、大小(体重和年龄)基本一致等。

(2)各种类型猪的群体规模参数(表 4-6)

表 4-6 各种类型猪群体规模参数

猪"类型"或体重/kg	5～23	23～100	后备母猪	配种母猪	妊娠母猪	公猪
每栏头数	40～50	25～50	10～15	5～6	5～12	1

二、工作人员的控制

工作人员分为饲养员、兽医技术员、管理人员。

1. 饲养员素质的控制

饲养员的基本要求包括：能及时发现猪的需要；能常常观察、聆听、嗅闻、"感觉"和爱抚猪只；能熟练操作和维护猪舍设备；会经常观察和及时调控环境；知道怎样照料、驱赶、装运猪只和熟练地进行生产操作而尽量减少猪只的应激；能准确、清楚和及时地填写、上报各种生产报表等；懂养殖技术，有责任感，对工作认真负责，不虐待猪只。

2. 兽医技术员资质控制

兽医技术人员是指从事生物安全控制的工作人员，要求具有相关动物疫病防控相关专业的水平，并获得相关专业的劳动技能证书，操作技能娴熟；具有独立制订和实施猪场动物疫病防控计划的能力；在本场工作期间，严禁兼任其他牧场或养殖场(户)动物疫病防控工作，严禁从事畜产品(特别是猪肉产品)的贩卖工作；避免以任何形式将场外不安全的生物因素带入本场。

3. 管理人员及其他非工作人员(猪场管理人员、访客及各种推销人员、司机)的控制

猪场管理人员、访客及各种推销人员原则上禁止进入养殖区，特别是药品、饲料推销人员。饲料车、运猪车司机严禁进入养殖区，畜牧兽医相关的专家和学习人员因业务需要进场，须严格执行沐浴、更衣、换鞋等消毒程序。

附：《养殖场(户)生物安全检查评价指引(试行)》

养殖场(户)生物安全检查评价指引(试行)

猪场负责人联系方式：

备注：请提供猪场卫星图

猪场周边生物安全风险情况

项目	类别	风险点	操作要求	实际检查情况	规避风险措施	评价
猪场周边风险检查	猪场周边概况	屠宰场，无害化处理场，粪污消纳点等高风险场所	有任何1个高风险场所	○有　○无		猪场周边生物安全风险 ○高 ○中 ○低 ○无
		周边1～3 km猪场及猪只存栏情况	周边1～3 km猪场数量	○3个以上　○0～3个　○无		
			周边1～3 km猪只存栏情况	○多　○少		
		周边野猪状况	周边是否存在野猪	○是　○否		
		周边猪场疫病状况	周边猪群是否发病	○是　○否		
	猪场地理环境	交通主干道情况	距离交通主干道500 m	○是　○否		
		与周边居民距离情况	距离周边居民500 m	○是　○否		

猪场生物安全检查评价

项目	类别	风险点	操作要求	实际检查情况	规避风险措施	评价
猪场布局风险情况	物理屏障/自然屏障	实体围墙/山体围网等物理屏障/河沟等自然屏障	围墙/围网与外界隔离	○围墙 ○ 围网 ○河沟 ○无	○拟改建 ○不改建	猪场布局生物安全风险 ○高 ○中 ○底 ○无
	场内功能区	办公区、生活区、市场区、粪污处理区和无害化处理区分开	办公区、生活区、市场区、粪污处理区和无害化处理区是否分开	○分开 ○部分分开 ○未分开	○拟改建 ○不改建	
	净道与污道	净道与污道分开	场区净道与污道是否分开	○分开 ○部分交叉 ○未分开	○拟改建 ○不改建	
	路面定期消毒	路面需要定期消毒	内部道路是否定期消毒(每周两次)	○消毒 ○未消毒		
	饲料进出方式	料塔/转运	料塔在猪场内部围墙边/场内各有转运车辆	○有 ○无	○拟改建 ○不改建	
	隔离舍	隔离舍远离生产区	隔离舍离生产区 500 m 以上	○有 ○无	○拟改建 ○不改建	

项目	类别	控制点	分数	单项	操作要求	实际检查情况	得分	改进措施	备注
生物安全组织架构	专职队伍	设立生物安全专职队伍	14	2	有生物安全专职队伍，至少含一名专业人员	○有 ○无			
				2	责任具体落实到每一个人	○有 ○无			
	管理文件	各种管理文件逐步完善		2	管理文件是否全面	○是 ○无			
				2	各种文件具有可操作性并张贴	○是 ○无			
	生物安全体系评估	生物安全专员定期督查		2	设置生物安全评估专员督查(场内外各一人)	○有 ○无			
				2	生物安全评估专员定期监督	○有 ○无			
		实验室检查		2	实验室检测评估	○有 ○无			
场内生物安全	场区大门	场区大门	8	2	依据上述风险，场内设红橙黄绿各级生物安全警示标示	○有 ○无			
		监控器		2	始终处于关闭状态	○是 ○无			
				2	装有监控设备	○有 ○无			
		警示牌		2	装有明显的警示牌	○有 ○无			
	出猪台管理	出猪台管理	12	2	装有监控设施	○有 ○无			
				2	装有明显的警示牌	○有 ○无			
				2	猪只单向流动	○是 ○无			
				2	装猪台污水不能回流	○是 ○无			
				2	配备相应的清洗设施	○合格 ○不合格			
				2	正常猪出猪台不能与其他淘汰、病死猪共用	○有 ○无			
		出猪台人员隔离	4	2	本场由专人负责，单向流动	○良好○一般 ○差			
				2	司机禁止下车，或下车必须穿戴一次性防护服	○良好 ○一般 ○差			
	外部车辆管理	外部运输车	8	2	外部运输车经过分级清洗消毒点	○是 ○无			
				4	建有洗消或洗消烘干中心	○有洗消烘干 ○仅有洗消 ○无			

续表

项目	类别	控制点	分数	单项	操作要求	实际检查情况	得分	改进措施	备注
场内生物安全	外部车辆管理	外部运输车		2	外部运输车按照滚动路线行驶	○是 ○否			
	饲料	料塔(建有料塔的考察第一项)	4	4	中转料塔位置在猪场内部围墙边	○有 ○无			
		袋装料(未建料塔的考察后两项)		2	或袋装料 2 层包装,紧闭车辆运输	○有 ○无			
				2	或袋装料运输传送带/场内中转车	○有 ○无			
	各种制度	生物安全制度	6	2	有生物安全流程及宣传张贴上墙	○合格 ○不合格			
				2	有新员工生物安全培训,并有培训、考试记录	○合格 ○不合格			
				2	每个月对本场生物安全检查,并形成生物安全检查报告	○合格 ○不合格			
	卫生	厂区卫生	14	2	办公生活区没有杂乱的垃圾,垃圾有固定堆放处置点	○合格 ○不合格			
				2	物品传递床、熏蒸间物品干净卫生,物品上架并摆放整齐	○合格 ○不合格			
				1	药品、物品储存库干净卫生,物品摆放整齐	○合格 ○不合格			
				1	生产区无明显的垃圾,有固定垃圾处置点	○合格 ○不合格			
				1	猪舍(风机)周围 2 m 内无杂物、杂草、垃圾	○合格 ○不合格			
				1	风机定期清理	○合格 ○不合格			
				1	料塔下无洒落的饲料	○合格 ○不合格			
				1	猪舍内操作间(员工休息室)干净卫生,物品摆放整齐	○合格 ○不合格			
				1	猪舍内无药品、疫苗、器械等的外包装废弃物	○合格 ○不合格			
				1	猪舍内过道、墙面、屋顶无大量蜘蛛网等	○合格 ○不合格			
				2	猪舍的工具等物品摆放整齐不得交叉使用	○合格 ○不合格			

续表

项目	类别	控制点	分数	单项	操作要求	实际检查情况	得分	改进措施	备注
场内生物安全	内部车辆	内部运输车辆	8	3	场区内中转车辆专车专用，用途分开	○合格 ○不合格			
				2	场区内设置专用清洗干燥车辆场所、高温高压清洗干燥	○合格 ○不合格			
				1	场区内司机统一管理，穿戴一次性防护服和工作靴，严禁接触出猪台。	○合格 ○不合格			
				2	内部运输车必须按照规定路线行驶	○合格 ○不合格			
	疫苗及兽药等	疫苗的免疫及保存	10	2	疫苗的免疫记录齐全、及时、真实	○合格 ○不合格			
				1	疫苗免疫严格按照免疫计划进行实施，如有变化应该有记录	○合格 ○不合格			
				1	疫苗免疫时保证副主管以上人员至少两名在场	○合格 ○不合格			
				1	疫苗外包装的回收处理记录齐全、及时、真实	○合格 ○不合格			
				1	有疫苗免疫程序规程，并张贴	○合格 ○不合格			
				2	疫苗保存合理，有冰箱的温度记录	○合格 ○不合格			
				2	疫苗进入猪场必须2层包装，且进行有效消毒后方可进场	○合格 ○不合格			
		药物使用及管理	4	1	有兽医开具的处方单	○合格 ○不合格			
				1	有兽药使用记录和包装回收记录	○合格 ○不合格			
				1	药物进入猪场必须2层包装，且进行有效消毒后方可进场	○合格 ○不合格			
				1	药品库内有兽药管理台账	○合格 ○不合格			

续表

项目	类别	控制点	分数	单项	操作要求	实际检查情况	得分	改进措施	备注
场内生物安全	人员管理	人员进出	16	2	人员出入登记及审批	○合格 ○不合格			
				2	场外隔离期间、不同隔离期人员禁止有直接接触(隔离时间至少 72 h)	○合格 ○不合格			
				2	场区隔离制度及人员隔离场所	○合格 ○不合格			
				4	有人员进出场流程,并进行张贴,人员隔离、洗澡后方可进人	○合格 ○不合格			
				4	回场员工除特殊物品如手机、电脑外,禁止其他一切物品带人(如带入须熏蒸消毒后方可进入,包括快递)	○合格 ○不合格			
				2	场区内的人员须明确工作任务,禁止进入未授权的工作区域	○合格 ○不合格			
		人员培训	6	1	制订培训计划	○合格 ○不合格			
				3	集中培训、网络学习、现场授课及实操演练等形式开展培训	○合格 ○不合格			
				2	考核及考试	○合格 ○不合格			
	清洗消毒	洗澡间	4	1	有淋浴流程且为单向流动设计,污水须严格消毒	○合格 ○不合格			
				1	标示提示清楚,有明显净污区划分标示	○合格 ○不合格			
				1	洗澡间干净整洁	○合格 ○不合格			
				1	配备足量干净、合适的工作服	○合格 ○不合格			

续表

项目	类别	控制点	分数	单项	操作要求	实际检查情况	得分	改进措施	备注
场内生物安全	清洗消毒	靴子和工作服的清洁	4	2	靴子刷洗干净，严格消毒，摆放整齐。有固定刷洗点（可通过靴子和工作服不同颜色，进行生产区和办公区的区分）	○合格 ○不合格			
				2	工作服有专门清洗点，干净整齐，且可以烘干	○合格 ○不合格			
		消毒池和消毒盆	2	1	消毒液配比合适，有配置程序	○合格 ○不合格			
				1	消毒液定期更换	○合格 ○不合格			
		生产工具消毒	4	2	疫苗、药物注射器械分开使用	○合格 ○不合格			
				1	注射器、针头、接产工具清洗消毒	○合格 ○不合格			
				1	有生产工具清洗消毒记录	○合格 ○不合格			
		场区消毒	4	4	场区有定期消毒记录	○合格 ○不合格			
	猪群管理	种猪引进	4	1	有相应引种记录及手续	○合格 ○不合格			
				1	有红标猪引进及隔离程序	○合格 ○不合格			
				1	每批后备猪均有引种检测记录	○合格 ○不合格			
				1	配置及生产主管人员流程清楚	○合格 ○不合格			
	精液	精液	4	1	精液箱干净卫生，定期清洗和消毒	○合格 ○不合格			
				1	精液双层包装	○合格 ○不合格			
				1	精液定期实验室检测	○合格 ○不合格			
				1	精液接送程序，相关人员熟知	○合格 ○不合格			
	猪	舍内猪只转运	4	4	严格按猪场转猪要求，猪只必须单项流动，禁止返回	○合格 ○不合格			

续表

项目	类别	控制点	分数	单项	操作要求	实际检查情况	得分	改进措施	备注
场内生物安全	猪	猪舍环境控制	2	2	猪舍内饲养密度合理，通风、温度、湿度等指标良好	○合格 ○不合格			
		猪群常规排查	10	6	有不正常猪只每日巡查记录（如厌食、呕吐、便血、发烧、凝血不良、流产等）	○有 ○无			
				2	巡查记录完整	○有 ○无			
				2	不正常猪只须立即检测隔离，且有检测报告	○有 ○无			
		猪群定期健康状况评估	4	4	对猪群进行定期检测，有评估报告	○合格 ○不合格			
	物资管理	水和饲料	6	1	水质检验报告，半年一次	○有 ○无			
				2	水源质量（是否使用深井水/地表水）	○合格 ○不合格			
				1	水池清理程序，定期清理，且有清洗记录	○合格 ○不合格			
				1	有撒落在外的饲料控制程序	○有 ○无			
				1	饲料霉菌毒素的检测，送检记录，检测报告	○合格 ○不合格			
		进场物料	4	1	生产区入口配备专门的物料入口，并有控制措施	○合格 ○不合格			
				1	物品传递窗/熏蒸间物品干净，并配备消毒设施（熏蒸药/臭氧发生器/紫外线灯等）	○合格 ○不合格			
				1	物品传递窗/熏蒸间物品的进场必须有记录	○合格 ○不合格			
				1	简易饲料烘干设备	○合格 ○不合格			

续表

项目	类别	控制点	分数	单项	操作要求	实际检查情况	得分	改进措施	备注
场内生物安全	病死猪只及虫害处理	病死猪只处理	6	1	有病死猪及时处理的操作流程	○合格 ○不合格			
				1	有病死猪处理记录	○合格 ○不合格			
				2	场区内设置病死猪无害化处理设施或冷冻设施	○合格 ○不合格			
				2	有病死猪只检测记录	○合格 ○不合格			
		虫害等媒介处理	6	3	有防护设备(老鼠、鸟、苍蝇、蚊子等)	○合格 ○不合格			
				2	定期灭鼠、蜱、蚊蝇等	○合格 ○不合格			
				1	有记录	○合格 ○不合格			
	消毒	猪舍清洗消毒	6	3	有猪舍冲洗流程,配备齐全的高温高压冲洗设备	○合格 ○不合格			
				1	有标准的清洗流程,并按照清洗流程认真实施	○合格 ○不合格			
				2	冲栏后有冲栏检查记录	○合格 ○不合格			
	生产管理	生产模式	4	2	全进全出	○合格 ○不合格			
				2	批次化生产	○合格 ○不合格			
	餐厅管理	员工生产区餐厅(有场外送餐的考察第一项;无场外送餐考察后三项)	16	8	场外送饭	○有 ○无			
				3	或场内食堂,禁止购置外面猪肉	○合格 ○不合格			
				2	或外购商品,人员禁止去猪肉档等危险区域	○合格 ○不合格			
				3	或外购生物清洗、消毒后方可进场	○合格 ○不合格			
合计			208						

注:该表仅供参考,生物安全无是否合格之分,得分越高则生物安全风险等级越低;得分越低生物安全风险等级越高。

洗车生物安全评价

检查项目	实际检查情况	得分	改进措施	备注
进入洗车房前，车辆是否在外清除大块粪便	○合格 ○不合格			
冲洗后是否使用发泡型消毒剂	○合格 ○不合格			
发泡型消毒剂是否按正确比例稀释	○合格 ○不合格			
发泡剂附着车体时间是否满 30 min	○合格 ○不合格			
高温高压冲洗设备冲洗时平均温度是否在 60 ℃以上	○合格 ○不合格			
车辆冲洗完成后是否将地面及墙面冲洗干净	○合格 ○不合格			
车辆洗消位是否设计有倾斜角度	○合格 ○不合格			
烘干设备是否能正常使用，车辆干燥后，烘干时间是否保证在 60 ℃ 30 min 以上	○合格 ○不合格			
烘干房鼓风设备是否正常工作	○合格 ○不合格			
烘干房是否有单边桥并正常使用	○合格 ○不合格			
车辆是否干净和干燥后才用	○合格 ○不合格			
驾驶室是否干净并经擦拭或喷雾消毒	○合格 ○不合格			
检查车辆时，检查人员是否规范篷布的放置位置	○合格 ○不合格			
检查人员和采样人员是否直接踩踏已消毒的干净地面	○合格 ○不合格			
检测结果未出来前，车辆是否离开固定停车场地	○合格 ○不合格			
车辆烘干比例和车辆热水冲洗比例是否 100%	○合格 ○不合格			
检测操作流程是否规范	○合格 ○不合格			
洗车房是否足够明亮	○合格 ○不合格			
洗消车间排污设施是否通畅	○合格 ○不合格			
洗消人员防护装备是否齐全	○合格 ○不合格			

每项满分 5 分。

来源：中南区非洲猪瘟等重大动物疫病防控联席会议办公室

复习思考题

1. 谈谈从哪些方面入手做好猪场的动物福利工作。
2. 谈谈消毒效果受哪些因素影响。
3. 分析猪场免疫失败的原因有哪些？

模块五

实践技能任务训练

任务一　猪流行病学的调查

一、任务目标

掌握传染病流行病学调查的一般方法和资料的初步统计方法。

二、任务材料

传染病流行病学的调查表、计算器、某饲养场的疫情资料等。

三、方法与步骤

1. 拟定调查提纲

(1)单位及养殖户(场)名称和地址。

(2)单位概况　包括地理情况、地形特点、气象资料(季节、天气、雨量等)、耕地数量及性质、草原数量、土壤和植物特性、野生畜禽的种类及分布、单位职工情况、养殖数目和品种及用途、被调查的猪群概况(头数、品种、性别、年龄组成、补充来源等)。

(3)养殖场卫生状况　包括猪的饲养(共同的或是单个的)、护理和使役;猪舍及邻近地区状况;饲料的品质、来源地、贮藏、调配和饲喂方法;水源的状况和饮水处(水井、水池、河流等)的情况;放牧场地的情况和性质;中间宿主和传播媒介存在和分布情况;畜舍内有无啮齿动物;厩肥的清理及其贮存,厩肥贮存所的位置和状况;预防消毒和一般预防措施的执行情况;尸体的处理和毁灭的方法;尸体、废物利用场的位置、设备和卫生状况及兽医监督情况等;有无检疫室、隔离室、屠宰场、产房等;兽医卫生状况;洗涤水的排泄情况,等等。

(4)一般流行病学资料　包括农牧场补充猪的条件、预防检疫规则的执行情况;何时由该场运出家畜和原料以及运往何处;该农牧场以往的疫情、猪群何时患过疫病,有多少猪感染、发病、死亡;在所调查疫病发生之前,何时登记最后一个疫病的病例;邻近地区的疫情;猪群发病死亡情况,包括营养状况、发病数、临床表现、死亡数、病死猪的剖检情况、发病和死亡时间、已采取的措施及其效果。

2. 调查方法

按照调查提纲,采取询问、查阅条种记录(气象、生产、治疗等)和实地考察等方式进行。

3. 调查材料的整理与分析

对于所获得的资料,应进行数据统计(如发病率、死亡率、病死率等)和情况分析,提出规律性资料(如生产能力、发病季节、降雨量及水源的关系、与中间宿主和传播者的关系,与人、犬、猫等的关系等)。

四、任务单的填写

写出流行病学调查报告，并提出进一步确诊的建议。

任务单　猪流行病学的调查

班级：		姓名：	
学号：		组别：	
步骤一：拟定调查提纲			
问题 1：实训基地猪场有哪些功能单元？ 问题 2：实训基地猪场的配种舍、妊娠舍位置在哪里？ 问题 3：实训基地猪场的分娩舍在哪里？ 问题 4：实训基地猪场的粪污处理单元位置在哪里？			

步骤二:调查方法
问题 5：画出实训基地猪场的布局草图并分享。
步骤三:调查材料的整理与分析
问题 6:讨论列出实训基地猪场在规划布局上与之前所学知识不符的地方。

考核评价

教师评价		
按照符合程度从 1～5 赋分		
评价内容	评价标准	打分
职业素养	遵守场内生物安全要求,行走路线规范	
参与程度	每位成员都积极参与	
学习态度	认真积极,态度端正	
目标达成	完成既定目标,得出正确结论	

组内互评	组员姓名				
按照符合程度从 1～5 赋分					
1. 积极与组员合作					
2. 有好的想法					
3. 能够圆满完成组内分配的任务					
4. 能表达清楚自己的意图					
5. 尊重有不同意见的组员					

组间互评	组别				
按照符合程度从 1～5 赋分					
1. 团队合作意识强					
2. 能够清楚地领会任务意图					
3. 分工合作效率高					
4. 圆满完成工作任务					
5. 团队内气氛和谐					

学生评教		
按照符合程度从 1～5 赋分		
评价内容	评价标准	打分
知识	本次课的知识有价值	
能力	学完后需要应用的时候有思路	
素质	团队合作技巧有提升	
建议	对本次课程还有哪些建议?	

任务二 猪场的消毒

一、任务目标

掌握畜舍、土壤、粪便及饲养环境等的消毒方法;学会常用消毒器械的使用和配制消毒药物。

二、任务材料

喷雾器(各种类型)、铁铲、锄头、火焰喷灯、天平或台秤、盆、桶、清扫及洗刷用具、高筒胶鞋、工作服、橡胶手套、漂白粉、氢氧化钠(苛性钠)、甲醛(福尔马林)、氧化钙(生石灰)、高锰酸钾、氯化铵、克辽林(臭药水)、燃料、盐酸、食盐。

三、方法与步骤

(一)消毒的器械及使用

1.喷雾器

用于喷洒消毒液的器具称为喷雾器,是消毒常用的器械,主要有以下两种。

(1)**压力式喷雾器** 使用时,药液不要装得太满。如果装得太满,一方面不易打气,另一方面因空间小,喷雾气桶易爆炸。打气时,手上感觉有一些抵抗力时,就停止打气。放气时,不要一下子打开桶上盖,应先拧开旁面小螺丝放完气后再开盖。

(2)**单管式喷雾器** 又称手压式喷雾器,适于大规模的消毒。

在使用喷雾器前,应对其各部分仔细检查,尤其注意喷头部分有无堵塞现象。消毒液必须充分溶解并进行过滤,避免药液中的不溶性颗粒堵塞喷头,影响消毒工作的进行。消毒完毕后,应立即将剩余的消毒液倒出,并用清水冲洗干净。应注意维修与保养喷雾器的打气筒。

欲装入喷雾器的消毒液,应先在一个桶内充分溶解、过滤,以免有些固体堵塞喷嘴而影响消毒工作的进行。

2.火焰喷灯

它是利用汽油或煤油做燃料的一种工业用喷灯,因喷出的火焰具有很高的温度,所以在兽医实践中常用以消毒各种被病原体污染了的金属制品。但在消毒时不要用喷灯喷烧过久,以免将被消毒物品烧坏。在消毒时还应有一定的次序,以免发生遗漏。

(二)猪舍的消毒

猪舍的消毒分两个步骤进行:第一步先进行机械清扫,第二步是用化学消毒液消毒。

首先对猪舍地面、饲槽等进行彻底清扫。清扫前用清水或消毒液喷洒,以免灰尘及病原微生物飞扬。然后扫除粪便、垫草及残余的饲料等污物(扫除的污物按粪便消毒法处理)。对于水泥地面的畜舍,在扫除污物后,再用清水冲洗,效果更好。

第二步用化学消毒液进行喷洒消毒或蒸汽消毒。预防消毒常用的消毒液为11%~20%石灰乳、10%漂白粉乳剂、2%~4%粗制氢氧化钠、5%来苏儿,也可用福尔马林蒸汽消毒。喷洒消毒液的用量一般为1 L/m^2。消毒时,先由离门远处开始,对墙壁、地面、天棚、饲槽等按一定顺序均匀地喷洒,然后打开门窗通风至干燥,并用清水洗净饲槽及饮水槽,以除去消毒药味。

福尔马林蒸汽消毒所用的药品有福尔马林和高锰酸钾，按畜舍空间计算用量，每立方米空间用福尔马林 25 mL、高锰酸钾 25 g。消毒前将猪赶出舍，畜舍内需消毒的用具和物品摆开，门窗密闭，室温不得低于 15 ℃，先将福尔马林与水倒于金属桶内，最后加入高锰酸钾，福尔马林被气化发热而蒸发产生甲醛气体。消毒 12～24 h 后，将门窗打开，充分通风换气数日，使药味消失后才能将家畜迁入，以免发生中毒现象。若急需畜舍，可按每 100 m^3，用氯化铵 500 g、生石灰 1 g 及 75 ℃左右的热水 750 mL，混合置于桶内，产生氨气来中和福尔马林蒸汽；也可用氨水来代替氯化铵，按每 100 m^3 用 25%氨水 1 250 mL，中和 20～30 min 后，打开畜舍门窗通风 20～30 min，即可迁入猪使用。

当发生传染病时，进行随时消毒或终末消毒，应视传染病不同而选择不同的消毒液。一般在发生炭疽及梭菌性传染病时，必须使用消毒力强的药物，如 10%～20%漂白粉乳剂等；一般发生病毒性传染病时多用碱性消毒剂，如 2%～4%热氢氧化钠溶液、10%～20%石灰乳、20%～30%草木灰水，也可使用 5%～10%漂白粉乳剂。

在猪舍及隔离的入口处，应设置消毒槽(坑)，消毒槽的宽及长应以车辆通过时，车轮能消毒一周为宜。坑内放置浸有消毒液的草垫或麻片，并须经常添加消毒液。消毒液一般用 10%克辽林溶液或 2%～4%粗制氢氧化钠溶液。冬季为防止冻结，可在消毒液中加入 5%～10%食盐。

在患病猪舍、隔离舍的出入口处应放置浸有消毒液的麻袋片或草垫，如为病毒性传染病(猪瘟、口蹄疫等)，则消毒液可用 2%～3%氢氧化钠，而对其他的一些传染病则可浸以 10%克辽林溶液。

(三)地面土壤的消毒

患病猪的排泄物(粪、尿)和分泌物(鼻汁、唾液、奶汁和阴道分泌物等)内常常含有病原微生物，可污染地面、土壤，因此应对地面、土壤进行消毒，以防疫病继续发生和蔓延。消毒土壤表面可用含 2.5%有效氯的漂白粉溶液、4%甲醛溶液或 10%氢氧化钠溶液。

停放过芽孢杆菌所致疫病(如炭疽、气肿疽)患病畜禽尸体的场所，应严格进行消毒处理。首先用含 2.5%有效氯的漂白粉溶液喷洒地面，然后将表层土壤掘起 30 cm 左右，撒上干漂白粉并与土混合后，将此表层土运出掩埋。在运出时应避免沿途漏散。如果无条件将表层土运出，则应加多干漂白粉的用量(1 m^2 面积加漂白粉 5 kg)，将漂白粉与土混合，加水湿润后原地压平。

其他疫病所污染的地面土壤消毒，如为水泥地，则用消毒液仔细刷洗；如为土地，则可将地面翻一下，深度约 30 cm，在翻地的同时撒上干漂白粉(用量为 1 m^2 面积用 0.5 kg)，然后以水湿润、压平。

(四)粪便的消毒

1. 掩埋法

将污染的粪便与漂白粉或新鲜的生石灰混合，然后深埋于地下，埋的深度应在 2 m 左右。此种方法简单易行，在目前条件下实用。但病原微生物可经地下水散布且损失肥料。

2. 生物热消毒法

这是一种最常用的粪便消毒法。应用这种方法，能将非芽孢病原微生物污染的粪便变为无害，且不丧失肥料的应用价值。粪便的生物热消毒方法通常有两种：一为发酵池法，一为堆粪法。

(1)发酵池法　此法适用于规模化猪场，多用于稀薄粪便的发酵。可在距农牧场院 200～

250 m以外无居民、河流、水井的地方，挖筑两个或两个以上的发酵池（一般高3 m，宽3 m，长度依实际情况定。池的数量与大小决定于每天运出的粪便数量）。池可筑成方形或圆形，池的边缘与池底用砖砌后再抹以水泥防水，使之不渗水。如果土质干涸、地下水位低，可以不必用砖和水泥。

使用时先在池底倒一层干粪，然后将每天清除出的粪便、垫草等倒入池内，直到快满时，在粪便表面铺一层干粪或杂草，上面盖一层泥土封好。如条件许可，可用木板盖上，以利于发酵和保持卫生。粪便用上述方法处理后，经过13个月即可掏出作肥料用。在此期间，每天所积的粪便可倒入另外的发酵池，如此轮换使用。

(2)堆粪法 此法适用于干固粪便的处理。可在距农牧场100～300 m以外的地方设一堆粪场。堆粪的方法如下：在地面挖一浅沟，深约20 cm，宽1.5～2 m，长度随粪便多少而定。先将非传染性的粪便或蒿秆等堆至25 cm厚，其上堆放欲消毒的粪便、垫草等，高1～1.5 m，然后在粪堆外面再铺上10 cm厚的非传染性的粪便或谷草，并覆盖10 cm厚的沙子或土。如此堆放3周到3个月，即可用以肥田。

3. 焚烧法

常用于处理被炭疽、气肿疽等芽孢菌污染的粪便、饲料、污物等。

(五)污水的消毒

兽医院、牧场、产仔舍、隔离室、病厩以及农村屠宰家畜的地方，经常有病原体污染的污水排出，如果这种污水不经处理，随便外流，则很容易散播疫病。常用的处理方法为化学处理法，即加入化学药品（如漂白粉或生石灰）进行消毒，消毒药的用量视污水而定（一般1 L污水用2～5 g漂白粉），消毒后再外流。

(六)常用消毒药物配制的方法

1. 3%来苏儿溶液配制法

取来苏儿5份加清水95份（最好用50～60 ℃温水配制），混合均匀即成。

2. 石灰乳配制法

1 g生石灰加5 g水即为20%石灰乳。配制时最好用陶缸或木桶、木盆。首先把等量水缓慢加入石灰内，稍停，待石灰变为粉状时，再加入余下的水，搅匀即成。

3. 漂白粉乳剂及澄清液的配制法

(1)20%漂白粉乳剂 每1 000 mL水加漂白粉200 g（含有效氯25%），混匀所得混悬液即是。

(2)20%漂白粉澄清液 把20%漂白粉乳剂静置一段时间，上液即为20%澄清液，使用时可稀释成所需浓度。

4. 福尔马林溶液制法

福尔马林为40%的甲醛溶液（市售商品）。取10 mL福尔马林加90 mL水，即成10%福尔马林溶液。如需其他浓度的溶液，同样按比例加入福尔马林及水。

5. 粗制氢氧化钠溶液

称取一定量的氢氧化钠，加入清水中（最好用60～70 ℃热水）搅匀溶解。如配4%氢氧化钠溶液，则取40 g氢氧化钠加1 000 mL水即成。

四、任务单的填写

任务单　猪场的消毒

班级：		姓名：	
学号：		组别：	
步骤一：为某猪场制定常规猪舍消毒程序。			
问题 1. 猪舍消毒常用的消毒方法和消毒剂是什么？ 问题 2. 地面土壤消毒常用的消毒方法和消毒剂是什么？ 问题 3. 粪便消毒常用的消毒方法和消毒剂是什么？ 问题 4. 污水消毒常用的消毒方法和消毒剂是什么？			
步骤二：猪场消毒过程中应该注意哪些事项？			
问题 5. 器械消毒使用注意事项有哪些？ 问题 6. 消毒药液配制注意事项有哪些？			

考核评价

教师评价		
按照符合程度从 1～5 赋分		
评价内容	评价标准	打分
职业素养	遵守场内生物安全要求，行走路线规范	
参与程度	每位成员都积极参与	
学习态度	认真积极，态度端正	
目标达成	完成既定目标，得出正确结论	

组内互评	组员姓名				
按照符合程度从 1～5 赋分					
1.积极与组员合作					
2.有好的想法					
3.能够圆满完成组内分配的任务					
4.能表达清楚自己的意图					
5.尊重有不同意见的组员					

组间互评	组别				
按照符合程度从 1～5 赋分					
1.团队合作意识强					
2.能够清楚地领会任务意图					
3.分工合作效率高					
4.圆满完成工作任务					
5.团队内气氛和谐					

学生评教		
按照符合程度从 1～5 赋分		
评价内容	评价标准	打分
知识	本次课的知识有价值	
能力	学完后需要应用的时候有思路	
素质	团队合作技巧有提升	
建议	对本次课程还有哪些建议？	

任务三 消毒效果的检测

子任务一 空气中微生物检测

一、任务目标

掌握实验培养基的制备、空气中微生物的采样方法及菌落的计数方法。

二、任务材料

1. 营养琼脂

蛋白胨 10 g、牛肉膏 3 g、氯化钠 5 g、琼脂粉 15 g、蒸馏水 1 000 mL，121.3 ℃高压灭菌 20 min 备用。成品商品培养基按说明书配置即可。

2. 麦康凯琼脂

氯化钠 5 g、琼脂粉 17 g、蒸馏水 1 000 mL、乳糖 10 g、0.01%结晶紫水溶液 10 mL、0.5%中性红水溶液 5 mL，121.3 ℃高压灭菌 20 min 备用。成品商品培养基按说明书配置即可。

3. 甘露醇氯化钠琼脂

蛋白胨 10 g、牛肉膏粉末 1 g、*D*-甘露醇 10 g、氯化钠 75 g、酚红 0.025 g、琼脂粉 13 g、蒸馏水 1 000 mL，121.3 ℃高压灭菌 20 min 备用。成品商品培养基按说明书配置即可。

4. SS 琼脂

牛肉膏 5 g、脲胨 5 g、三号胆盐 3.5 g、琼脂 17 g、乳糖 10 g、柠檬酸钠 8.5 g、硫代硫酸钠 8.5 g、10%柠檬酸铁溶液 10 mL、1%中性红溶液 2.5 mL、0.1%煌绿溶液 0.33 mL、蒸馏水 1 000 mL，121.3 ℃高压灭菌 20 min 备用。成品商品培养基按说明书配置即可。

5. 含 $CaCO_3$ 的 GYP 琼脂

葡萄糖 10 g/L，酵母膏 10 g/L，蛋白胨 5 g/L，牛肉膏 2 g/L，$NaAC \cdot 3H_2O$ 2 g/L，微量元素液 5 mL/L，吐温 80 溶液 10 mL/L，$CaCO_3$ 5 g/L(180 ℃，干热灭菌 30 min 后加入)，琼脂 12 g/L，pH 6.8，121 ℃ 15 min。

注：1 mL 微量元素液中含有：$MgSO_4 \cdot 7H_2O$ 40 mg，$MnSO_4 \cdot 4H_2O$ 2 mg，$FeSO_4 \cdot 7H_2O$ 2 mg，NaCl 2 mg。吐温 80 水溶液：50 mg/mL 水溶液。

6. 孟加拉红琼脂

蛋白胨 5 g、葡萄糖 10 g、磷酸二氢钾 1 g、硫酸镁($MgSO_4 \cdot 7H_2O$)0.5 g、琼脂粉 20 g、1/3 000 孟加拉红溶液 100 mL、蒸馏水 1 000 mL、氯霉素 0.1 g，121.3 ℃高压灭菌 15 min 备用。成品商品培养基按说明书配置即可。

7. 无菌生理盐水

氯化钠 9 g、蒸馏水 1 000 mL，121.3 ℃高压灭菌 15 min 备用。

三、方法与步骤

1. 实验前准备

将培养皿、记号笔等实验物品(不拆封)放入超净工作台内，打开紫外线灯 30 min。待配制好的培养基冷却至 60 ℃左右时关闭紫外灯即可开始倒板，点上酒精灯，在距离酒精灯外焰 10 cm 范围内操作。倾注每一培养皿前均须在酒精灯外焰上将瓶口过 1～2 次。倒好后的平板标记好培养基种类后放在超净台面上静置，待其凝固。

2. 自然沉降法

(1)采样点　室内墙角对角线交点为 1 点，该交点与四墙角连线的中点为另外 4 个采样点，采样高度为 0.6 m 以上，远离墙壁 1 m 以上，避开空调、门窗、空气流通处。

(2)把倒好培养基的培养皿置于采样点，用记号笔标记上养殖场名称、放置位置或者数字代码，打开培养皿盖，于空气中暴露 10 min，盖上培养皿，用保鲜膜包好带回实验室。

(3)将带回的培养皿放置于 37 ℃培养箱(霉菌等真菌类培养如果条件允许可放置在 28 ℃培养箱培养)，倒置培养 24～48 h 后计数。

3. 菌落计数方法

(1)其中一个平板有较大片状菌落生长时，则不宜采用，而应以无片状菌落生长的平板作为该稀释度的菌落数；若片状菌落不到平板的一半，而其余一半中菌落分布均匀，可计算半个平板菌落数后乘以 2，代表一个平板菌落。

(2)当平板上出现菌落间无明显界线的链状生长时，则将每条单链作为一个菌落计数。

(3)营养琼脂计数培养皿内全部菌落；麦康凯琼脂只计数粉红或玫红色菌落；甘露醇氯化钠琼脂只计数表面圆润光滑、形态微小的金黄色菌落；SS 琼脂只计数无色、半透明，有黑心的圆润微小菌落；含 $CaCO_3$ 的 GYP 琼脂只计数周围有透明圈的菌落；孟加拉红琼脂中粉红色，表面圆润光滑的小菌落为酵母菌，单独计数；孟加拉红琼脂粉红色或无色茸毛状、絮状或蛛网状的菌落为霉菌，单独计数。

(4)根据 5 min 内 100 cm^2 培养基中降落细菌数相当于 10 L 空气中所含细菌数(参考 SN 商检标准)而计算 1 m^3 空气中的细菌数。计算公式为：细菌数(CFU)/m^3 $=N\times100$，N 表示平皿上长出的菌落数。(注：标准平皿直径约为 9 cm，则平皿内面积为 50～60 cm^2 放置 10 min 相当于 100 cm^2 放置 5 min，即取 10 L 空气中的微生物。因为 1 000 L=1 m^3，所以每立方米空气中的微生物含量=培养基上的数量×100)

4. 结果判定

(1)若菌落数少于 100 个，以实际数字填写。

(2)若菌落数大于 100 个，则保留前两位，第三位四舍五入，以 10 的指数形式来表示。例如：菌落数 168 个则计数为 1.7×10^2；1 686 个则计数为 1.7×10^3。

(3)空气中微生物的计量单位为 CFU/m^3。例如 1.7×10^2 CFU/m^3。

备注：

检测项目及定义

①菌落总数：空气样本经过处理，在一定条件下(如培养基、培养温度和培养时间等)培养后，所得每 1 m^3 待检样品中形成的微生物菌落总数。

②大肠杆菌总数：每 1 m^3 空气中的大肠杆菌数目。

③沙门氏菌总数：每 1 m^3 空气中的沙门氏菌数目。

④金黄色葡萄球菌总数：每 1 m^3 空气中的金黄色葡萄球菌数目。

⑤乳酸杆菌总数：每 1 m^3 空气中的乳酸杆菌数目。

⑥霉菌总数：每 1 m^3 空气中的霉菌数目。

⑦酵母菌总数：每 1 m^3 空气中的酵母菌数目。

四、任务单填写

任务单　消毒效果的检查

班级：		姓名：	
学号：		组别：	
步骤一：空气中微生物检测			
问题 1. 空气中微生物检测如何采样？ 问题 2. 空气中微生物检测操作中有哪些注意事项？ 问题 3. 空气中微生物检测结果怎样分析？			

步骤二：物体表面微生物检测
问题 4. 物体表面微生物检测如何采样？ 问题 5. 物体表面微生物检测操作中有哪些注意事项？ 问题 6. 物体表面微生物检测结果怎样分析？

考核评价

教师评价		
按照符合程度从1～5赋分		
评价内容	评价标准	打分
职业素养	遵守实验室规章制度，试验操作规范	
参与程度	每位成员都积极参与	
学习态度	认真积极，态度端正	
目标达成	完成既定目标，得出正确结论	

组内互评	组员姓名				
按照符合程度从1～5赋分					
1.积极与组员合作					
2.有好的想法					
3.能够圆满完成组内分配的任务					
4.能表达清楚自己的意图					
5.尊重有不同意见的组员					

组间互评	组别				
按照符合程度从1～5赋分					
1.团队合作意识强					
2.能够清楚地领会任务意图					
3.分工合作效率高					
4.圆满完成工作任务					
5.团队内气氛和谐					

学生评教		
按照符合程度从1～5赋分		
评价内容	评价标准	打分
知识	本次课的知识有价值	
能力	学完后需要应用的时候有思路	
素质	团队合作技巧有提升	
建议	对本次课程还有哪些建议？	

子任务二　物体表面微生物检测

一、任务目标

掌握实验培养基的制备、物体表面中微生物的采样方法，实验操作方法及菌落的计数方法。

二、任务材料

（一）实验试剂准备

1. 营养琼脂

蛋白胨 10 g、牛肉膏 3 g、氯化钠 5 g、琼脂粉 15 g、蒸馏水 1 000 mL，121.3 ℃高压灭菌 20 min 备用。成品商品培养基按说明书配置即可。

2. 麦康凯琼脂

氯化钠 5 g、琼脂粉 17 g、蒸馏水 1 000 mL、乳糖 10 g、0.01%结晶紫水溶液 10 mL、0.5%中性红水溶液 5 mL，121.3 ℃高压灭菌 20 min 备用。成品商品培养基按说明书配置即可。

3. 甘露醇氯化钠琼脂

蛋白胨 10 g、牛肉膏粉末 1 g、*D*-甘露醇 10 g、氯化钠 75 g、酚红 0.025 g、琼脂粉 13 g、蒸馏水 1 000 mL，121.3 ℃高压灭菌 20 min 备用。成品商品培养基按说明书配置即可。

4. SS 琼脂

牛肉膏 5 g、脲胨 5 g、三号胆盐 3.5 g、琼脂 17 g、乳糖 10 g、柠檬酸钠 8.5 g、硫代硫酸钠 8.5 g、10%柠檬酸铁溶液 10 mL、1%中性红溶液 2.5 mL、0.1%煌绿溶液 0.33 mL、蒸馏水 1 000 mL，121.3 ℃高压灭菌 20 min 备用。成品商品培养基按说明书配置即可。

5. 含 $CaCO_3$ 的 GYP 琼脂

葡萄糖 10 g/L，酵母膏 10 g/L，蛋白胨 5 g/L，牛肉膏 2 g/L，$NaAC \cdot 3H_2O$ 2 g/L，微量元素液 5 mL/L，吐温 80 溶液 10 mL/L，$CaCO_3$ 5 g/L（180 ℃，干热灭菌 30 min 后加入），琼脂 12 g/L，pH 6.8，121 ℃ 15 min。

注：1 mL 微量元素液中含有：$MgSO_4 \cdot 7H_2O$ 40 mg，$MnSO_4 \cdot 4H_2O$ 2 mg，$FeSO_4 \cdot 7H_2O$ 2 mg，NaCl 2 mg。吐温 80 水溶液：50 mg/mL 水溶液。

6. 孟加拉红琼脂

蛋白胨 5 g、葡萄糖 10 g、磷酸二氢钾 1 g、硫酸镁（$MgSO_4 \cdot 7H_2O$）0.5 g、琼脂粉 20 g、1/3 000 孟加拉红溶液 100 mL、氯霉素 0.1 g、蒸馏水 1 000 mL，121.3 ℃高压灭菌 15 min 备用。成品商品培养基按说明书配置即可。

7. 无菌生理盐水

氯化钠 9 g、蒸馏水 1 000 mL，121.3 ℃高压灭菌 15 min 备用。

（二）实验器材准备

灭菌棉签、生理盐水、15 mL 离心管、5 cm×5 cm 空心面积的采样板、三角瓶、100～1 000 μL 移液器、注射器、灭菌枪头（1 000 μL）、高压蒸汽灭菌锅、恒温培养箱、超净工作台。

三、方法与步骤

1. 实验前准备：

(1)将灭菌棉签蘸少量盐水装入洗涤干净的离心管中加塞儿，高压蒸汽灭菌采样备用。

(2)采样前与实验室人员联系，领取无菌实验器具。取样点包括：地面随机均匀选取 4 点；墙面随机均匀选取 4 点；水箱内随机选取 2 点。

2. 采样方法

(1)将采样板在酒精外焰上灼烧后放置在需要采样位置；

(2)从灭菌离心管中拿出棉签在采样板中间露出部位进行均匀涂抹，边涂抹边轻轻转动棉签，直至将采样板中间露出物体部分全部涂过 2 遍。

(3)将棉签涂抹端用灼烧灭菌过的剪刀剪落至原试管中。

(4)将试管塞塞好，试管包好，在 6 h 内送至实验室。如果 6 h 送不到，请用保温箱进行冷藏保存，即在保温箱里放冰块，且用报纸等包住，严禁冷冻样品。

(5)样品带回实验室后将实验检测样品、灭菌生理盐水、培养皿、注射器、移液器、枪头、试管、酒精灯、试管架、记号笔等实验物品(不拆封)放入超净工作台内，打开紫外线灯 30 min。

(6)关闭紫外线灯，点燃酒精灯，在酒精灯旁将试管拆封放置在试管架上，用注射器吸取 9 mL 灭菌生理盐水，依次加注到离心管当中(离心管数量为样品数×4)。

3. 样品稀释

(1)用注射器吸取 9 mL 灭菌生理盐水加注到样品离心管中制成(1∶10)稀释液，盖盖浸泡 5～10 min。

(2)用注射器将样品离心管中的液体反复吹打 5 次以上，充分混匀以后吸取 1 mL 加入到盛有 9 mL 灭菌生理盐水的离心管中，反复吹吸 5 次以上，混匀后制成 1∶100 的稀释液；再从 1∶100 的稀释液中取 1 mL 加入到盛有 9 mL 无菌生理盐水的离心管中，反复吹吸 5 次以上混匀后制成 1∶1 000 的稀释液。依此类推，制成 1∶10 000 的稀释液。

4. 倾注法

(1)将未稀释的样品 1∶10 的稀释液、1∶100 的稀释液分别用移液器吸取 1 mL 加入到培养皿内。

(2)在平板上分别标注养殖场名称、取样位置、培养基名称、稀释倍数。(一般稀释倍数标注 1∶10 的稀释液用－1 表示，1∶100 的稀释液用－2 表示，依此类推。)

(3)空白对照取 1 mL 稀释用无菌生理盐水加注到培养皿内并做好标记。

(4)取配置好的培养基，待温度降至 45 ℃左右(以不烫手背又未出现凝集块为宜)时，快速倾注到标注与培养基名称相同的培养皿内。每个培养皿 15～20 mL，不宜过薄或过厚。

(5)空白对照培养皿内培养基倾注到相对应的培养基。

(6)每个培养皿在倒完琼脂后均要在台面上沿顺时针和逆时针各转 3 圈，以确保样品与培养基充分混匀。

(7)待琼脂完全凝固后放入 37 ℃恒温箱中倒置培养 24～48 h，观察结果，记录菌落数。

5. 涂布法

(1)将倒好培养基的培养皿用记号笔标记上养殖场名称、取样位置、稀释梯度、培养基名称。

(2)用移液器按标记好的梯度，每种培养基加入 100 μL 样品到对应的培养皿中，用灭菌的涂布棒将其均匀涂开，涂好后放在超净台台面，使其充分吸收待检样品。

(3)空白对照吸取 100 μL 灭菌生理盐水用灭菌的涂布棒将其均匀涂开。

(4)待液体完全吸收后，将培养皿放置于 37 ℃恒温箱中倒置培养 24～48 h，观察结果，记录菌落数。

6. 菌落计数方法

(1)选取菌落在 30～300 CFU 的稀释梯度平板计数；若最低稀释倍数菌落数仍低于 30 CFU 的平板记录具体菌落数即可；若最高稀释倍数菌落数仍大于 300 CFU 的可记录为多不可计，或数清菌落数计数；若连续 2 个稀释梯度菌落数均在 30～300 CFU，则将这两个稀释梯度分别计数。

(2)其中一个平板有较大片状菌落蔓延生长时，则不宜采用，而应以无片状菌落生长的平板作为该稀释度的菌落数；若片状菌落不到平板的一半，而其余一半中菌落分布均匀，可计算半个平板菌落数后乘以 2，代表一个平板菌落。

(3)当平板上出现菌落间无明显界线的链状生长时，则将每条单链作为一个菌落计数。

(4)营养琼脂计数培养皿内全部菌落；麦康凯琼脂只计数粉红或玫红色菌落；甘露醇氯化钠琼脂只计数表面圆润光滑、形态微小的金黄色菌落；SS 琼脂只计数无色半透明，有黑心的圆润微小菌落；含 $CaCO_3$ 的 GYP 琼脂只计数周围有透明圈的菌落；孟加拉红琼脂数出粉红色、表面圆润光滑的小菌落为酵母菌计数；孟加拉红琼脂粉红色或无色绒毛状、絮状或蛛网状的菌落为霉菌计数。

(5)若空白对照培养皿内长菌，则本次试验失败。

(6)按以上方式计数菌落数量后乘以该培养皿中样品的稀释倍数记录结果；若每个稀释度都有平行试验的，应采用两个平板的平均数；若连续两个稀释梯度的菌落数均在 30～300 CFU 的，将分别计数的两个数值分别乘以相应的稀释倍数后，计算其平均值记录结果。

(7)若使用涂布法，应将以上方法记录的数值乘以 10 作为最终记录结果。

7. 结果判定

(1)菌落数少于 100 CFU 时，按“四舍五入”原则修约，以整数报告。

(2)若菌落数大于 100 个，则保留前两位，第三位四舍五入，以 10 的指数形式来表示。例如：168 个则计数为 1.7×10^2；1 686 个则计数为 1.7×10^3。

(3)水中微生物的计量单位为 CFU/25 m^2。例如 1.7×10^2 CFU/25 m^2。

备注：

检测项目及定义

①菌落总数：物体表面样本经过处理，在一定条件下(如培养基、培养温度和培养时间等)培养后，所得每 25 cm^2 检样中形成的微生物菌落总数。

②大肠杆菌总数：每 25 cm^2 物体表面上的大肠杆菌数目。

③沙门氏菌总数：每 25 cm^2 物体表面上的沙门氏菌数目。

④金黄色葡萄球菌总数：每 25 cm^2 物体表面上的金黄色葡萄球菌数目。

⑤乳酸杆菌总数：每 25 cm^2 物体表面上的乳酸杆菌数目。

⑥霉菌总数：每 25 cm^2 物体表面上的霉菌数目。

⑦酵母菌总数：每 25 cm^2 物体表面上的酵母菌数目。

四、任务单的填写

任务单 消毒效果的检查

班级：		姓名：	
学号：		组别：	
步骤一：空气中微生物检测			
问题 1. 空气中微生物检测如何采样？ 问题 2. 空气中微生物检测操作中有哪些注意事项？ 问题 3. 空气中微生物检测结果如何分析？			
步骤二：物体表面微生物检测			
问题 4. 物体表面微生物检测如何采样？ 问题 5. 物体表面微生物检测操作中有哪些注意事项？ 问题 6. 物体表面微生物检测结果怎样分析？			

考核评价

教师评价		
按照符合程度从1～5赋分		
评价内容	评价标准	打分
职业素养	遵守实验室规章制度，试验操作规范	
参与程度	每位成员都积极参与	
学习态度	认真积极，态度端正	
目标达成	完成既定目标，得出正确结论	

组内互评	组员姓名				
按照符合程度从1～5赋分					
1. 积极与组员合作					
2. 有好的想法					
3. 能够圆满完成组内分配的任务					
4. 能表达清楚自己的意图					
5. 尊重有不同意见的组员					

组间互评	组别				
按照符合程度从1～5赋分					
1. 团队合作意识强					
2. 能够清楚地领会任务意图					
3. 分工合作效率高					
4. 圆满完成工作任务					
5. 团队内气氛和谐					

学生评教		
按照符合程度从1～5赋分		
评价内容	评价标准	打分
知识	本次课的知识有价值	
能力	学完后需要应用的时候有思路	
素质	团队合作技巧有提升	
建议	对本次课程还有哪些建议？	

任务四 猪群的免疫接种

一、任务目标

结合生产实践，掌握免疫接种的方法与步骤；熟悉兽医生物制剂的使用、保存、运送和检查方法；熟练掌握各种疫苗的使用、鉴别。

二、任务材料

金属注射器(5、10、20 mL 等规格)、玻璃注射器(1、2、5 mL 等规格)、金属皮内注射器(螺口)、针头(兽用 12～14 号，人用 6～9 号，螺口皮内 19～25 号)、煮沸消毒锅、镊子、毛剪、体温计、气雾免疫器、脸盆、毛巾、纱布、脱脂棉、搪瓷盆、出诊箱、工作服、登记册、卡片、保定家畜用具、5%碘酒、70%酒精、来苏儿、新洁尔灭等消毒剂、各种疫苗和免疫血清。

三、方法与步骤

本次实训的内容较多，实际教授过程中可分成 3 次进行训练，可以根据情况在农牧场或养殖专业户进行。

(一)免疫接种用生物制剂的保存、运送和用前检查

1. 保存

各种生物制剂应保存在低温、阴暗及干燥的场所，灭活疫苗、致弱菌苗、类毒素等应在 2～15 ℃保存，防止冻结；弱毒疫苗，如鸡新城疫弱毒疫苗、猪瘟兔化弱毒疫苗等，应保存在 0℃以下冻结保存。

2. 运送

要求包装完好，防止碰坏瓶子和散播活的弱毒病原体。运输途中应避免日光直接照射和高温，尽快送到保存地点或预防接种地点。弱毒疫苗应放在装有冰块的广口瓶内运送，以免降低或丧失生物制剂的性能。

3. 用前检查

各种生物制剂在使用前，均须详细检查，如有下列情况之一者，不得使用：

①没有瓶签或瓶签模糊不清或没有经过合格检查的；

②过期失效的；

③生物制剂的质量与说明书不符者，如色泽、沉淀有变化，药品内有异物，发霉，有臭味的；

④瓶塞不紧或玻璃破裂的；

⑤经过检查，确实不能使用的生物制剂应立即废弃、煮沸或予以深埋。

(二)免疫接种

1. 免疫接种前的准备

(1)了解受免猪群的种类、数量、年龄。计算及备妥所需疫(菌)苗的数量(比实际需要适量多些)，并检查疫(菌)苗的质量。

(2)与饲养单位协商、确定接种日期、地点、保定人员及接种头数。向饲养单位交代清楚接种后的注意事项，及可能出现的接种反应。

(3)准备足够的器材及消毒药品。

(4)接种前对猪进行健康检查，完全健康的畜禽可进行免疫；衰弱、妊娠后期的畜禽不能进行免疫接种。

(5)搞好接种操作人员消毒。免疫接种人员的手指甲应剪短，用消毒液洗刷后，再用 75%酒精消毒全手，穿消毒工作服后，再与消毒过的器械接触。

2. 免疫接种的方法

(1)免疫注射法 有皮下、皮内、肌内、静脉注射等方法。

①皮下注射法 本法最为常用，如炭疽芽孢苗、破伤风类毒素及灭活油乳苗等。猪接种部位在耳根后方。方法是：注射部位消毒后，右手持注射器，左手食指与拇指将皮肤提起，呈三角形，沿三角形基部刺入皮下约注射针头的 2/3，将左手放开后，再推动注射器活塞将疫苗徐徐注入，然后用酒精棉球按住注射部位，将针头拔出。

皮下接种的优点是操作简单，吸收较皮内接种为快。但使用剂量较大，机体反应也较皮内注射大。

②肌内接种法 如猪瘟兔化弱毒疫苗、猪副伤寒弱毒菌苗、狂犬病疫苗及各种灭活油乳苗等，多用肌内注射法。肌内注射法选择肌肉丰满、血管少，远离神经干的部位。猪的肌内接种，一律采用臀部或颈部两个部位。

接种部位要严格消毒，大、中家畜消毒方法为：首先剪毛，再用 2%～5%碘酊棉球螺旋式由内向外消毒接种部位，最后用 75%酒精棉球脱毒（接种弱毒疫苗时不能用碘酊消毒接种部位，只能用 75%酒精消毒，待后再接种）。

肌内注射的方法有两种。一种方法是：左手固定注射部位皮肤，右手持注射器垂直刺入肌内后，改用左手夹住注射器和针头尾部，右手回抽一下活塞，如无回血，即可慢慢注入药液。另一种方法是：把注射针头取下，以右手拇指、食指、中指紧持针尾，对准注射部位垂直刺入肌内，然后接上注射器，注入药液。

根据猪只大小和肥瘦程度掌握刺入深度，以免刺入太深刺伤骨膜、血管、神经，或因刺入太浅（常见于大猪）将疫苗注入皮下脂肪而不能吸收。注射剂量应严格按照规定的剂量注入，同时避免药液外漏。

肌内接种的优点是药液吸收快，操作简单；缺点是在一个部位不能大剂量注射，同时臀部接种如部位不当，易引起跛行。

③静脉接种法 多用于血清治疗，如破伤风抗毒素、抗炭疽血清的注射等多采用此法。猪接种部位在耳静脉部位。

静脉接种的优点是可使用大剂量、奏效快，可以及时抢救患病猪。缺点是操作麻烦，如设备与技术不完备时难以进行。此外，如用异种动物血清，可能引起过敏反应。

(2)滴鼻接种法 按疫苗说明书注明的稀释方法，用蒸馏水或生理盐水进行稀释后，用干净、灭菌的吸管吸取疫苗，滴入猪的鼻内。

(三)接种后的护理和观察

猪群接种疫苗后可发生暂时性的抵抗力降低现象，所以应有较好的护理和管理条件，避免一切应激因素的产生。同时，必须特别注意控制家畜的使役，以免过度劳累而产生不良后果。此外，由于猪群在接种疫苗后，有时可能会发生反应，故在接种以后，要进行认真的观察，观察期限一般为 7～10 d。如有反应，可根据情况给予适当的治疗（注射血清或对症治疗）。反应极为严重者，可予屠宰。接种后的一切反应情况均应记载于专门的表册中。

(四)免疫接种时的注意事项

(1)参加免疫接种的工作人员应分工明确并紧密配合。事先指定牵出牵入猪的路线。注射过的猪立即牵出场外,以免重复与遗漏。

(2)工作人员须穿着工作服及胶鞋,必要时戴口罩。工作前后均应洗手消毒。工作中必须保持手指清洁,禁止吸烟和吃食物。

(3)注射器、针头经严格消毒后方可使用。注射时每头猪须调换一个针头;在针头不足时,至少应每吸液一次调换一个针头。

(4)生物药品的瓶塞上应固定一个消毒过的针头,上盖酒精棉球。吸液时必须充分振荡疫苗,使其均匀混合。

(5)针筒排出溢出的药液,应吸积于酒精棉球上,并将其收集于专用瓶内。用过的酒精、碘酊棉球应放入专用瓶内,集中处理。

(6)进行注射时应向饲养员询问每头猪的恶习,以保证人畜安全。

(7)免疫接种时还应认真做好登记工作。

四、任务单的填写

根据实训课的内容写出免疫接种的方法与步骤,制订一份免疫接种计划。

任务单 猪群的免疫接种

<table>
<tr><td>班级:</td><td></td><td>姓名:</td><td></td></tr>
<tr><td>学号:</td><td></td><td>组别:</td><td></td></tr>
<tr><td colspan="4">步骤一:免疫接种准备</td></tr>
<tr><td colspan="4">问题 1:免疫接种前需要准备的物品都有哪些?

问题 2:操作人员应该如何准备?</td></tr>
<tr><td colspan="4">步骤二:免疫接种实施</td></tr>
<tr><td colspan="4">问题 3:免疫接种的方法都有哪些?

问题 4:免疫接种的注意事项都有哪些?</td></tr>
<tr><td colspan="4">步骤三:接种后护理</td></tr>
<tr><td colspan="4">问题 5:接种后需要对猪群哪些情况进行观察记录?</td></tr>
</table>

考核评价

教师评价		
按照符合程度从 1～5 赋分		
评价内容	评价标准	打分
职业素养	遵守场内生物安全要求，无菌操作规范	
参与程度	每位成员都积极参与	
学习态度	认真积极，态度端正	
目标达成	完成既定目标，得出正确结论	

组内互评	组员姓名				
按照符合程度从 1～5 赋分					
1. 积极与组员合作					
2. 有好的想法					
3. 能够圆满完成组内分配的任务					
4. 能表达清楚自己的意图					
5. 尊重有不同意见的组员					

组间互评	组别				
按照符合程度从 1～5 赋分					
1. 团队合作意识强					
2. 能够清楚地领会任务意图					
3. 分工合作效率高					
4. 圆满完成工作任务					
5. 团队内气氛和谐					

学生评教		
按照符合程度从 1～5 赋分		
评价内容	评价标准	打分
知识	本次课的知识有价值	
能力	学完后需要应用的时候有思路	
素质	团队合作技巧有提升	
建议	对本次课程还有哪些建议？	

任务五 病理材料的采取与送检

一、任务目标

学会被检病料的采取、保存、包装、记录的方法。

二、任务材料

载玻片、解剖器械一套、试管、棉签、平皿、显微镜、注射器、针头、30%或50%甘油缓冲液或10%饱和盐水或10%甲醛溶液、木箱、油布或油纸、纱布、新鲜病死猪。

三、方法与步骤

1. 病料的采取

(1)解剖前检查 凡发现患病猪有急性死亡时,未解剖之前,必须用显微镜检查其血液抹片或脾脏触片中是否有炭疽杆菌存在。如怀疑是炭疽时,则不可随意解剖,可采取患病猪的血液或脾脏(局部解剖)检查。只有在确定不是炭疽后,方可进行剖检。解剖时,采取有病变之脏器或组织送往实验室,以便证明其病因。

(2)取材时间 内脏病料的采取须于患病猪死亡后立即进行,最好不超过6 h,否则时间过长,尸体易于腐败,不利于病原菌的检出。

(3)器械 采取病料的器械都要经过消毒灭菌,病料采取的全过程都要注意无菌操作。每采取一种病料,应使用一套灭菌器械,不得反复使用或混用一套器械。

(4)采取病料的病例 在一般情况下,应选取临床表现比较明显而典型的病例。流行后期症状不明显病例的病料,往往不易得出正确的结果。

(5)各种脏器及组织材料的采取 采取病料应根据不同的疫病,采其相应的脏器或内容物。在无法估计是某种疫病时,可进行全面的采取。为了避免污染杂菌,检查病变应待取材完毕后再进行。

脓汁:用灭菌注射器无菌操作,抽取未破溃的脓肿深部的脓汁,置灭菌试管中。若为开口的化脓灶或鼻腔时,则用无菌棉签浸蘸后,放在灭菌试管中。

淋巴结及内脏:将淋巴结、肺、肝、脾及肾等有病变的部位,各采取1~2 cm^3 的小方块,分别置于灭菌试管或平皿中。

血液:无菌采取全血10 mL,立即注入盛有5%柠檬酸钠1 mL的灭菌试管内。如猪已死,可无菌采取右心房的血液,同样置于试管内。如要分离血清,可无菌采取血液10 mL,注入灭菌试管内,分离血清。

乳汁:乳房先用消毒药水洗净(取乳者的手也应事先消毒),并把乳房附近的毛刷湿,弃去最初所挤的3~4股乳汁,然后采集10 mL左右乳汁于灭菌试管中。如仅供显微镜直接染色检查,可于其中加入0.5%的甲醛溶液。

胆汁:先用烧红的刀片或铁片烙烫胆囊表面,再用灭菌吸管或注射器刺入胆囊吸取胆汁,盛于灭菌试管中。

肠:用烧红刀片将欲采取的肠表面烙烫后穿一小孔,持灭菌棉签插入肠内,采取肠管黏膜或内容物；也可用线扎紧一段肠道（约 6 cm）两端，将两端以外切断，置于灭菌器皿内。

皮肤：取大小约 10 cm×10 cm 的皮肤一块，保存于 30%甘油缓冲溶液中，或 10%饱和盐水溶液中，或 10%甲醛溶液中。

胎儿：将流产后的整个胎儿，用塑料薄膜、油布或数层不透水的油纸包裹，装入木箱内，立即送往实验室。

仔猪：将整个尸体包入不透水塑料薄膜、油纸或油布中，装入木箱内，送往实验室。

骨头：剔除表面肉、韧带，表面洒上食盐，然后用浸有 5%石炭酸或 0.1%升汞的纱布包扎，装入木箱或其他容器内送检。

脑、脊髓：如作病毒检查，可将脑、脊髓浸入 50%甘油盐水液中或将整个头部割下，包入浸过 0.1%升汞的纱布或油布中，装入木箱或铁桶中送检。

供显微镜检查用的脓汁、血液及黏液抹片：在剖检或采取病料时，取脓汁、血液、渗出液等病料用载玻片制作涂片；脏器等病料可用载玻片制成触片，干燥后包扎好待检。做成的抹片、触片上应注明号码，并另附说明。

2. 病料的记录

采取病料时应详细填写病料送检单，内容包括单位、病料名称、猪的种类、检验目的、采样日期、发病猪的主要临诊症状和剖检变化、治疗情况、流行情况等，以供检验人员综合分析用。

3. 病料的保存和运送

(1)细菌检验病料　通常保存在灭菌液体石蜡、30%甘油缓冲盐水或饱和氯化钠溶液内。细菌检验的液体病料，可封存在灭菌的细玻璃管内或灭菌的试管、小瓶中运送。肠道病料，应先将肠道两端用细绳结扎，用灭菌盐水清洗肠道表面，将肠管置于盛有上述保存液的灭菌容器内运送。

(2)病毒检验病料　通常用 50%甘油缓冲盐水或加有青霉素、链霉素的磷酸缓冲盐水中或培养病毒用的维持液中保存、送检。

(3)血清学检验病料　如为固形病料（肝、脾、肾、皮肤、小块胃肠等），可用硼酸或食盐处理后包扎运检；液体病料（血清、渗出液）可在每 mL 中加入 3%～5%石炭酸液 1～2 滴，包装好后运送。

(4)运送　于广口保温瓶（冰瓶）内放冰块，冰块上撒一些盐，然后将装有病料的塑料袋置于冰块上，将盖盖紧，用胶布密封送检。派专人运送。

(5)常用保存剂及其配制方法

①30%甘油缓冲盐水溶液：纯中性甘油 30 mL，氯化钠 0.5 g，碱性磷酸钠 1.0 g，0.02%酚红 1.5 mL，中性蒸馏水加至 100 mL。混合后，在 15 磅高压灭菌器中灭菌 30 min。

②50%甘油缓冲盐水溶液：氯化钠 2.5 g，酸性磷酸钠 0.46 g，碱性磷酸钠 10.74 g，纯中性甘油 150 mL，中性蒸馏水 50 mL（氯化钠、酸性磷酸钠、碱性磷酸钠溶于 100 mL 中性蒸馏水内）。混合分装后，在 15 磅高压灭菌器内灭菌 30 min。

③饱和食盐水溶液：取一定量的蒸馏水加入纯氯化钠，不断搅拌至不能溶解为止（一般为 38%～39%），然后用滤纸过滤。

四、任务单的填写

根据实训课的内容写一份猪传染病病料送检单。

任务单　病理材料的采取与送检

<table>
<tr><td>班级：</td><td></td><td>姓名：</td><td></td></tr>
<tr><td>学号：</td><td></td><td>组别：</td><td></td></tr>
<tr><td colspan="4">步骤一:病料采取</td></tr>
<tr><td colspan="4">问题 1:剖解前需要对动物进行哪些检查?

问题 2:最佳取材是什么时候?

问题 3:剖解采样应该选取什么样的病例?

问题 4:样本的种类有哪些?分别怎么采样?</td></tr>
<tr><td colspan="4">步骤二:病料记录</td></tr>
<tr><td colspan="4">问题 5:病料记录的内容有哪些?</td></tr>
<tr><td colspan="4">步骤三:病料保存运送</td></tr>
<tr><td colspan="4">问题 6:30%甘油缓冲盐水溶液怎么配制?

问题 7:血清学检验病料怎样送检?</td></tr>
</table>

考核评价

教师评价		
按照符合程度从1～5赋分		
评价内容	评价标准	打分
职业素养	遵守生物安全要求,剖解采样规范	
参与程度	每位成员都积极参与	
学习态度	认真积极,态度端正	
目标达成	完成既定目标,得出正确结论	

组内互评	组员姓名				
按照符合程度从1～5赋分					
1.积极与组员合作					
2.有好的想法					
3.能够圆满完成组内分配的任务					
4.能表达清楚自己的意图					
5.尊重有不同意见的组员					

组间互评	组别				
按照符合程度从1～5赋分					
1.团队合作意识强					
2.能够清楚地领会任务意图					
3.分工合作效率高					
4.圆满完成工作任务					
5.团队内气氛和谐					

学生评教		
按照符合程度从1～5赋分		
评价内容	评价标准	打分
知识	本次课的知识有价值	
能力	学完后需要应用的时候有思路	
素质	团队合作技巧有提升	
建议	对本次课程还有哪些建议?	

任务六 口蹄疫O型抗体检测

一、任务目标

掌握口蹄疫O型抗体ELISA检测方法；会对检测数据进行统计分析；能根据检测数据对猪场进行生产指导。

二、试剂盒原理

动物感染或接种口蹄疫病毒(FMDV)会产生针对病毒核衣壳蛋白(也称为结构蛋白，SP)的抗体。SP抗体无法区分感染和接种疫苗的动物，而且大多是血清型特异性的。因此，必须使用不同的试剂构建FMDV七个血清型的检测，而且甚至可能需要建立一个血清型内的变异抗原进行特异性检测的方法。用于检测SP抗体的血清学测定方法通常是ELISA和病毒中和试验；病毒中和试验既需要维护细胞培养系统，又需要在高生物安全的实验室处理活的传染性口蹄疫病毒，而且这个方法是复杂的、耗时的，并且不适合大规模监测。不同的是，ELISA检测方法更容易、更快速，可供即取即用的试剂盒，适合于大规模和自动化检测；此外，它们使用灭活的FMDV抗原，在任何实验室都可以使用。

检测的原理及应用：本试剂盒用于检测任何易感动物血清或血浆中口蹄疫病毒感染的或接种疫苗的抗体。

包被在固相微孔板中的血清O型特异性单抗(MAb)用于捕获灭活的口蹄疫病毒抗原。

ELISA微孔板预先包被有FMDVO型抗原，该抗原可被同源的MAb所捕获。

将适当稀释的待检血清与被捕获的抗原进行孵育，存在于样品中的特异性抗体最终与抗原结合。然后，加入辣根过氧化物酶标记的口蹄疫病毒O型MAb：其与同源抗原的反应将被预先结合到该抗原的阳性血清抗体所阻断，而如果样品为阴性的话，酶标单克隆抗体将可以与口蹄疫病毒抗原结合。

孵育后，未结合的酶标抗体将被洗去，将TMB底物/显色加入微孔板内。如果酶标抗体已经与抗原结合，将会出现显色反应，即待检血清是阴性的；相反地，显色反应就会被阳性血清所阻断。灭活的抗原和酶标抗体的浓度是预先校准的，以便得到一种适宜的反应值(OD值)。

加入终止液后，通过微孔板分光光度计读取显色的光密度。

三、任务材料

(1)蹄疫病毒O型抗原包被板	2块板
(2)样品稀释液	40 mL
(3)10倍洗涤液	125 mL
(4)FMDVO型HRP标记抗体	30 mL

(5)TMB 底物液	30 mL
(6)终止液	20 mL
(7)阳性对照血清	1 mL
(8)阴性对照血清	1 mL
(9)封板膜	2 张

四、注意事项

(1)储存条件为 2～8 ℃。试剂盒开启前应确认其批号及有效期。

(2)过期产品请勿使用,不同批号的试剂盒组分禁止混用。

(3)试剂盒使用前各组分试剂均须恢复至室温[(25±3)℃],使用后放置 2～8 ℃保存。

(4)应注意避免向试剂盒中引入污染。

(5)实验所用仪器(如微量移液器、恒温培养箱、ELISA 洗板机、酶标仪)需要在使用前进行功能检查,确保其可用性、准确性。

(6)所有试剂严禁接触皮肤和黏膜。检测结束后所用耗材须按国家规定进行无害化处理。

(7)移液器吸头必须一次一换。

(8)未用的微孔板条可装入密封袋中 2～8 ℃保存。

(9)试剂盒中各组分容器只针对该组分使用,不可二次利用。

(10)仅供兽医诊断使用。

五、方法与步骤

1. 试剂准备

(1)所有试剂恢复至室温[(25±3)℃]后使用。

(2)1 倍洗涤液的配制　10 倍洗涤液使用超纯水进行 10 倍稀释,稀释后的洗涤液在 2～8 ℃可以稳定保存 1 周。如配制 100 mL 1 倍洗涤液需 10 mL 10 倍洗涤液加 90 mL 超纯水(dH_2O)。

2. 样品准备

(1)尽量使用新鲜采集的血清样品。

(2)不能用于检测严重污染或严重溶血的样品。

(3)如果血清样本浑浊,须离心后取上清液进行检测。

(4)检测样品可在 2～8 ℃保存 5 d,长时间保存需要转移至－20 ℃或更低温环境中。

3. 样品稀释及阴、阳性对照血清稀释

样品采用 5 倍稀释。按照“微孔板加样位置示例图”在稀释板中加入 120 μL 样品稀释液,各孔加入 30 μL 血清样品。同样比例稀释阳性对照血清(PC)与阴性对照血清(NC),即在稀释板 A1、B1、C1、D1 孔各加入 120 μL 样品稀释液,A1、B1 孔各加入 30 μL NC,C1、D1 孔各加入 30 μLPC,充分混匀。

4. 操作步骤

(1)将所有组分从试剂盒中取出,在恒温箱[(25±3)℃]中放置至少 60 min,恢复至室温。

(2)按照“微孔板加样位置示例图”向抗原包被板指定孔中分别加入 100 μL 稀释后的样品以及 100 μL 稀释后的阴性对照血清(NC)、阳性对照血清(PC)。

(3)盖上封板膜,室温[(25±3)℃]下孵育 1 h(±2 min)。

(4)用 ELISA 洗板机或微量移液器洗板,弃去孔中液体,每孔加 300 μL 1 倍洗涤液,洗涤 3 次。最后一次洗涤后将酶标板在吸水纸上轻轻拍干,严禁各步骤之间孔板出现干燥情况。

(5)每孔加入 100 μL FMDVO 型 HRP 标记抗体。

(6)盖上封板膜,室温[(25±3)℃]下孵育 1 h(±2 min)。

(7)重复步骤(4)。

(8)每孔中加入 100 μL TMB 底物液。

(9)盖上封板膜,室温[(25±3)℃]下孵育 15 min(±1 min)

(10)每孔中加入 50 μL 终止液,终止酶促反应。

(11)使用 450 nm 波长测量吸光度值。

(12)结果判定与计算。

5. 判定

(1)实验成立条件

阴性对照 OD450 nm 平均值>0.7;

阳性对照 S/N 平均值<0.3;

如果检测结果不在界定范围则需要重新进行检测。

(2)计算

NC1+NC2

NCOD 均值=(NC1+NC2)/2

(3)样品 S/N 值计算公式

S/N=样品 OD 值/ NCOD 均值

(4)判定标准

阳性	阴性
S/N≤0.5	S/N>0.5

五、任务单的填写

任务单　口蹄疫O型抗体检测

班级：		姓名：	
学号：		组别：	
原理：			
问题1：酶联免疫吸附试验(ELISA)的种类有哪些？各种类原理是什么？ 问题2：该试验中口蹄疫O型抗体检测属于哪种类型？			
步骤：			
问题3：口蹄疫O型抗体检测试验的步骤有哪些？			
检测结果：			
问题4：口蹄疫O型抗体检测试验的结果如何计算？			
数据分析和意义：			
问题5：口蹄疫O型抗体检测试验的结果如何指导生产实践？			

考核评价

教师评价		
按照符合程度从 1～5 赋分		
评价内容	评价标准	打分
职业素养	遵守实验室要求，试验操作规范	
参与程度	每位成员都积极参与	
学习态度	认真积极，态度端正	
目标达成	完成既定目标，得出正确结论	

组内互评	组员姓名				
按照符合程度从 1～5 赋分					
1. 积极与组员合作					
2. 有好的想法					
3. 能够圆满完成组内分配的任务					
4. 能表达清楚自己的意图					
5. 尊重有不同意见的组员					

组间互评	组别				
按照符合程度从 1～5 赋分					
1. 团队合作意识强					
2. 能够清楚地领会任务意图					
3. 分工合作效率高					
4. 圆满完成工作任务					
5. 团队内气氛和谐					

学生评教		
按照符合程度从 1～5 赋分		
评价内容	评价标准	打分
知识	本次课的知识有价值	
能力	学完后需要应用的时候有思路	
素质	团队合作技巧有提升	
建议	对本次课程还有哪些建议？	

任务七　细菌的药物敏感性试验

一、任务目标

掌握圆纸片扩散法测定细菌对抗生素等药物的敏感试验的操作方法和结果判定；明确药敏试验在实际生产中的应用。

二、试验原理

将含有定量抗菌药物的纸片(药敏纸片)贴在已接种待测菌的琼脂平板表面特定部位，药物借其分子的扩散力向周围琼脂扩散。随着与药源距离加大，形成了琼脂中药物浓度逐渐减少的梯度浓度。当药物浓度高于抑制待测菌所需浓度时，则该区域内细菌不能生长，形成透明抑菌圈。抑菌圈的大小可以反映抗菌药在体外对病原微生物的抑制作用，这可以指导选择治疗药物和了解区域内常见病原菌耐药性变迁，有助于经验性治疗选药。

一般微生物实验室采用高度敏感(S)、中度敏感(I)、耐药(R)来分别表示试验菌对抗菌药物的敏感性。

三、任务材料

1. 实验准备

(1)采样准备　解剖剪、镊子、灭菌棉签、酒精灯、酒精棉、记号笔、试管架、药敏纸片、营养肉汤(须经检验无细菌生长)。

(2)培养基准备　灭菌平皿、营养琼脂、麦康凯琼脂、SS琼脂。

注：琼脂倒板凝固后塑料包装放4℃保存备用。

(3)药敏试验准备

灭菌5 mL离心管(稀释菌液用)、试管架、酒精灯、酒精棉、注射器(1 mL、5 mL)、镊子、灭菌棉签、生理盐水、药敏纸片、废液缸、记号笔。(注：做药敏试验前1～2 h，将以上物品、制备好的琼脂平板拿进操作台，并照紫外消毒。培养好的菌液不要拿进操作台照紫外消毒！)

四、方法与步骤

1. 采样

用灭菌解剖剪剪开病变组织，立即用灭菌棉签蘸取组织内部，放入肉汤管中，折断木棒，封盖，标记(酒精灯旁操作)。37 ℃培养12～24 h。

2. 药敏试验

(1)病原菌分离　取出浑浊营养肉汤，接种环挑取菌液，无菌操作划线接种于麦康凯琼脂种、SS琼脂，37 ℃培养12～24 h，观察是否有大肠杆菌或沙门氏菌生长，初步判定感染病原菌的类型。

(2)菌液稀释　取出浑浊营养肉汤，用营养肉汤(1 mL)和生理盐水(3 mL)制成细菌混悬液，再用生理盐水对细菌混悬液进行稀释校正至浓度达0.5个麦氏标准。

(3)涂布平板　对平板进行菌株、药品标号。用灭菌棉签蘸取培养液，在管壁轻碰几下，挤掉多余水分，均匀、致密涂布于营养琼脂平板表面。

(4)贴纸片 在酒精灯附近,打开平皿,贴上药敏纸片,每贴一个纸片,都要烧一下镊子,纸片蘸到培养基就不要再动。贴完后静置 10 min,37 ℃倒置培养 8～18 h,观察结果。

(5)计量取抑菌圈直径大小。

3. 快速药敏试验

病猪处死,打开腹腔,用灭菌解剖剪剪开病变组织,无菌取 0.5 cm 见方大小的组织,在无菌平皿内剪碎,加 1 mL 无菌生理盐水制成混悬液,无菌棉签蘸取液体均匀涂布于营养琼脂平板,其他操作同上。

4. 结果判定

抑菌圈直径为 0 mm 为耐药,在 0～10 mm 为低敏,在 10～15 mm 为中度敏感,在 15～20 mm 为高度敏感,在 20 mm 以上为极度敏感。结合实际生产情况,选择中度敏感或以上药物进行治疗,完成报告。

五、任务单的填写

任务单 细菌的药物敏感性试验

班级:		姓名:	
学号:		组别:	
原理:			
问题 1:纸片法药敏试验的原理是什么?			
步骤二:步骤			
问题 2:常规药敏试验操作步骤有哪些? 问题 3:快速药敏试验操作步骤有哪些?			
检测结果:			
问题 4:药敏试验结果怎么判定?			
数据分析和意义:			
问题 5:药敏试验结果对实践生产有何指导意义?			

考核评价

教师评价		
按照符合程度从 1～5 赋分		
评价内容	评价标准	打分
职业素养	遵守场实验室要求，试验操作规范	
参与程度	每位成员都积极参与	
学习态度	认真积极，态度端正	
目标达成	完成既定目标，得出正确结论	

组内互评	组员姓名				
按照符合程度从 1～5 赋分					
1. 积极与组员合作					
2. 有好的想法					
3. 能够圆满完成组内分配的任务					
4. 能表达清楚自己的意图					
5. 尊重有不同意见的组员					

组间互评	组别				
按照符合程度从 1～5 赋分					
1. 团队合作意识强					
2. 能够清楚地领会任务意图					
3. 分工合作效率高					
4. 圆满完成工作任务					
5. 团队内气氛和谐					

学生评教		
按照符合程度从 1～5 赋分		
评价内容	评价标准	打分
知识	本次课的知识有价值	
能力	学完后需要应用的时候有思路	
素质	团队合作技巧有提升	
建议	对本次课程还有哪些建议？	

任务八　猪附红细胞体的检测

一、任务目标

了解猪附红细胞体的生活史和危害；能准备猪附红细胞体检测试验；会鲜血压片镜检和涂片染色镜检的方法。

二、任务材料

生物学显微镜、载玻片、染色缸、染色架、洗涤瓶、生理盐水、瑞士-吉姆萨快速染液、甲醇溶液。

三、方法与步骤

1. 鲜血压片镜检方法和步骤

(1)采血　自耳静脉或前腔静脉无菌采血。

(2)压片镜检　将采集的新鲜血样加等量的生理盐水稀释后，吸取一滴置载玻片上，加盖玻片，置 400 倍(10×40)光学显微镜下观察。

(3)结果判定：猪附红细胞体感染猪可见红细胞发生形态学变化，呈锯齿状、菜花状或星芒状等；健康猪红细胞形态规则。

2. 涂片染色镜检方法和步骤

(1)采血涂片　无菌自耳静脉或前腔静脉采血后抹片。

(2)固定　室温下晾干，甲醇固定 3～5 min，晾干。

(3)染色：干燥后，滴加瑞士-吉姆萨染液于涂片上，覆盖整个涂片，染色 30 min，将等量的磷酸盐缓冲液滴加到瑞士-吉姆萨染色液上面，充分混合染色。

(4)水洗镜检：从玻片一端缓慢冲洗，干燥，置 400 倍(10×40)光学显微镜下观察。

(5)结果判定：猪附红细胞体感染猪红细胞呈波浪状、星芒状或锯齿状改变，且周围有染成紫红色的小体；健康猪红细胞形态规则，边缘光滑，染色均匀。

3. 注意事项

1. 瑞士-吉姆萨染色液应在 5～35 ℃环境保存，6 个月内使用完，每次用后应及时拧紧瓶盖，以免挥发或变质。
2. 血液要求新鲜全血或 EDTA 抗凝血。
3. 血液涂片应厚薄均匀，必须充分干燥，否则在染色过程中容易脱落，而影响染色效果。
4. 如用滴染法染色，冲洗时不能先倒掉染色液，应以流水冲去，以防有沉渣沉淀在标本上。
5. 做好个人卫生防护，试验完成后，按要求处置废弃物。

四、任务单的填写

任务单　猪附红细胞体的检测

班级：		姓名：	
学号：		组别：	
步骤一：鲜血压片镜检法			
问题1：猪采血的部位和方法有哪些？ 问题2：压片镜检法的流程图包括什么？ 问题3：猪附红细胞体感染猪红细胞的形态是什么？			
步骤二：涂片染色镜检法			
问题4：涂片染色镜检法的流程图包括什么？			
步骤三：注意事项			
问题5：猪附红细胞体的检测中个人注意事项要点有哪些？			

考核评价

教师评价		
按照符合程度从 1～5 赋分		
评价内容	评价标准	打分
职业素养	遵守场内实验室要求,试验操作规范	
参与程度	每位成员都积极参与	
学习态度	认真积极,态度端正	
目标达成	完成既定目标,得出正确结论	

组内互评	组员姓名				
按照符合程度从 1～5 赋分					
1.积极与组员合作					
2.有好的想法					
3.能够圆满完成组内分配的任务					
4.能表达清楚自己的意图					
5.尊重有不同意见的组员					

组间互评	组别				
按照符合程度从 1～5 赋分					
1.团队合作意识强					
2.能够清楚地领会任务意图					
3.分工合作效率高					
4.圆满完成工作任务					
5.团队内气氛和谐					

学生评教		
按照符合程度从 1～5 赋分		
评价内容	评价标准	打分
知识	本次课的知识有价值	
能力	学完后需要应用的时候有思路	
素质	团队合作技巧有提升	
建议	对本次课程还有哪些建议?	

任务九　虫卵检测

一、任务目标

了解各类虫卵的基本形态、结构以及比重；能准备漂浮法和沉淀法试验；会漂浮法和沉淀法。

二、任务材料

药匙、锥形瓶、玻璃棒、烧杯、水浴锅、纱布、试管或安瓿瓶、载玻片、盖玻片、显微镜、50%甘油或生理盐水、5%～10%甲醛溶液或石炭酸、食盐、离心机。

三、方法与步骤

1. 漂浮法的方法和步骤

(1)饱和食盐水配置　称量食盐 380 g，将水倒入锥形瓶，放入水浴锅将水煮开，然后加入食盐搅拌，使之溶解，边搅拌边加食盐，加至食盐不再溶解而生成沉淀为止(1 000 mL 沸水中约加食盐 380 g)，再以双层纱布过滤至另一干净的烧杯内，待凉后备用。

(2)粪便采集　用药匙采集新鲜而未被尿液等污染的粪便，从粪便的内外两层采取。对于大家畜可从直肠直接采取，也可用 50%甘油或生理盐水灌肠后采粪。粪样不少于 60 g，盛于洁净烧杯内。

(3)粪液制备　取粪便 5～10 g，置于 100～200 mL 的烧杯中，先加入少量饱和盐水，把粪便调匀，然后加入约为粪便 12 倍量的饱和盐水，并搅拌均匀，用纱布或 40 目的铜丝筛过滤于另一干净的烧杯内，滤液静置 30～40 min，得粪液。

(4)制片镜检　将滤液直接倒入试管或安瓿瓶内，补加饱和盐水使试管充满，加上载玻片(盖玻片应与液面完全接触，不能留有气泡)，静置 30～40 min，取下盖玻片，贴在载玻片上进行镜检。

(5)结果判定　查找虫卵，根据虫卵特征，判断寄生虫病。

2. 沉淀法的方法和步骤

(1)粪便采集　用药匙采集新鲜而未被尿液等污染的粪便，从粪便的内外两层采取。对于大家畜可从直肠直接采取，也可用 50%甘油或生理盐水灌肠后采粪。粪样不少于 60 g，盛于洁净烧杯内。

(2)自然沉淀法　取粪便 5～10 g，放在干净的烧杯内，加水搅拌，充分混匀成悬浮液，然后用 40 目铜丝筛过滤至另一干净量杯中，滤液静止 10～15 min 后，将上清液倒掉，加水沉淀，再静止 10～15 min，倒掉上清液，如此反复多次，直至上清液澄清为止。把上清液倒掉，取沉渣做成涂片镜检。

(3)离心沉淀法　取粪便 1～2 g，放在干净的小烧杯中，约加 10 倍量的水，充分混匀成悬浮液，再用 40 目钢丝筛过滤至另一干净的离心管中，放入离心机内，也可以用上法处理过的滤液倒入离心管中，放入离心机内，以 1 500 转/分的速度离心 2～3 min，此时，因虫卵比重大，经离心后沉于管底，然后倒去上清液，取沉渣进行镜检。

(4)结果判定　查找虫卵，根据虫卵特征，判断寄生虫病。

3. 注意事项

(1)粪样采集完立即送检，若当天不能检查，应放在阴凉处或冰箱内(应不超过 5 ℃)，但不宜加防腐剂。若异地检查时，可浸于等量的5%～10%甲醛溶液或石炭酸中，加热到50～60 ℃送检。

(2)漂浮法原理是采用比重比虫卵大的溶液，使虫卵浮集于液体的表面，形成一层虫卵液膜，然后蘸取此液膜，进行镜检。

(3)饱和食盐水凉后如出现食盐结晶，则说明该溶液是饱和的，合乎要求，其比重为1.18，此溶液应保存于温度不低于13 ℃的情况下，才能保持较高的比重。

(4)漂浮法检出率高，在实际工作中广泛应用，适用于各种线虫卵、绦虫卵及某些原虫卵囊的检查。为了提高漂浮效果，可用其他饱和溶液代替饱和盐水。如在检查比重较大的后圆线虫时，可先将猪粪便按沉淀法操作，取得沉渣后，在沉渣中加入饱和硫酸镁溶液，进行漂浮，收集虫卵。

(5)沉淀法采用普通清水处理被检粪便，使虫卵沉淀集中，便于检查。

(6)沉淀法适用于检查各种虫卵，特别是比重较大的虫卵，如吸虫卵、棘头虫卵等尤宜采用此法。

四、任务单的填写

任务单　虫卵检测

<table>
<tr><td>班级：</td><td></td><td>姓名：</td><td></td></tr>
<tr><td>学号：</td><td></td><td>组别：</td><td></td></tr>
<tr><td colspan="4">步骤一：漂浮法的方法和步骤</td></tr>
<tr><td colspan="4">问题1：饱和食盐水的配置流程图包括哪些内容？

问题2：漂浮法流程图包括哪些内容？

问题3：适合用漂浮法检查虫卵的寄生虫有哪些？

</td></tr>
<tr><td colspan="4">步骤二：沉淀法的方法和步骤</td></tr>
<tr><td colspan="4">问题4：沉淀法流程图包括哪些内容？

问题5：适合沉淀法检查虫卵的寄生虫有哪些？

</td></tr>
<tr><td colspan="4">步骤三：注意事项</td></tr>
<tr><td colspan="4">问题6：虫卵检测中个人注意事项要点有哪些？

</td></tr>
</table>

考核评价

教师评价		
按照符合程度从 1～5 赋分		
评价内容	评价标准	打分
职业素养	遵守场实验室要求，试验操作规范	
参与程度	每位成员都积极参与	
学习态度	认真积极，态度端正	
目标达成	完成既定目标，得出正确结论	

组内互评	组员姓名				
按照符合程度从 1～5 赋分					
1. 积极与组员合作					
2. 有好的想法					
3. 能够圆满完成组内分配的任务					
4. 能表达清楚自己的意图					
5. 尊重有不同意见的组员					

组间互评	组别				
按照符合程度从 1～5 赋分					
1. 团队合作意识强					
2. 能够清楚地领会任务意图					
3. 分工合作效率高					
4. 圆满完成工作任务					
5. 团队内气氛和谐					

学生评教		
按照符合程度从 1～5 赋分		
评价内容	评价标准	打分
知识	本次课的知识有价值	
能力	学完后需要应用的时候有思路	
素质	团队合作技巧有提升	
建议	对本次课程还有哪些建议？	

任务十 旋毛虫的检测

一、任务目标

了解旋毛虫的生活史和危害；能准备旋毛虫检测试验；会肌肉压片镜检的方法。

二、任务材料

剪刀、旋毛虫检验器、显微镜。

三、方法与步骤

1. 肌肉压片镜检的方法和步骤

（1）取样　从猪的左右膈肌取样，切小块。

（2）肉眼观察　撕去肌膜与脂肪，肉眼观察有无可疑的旋毛虫病灶——针尖大小、露滴状、半透明。

（3）压片镜检　从肉样不同部位切取 24 小块（麦粒大小），用旋毛虫检验器压片镜检。

（4）结果判定　若 24 小块中有一个旋毛虫则不能食用，经高温处理后才可食用。

2. 注意事项

（1）肌肉活组织检查　感染后第 4 周取三角肌或腓肠肌（肌痛最显著的部位）一小片，置两玻璃片中压成薄片，低倍显微镜下观察，可见蜷曲活动的幼虫。

（2）肌肉活检受摘取组织局限性的影响，在感染早期及轻度感染者不易检出幼虫。

（3）将患者吃剩下的肉或带肉馅的食品，用压片法检查包囊，消化法分离包囊和动物接种。

（4）早期移行期白细胞总数增多，但外周血液中嗜酸粒细胞显著增多是人体旋毛虫病最常见的指征之一。

四、任务单的填写

任务单　旋毛虫的检测

班级：		姓名：	
学号：		组别：	
步骤一：肌肉压片镜检的方法和步骤			
问题 1：猪膈肌镜检前处理流程图包括哪些内容？ 问题 2：肌肉压片镜检法流程图包括哪些内容？			
步骤二：注意事项			
问题 3：旋毛虫检测中个人注意事项要点有哪些？			

考核评价

教师评价		
按照符合程度从 1～5 赋分		
评价内容	评价标准	打分
职业素养	遵守场实验室要求，试验操作规范	
参与程度	每位成员都积极参与	
学习态度	认真积极，态度端正	
目标达成	完成既定目标，得出正确结论	

组内互评	组员姓名				
按照符合程度从 1～5 赋分					
1. 积极与组员合作					
2. 有好的想法					
3. 能够圆满完成组内分配的任务					
4. 能表达清楚自己的意图					
5. 尊重有不同意见的组员					

组间互评	组别				
按照符合程度从 1～5 赋分					
1. 团队合作意识强					
2. 能够清楚地领会任务意图					
3. 分工合作效率高					
4. 圆满完成工作任务					
5. 团队内气氛和谐					

学生评教		
按照符合程度从 1～5 赋分		
评价内容	评价标准	打分
知识	本次课的知识有价值	
能力	学完后需要应用的时候有思路	
素质	团队合作技巧有提升	
建议	对本次课程还有哪些建议？	

任务十一　螨虫的检测

一、任务目标

了解螨虫的生活史和危害；能准备螨虫检测试验；会螨虫直接镜检的方法。

二、任务材料

刀片、酒精灯、载玻片、显微镜、50%甘油水溶液、10%氢氧化钾或氢氧化钠等。

三、方法与步骤

1. 直接镜检的方法和步骤

(1)病料采集　用火焰灭菌过的凸刃小刀，在皮肤的患部与健部的交界处用力刮取皮屑，一直刮到皮肤轻微出血为止。

(2)涂片镜检　皮屑置于载玻片上，滴 1～2 滴 50%甘油水溶液，盖盖玻片，制成涂片；也可直接向待检皮屑滴少量 10%氢氧化钾或氢氧化钠制片；置 400 倍(10×40)光学显微镜下观察。

(3)结果判定　观察有无螨虫在皮屑间爬动。

2. 注意事项

(1)根据各类螨寄生部位和寄生畜体深浅的不同，分别采之，如疥螨和背肛螨及膝螨均寄生于皮内和毛短的部位，而痒螨则寄生于体表和毛长的部位。

(2)刮取皮屑应选择病变部与健康部的交界处，这里的活螨多；刮取皮屑时，下接一培养皿或试管，先剪毛，然后用外科刀或其他刀具，刀刃与畜体皮肤呈垂直，稍用力刮取，直到皮肤轻微出血。

(3)规模化猪场的螨病检查，用蘸有 50%甘油水的外科刮匙，在猪耳内侧刮取皮屑，直至微微出血为止。将刮匙中的皮屑放入一次性透明薄塑手套的指头套内，然后用卫生纸把刮匙擦干净；同法刮取其他猪的皮屑。每个手套可放 5 个样品，编上号，带回实验室，稍压平整，使皮屑较均匀地分开在指头套内。剪取每样品一小方块塑料套，置于载玻片上镜检，有较高的检出率。

四、任务单的填写

任务单　螨虫的检测

班级：		姓名：	
学号：		组别：	
步骤一：直接镜检的方法和步骤			
问题1：如何进行皮屑的采集？ 问题2：如何进行直接镜检？			
步骤二：注意事项			
问题3：螨虫检测中个人注意事项要点有哪些？			

考核评价

教师评价		
按照符合程度从1～5赋分		
评价内容	评价标准	打分
职业素养	遵守场内实验室要求，试验操作规范	
参与程度	每位成员都积极参与	
学习态度	认真积极，态度端正	
目标达成	完成既定目标，得出正确结论	

组内互评	组员姓名				
按照符合程度从1～5赋分					
1.积极与组员合作					
2.有好的想法					
3.能够圆满完成组内分配的任务					
4.能表达清楚自己的意图					
5.尊重有不同意见的组员					

组间互评	组别				
按照符合程度从 1～5 赋分					
1.团队合作意识强					
2.能够清楚地领会任务意图					
3.分工合作效率高					
4.圆满完成工作任务					
5.团队内气氛和谐					

学生评教		
按照符合程度从 1～5 赋分		
评价内容	评价标准	打分
知识	本次课的知识有价值	
能力	学完后需要应用的时候有思路	
素质	团队合作技巧有提升	
建议	对本次课程还有哪些建议？	

任务十二　饲料中呕吐毒素的检测

一、任务目标

学习酶联免疫(Elisa)法检测呕吐毒素的试验原理；掌握待检样品的制备方法；掌握试验的具体操作步骤和注意事项。

二、检测原理

呕吐毒素检测试剂盒应用固相直接竞争酶联免疫分析原理，用去离子水或蒸馏水从研磨样品中提取呕吐毒素。样品提取液或呕吐毒素标准品与酶-呕吐毒素偶合物混匀后加入到抗体包被的微孔中，样品中的呕吐毒素或呕吐毒素标准品与酶-呕吐毒素偶合物中的呕吐毒素竞争结合微孔中的特异抗体。

经过洗板去除未参加抗原-抗体反应的呕吐毒素，当酶的底物被加入到微孔中，颜色变为蓝色，且颜色深浅与样品中或标准品种呕吐毒素含量成反比。加入反应终止液终止反应后，反应液颜色变为黄色。在 450 nm 滤镜及 630 nm 示差滤镜下读取结果，利用标准品的吸光度值对标准品浓度制作标准曲线，将样品的吸光度值与标准品的吸光度值进行比较，进行结果的判读。

三、任务材料

(1)试剂　Romer 试剂盒(包括酶联偶合物、标准品、底物、终止液)、蒸馏水、盐酸。

(2)仪器　酶标仪、研磨机、离心机、振荡器、移液器、漏斗。

(3)材料　饲料样品、干性滤纸。

四、方法与步骤

1. 样品制备

(1)取样　获取具有代表的玉米样品，至少 500 g，四分法缩至约 125 g，使用研磨机研磨 1 min 左右，使至少 95%的研磨样品能够通过 20 目筛网，彻底混合并对样品进行二次取样。

(2)称量　称取 20 g 研磨的玉米样品，置于干净并可密封的广口瓶中。

(3)加入蒸馏水　加入 100 mL 蒸馏水到广口瓶中，并密封。注意：样品与提取溶液比例为 1∶5(*W*∶*V*)。

(4)振荡　将广口瓶进行振荡 3 min，静置样品。

(5)离心　将广口瓶中的上清液倒入 10 mL 离心管中，将配平好溶液的离心管对称放入离心机中，3 000 r/min，离心 3 min。待离心机完全停止后打开机盖，拿出离心管。

(6)收集滤液　用滤纸过滤上清液，收集滤液，滤液 5～10 mL。

(7)调 pH　应保证滤液的 pH 为 6～8。pH 过高或过低均会影响检测结果，应在检测前用 1M 的 NaOH 或 HCl 对提取的滤液予以调整。

(8)稀释　将已调整 pH 的滤液用去离子水或蒸馏水按 1∶4 比例进行稀释。例如，加 1 mL 滤液到 3 mL 去离子水或蒸馏水中，混合均匀。待检。

2. 样品中呕吐毒素的测定

(1)稀释孔条放入微孔板架上　将稀释孔条标记。稀释孔条的数目须使每个标准品或样品能够对应一个稀释孔。如标准样品为 5 个，待测玉米样品为 1 份，则稀释孔共 6 个。

(2)抗体包被的微孔条放入微孔架上　将等量的抗体包被的微孔条放入微孔板架上；抗体包被的微孔条为 1 个。未使用的有抗体包被的微孔条需放回装有干燥剂的原铝箔袋内并密封保存。

(3)吸取酶联偶合物至试剂槽中　按照 240 μL/孔或 2 mL/条的体积计算所需的酶联偶合物的用量，用量为 240×6=1 440(μL)。用移液枪吸取 1 440 μL 酶联偶合物至试剂槽中。

(4)移取酶联偶合物至稀释孔中　使用移液枪从试剂槽中吸取 200 μL 酶联偶合物，加到 6 个稀释孔中。

(5)加标准品和样品至稀释孔中　用移液枪各移取 100 μL 标准品和玉米样品至已装有 200 μL 酶联偶合物的稀释孔中。

(6)移取稀释孔中液体至有抗体包被的微孔里　对稀释板孔中液体进行充分混合后，快速移取每个稀释孔中的液体各 100 μL 至相应的有抗体包被的微孔中。

注意：不要晃动微孔板，以免孔与孔之间生产污染。室温下放置 15 min。

(7)清洗液冲洗微孔　将孔中的液体甩入废液容器中，用清洗液冲洗每个孔，如此反复 5 次。注意在冲洗过程中不要将微孔条从微孔板架上取下，每条微孔条带应固定在微孔架上。冲洗完毕后，使微孔板倒置扣击纸面，尽可能地将孔内残留的水分排出。

(8)吸取底物至微孔中　使用移液枪从蓝色瓶盖的瓶中移取 100 μL 底物至每孔中，室温下放置 5 min。

(9)吸取终止液至微孔中　使用移液枪从红色瓶盖的瓶中依序向每孔加入 100 μL 终止液，颜色应由蓝色变为黄色。

(10)读取结果　用酶标仪在 450 nm 滤镜及示差滤镜 630 nm 下读取结果，记录每孔的吸光度 OD 值。

3.结果判定

直接用标准品的吸光度值建立5个标准品的标准曲线。由于各标准品中的呕吐毒素含量已知，则未知样品呕吐毒素的浓度即可通过此标准曲线获得，结果可通过软件计算得出。

标准品0 mg/kg的吸光度值不低于0.5。

(1)标准曲线的的确定　每个标准品分别为0 mg/kg、0.25 mg/kg、1.0 mg/kg、2.0 mg/kg、5.0 mg/kg。按照试验步骤的检测，得出每个标准品的吸光度值，通过软件即可建立呕吐毒素浓度和吸光度值的标准曲线。

(2)样品的结果判定　根据表格中呕吐毒素的含量，参照饲料中呕吐毒素的标准，即可判读出饲料原料是否超标。

五、任务单的填写

任务单　饲料中呕吐毒素的检测

班级：		姓名：	
学号：		组别：	
原理：			
问题1：呕吐毒素的检测原理是什么？			
步骤：			
问题2：样品的制备步骤有哪些？ 问题3：样品的测定步骤包括哪些？ 问题4：如何确定标准曲线？			
检查结果			
问题5：如何判定样品的结果？			

考核评价

教师评价		
按照符合程度从 1～5 赋分		
评价内容	评价标准	打分
职业素养	遵守实验室要求,试验操作规范	
参与程度	每位成员都积极参与	
学习态度	认真积极,态度端正	
目标达成	完成既定目标,得出正确结论	

组内互评	组员姓名				
按照符合程度从 1～5 赋分					
1.积极与组员合作					
2.有好的想法					
3.能够圆满完成组内分配的任务					
4.能表达清楚自己的意图					
5.尊重有不同意见的组员					

组间互评	组别				
按照符合程度从 1～5 赋分					
1.团队合作意识强					
2.能够清楚地领会任务意图					
3.分工合作效率高					
4.圆满完成工作任务					
5.团队内气氛和谐					

学生评教		
按照符合程度从 1～5 赋分		
评价内容	评价标准	打分
知识	本次课的知识有价值	
能力	学完后需要应用的时候有思路	
素质	团队合作技巧有提升	
建议	对本次课程还有哪些建议?	

任务十三 水中细菌的检验

一、任务目标

①掌握水质的细菌学检查法；②了解大肠菌群的数量在饮水中的重要性。

二、基本原理

检测水中的细菌数量是评价水质状况的重要指标之一。猪场饮水是否合乎卫生标准，需要进行水中细菌数量及大肠菌群数量的测定。大肠菌群是肠道中存在最普遍和数量最多的一群细菌。由于大肠菌群是一群能发酵乳糖的革兰阴性、无芽孢杆菌，它们在乳糖培养基中经 37 ℃培养 24 h 即能产酸、产气，所以常将其作为粪便污染的标志。

猪饮用水一般规定 1 mL 自来水中总菌数不得超过 1 000 个。

三、任务材料

普通营养琼脂培养基、乳糖蛋白胨发酵管(内倒置小管)、三倍浓缩乳糖蛋白胨发酵管、伊红美蓝琼脂培养基；无菌空瓶、无菌水、无菌培养皿、移液管、试管。

四、方法与步骤

1. 采取水样

水井水、水箱水和水线水：先将自来水龙头用火焰灭菌，再放开水龙头，使水流 1～2 min 后，用无菌空瓶接取水样。水样采取后应立即检验，最长不得超过 4 h。

2. 水中细菌总数测定

用无菌移液管分别吸取 1 mL 水样，注入 2 个无菌培养皿中。每皿各加 13～15 mL 已熔化并冷却到 45～50 ℃的普通琼脂培养基。轻轻旋转，使培养基与水样充分混匀，待凝固后，将平板倒置于 37℃恒温箱内，培养 24 h，进行菌落记数。

菌落计数方法：

(1)先计算同一稀释度的平均菌落数。若其中一个平板有较大片状菌苔生长时，则不应采用，而应以无片状菌苔生长的平板作为该稀释度的平均菌落数。若片状菌苔的大小不到培养皿的一半，而其余的一半菌落分布又很均匀时，则可将此一半的菌落数乘以 2 代表全平板的菌落数，然后再计算该稀释度的平均菌落数。

(2)首先选择平均菌落在 30～300 的平板，当只有一个稀释度的平均菌落符合此范围时，则以该平均菌落数乘其稀释倍数即为该水样的细菌总数(见表 5-1 中例次 1)。

(3)若有两个稀释度的平均菌落数都在 30～300 的平板，则按两者菌落总数之比值来决定。若其比值小于 2，应取两者的平均数；若大于 2，则取其中较小的菌落总数(见表 5-1 中例次 2 及例次 3)。

(4)若所有稀释度的平均菌落数均大于 300，则应按稀释度最高的平均菌落数乘以稀释倍数（见表 5-1 中例次 4）。

(5)若所有稀释度的平均菌落数均小于 30，则应按稀释度最低的平均菌落数乘以稀释倍数（见表 5-1 例次 5）。

(6)若所有稀释度的平均菌落数均不在 30～300，则以最接近 300 或 30 的平均菌落数乘以稀释倍数（见表 5-1 中例次 6）。

表 5-1　计算菌落总数方法举例（两位数以后的数字采取四舍五入）

例次	不同稀释度的平均菌落数			两个稀释度菌落数之比	菌落数/mL
	10^{-1}	10^{-2}	10^{-3}		
1	1 365	164	20	—	1 600 或 $1.6 * 10^4$
2	2 760	295×100	46×1 000	1.6	38 000 或 3.8×10^4
3	2 890	271	60	2.2	27 000 或 2.7×10^4
4	无法计数	4 650	513	—	510 000 或 5.1×10^5
5	27	11	5	—	270 或 2.7×10^2
6	无法计数	305	12	—	31 000 或 3.1×10^4

3. 发酵法检查大肠杆菌

自来水分 3 个步骤进行检查

(1)初步发酵试验　在 2 个装有 50 mL 三倍浓缩的乳糖蛋白胨发酵管中，各加入 100 mL 水样，在 10 支装有 5 mL 三倍乳糖蛋白胨发酵管中，各加入 10 mL 水样。混匀后 37 ℃培养 24 h。

(2)平板分离　经 24 h 培养后，将产酸产气及只产酸的发酵管，分别划线接种于伊红美蓝平板上，于 37 ℃培养 18～24 h，将符合下例特征的菌落的一部分，进行涂片、革兰染色、镜检。

a. 深紫黑色，具有金属光泽的菌落；b. 紫黑色，不带或略带金属光泽的菌落；c. 淡紫红色，中心色较深的菌落。

(3)复发酵管试验　经涂片、染色、镜检，如为革兰染色阴性无芽孢杆菌时，则挑取该菌落的另一部分，再接种于普通浓度的乳糖蛋白胨发酵管中，每管可接种来自同一发酵管的同类型菌落 1～3 个。37 ℃培养 24 h，结果若产酸产气，即证实有大肠菌群存在。

证实有大肠菌群存在后，再根据发酵试验的阳性管数查表 5-2，即得大肠菌群数。

五、任务单的填写

表 5-2 **大肠菌群检数表 接种水样总量 111.1 mL**(100 mL、10 mL、1 mL、0.1 mL 各 1 份)

接种水样量/mL				每 L 水样中大肠菌群数
100	10	1	0.1	
−	−	−	−	<9
−	−	−	+	9
−	−	+	−	9
−	+	−	−	9.5
−	−	+	+	18
−	+	−	+	19
−	+	+	−	22
+	−	−	−	23
−	+	+	+	28
+	−	−	+	92
+	−	+	−	94
+	−	+	+	180
+	+	−	−	230
+	+	−	+	960
+	+	+	−	2 380
+	+	+	+	>2 380

注:"+"代表大肠菌群发酵阳性;"−"代表大肠菌群发酵阴性。

任务单 水中细菌的检测

班级:		姓名:	
学号:		组别:	
原理:			
问题 1:水中细菌的检测的方法及原理是什么?			
步骤:			
问题 2:样本直接培养法检查大肠杆菌的试验步骤包括哪些? 问题 3:发酵法检查大肠杆菌的试验步骤有哪些?			
检查结果:			
问题 4:如何对菌落进行记数?			

考核评价

教师评价		
按照符合程度从 1～5 赋分		
评价内容	评价标准	打分
职业素养	遵守场实验室要求，试验操作规范	
参与程度	每位成员都积极参与	
学习态度	认真积极，态度端正	
目标达成	完成既定目标，得出正确结论	

组内互评	组员姓名				
按照符合程度从 1～5 赋分					
1. 积极与组员合作					
2. 有好的想法					
3. 能够圆满完成组内分配的任务					
4. 能表达清楚自己的意图					
5. 尊重有不同意见的组员					

组间互评	组别				
按照符合程度从 1～5 赋分					
1. 团队合作意识强					
2. 能够清楚地领会任务意图					
3. 分工合作效率高					
4. 圆满完成工作任务					
5. 团队内气氛和谐					

学生评教		
按照符合程度从 1～5 赋分		
评价内容	评价标准	打分
知识	本次课的知识有价值	
能力	学完后需要应用的时候有思路	
素质	团队合作技巧有提升	
建议	对本次课程还有哪些建议？	

参考文献

[1]刘振湘，姚卫东．畜禽传染病．北京：中国农业大学出版社，2008．

[2]姚卫东．动物疫病防治．北京：中国农业大学出版社，2011．

[3]姚卫东，范俊娟．兽医临床基础．北京：化学工业出版社，2014．

[4]杰弗里·J.齐默曼，洛克·A.卡里克，亚历松德罗·拉米雷斯，等．猪病学，11版．杨汉春，主译．沈阳：辽宁科学技术出版社，2021．

[5]王志远，李涛，孙霞．图解猪病防治．北京：化学工业出版社，2019．

[6]罗超应，王贵波．猪病防治及安全用药．北京：化学工业出版社，2016．